Teubner Studienbücher Chemie

Manfred Reichenbächer, Jürgen Popp

Strukturanalytik organischer und anorganischer Verbindungen

Teubner Studienbücher Chemie

Herausgegeben von

Prof. Dr. rer. nat. Christoph Elschenbroich, Marburg
Prof. Dr. rer. nat. Dr. h.c. Friedrich Hensel, Marburg
Prof. Dr. phil. Henning Hopf, Braunschweig

Die Studienbücher der Reihe Chemie sollen in Form einzelner Bausteine grundlegende und weiterführende Themen aus allen Gebieten der Chemie umfassen. Sie streben nicht die Breite eines Lehrbuchs oder einer umfangreichen Monographie an, sondern sollen den Studenten der Chemie – aber auch den bereits im Berufsleben stehenden Chemiker – kompetent in aktuelle und sich in rascher Entwicklung befindende Gebiete der Chemie einführen. Die Bücher sind zum Gebrauch neben der Vorlesung, aber auch anstelle von Vorlesungen geeignet. Es wird angestrebt, im Laufe der Zeit alle Bereiche der Chemie in derartigen Lehrbüchern vorzustellen. Die Reihe richtet sie auch an Studenten anderer Naturwissenschaften, die an einer exemplarischen Darstellung der Chemie interessiert sind.

Manfred Reichenbächer, Jürgen Popp

Strukturanalytik organischer und anorganischer Verbindungen

Ein Übungsbuch

Teubner

Bibliografische Information der Deutschen Nationalbibliothek
Die Deutsche Nationalbibliothek verzeichnet diese Publikation in der Deutschen Nationalbibliografie; detaillierte bibliografische Daten sind im Internet über <http://dnb.d-nb.de> abrufbar.

Dr. Manfred Reichenbächer
Jahrgang 1941; Studium (1962-1967) und Promotion (1971) über eine molekülspektroskopische Thematik an der Friedrich-Schiller-Universität Jena; 1967-2006 Assistent, Oberassistent bzw. wissenschaftlicher Mitarbeiter im Bereich Photochemie und Analytische Chemie
Arbeitsgebiete: Photochemie, photochemische Synthesen, Analytik pharmazeutischer Wirkstoffe sowie organischer Weininhaltsstoffe; verantwortlicher Leiter mehrerer Industrieprojekte; über 30 Jahre Erfahrung in Übungen, Praktika und Vorlesung zur Strukturanalytik

Prof. Dr. Jürgen Popp
Jürgen Popp, geboren 1966, promovierte 1995 in Chemie an der Universität Würzburg. 1996 verbrachte er ein Jahr am Institut für Physik der Yale University, USA. Im Anschluss schloss er sich der Gruppe von Prof. Dr. Dr. h.c. W. Kiefer, Universität Würzburg, an, wo er sich im Jahre 2000 habilitierte. Im Alter von nur 35 Jahren erhielt er 2002 einen Ruf auf einen Lehrstuhl für Physikalische Chemie nach Jena, wo er seit 2006 auch in Personalunion wissenschaftlicher Direktor des Instituts für Photonische Technologien Jena e.V. ist. Für seine Arbeit wurde er 1995 mit den Fakultätspreis in Chemie ausgezeichnet, 1997 erhielt der den Bayerischen Habilitationsförderpreis, 2001 den Förderpreis der Würzburger Korporationen und 2002 den Kirchhoff-Bunsen Preis. Sein wissenschaftliches Hauptinteresse gilt der Bio- und Materialphotonik. Seit 2007 ist er außerdem „Editor-in-Chief" der neu gegründeten Zeitschrift „Journal of Biophotonics".

1. Auflage 2007

Alle Rechte vorbehalten
© B.G. Teubner Verlag / GWV Fachverlage GmbH, Wiesbaden 2007
Lektorat: Ulrich Sandten / Kerstin Hoffmann
Freies Korrektorat: Cornelia Agel

Der B.G. Teubner Verlag ist ein Unternehmen von Springer Science+Business Media.
www.teubner.de

Umschlaggestaltung: Ulrike Weigel, www.CorporateDesignGroup.de
Druck und buchbinderische Verarbeitung: Strauss Offsetdruck, Mörlenbach
Gedruckt auf säurefreiem und chlorfrei gebleichtem Papier.
Printed in Germany

ISBN 978-3-8351-0190-6

Vorwort zur ersten Auflage

Fundierte Kenntnisse und experimentelle Erfahrungen zum Einsatz moderner spektro-skopischer Verfahren zur Strukturanalytik organischer und anorganischer Verbindungen gehören heutzutage zum Grundwissen sowohl der Synthesechemiker, Physikochemiker als auch der Analytiker, aber auch zu Biochemikern, Pharmazeuten u. a. Aus diesem Grunde findet man auf dem Büchermarkt eine Vielzahl guter Bücher über die spektroskopischen Methoden, die allerdings vorwiegend auf die Vermittlung des theoretischen Stoffes ausgerichtet und zudem schwerpunktmäßig auf organische Verbindungen begrenzt sind. Übungsaufgaben finden sich in diesen Büchern nur selten wieder.

Der Einsatz spektroskopischer Methoden für die Strukturanalytik und damit verbunden die Ableitung von Struktur-Eigenschafts-Beziehungen verlangt neben fundierten Grundlagen-wissen aber auch weitreichendes Anwendungswissen in der Spektroskopie. Zum einen muss je nach Problemstellung die richtige Kombination an spektroskopischen Methoden zum Einsatz kommen, da eine Methode alleine nicht den gewünschten Erfolg liefern wird. Zum anderen müssen die erhaltenen Daten vernünftig interpretiert werden. Leider reicht in den meisten Fällen für die Interpretation der gewonnenen Daten ein rein theoretisches Grundwissen zu den eingesetzten Methoden nicht aus. Vielmehr kann die notwendige Erfahrung nur durch intensives Training einfacher, aber auch komplexer strukturanalytischer Beispiele erlernt werden. Genau hier setzt dieses Spektroskopie-Buch, genauer Spektroskopie-Übungsbuch an. Der Schwerpunkt dieses Buches liegt somit nicht auf der Theorie, sondern auf praktischen Übungen. Daher werden die theoretischen Grundlagen kurz gehalten und auf die entsprechende vertiefende Literatur verwiesen. Für das tiefere Eindringen empfehlen wir als „Basisliteratur" das Buch von M. Hesse, H. Meyer, B. Zeh *Spektroskopische Methoden in der organischen Chemie* (G. Thieme Verlag Stuttgart) sowie als Tabellenmaterial E. Pretsch, B. Pühlmann, C. Affolter, M. Badertscher *Spektroskopische Daten zur Strukturaufklärung organischer Verbindungen* (Springer-Verlag). Weiterführende Literatur zu den einzelnen spektroskopischen Methoden sind den einzelnen Kapiteln zu entnehmen.

Einige methodisch-didaktische Gesichtspunkte sollen herausgestellt werden: Wir haben mit der Massenspektrometrie begonnen, weil dies ein guter Zugang zur Summenformel als Voraussetzung für die Strukturanalytik ist. Es werden dann schrittweise die Schwingungs-spektrokopie, die Elektronenabsorptionsspektroskopie und schließlich die NMR eingeführt, und die Übungen der folgenden Methode werden durch Spektren bzw. spektroskopische Daten immer wieder mit den bereits vorgestellten Methoden verknüpft oder die Spektren werden durch synthetische oder anderweitige Informationen ergänzt.

Der theoretische Stoff wird durchweg mit Übungsaufgaben untersetzt. Für erwähnte theoretische Sachverhalte ohne Übungsaufgaben wird auf die Literatur verwiesen. Die erfolgreiche Lösung der Aufgaben ist für den Leser ein „Indikator", die Theorie auch anwendungsbereit verstanden zu haben.

Den wichtigsten Übungen ist jeweils ein Beispiel mit ausführlicher Lösung vorgestellt, an dem der Leser den Lösungsalgorithmus für seine Übungsaufgaben entnehmen kann. (Für einen schnellen Zugang zu diesen Beispielen sei auf die Zusammenstellung aller Beispiele zu den einzelnen Methoden im Sachwortverzeichnis verwiesen.) Daher ist das Buch besonders auch für das *Selbststudium* geeignet. Die ausführlichen Lösungen werden auf der Teubner-Seite zum Buch zur Verfügung stehen. Aber auch der *Lehrende* findet Vorteile: Für ihn wird der Stoff als Power-Point-Präsentation angeboten werden.

Die Übungen umspannen Aufgaben aus dem Bereich der anorganischen Chemie, wie z. B. die Geometrie der kleinen Moleküle/Ionen, der klassischen Komplexverbindungen, der Koordination von Liganden und der organischen sowie bioorganischen Chemie. Viele Aufgaben entstammen aus der Synthese oder der analytischen Praxis, wie beispielsweise die Analyse von HPLC/DAD-Produkten oder Produkte der Umweltanalytik. Der Leser soll anhand der Übungen erkennen, welche Methode für das jeweilige Problem am besten geeignet ist, aber auch die Grenzen dieser. So sind auch Beispiele aufgenommen, für die die UV/VIS-Spektroskopie die einzige brauchbare Methode darstellt. An zwei Beispielen wird gezeigt, wie, jeweils mit dem Massenspektrum beginnend, schrittweise bis zu den NMR-Korrelationsspektren die jeweiligen Informationen, aber auch die noch offenen Probleme zur Strukturermittlung erhalten werden, um schließlich anhand von achtzehn kompletten Spektrensätzen die Ermittlung der Struktur selbst zu üben.

Das Buch ist vor allem als Einstieg in die Methodik der Strukturanalyse gedacht. Entsprechend ist auch der Schwierigkeitsgrad der Aufgaben gewählt und die Theorie in leicht verständlicher Form zusammengefasst. Die Einbeziehung der modernen experimentellen NMR-Techniken gehört heutzutage zum Grundwissen und wird anhand der COSY-, HSQC-, HMBC-, NOESY- und TOCSY-Spektren in den komplexen Beispielen auch realisiert.

Bei der breiten stofflichen Palette können zwangsläufig nicht alle molekülspektroskopischen Methoden, wie beispielsweise die ESR oder die chiroptischen Methoden berücksichtigt werden. Wir meinen aber, mit den ausgewählten Methoden für den Studierenden einen „Grundstock" für die Strukturanalyse von Molekülen im niedermolekularen Bereich gelegt zu haben, von dem aus ein leichter Zugang zu weiteren Methoden für spezielle Probleme besteht.

Damit wendet sich dieses strukturanalytische Übungsbuch an Chemiestudenten in gleicher Weise wie an alle Studierenden, die sich mit strukturanalytischen Fragestellungen auseinander setzen müssen, wie Pharmazeuten, Biologen, Geologen etc.

Den Herren Dr. Wolfgang Günther und Dr. Manfred Friedrich (Geochemische Fakultät der Friedrich-Schiller Universität Jena) möchten wir ganz herzlich für die Aufnahme der NMR-Spektren danken. Darüber hinaus bedanken wir uns bei den Lektoren Frau K. Hoffmann und Herrn U. Sandten für die gute Zusammenarbeit.

Jena, Juli 2007   *Manfred Reichenbächer und Jürgen Popp*

Inhaltsverzeichnis

1 Massenspektrometrie

1.1 Einführung

Prinzip der Methode

Die Massenspektrometrie ist eine Methode zur Bestimmung der Molekülmasse freier Ionen im Hochvakuum. Ein Massenspektrometer besteht aus einer **Ionenquelle** zur Erzeugung gasförmiger Ionen, einem **Massenanalysator**, der die Ionen nach dem Verhältnis der Masse zur Ladung (**m/z**) trennt und dem **Detektor** zum Ionennachweis. Die Einführung der Probe in die Ionenquelle erfolgt *direkt* oder über *on-line-Kopplung* mit einem Gaschromatographen bzw. einer HPLC-Anlage. Im Ergebnis wird ein **Massenspektrum** erhalten:

Die Darstellung der vom Detektor registrierten relativen Ionenhäufigkeit über das m/z-Verhältnis, normiert auf den **Basispeak,** das ist der Peak mit der größten Ionenhäufigkeit.

Das auf ganze Zahlen gerundete m/z-Verhältnis ist die **Massenzahl MZ**, auch **nominale Masse** bezeichnet. So beträgt beispielsweise für ein einfach positiv geladenes Ion mit dem genauen m/z-Wert von 104,0876 die Massenzahl MZ = 104.

Die Maßeinheit für die Massenzahl ist **amu** (atomic mass unit), die sich stets von der chemischen Molmasse mit der Maßeinheit g/mol unterscheidet!

Für m/z kann auch die Einheit Thomson (**Th**) verwendet werden.

Ionisationsmethoden für den niedermolekularen Bereich

Elektronenstoßionisation (electron impact; EI): Die Elektronenstoßionisation ist die wichtigste Ionisationsmethode für die massenspektrometrische Untersuchung flüchtiger niedermolekularer Verbindungen. Die Moleküle werden gasförmig in die Ionenquelle geleitet. Durch senkrecht zum Molekülstrom gerichteten Beschuss mit Elektronen erfolgt Ionisation der Probenmoleküle. Die Stoßelektronen werden von einer Glühkathode (filament) emittiert und durch die angelegte Anodenspannung auf üblicherweise **70 eV** beschleunigt.

Der primäre Hauptprozess ist die Ionisierung des Moleküls M unter Bildung eines *einfach positiv geladenen Radikalkations* ($M^{+\bullet}$):

$$M + e^- \quad \rightarrow \quad M^{+\bullet} + 2\,e^-$$

Die Bildung *zweifach geladener Kationen* erfolgt nur mit geringer Wahrscheinlichkeit, im allgemeinen nur bei Aromaten/Heteroaromaten. Da im Massenspektrum nicht Massen, sondern das Masse-zu-Ladungs-Verhältnis (m/z) registriert wird, erscheinen zweifach positiv geladene Kationen von Spezies mit ungerader Massenzahl bei *halben Massenzahlen*. Beispielsweise zeigt ein einfach geladenes Ion mit der Masse 101 einen zweifach positiv geladenen Peak bei 50,5.

Das häufige Auftreten von Peaks mit halber Massenzahl deutet auf einen Aromaten bzw. Heteroaromaten hin.

Die Elektronenstossionisation gehört zu den *harten* Ionisationsmethoden, da die Energie der Stosselektronen mehrfach höher als die Energie der chemischen Bindung ist. Daher bewirkt die dem Molekül zugeführte hohe innere Energie außer der Ionisation der Moleküle die Einleitung von *Fragmentierungsreaktionen* unter Bildung der **Fragmentpeaks**.

Für EI-Massenspektren sind viele und meist sehr intensive Fragmentpeaks charakteristisch.

In der Ionenquelle liegt eine Vielzahl von geladenen und ungeladenen Spezies vor. Nur die *positiv geladenen* Teilchen (Radikalkationen oder Kationen) werden bei der üblichen Aufnahmetechnik durch die angelegte negative Beschleunigungsspannung in den Eintrittsspalt des Massenanalysators fokussiert. Ungeladene Radikale oder Moleküle werden durch das Hochvakuum entfernt und erscheinen nicht im Massenspektrum.

Viele Substanzklassen, wie Alkane, Alkohole, Diole, aliphatische Carbonsäuren liefern wegen der hohen inneren Energie bei EI-Ionisierung keinen oder einen Molpeak von nur sehr geringer Intensität. Für solche Verbindungen kann zur Auffindung des Molpeaks eine *weiche* Ionisationsmethode angewendet werden. Für flüchtige niedermolekulare Verbindungen steht die chemische Ionisierung zur Verfügung.

Chemische Ionisation (CI): Im Unterschied zu EI erfolgt die Ionisation durch Ionenmolekülreaktionen mit einem im Überschuss zugesetzten *Reaktandgas* (CI-Plasma). Übliche Reaktandgase sind Methan, Isobutan, Ammoniak.

Mit hoher Energie ($\approx$ 150 eV) wird in einer Primärreaktion das zugespeiste Reaktandgas ionisiert und protoniert, z. B.:

$$CH_4 \;+\; e^- \quad\rightarrow\quad CH_4^{\cdot+} \;+\; 2\,e^- \qquad\qquad \text{(Ionisation)}$$
$$CH_4^{\cdot+} \;+\; CH_4 \quad\rightarrow\quad \mathbf{CH_5^+} \;+\; CH_3^{\cdot} \qquad\qquad \text{(Protonierung)}$$

Zwischen den protonierten Spezies (XH^+) und den Probemolekülen M können folgende Sekundärreaktionen ablaufen:

a. Protonierung (bevorzugt bei Aromaten/Heteroaromaten)
$$M \;+\; XH^+ \;\rightarrow\; MH^+ \;+\; X \qquad\qquad \Rightarrow \textbf{(M+1)-Peak}$$

b. Hydridabstraktion (bevorzugt bei Alkanen)
$$M \;+\; XH^+ \;\rightarrow\; [M\text{-}H]^+ \;+\; X \;+\; H_2 \qquad\qquad \Rightarrow \textbf{(M-1)-Peak}$$

c. Anlagerungsreaktionen
$$M \;+\; XH^+ \;\rightarrow\; MHX^+ \qquad\qquad\qquad \Rightarrow \textbf{(M+XH)-Peak}$$

Die Protonierungsreaktion ist meist bevorzugt, so dass im CI-Massenspektrum der gegenüber dem Molpeak um *eine* Masseneinheit größere **(M+1)-Peak** beobachtet wird. Infolge der weichen Ionisierung zeigt das CI-Massenspektrum im Unterschied zum EI-Massenspektrum nur eine geringe Häufigkeit von Fragmentionen, vergleiche beide Spektren am Beispiel einer zunächst noch unbekannten Verbindung in **Bild 1.1**.

Mit dem CI-Verfahren kann der Molpeak von Molekülen mit hoher Fragmentierungstendenz leicht erkannt und abgesichert werden.

Die CI-Technik kann auch so erfolgen, dass die durch Elektronenanlagerung gebildeten negativ geladene Species in den Massenanalysator überführt werden (**NCI**-Verfahren). Diese Technik resultiert in wesentlich höherer Empfindlichkeit und damit geringeren Nachweisgrenzen für Analyten mit hoher Elektronenaffinität (z. B. Halogenverbindungen).

Massenspektrometer mit einem ion trap Massenanalysator können per Mausklick zwischen EI- und CI-Technik umschalten und sind daher für CI-Verfahren besonders vorteilhaft.

Die Häufigkeit der Fragmentionen hängt bei der CI-Ionisierung vom Unterschied der Ionisierungspotentiale (IP) von Reaktandgas und Probenmolekül ab. Ist IP(Reaktandgas) gegenüber IP(Probe) größer als 5 eV, nimmt die Intensität der Fragmentpeaks merklich zu. Ein Reaktandgas mit niedrigerem IP erhöht die Häufigkeit des Molekülions auf Kosten der Fragmentionen.

Anordnung der häufig verwendeten Reaktandionen nach abnehmender Protonenaffinität:

$$CH_5^+ \; > \; C_2H_5^+ \; > \; H_3O^+ \; > \; C_4H_9^+ \; > \; NH_4^+$$

Weitere weiche Ionisationsverfahren: Für schwer verdampfbare sowie Makromoleküle, die nicht unzersetzt in den gasförmigen Zustand überführt werden können, stehen folgende weiche Ionisierungsverfahren zur Verfügung: Beschuss mit Atomen oder Ionen (fast atom bombardment, FAB); Ionisierung mit Photonen (Laserdesorption/Ionisation, LDI); Ionisierung der gelösten Probe in einem elektrischen Feld (Elektronenspray-Ionisation, ESI); Ionisierung aus der festen Phase mittels matrixassistierter Laserdesorption/Ionisation, MALDI). In der Bioanalytik dienen sie u. a. für die Molekulargewichtsbestimmung und Sequenzanalyse.

Auflösung (resolution, R)

Die Auflösung eines Massenanalysators gibt an, welche Massendifferenzen (Δm) bei der Masse m noch getrennt werden können:

$$R = \frac{m}{\Delta m}$$

Per Definition sind zwei Peaks „getrennt", wenn das Tal zwischen den Peaks 10 % des Peaks mit der geringeren Intensität für Sektorfeldinstrumente und 50 % für Quadrupolinstrumente beträgt.

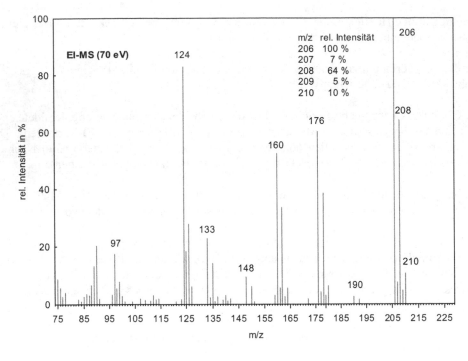

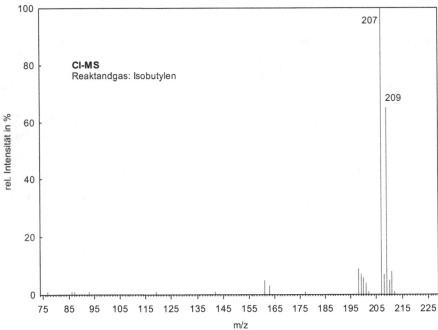

Bild 1.1: EI- und CI-MS einer unbekannten Verbindung

Beispiel 1.1

Gesucht ist die Auflösung eines Massenanalysators für die Trennung:
  a. m/z = 200 amu und 201 amu
  b. m/z = 168,1025 ($C_9H_{14}NO_2$) und 168,1012 ($C_7H_{12}N_4O$)

Lösung:

Zu a. $\Delta m = 1$ $R = 200 / 1 = 200$

Zur Trennung nach der Einheitsmassenzahl ist eine Auflösung um 500 bis 1000 erforderlich. Diese niedrige Auflösung wird im monomolekularen Bereich von *allen* Massenanalysatoren realisiert.

Zu 2. $\Delta m = 0,0013$ $R = 168 / 0,0013 \approx 130\ 000$

Für die Trennung dieser Ionen ist ein Massenanalysator mit einer Auflösung größer 100 000, ein **hochauflösendes Massenspektrometer (h-MS)** erforderlich.

Übersicht über die wichtigsten Massenanalysatoren zur Ionentrennung

Für die Trennung der Ionen stehen mehrere **Massenanalysatoren** in Kombination mit entsprechend geeigneten **Detektoren** zur Verfügung:

-   Hochfrequenzfeld eines Quadrupolstabsystems (Quadrupolinstrumente)
    Einheitsmassenauflösung; Massenbereich: bis 4 000 amu

-   Magnetisches Sektorfeld
    erreichbare Auflösung: 5 000; Massenbereich: bis 1 500 amu

-   Kombination eines Magnetfeldes mit einem elektrischen Feld (Doppelfokussierende Sektorfeldinstrumente)
    erreichbare Auflösung: > 100 000; Massenbereich: bis 4 000 amu

-   Elektrische Ionenfallen (ion trap Instrumente)
    Einheitsmassenauflösung; Massenbereich: bis 40 000 amu; EI/CI-Wechsel per Mausklick; geeignet für MS/MS-Techniken

-   Flugzeitinstrumente (**TOF: T**ime-**O**f-**F**light)
    erreichbare Auflösung: 10 000; Massenbereich: > 200 000; meist in Kombination mit MALDI (MALDI-TOF-Geräte)

-   **Detektoren**: Konversionsdynode mit Sekundärelektronenvervielfacher (SEV); Szintillationszähler.

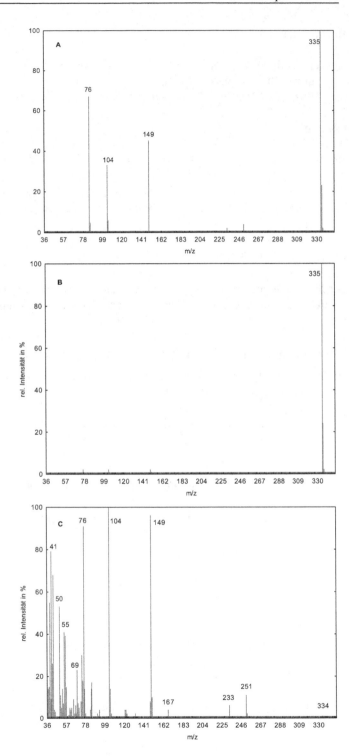

Bild 1.2 A – C:
EI- und CI-MS von Phthal-
säure-di-*n*-hexylester (1)

Übung 1.1

1. Eine Verbindung zeigt im EI-MS im Massenbereich des erwarteten Molpeaks kein Signal. Auf welche Weise kann der Molpeak experimentell ermittelt werden?

2. Die Molmasse eines Peptids im Massenbereich von 10 kDa ist zu ermitteln. Kann die EI- bzw. CI-Massenspektrometrie dafür verwenden werden? Wenn nicht, schlagen Sie eine geeignete Gerätekombination vor!

3. In **Bild 1.2 A - C** sind die drei Massenspektren von Phthalsäure-di-n-hexylester (1) in willkürlicher Reihenfolge gegeben: EI-MS, CI(CH$_4$)-MS und CI(CH(CH$_3$)$_3$)-MS. Ordnen Sie die verschiedenen Ionisationsmethoden den Spektren zu und begründen Sie Ihre Entscheidung!

4. Welche Auflösung muss ein Massenanalysator besitzen, um folgende Ionen zu trennen: a. $C_6H_5NO^+$ / $C_5H_5N_3^+$ b. $C_7H_6O^+$ / $C_7H_5O^+$ c. CH_3CO^+ / $C_3H_7^+$. Welche Massenanalysatoren sind dafür erforderlich?

1.2 Das Molekülion M$^{•+}$ (Molpeak)

Definition

Das **Molekülion** leitet sich ab vom neutralen Molekül durch Verlust (oder durch Addition) eines Elektrons. Das Molekülion liefert den **Molpeak**.

Bei der EI-Ionisation ist das Molekülion ist immer ein **Radikalkation, M$^{•+}$**.

Der Molpeak ist für alle organischen Verbindungen auf die Kombination mit den *leichtesten* Isotopen, die auch die häufigsten in ihrer natürlichen Zusammensetzung sind, festgelegt. Das sind die folgenden Isotope: ^{1}H, ^{12}C, ^{14}N, ^{16}O, ^{35}Cl, ^{79}Br. Monoisotop sind ^{19}F, ^{31}P und ^{127}I, d. h. sie kommen natürlich nur in *einer* isotopen Form vor.

Intensität des Molpeaks

Die richtige Zuordnung des Molpeaks ist Voraussetzung für die sinnvolle Interpretation eines Massenspektrums. Dabei ist zu beachten, dass die Intensität des Molpeaks für die verschiedenen Verbindungsklassen sehr unterschiedlich ist (s. **Tabelle 1.1**). Er kann den Basispeak bilden (große Stabilität des molekularen Radikalkations) oder überhaupt nicht auftreten, wenn bei der Stoßionisation ein Radikalkation mit sehr niedrigen Aktivierungsbarrieren für Zerfallsreaktionen gebildet wird.

Absicherung des Molpeaks

Ein als Molekülion deklarierter Peak muss folgende Forderungen erfüllen:

-   Der Molpeak (mit seinen Isotopenpeaks) ist der Peak mit der *höchsten* Massenzahl. In ihm müssen alle Atome des Moleküls enthalten sein.

-   *Massendifferenzen* vom Molpeak zu Fragmentpeaks dürfen keine Werte im Bereich **4 -14** sowie **21 - 25** aufweisen. Dies sind sinnlose Massendifferenzen, da entweder Abspaltungen von mehr als 4 H-Atomen oder die gleichzeitige Spaltung von zwei C-C-Bindungen für die Erreichung einer Differenz im Bereich 4 - 14 sehr unwahrscheinlich sind.

-   Die *Isotopenpeaks* des Molpeaks müssen sinnvolle, der natürlichen Häufigkeit gemäße Intensitätsverhältnisse zum Molpeak ergeben.

-   Der Molpek muss als Radikalkation immer ein Ion mit einer *ungeraden Elektronenzahl*, ein $OE^{\cdot+}$-Ion (**o**dd **e**lectron) sein. Beim Zerfall des Molekülions können neben $OE^{\cdot+}$-Radikalkationen auch Fragmentionen mit *gerader Elektronenzahl* (EE^+) gebildet werden:

-

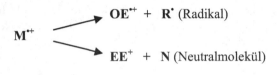

$$M^{\cdot+} \nearrow OE^{\cdot+} + R^{\cdot} \text{ (Radikal)}$$
$$\searrow EE^+ + N \text{ (Neutralmolekül)}$$

Prüfung auf $OE^{\cdot+}$ bzw. EE^+

Eine allgemeine Formel $C_xH_yO_nHalogen_mN_zS_r$ wird modifiziert:

-   Halogen durch **H** ersetzen

-   **O** und **S** ersatzlos streichen

Prüfkriterium für die modifizierte Formel:

$$x - \tfrac{1}{2}y + \tfrac{1}{2}z + 1 \quad \Rightarrow \textbf{ ganze Zahl} \quad \Rightarrow OE^{\cdot+}\textbf{-Ion}$$
$$\Rightarrow \textbf{halbzahliger Wert} \quad \Rightarrow EE^+\textbf{-Ion}$$

Isotopenpeaks

Jeder Massenanalysator trennt die Ionen mindestens nach ganzen Masseneinheiten, so dass die als Isotopengemische vorliegenden Probenmoleküle stets getrennt werden.

Per Definition ist bei organischen Verbindungen das Molekülion auf die Kombination der *leichtesten* Isotope festgelegt. Alle Peaks mit den schweren Isotopen werden als **Isotopenpeaks** mit der Symbolik **(M+1)**, **(M+2)**, **(M+3)**, ….. bezeichnet, s. **Tabelle 1.2** für das Beispiel C_2H_5Cl.

Wegen der geringen natürlichen Häufigkeit der Isotope ^{13}C (1,1 % bezogen auf ^{12}C) und ^2D (0,015% bezogen auf ^1H) sind Kombinationen mit mehr als je *einem* dieser Isotope im Molekül sehr unwahrscheinlich und nur von sehr geringer Intensität. Daher sind für Ethylchlorid nur Peaks mit den MZ sichtbar: 64 (Molpeak), 65 (M+1), 66 (M+2), 67 (M+3), 68 (M+4). Letzterer ist jedoch nur von sehr geringer Intensität.

Tabelle 1.1: Klassifizierung organischer Verbindungsklassen nach fallender Intensität des Molpeaks bei EI-Ionisierung (Die Intensität sinkt in jeder Kolumne von oben nach unten.)

Stark	Mittel	(Sehr) schwach	Nicht vorhanden
Heteroaromaten	Konjugierte Olefine	Kurzkettige Alkane	Tertiäre Alkohole
Aromatische KW	Ar-Br	Langkettige Alkane	Tertiäre Bromide
Ar-F	Ar-CO-R	Unverzweigte Alkane	Diole
Ar-Cl	Ar-CH$_2$R	Alk-OH	Hydroxycarbonsäuren
Ar-CN	Ar-CH$_2$Cl	Alk-COOH	Dicarbonsäuren
Ar-NH$_2$		Sekundäre Alkohole	Acetale; Ketale

Tabelle 1.2: Isotopenkombinationen von C$_2$H$_5$Cl

Isotopenkombination	MZ	Bezeichnung
$^{12}C_2{}^1H_5{}^{35}Cl$	64	M$^{\bullet+}$ (Molpeak)
$^{12}C^{13}C^1H_5{}^{35}Cl$	65	M+1
$^{12}C_2{}^1H_4{}^2D^{35}Cl$	65	M+1
$^{12}C_2{}^1H_5{}^{37}Cl$	66	M+2
$^{12}C^{13}C^1H_4{}^2D^{35}Cl$	66	M+2
$^{12}C^{13}C^1H_5{}^{37}Cl$	67	M+3
$^{12}C^{13}C^1H_4{}^2D^{37}Cl$	68	M+4

1.3 Ermittlung der Summenformel sowie der Zahl der Doppelbindungsäquivalente (DBE)

Die Erkennung von *Heteroatomen* und die Ermittlung der *Summenformel* bilden in der Strukturanalytik unbekannter Verbindungen eine wichtige Ausgangsbasis. Die Massenspektrometrie ist hierfür die Methode der Wahl.

Ermittlung der Elementarzusammensetzung von Molekül- und Fragmentpeaks mittels der hochauflösenden Massenspektrometrie (h-MS)

Die hochauflösende Massenspektrometrie mit einem doppelfokussierenden Massenspektrometer ermöglicht die *Massenfeinbestimmung*, d. h. die Massenbestimmung im Millimassenbereich.

Verschiedene Elementarzusammensetzungen der *gleichen* Massenzahl unterscheiden sich stets im Millimassenbereich, d. h. jede Elementarzusammensetzung ist im Millimassenbereich eindeutig definiert. Aus der genauen Masse kann aus entsprechenden Tabellen die Elementarzusammensetzung entnommen werden.

Eine Auswahl ist in **Tabelle 6.1.5** für Ionen mit den Atomen C, H, N und O gegeben.

Experimentell erfolgt die Massenfeinbestimmung durch Vergleich (= match) mit bekannten Massen einer Referenzsubstanz, daher die Bezeichnung **peak matching**.

Dieses Verfahren ist für den Mol- und auch für Fragmentpeaks geeignet und strukturanalytisch von hohem diagnostischen Wert, da nicht nur mit sehr geringen Substanzmengen die Summenformel sicher ermittelt werden kann, sondern aus den Differenzen zu Fragmentpeaks auch die Elementarzusammensetzung der Abgangsgruppen direkt erhalten werden. Auf diese Weise sind Informationen über funktionelle Gruppen zugänglich, s. **Beispiel 1.2**.

Beispiel 1.2

Für ein synthetisiertes Steroid ist instrumentell-analytisch folgender Beitrag zur Absicherung der im Formelbild (2) gezeigten Struktur zu leisten: Mittels h-MS sind die *Summenformel* zu ermitteln sowie die Existenz von *zwei OH-Gruppen* zu bestätigen.

Der Ausschnitt aus dem oberen Massenzahlbereich ist in **Bild 1.3** dargestellt.

Lösung

Mittels peak matching wurden die genauen Massen für den Mol- sowie für Fragmentpeaks bestimmt. Die Ergebnisse sind in **Tabelle 1.3** zusammengestellt.

Beitrag der Massenspektrometrie zur Strukturanalytik des Steroids:

- Die erwartete **Summenformel** ist gesichert.

- Die Existenz von **zwei OH**-Gruppen (angezeigt durch die Eliminierung von zwei Molekülen Wasser) wird bestätigt.

Ermittlung der Elementarzusammensetzung vom Molpeak mit einem niedrig auflösenden Massenanalysator

Niedrig auflösende Massenspektrometer trennen nur im Einheitsmassenbereich. Eine Angabe im Millimassenbereich ist daher nicht möglich. Die Ermittlung der Summenformel beruht in diesem Fall auf der Grundlage der natürlichen Isotopenverhältnisse der Elemente (s. **Tabelle 6.6.1**) im Rahmen der Messgenauigkeit der Signalintensitäten. Dieses Verfahren beschränkt sich jedoch ausschließlich auf die Ermittlung der Elementarzusammensetzung des **Molpeaks** (Summenformel), da die Signalintensität der Isotopenpeaks von Fragmentionen durch Beiträge anderer Fragmentionen verfälscht sein kann.

Bestimmung der C-Zahl, n_C

Die Bestimmung von n_C erfolgt aus dem Verhältnis der Intensitäten von I(M+1)- zum Molpeak I(M) unter Berücksichtigung der natürlichen Häufigkeit des ^{13}C-Isotops von 1,1 %:

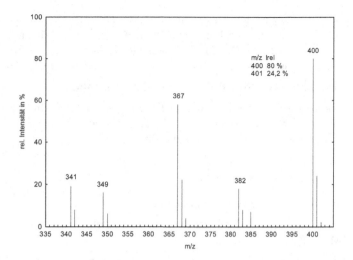

Bild 1.3: Ausschnitt aus dem 70 eV-MS eines steroidalen Syntheseproduktes (2)

Tabelle 1.3: Massenfeinbestimmung ausgewählter Ionen des Steroids (2)

Exp. Masse [amu]	Abweichung von der theor. Masse [mamu]	Formel	Strukturanalytische Information
400,33380	+ 0,3	$C_{27}H_{44}O_2$	Molpeak $\Rightarrow$ **Summenformel**
382,32400	- 0,5	$C_{27}H_{42}O$	$\Rightarrow$ Abspaltung von H_2O aus $M^{+\bullet}$
367,30230	-2,2	$C_{26}H_{39}O$	$\Rightarrow$ Abspaltung von CH_3
349,28729	+ 2,2	$C_{26}H_{37}$	$\Rightarrow$ Abspaltung von H_2O

$$n_C = \frac{I(M+1)}{I(M)\cdot 0,011}$$

Störung: Hohe Anzahl an N: 3 N-Atome entsprechen wegen der natürlichen Häufigkeit von ^{15}N etwa 1 C-Atom.

Anwesenheit von Si: Der Beitrag zur Intensität von ^{29}Si zum (M+1)-Peak (s. u.) ist heraus zu rechnen.

Erkennung von S und Bestimmung der S-Zahl, n_S

^{34}S mit 4,4 % relativ zu ^{32}S gibt einen Beitrag zum (M+2)-Peak. Ein relativ schwacher (M+2)-Peak zeigt die Existenz von S an. Aus dem Verhältnis vom (M+2)-Peak zum Molpeak kann die Anzahl der S-Atome ermittelt werden:

$$n_S = \frac{I(M+2)}{I(M)\cdot 0,044}$$

Störung: Anwesenheit von Cl oder Br

S wird bei Anwesenheit von Cl oder Br erkannt, wenn im Abstand von 2 amu ein weiterer Peak geringer Intensität erscheint. Für die Bestimmung von n_S wird dann statt des (M+2) die Intensität dieses Peaks verwendet, bei Anwesenheit von beispielsweise 1 Cl- oder 1 Br-Atom ist dies der (M+4)-Peak.

Erkennung von Si und Bestimmung der Si-Zahl, n_{Si}

Das häufigste Isotop ist ^{28}Si. Das Isotop ^{29}Si (I = 5,1%) liefert im Vergleich zur C-Zahl einen ungewöhnlich intensiven (M+1)-Peak und wegen ^{30}Si (I = 3,4 %) außerdem einen (M+2)-Peak, der sich nicht sinnvoll S zuordnen lässt.

$$n_{Si} = \frac{I(M+2)}{I(M) \cdot 0{,}034}$$

Störung: Anwesenheit von S, Cl oder Br

Für die Berechung der C-Zahl ist durch Umstellung der Formel nach I(M+1) der Beitrag zum (M+1)-Peak zu eliminieren.

Erkennung von Cl und Br sowie Bestimmung der Zahl der Cl- und Br-Atome

Die Anwesenheit von Cl oder Br erkennt man sofort an sehr intensiven Isotopenpeaks, die immer um 2 Masseneinheiten versetzt sind: (M+2), (M+4), …

Die Anzahl von Cl und Br kann durch Vergleich der experimentellen Isotopenverhältnisse mit den theoretischen Halogenmustern (s. **Tabelle 6.1.2**) sehr genau ermittelt werden.

Erkennung von Fluor und Jod

^{19}F sowie ^{127}I sind monoisotop und können daher nicht anhand von Isotopenpeaks erkannt werden.

Fluor ist aus Fragmentpeaks durch ungewöhnliche, nur bei F auftretende Massendifferenzen von Δ = 19 bzw. 20 amu (Abspaltung von F bzw. HF) zu erkennen.

Jod kann leicht aus Fragmentpeaks anhand ungewöhnlich großer Massendifferenzen von Δ = 127 bzw. 128 amu infolge Verlust von I oder HI detektiert werden.

Erkennung von Stickstoff

N-Regel: Enthält eine Verbindung eine *ungerade* Zahl von N-Atomen, dann ist der Molpeak *ungeradzahlig*. Ist der Molpeak *geradzahlig*, so hat die Verbindung eine *gerade* Zahl von N-Atomen oder sie ist N-frei.

Bei einer *ungeradzahlige*n MZ für den Molpeak ist mit Sicherheit N und zwar eine ungerade Zahl enthalten Bei einem *geradzahligen* Molpeak ist nach weiteren Kriterien auf An- bzw. Abwesenheit von N zu prüfen:

$\Rightarrow$ Ungewöhnlich viele geradzahlige Fragmentpeaks

$\Rightarrow$ N-haltige Fragmentpeaks: s. N-haltige Schlüsselbruchstücke in **Tabelle 6.1.4**

z. B. Basispeak mit m/z = 30 amu ($CH_2=NH_2^+$-Ion)

$\Rightarrow$ N-haltige Abgangsgruppen: s. (M-X)-Peaks in **Tabelle 6.1.3**, z. B. M - 46 (NO_2)

$\Rightarrow$ Informationen aus anderen spektroskopischen Daten, insbesondere IR.

Erkennung von Sauerstoff

Die Intensitäten der Isotopenpeaks von O sind von untergeordneter Bedeutung und lassen nur für seltene Fälle – sehr präzise Intensitätsmessungen vorausgesetzt – eine Ermittlung der Zahl der O-Atome zu. Daher wird die Anwesenheit von Sauerstoff aus O-haltigen Schlüssel-bruchstücken bzw. Abgangsgruppen ermittelt (s. **Tabelle 6.1.3** bzw. **Tabelle 6.1.4**).

Erkennung von Phosphor

^{31}P ist monoisotop und liefert daher keinen Beitrag zu Isotopenpeaks. Charakteristische iso-topenfreie Peaks sind m/z = 65 (PO_2H_2), 97 (PO_4H_2), 99 (PO_4H_4). Sie weisen auf die Existenz von P hin. (P kann sicher NMR-spektroskopisch detektiert werden.)

Erkennung von Metall-Ionen

Die meisten Metalle zeigen isotopenreiche Muster, wobei oft das leichteste Isotop nicht das häufigste ist. Einige Beispiel sind in **Tabelle 1.4** zusammengestellt.

Ermittlung der Zahl der H-Atome

Die H-Zahl ergibt sich nach Auflistung aller anderen Atome aus der Differenz zur Summen-formel.

Doppelbindungsäquivalente (DBE)

Die Zahl der DBE gibt an, wie viele *Doppelbindungen* oder *doppelbindungsäquivalente* Strukturgruppen (*Dreifachbindungen*, *Ringe*) in einem Molekül enthalten sind.

So kann beispielsweise über die DBE die Zahl der Ringe in einem Molekül sicher ermittelt werden.

Vorgehensweise zur Berechnung der DBE für ein Molekül, das folgende Atome enthalten kann: C, H, O, Halogen, S (2-bindig), N (3-bindig):

- Ermittlung des Grundkohlenwasserstoffs C_nH_x:

  Alle **O**- und **S**-Atome sind ersatzlos zu streichen.

  Alle **Halogenatome** sind durch H zu ersetzen.

  Alle **N**-Atome sind durch CH zu ersetzen.

  NO₂ oder **SO₂R** sind am besten zu streichen und durch H zu substituieren. Sie geben dann keinen Beitrag zur Zahl der DBE.

- Formel zur Berechnung der DBE durch Vergleich von C_nH_x mit einem gesättigten KW C_nH_{2n+2}

$$DBE = \frac{(2 \cdot n + 2) - x}{2}$$

- Aufteilung der DBE:

  pro **C=X** $\Rightarrow$ 1 DBE   pro **C≡X** $\Rightarrow$ 2 DBE   pro **Ring** $\Rightarrow$ 1 DBE

  pro **Aromat** $\Rightarrow$ 4 DBE   pro **NO₂** (falls nicht substituiert) $\Rightarrow$ 1 DBE

Tabelle 1.4: Beispiele der natürlichen Isotopenhäufigkeit von 3d-Eementen

Element	m/z (I_{rel})
Cr	50 (5,19), 52 (**100**), 53 (11,34), 54 (2,82)
Fe	54 (6,34), 56 (**100**), 57 (2,40), 58 (0,31)
Co	59 (**100**)
Ni	58 (**100**), 60 (38,23), 61 (1,66), 62 (5,26), 64 (1,33)
Cu	63 (**100**), 65 (44,57)
Zn	64 (**100**), 66 (57,41), 67 (8,44), 68 (38,68), 70 (1,24)

Beispiel 1.3

Summenformel und die Zahl der DBE sind für Verbindung (2) aus dem MS zu bestätigen!

Lösung:

Molpeak, $M^{\cdot+}$ m/z = 400 amu   I(M) = 80 %
(M+1)-Peak   m/z = 401 amu   I(M+1) = 24,2 %

$$n_C = \frac{24,2}{80 \cdot 0,011} = 27,5$$

n_C = 27 ergibt eine Masse von 324 amu. Die Differenz zum Molpeak beträgt 76 amu. Wenn keine weiteren Heteroatome anwesend sind, ist eine Aufteilung von 76 amu nur mit 2 O-Atomen (32 amu) sinnvoll. Damit verbleiben 44 amu, die H zu geordnet werden.
Summenformel: **$C_{27}H_{44}O_2$**

Zahl der DBE: $DBE = \dfrac{(27 \cdot 2 + 2) - 44}{2} = 6$

Aufteilung der 6 DBE gemäß Strukturvorschlag: **2 DB + 4 Ringe**

Beispiel 1.4

Aus dem MS in **Bild 1.1** sind für die unbekannte Verbindung *Summenformel* und *Zahl der DBE* zu ermitteln!

Lösung:

- Zuordnung des Molpeaks: m/z = 206 amu

- Absicherung des Molpeaks:
  Alle Isotopenpeaks lassen sich nur mit m/z = 206 amu sinnvoll zuordnen.

Die Differenzen zu Fragmentpeaks liegen im sinnvollen Bereich.
$M^{+\cdot}$ = 206 amu wird durch den (M+H)-Peak bei m/z = 207 amu im CI-MS bestätigt.

- Zuordnung der Peaks:

m/z	206	207	208	209	210	211 amu
I_{eel}	100	7,0	64	5	10	< 1
	M	M+1	M+2	M+3	M+4	M+5

- Bestimmung der Zahl der C-Atome aus dem (M+1)-Peak: n_C = 6

- Suche nach Heteroatomen:
  I(M) : I(M+2) : I(M+4) detektiert **2 Cl**-Atome (s. Isotopenmuster in **Tabelle 6.1.2**)

- Der Molpeak ist geradzahlig, daher enthält die Verbindung *0* oder *2* N-Atome.
  Positive Prüfung auf **N**:
  $\Rightarrow$ Viele geradzahlige Fragmentpeaks
  $\Rightarrow$ N-haltige (M-X)-Peaks: m/z = 160/162/164 $\Rightarrow$ M - 46 amu (NO_2)
  Es muss daher ein *zweites* N-Atom enthalten sein:
  Die Fragmentierung **160**/162/164 $\rightarrow$ **133**/135/137 (Δ = 27 amu) ist mit dem Verlust von HCN verbunden, charakteristisch für Arylamine oder N-Heterocyclen.

- Auflistung der ermittelten Atome: (Die sicheren Atome sind fett hervorgehoben.)
  6 C (72 amu) + **2 Cl** (70 amu) + **2 N** (28 amu) $\Rightarrow$ 170 amu
  Die Differenz zum Molpeak (36 amu) entfällt auf 2 O (bestätigt durch die Abgangsgruppe NO_2), verbleiben 4 H-Atome. Während die Zahl der Atome für N und Cl sicher sind, muss für die C-Zahl ein Intervall von mindestens ±1 amu berücksichtigt werden. Eine sinnvolle Summenformel ist jedoch nur mit n_C = 6 zu erreichen.

- Summenformel: $\mathbf{C_6H_4N_2O_2Cl_2}$

- Prüfung auf $\mathbf{OE^{+\cdot}}$:
  $C_6H_4N_2O_2Cl_2$ (- 2 O; - 2 Cl + 2 H) $\Rightarrow$ $C_8H_6N_2$
  6 - ½ · 6 + ½ · 2 = 4 (ganze Zahl) $\Rightarrow$ Die ermittelte Summenformel bildet ein $\mathbf{OE^{+\cdot}}$-Ion.

- Ermittlung der **DBE**:
  $C_6H_4N_2O_2Cl_2$ (- 2 O; - 2 Cl + 2 H; - 2 N + 2 CH) $\Rightarrow$ C_8H_8 $\Rightarrow$ **DBE = 5** $\Rightarrow$ (Aromat + NO_2)

(Die Ermittlung der Struktur dieser Verbindung wird durch die schrittweise Einbeziehung weiterer spektroskopischer Daten bis zum sicheren Strukturbeweis fortgesetzt.)

Übung 1.2

1. Ermitteln Sie aus den gegebenen Massenspektren in **Bild 1.4 A - D** die Summenformel, die Zahl der DBE und überprüfen Sie, ob der Molpeak ein $\mathbf{OE^{+\cdot}}$-Ion ist!

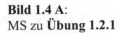

Bild 1.4 A:
MS zu **Übung 1.2.1**

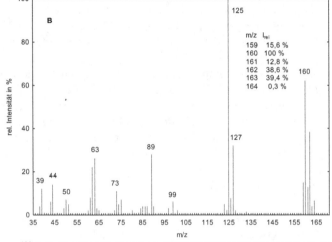

Bild 1.4 B:
MS zu **Übung 1.2.1**

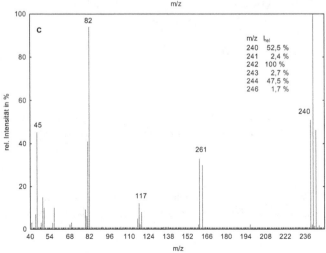

Bild 1.4 C:
MS zu **Übung 1.2.1**

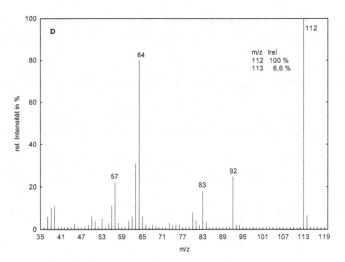

Bild 1.4 D:
MS zu **Übung 1.2.1**

2. Durch peak matching wurde die Elementarzusammensetzung ausgewählter Ionen bestimmt. Welche dieser Formeln kommt als Molpeak in Betracht?
   a. $C_{10}H_{15}O$ b. $C_{10}H_{14}O$ c. C_9H_7N d. $C_9H_{15}Cl_3$ e. $C_6H_5O_2N$

3. Bei der massenspektrometrischen Fragmentierung von 4-Methyl-pentan-2-on können die Fragmentionen $(CH_3)_2CH^+$ und/oder CH_3CO^+ mit jeweils m/z = 43 amu gebildet werden. Wie kann das Ionen bewiesen werden?

4. Eine aliphatische Dicarbonsäure liefert im oberen Massenzahlbereich folgende Peaks **m/z (I_{rel})**: 114(39) 115(3) 127(33) 128(3) 139(3) 140(3) 142(23) 143(4,4) 144(0,2) Welche MZ kommt für den Molpeak in Betracht? Ermitteln Sie, welche Dicarbonsäure vorliegt!

5. Aus den digitalen Ausschnitten aus den MS im *oberen* Massenzahlbereich ist für die Beispiele a. – k. die Summenformel zu ermitteln. (Bei den Fragmentpeaks sind nur Ionen mit einer relativen Häufigkeit ≥ 1 % angegeben.)
   Sichern Sie den ermittelten Molpeak ab, prüfen Sie, ob die Summenformel ein **OE$^{\bullet+}$**-Ion ist und bestimmen Sie die Zahl der DBE!

   m/z(relative Intensität)

   a. 49(3) 50(9) 51(13) 52(7) 53(6) 54(8) 61(3) 62(6) 63(10) 64(6) 65(26) 66(42) 67(12) 78(5) 79(2) 91(3) 92(24) 93(100) 94(7) 95(0,2)

   b. 103(3) 104(4) 105(30) 106(3) 119(1) 120(1) 121(30) 122(23) 123(2) 148(1) 149(100) 150(10) 151(1) 165(1) 166(80) 167(7,2) 168(1)

c. 61(2) 62(6) 63(14) 64(3) 65(27) 66(2) 70(1) 74(2) 75(1) 76(1) 85(1) 86(1)
87(1) 88(1) 89(8) 90(5) 91(95) 92(9) 118(2) 119(100) 120(88) 121(7,8) 122(<1)

d. 76(7) 77(9) 84(23) 85(6) 87(2) 110(2) 111(52) 112(5) 113(17) 114(2)   138(2)
139(100) 140(8) 141(33) 142(3) 155(1) 156(96) 157(8) 158(31) 159(2,4) 160(<1)

e. 62(3) 63(3) 68(5) 69(7) 70(3) 73(1) 74(10) 75(28) 76(3) 83(2) 92(1) 93(2)
94(6) 95(67) 96(6) 123(100) 124(7) 140(70) 141(5,5) 142(<1)

f. 37(1) 38(2) 39(15) 40(2) 41(45) 42(4) 43(2) 50(1) 51(1) 53(2) 55(5) 56(2)
57(100) 58(4) 127(6) 128(2) 141(2) 142(1) 169(1) 183(<1) 184(16) 185(0,7)

g. 32(6) 33(9) 34(9) 35(25) 36(1) 37(1) 43(2) 44(2) 45(41) 46(21) 47(100)
48(11) 49(6) 56(1) 57(8) 58(18) 59(34) 60(73) 61(46) 62(4) 63(2) 64(3) 65(3)
66(2) 76(1) 94(88) 95(2) 96(8) 97(<1)

h. 68(3) 69(1) 75(7) 76(5) 77(9) 90(32) 91(47) 92(5) 93(2) 105(2) 107(15)
108(1) 120(7) 121(100) 122(9) 123(5) 137(7) 151(9) 152(59) 153(5,6) 154(2,4)

i. 63(1) 65(7) 66(0) 81(50) 82(32) 83(13) 91(15) 93(3) 97(1) 99(100) 100(0,1)
109(35) 110(7) 111(14) 125(18) 126(6) 127(54) 128(1) 137(8) 138(9) 139(10)
153(4) 155(74) 156(4) 167(2) 181(2) 182(4,5) 183(0,3)

k. 54(1,8) 56(26) 57(0,8) (81(5) 93(5) 94(5) 95(6) 119(3) 120(1) 121(42) 122(3)
123(<1) 127(1) 128(3) 129(3) 130(1) 184(8,8) 185(1,1) 186(100) 187(5) 188(1)

1.4 Einflussfaktoren auf die Ionenhäufigkeit

Die Signalintensität wird durch die Häufigkeit der in der Ionenquelle gebildeten positiv geladenen Spezies – Radikalkationen und Kationen – bestimmt. Die Häufigkeit hängt ab von der
Stabilität der gebildeten Ionen (*Enthalpieeffekt*) und von sterischen Faktoren (*Entropieeffekt*).
Die Kenntnisse dieser Gesetzmäßigkeiten resultiert in verschiedenen Fragmentierungsme-
chanismen. Diese sind strukturanalytisch relevant, da sie an ganz bestimmte Strukturelemen-
te/funktionelle Gruppen im Molekül geknüpft sind. Außerdem gibt es viele unspezifische
Fragmentierungen, so dass - wenn auch mit sehr geringer Intensität - quasi jede MZ im
Spektrum vorgefunden wird.

Produktstabilität

Bildung stabiler Ionen

Eine bevorzugte Fragmentierung mit hohen Intensitäten wird durch die Bildung resonanz-
stabilisierter Ionen, sog. **Onium-Ionen** verursacht:

Immonium-Ionen ($RR'C=N^+R''$); Acylium-Ionen ($R-C\equiv O^+$); Benzyl-Ionen($C_6H_5-CH_2^+$) bzw. das valenzisomere cyclische Tropylium-Ion $C_7H_7^+$; Allyl-Ionen ($RR'C=CH-CH_2^+$); cyclische Ionen $C_3H_3^+$ (m/z = 39 amu), $C_5H_5^+$ (m/z = 65 amu), $C_4H_4X^+$ mit X = Cl oder Br (m/z = 87/89 bzw. 131/133 amu).

Abspaltung der größten Alkylgruppe (Stevenson-Regel)

Sind an einem C-Atom mehrere Alkylgruppen gebunden, so ist die Abspaltung des *größten* Alkylradikals bevorzugt.

Massenspektrometrische Fragmentierung von 2-Heptanon:

$$C_5H_9-C\equiv O^+ \ (2\ \%) \quad \xleftarrow{-\ CH_3^{\bullet}} \quad C_5H_{11}-C(O)-CH_3^{\bullet+} \quad \xrightarrow{-\ C_5H_{11}^{\bullet}} \quad CH_3-C\equiv O^+ \ (98\ \%)$$

Stabilität neutraler Zerfallsprodukte

Obwohl die Fragmentierungswege durch die Stabilität der ionischen Produkte viel stärker beeinflusst werden, üben *energiearme radikalische Produkte* oder *neutrale Moleküle* einen zusätzlichen Einfluss aus und liefern intensive Peaks.

Fragmentierungsreaktionen werden begünstigt durch

- Stabilisierung von *Radikalen* durch *elektronegative Atome*, wie O ($\Rightarrow$ Alkoxyradikale $RO^{\bullet}$)

- Stabilisierung von *Radikalen* durch *Resonanz*, z. B. $^{\bullet}CH_2-CR=OH^+ \leftrightarrow CH_2=CR-OH^{\bullet+}$

- Bildung kleiner stabiler *Moleküle* mit hoher Ionisierungsenergie:

  CH_4, H_2O, C_2H_4, C_2H_2, HCN, CO, NO, CO_2, H_2S, SO_2, HCl, $CH_2=C=O$ (Keten)

Sterische Faktoren

Einfluss der Struktur des Übergangszustandes

Für die H-Wanderung sind 6- und 5-Ringe in den Übergangszuständen günstig (s. z. B. McLafferty-Umlagerung), 3- und 4-Ringe hingegen nicht.

Bei der H-Wanderung beeinflusst der kovalente Radius des Heteroatoms die bevorzugte Ringgröße: Die 1,3-Eliminierung von HCl und HBr aus Alkylhalogeniden verläuft über einen 5-Ring, die massenspektrometrische Abspaltung von H_2O aus Alkoholen erfolgt über einen 6-Ring (1,4-Eliminierung).

Ortho-Effekt

Bei ortho-disubstituierten Aromaten sind Umlagerungen relevant, bei denen ein H-Atom zwischen benachbarten Gruppen am aromatischen Ring ausgetauscht wird.

Eliminierung von CH_3OH aus *ortho*-Hydroxybenzoesäuremethylester unter Bildung des intensiven Peaks mit m/z = 120 amu:

m/z = 152 amu   m/z = 120 amu

Übung 1.3

1. Welche intensiven Peaks (meist der Basispeak!) sind für folgende Verbindungen zu erwarten? Begründen Sie Ihre Entscheidung!

    a. CH_3–CH_2–CH_2–$NHCH_3$ b. $C_6H_5C(O)H$ c. C_6H_5–CH_2–CH_2–CH_3

    d. CH_3–CH_2–CH_2–$C(O)CH_3$ e. CH_3–CH_2–$CH=CH_2$ f. HS-CH_2–CH_2–OH

2. Welche energiearmen Neutralmoleküle werden bei massenspektrometrischen Fragmentierungen folgender Moleküle eliminiert?

    a. Anilin   b. C_6H_5–CH_2–CH_2–CH_3 c. C_5H_5–$C(O)H$
    d. o-Hydroxybenzoesäure   e. C_6H_5–SO_2NH_2 f. Nitrobenzen
    g. N-Acetylanilin   h. γ-Butyrolacton   i. Ethyl-phenylether

3. Worin zeichnen sich die MS folgender Verbindungsklassen aus?

    a. aromatische Verbindungen   b. N-Heteroaromaten   c. n-Alkane
    d. verzweigte Alkane   e. aliphatische Diole   f. Alkancarbonsäuren

4. Erklären Sie die unterschiedlichen Intensitäten der Peaks bei m/z = 43 (I_{rel}=100 %) und m/z = 169 (I_{rel}= 2%) im MS von Dodecan-2-on, CH_3-$(CH_2)_9$-$C(O)$-CH_3!

5. Gegeben sind die Massenspektren von zwei Chlorphenolen in **Bild 1.5 A** und **B**. Ordnen Sie die Spektren den Isomeren *ortho-*, *meta-* oder *para-* zu und begründen Sie Ihre Entscheidung! Lassen sich alle drei Isomere sicher unterscheiden?

6. Nitrotoluen zeigt einen intensiven Peak bei m/z = 120 amu. Welches Isomere liegt vor? Formulieren Sie die Fragmentierung!

1.5 Wichtige Fragmentierungsmechanismen

Neben vielen unspezifischen Fragmentierungen laufen aus energetischen und sterischen Gründen Fragmentierung auch nach bestimmten Gesetzmäßigkeiten ab und liefern oft intensive Signale. Diese spezifischen massenspektrometrischen Fragmentierungen bilden die Grundlage für die Erkennung von funktionellen Gruppen und Strukturelementen. Es werden die am häufigsten beobachteten Fragmentierungsreaktionen anhand von Beispielen vorgestellt. Andererseits sind diese in den Übungsaufgaben zu erkennen.

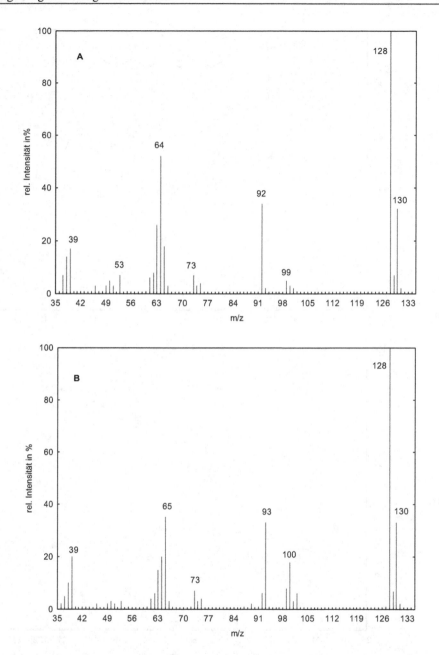

Bild 1.5 A – B: MS von zwei isomeren Chlorphenolen

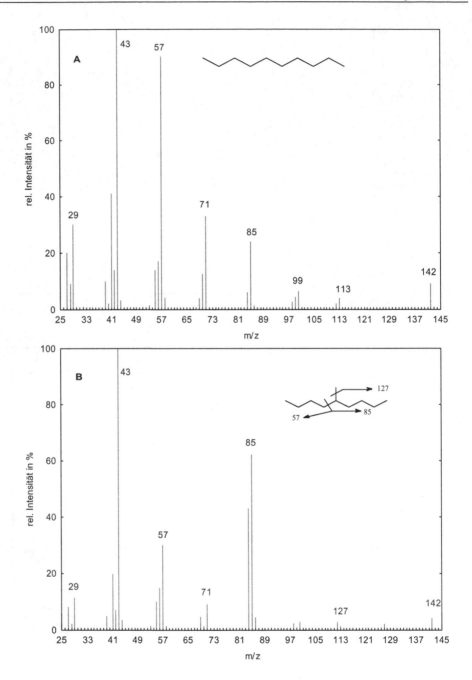

Bild 1.6 A – B: MS von *n*-Decan (**A**) und eines 5-Methyl-nonan (**B**)

1.5.1 σ-Spaltung

Die σ-Spaltung ist typisch für *Alkane*.

Die Ionisierung bewirkt in Alkanen eine beträchtliche Erniedrigung der Bindungsenergie der σ-Bindungen, so dass die Dissoziation der σ-C-C-Bindung den energetisch günstigsten Prozess darstellt. Da jede C-C-Bindung gleichberechtigt gespalten werden kann, entstehen EE^+-Ionenserien C_nH_{2n+1}.

Die *unverzweigten* Alkane sind durch Lattenzaun-ähnliche Signale im Abstand von $\Delta = 14$ amu sowie einen gleichförmigen Kurvenverlauf ohne „Unstetigkeiten" der Signalintensitäten mit einem Maximum bei C_3/C_4 gekennzeichnet, s. MS von *n*-Decan in **Bild 1.6 A**.

Verzweigte Alkane zeigen hingegen nicht mehr den gleichförmigen Kurvenverlauf der Signalintensitäten, s. MS eines *iso*-Decans in **Bild 1.6 B**. Wegen der unterschiedlichen Stabilität der Carbokationen $CH_3^+ < RCH_2^+ < R_2CH^+ < R_3C^+$ erfolgt die Spaltung bevorzugt an Stellen der Kettenverzweigung. Die Analyse der sich aus der Gleichförmigkeit heraushebenden intensiveren Signale lässt die Stelle der Kettenverzweigung erkennen.

Während in *n*-Alkanen das energiereichste $CH_3^\bullet$-Radikal quasi nicht abgespalten wird und daher im MS von *n*-Decan (**Bild 1.6 A**) kein (M-15)-Peak erscheint, ist im MS des *iso*-Decans (**Bild 1.6 B**) ein (M-15)-Peak bei m/z = 127 amu sichtbar, was bedeutet, dass eine Methylgruppe fragmentierungsgünstig stehen muss. Dieser Fakt sowie die ungewöhnlich hohe Intensität des Peaks bei m/z = 85 amu und der intensive Peak bei m/z = 57 amu ($C_4H_9^+$) lassen die Stelle der Kettenverzweigung erkennen. Das isomere Decan ist somit 5-Methylnonan (s. die im Formelbild eingezeichneten Fragmentierungen in **Bild 1.6 B**).

Eine Sekundärreaktion der primär gebildeten Carbokationen führt zur Abspaltung eines Olefin-Moleküls, wobei um 28 amu verringerte Carbokationen gebildet werden:

Cycloalkane zeigen im allgemeinen intensivere Molpeaks als die entsprechenden Alicyclen (s. MS mit Fragmentierungsschema von Methylcyclohexan in **Bild 1.7**).

Der Ringöffnung folgen zwei wichtige Fragmentierungen:

Weg 1:   Bildung eines **EE^+**-Ions durch einfache σ-Spaltung (m/z = **83, 69, 55, 41, 27** amu)

Weg 2:   Bildung von strukturanalytisch wichtigen **$OE^{+\bullet}$**-Ionen durch Olefinelimierung (m/z = **56** und **70** amu)

Übung 1.4

1. Gegeben sind die MS von zwei Alkanen mit der Summenformel **C_8H_{18}** (**Bild 1.8 A - B**), für die die Strukturen *n-Octan* (I), *3-Ethylhexan* (II) oder *2,2-Dimethylhexan* (III) in Betracht kommen können.

    Ordnen Sie die MS den Verbindungen zu und begründen Sie Ihre Entscheidung!

2. Wie ist im MS eine Kettenverzweigung des Alkylskeletts zu erkennen?

3. Gegeben ist das MS eines verzweigten Alkans mit der Summenformel $C_{10}H_{22}$ (**Bild 1.9**). Ermitteln Sie die Verzweigungsstelle!

1.5.2 α-Spaltung

α-Bindungen zu *Heteroatomen* (O, N, S) oder zu einer *π-Bindung* werden bevorzugt gespalten.

Oniumspaltung: Diese Fragmentierung beruht auf der starken Tendenz zur Elektronenpaarung. Bei der Stoßionisation wird ein Elektron aus dem Heteroatom bzw. der π-Bindung eliminiert. Mit dem verbliebenen ungepaarten Elektron wird eine neue Bindung zu dem benachbarten α-Atom gebildet, daher der Name α-Spaltung.

Strukturmuster mit Beispielen:

gesättigtes **Heteroatom**

$$R-CH_2-CH_2-XR \xrightarrow{\alpha} R^{\bullet} + CH_2{=}\overset{+}{X}R \quad (1)$$

$$CH_2-CH_2-\overset{+}{X}R \xrightarrow{\alpha} CH_2{=}CH_2 + \overset{+}{X}R \quad (2)$$

Die Tendenz zur Bildung von Onium-Ionen (Weg 1) verringert sich mit abnehmender Elektronendonatorstärke: N > S, O, ungesättigtes π-System > Cl > Br > H.

Wegen der hohen Elektronendonatorstärke (Nucleophilie) von N sind die Onium-Ionen aus Aminen besonders intensiv und bilden meist den Basispeak, s. MS von *n*-Butylamin in **Bild 1.10** (m/z – **30**: $CH_2–NH_2^+ \leftrightarrow {}^+CH_2–NH_2$).

ungesättigtes **Heteroatom**

$$R–CR{=}X^{\bullet+} \xrightarrow{\alpha} R^{\bullet} + RC{\equiv}X^+$$

$$C_6H_5–C(O)–CH_3^{\bullet+} \rightarrow CH_3^{\bullet} + C_6H_5–C{\equiv}O^+ \text{ (Basispeak: m/z = 105 amu)}$$

Bei alternativen Fragmentierungsreaktionen ist die Regel von der Abspaltung des größten Alkylradikals (s. Stevenson-Regel) zu beachten.

Die α-Spaltung leitet die Fragmentierung *cyclischer* Verbindungen ein. Allerdings wird im Unterschied zu den Alicyclen zunächst nur ein isomeres Molekülion gebildet, das sich über einen 6-Ring-Übergangszustand zu einem resonanzstabilisierten Ion umlagert, von dem aus die weiteren Fragmentierungen starten. Als Beispiel wird das MS von Cyclohexanol in **Bild 1.11** vorgestellt. Die α-Spaltung führt zunächst zur Ringöffnung. Über Umlagerungen werden die strukturanalytisch wichtigen Ionen mit m/z = 57 und 82 amu gebildet, s. Fragmentierungsschema in **Bild 1.11**.

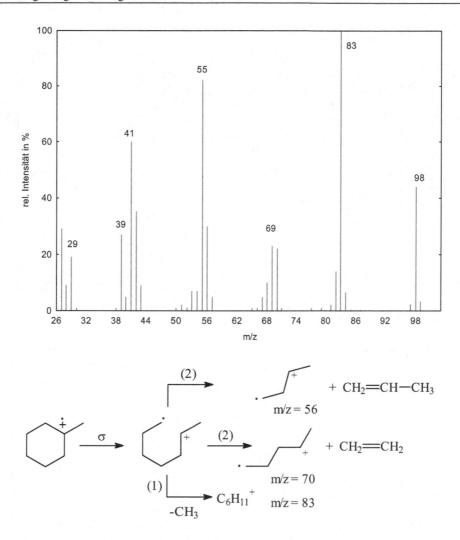

Bild 1.7: MS und Fragmentierungsschema von Methylcyclohexan

Allylspaltung: Während bei Heteroatomen durch die Stoßionisierung ein n-Elektron eliminiert wird, betrifft dies bei Alkenen ein π-Elektron. Wiederum bewirkt die Tendenz zur E-
lektronenpaarung die Spaltung der α-Bindung unter Ausbildung eines *mesomeriestabilisier-
ten Allyl-Ions*:

$$CH_3\!-\!CH_2\!-\!CH\!-\!C^+H\!-\!R \longrightarrow CH_3^{\bullet} + CH_2\!\!=\!\!CH\!-\!C^+HR \longleftrightarrow \overset{+}{CH_2}\!-\!CH\!\!=\!\!CHR$$

Die Doppelbindung ist im Molekülion sehr mobil, daher kann die Position der Doppelbindung nicht aus dem gebildeten Allyl-Ion entnommen werden. Isomere zeigen oft weitgehend

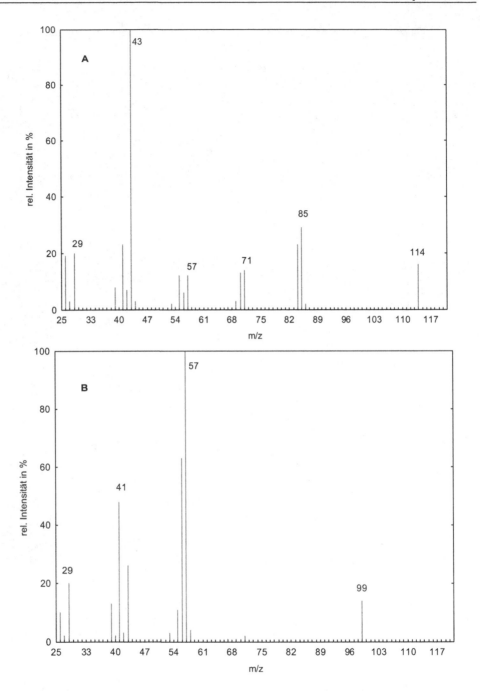

Bild 1.8 A – B: MS von zwei isomeren Verbindungen (zu **Übung 1.4.1**)

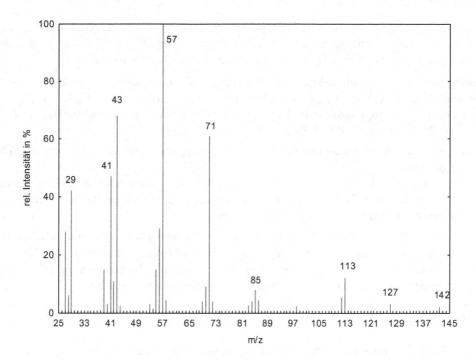

Bild 1.9: MS eines *verzweigten* Alkans mit der Summenformel $C_{10}H_{22}$ (zu **Übung 1.4.3**)

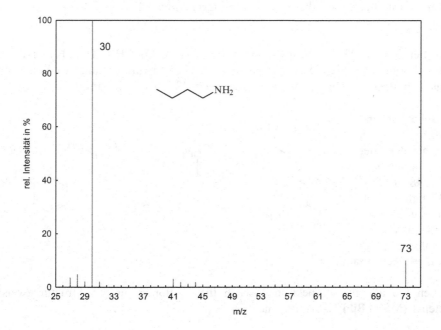

Bild 1.10: MS von *n*-Butylamin

ähnliche MS, s. die MS der Isomeren Buten-1 und Buten-2 (**Bild 1.12 A - B**). Ein weitgehend ähnliches MS zeigt auch das isomere 2-Methyl-propen-1. Der Basispeak wird in allen drei Verbindungen vom Allyl-Ion $CH_2=CH–CH_2^+$ (m/z = 41 amu) verursacht.

Benzylspaltung: Einen zur α-Spaltung aktivierenden Einfluss haben neben Heteroatomen auch aromatische Systeme. Das durch α-Spaltung erzeugte Benzyl-Ion ($C_6H_5–CH_2^+$) bzw. das valenzisomere Tropylium-Ion ($C_7H_7^+$) mit m/z = **91** amu erzeugt meist den Basispeak, s. MS von *n*-Propylbenzen in **Bild 1.13**.

Die Folgefragmentierungen werden durch die Abspaltung des energiearmen Neutralmoleküls $HC≡CH$ bestimmt.

Die Fragmentionen mit m/z = 91, 77, 65, 51, 39 sind typische Ionen für Aromaten und bilden daher *Schlüsselbruchstücke* (s. u.) für diese Substanzklasse, wobei die Peaks mit m/z = 51 und 77 typisch für *mono-substituierte* Aromaten sind.

Der strukturanalytisch relevante Peak mit m/z = 92 entsteht durch eine McLafferty-Umlagerung (s. u.). Er detektiert die Anwesenheit eines γ-H-Atoms und somit eine Alkylseitenkette mit n ≥ 3 C-Atomen. Eine der Benzylspaltung analoge Fragmentierung ist auch bei Heteroaromaten vorherrschend, s. MS von 2-*n*-Propylthiophen in **Bild 1.14**.

Übung 1.5

1. Die Abspaltung des energiereichsten H⋅-Radikals erfolgt im allgemeinen mit geringer Wahrscheinlichkeit. Im MS von Hydrinden (3) in **Bild 1.15** ist jedoch der (M-1)-Peak der Basispeak. Geben Sie eine Begründung dafür! Formulieren Sie die Fragmentierungsreaktion für den (M-1)-Peak!

    (3)

2. Gegeben ist das MS von Methyl-*n*-butylketon $CH_3–C(O)–CH_2–CH_2–CH_2–CH_3$ (**Bild 1.16**). Formulieren Sie die massenspektrometrischen Fragmentierungsreaktionen für die folgenden Peaks und benennen Sie diese: m/z = 43, 57, 71, 85 amu!

3. Entscheiden und begründen Sie, welche der vier Strukturisomeren das MS in **Bild 1.17** liefert! Stellen Sie für die Isomeren die relevanten Fragmentierungen zusammen!

    I   II   III   IV

4. Stellen Sie alle massenspektrometrischen Informationen für den Strukturbeweis von Octen-1 (MS in **Bild 1.18**) zusammen!

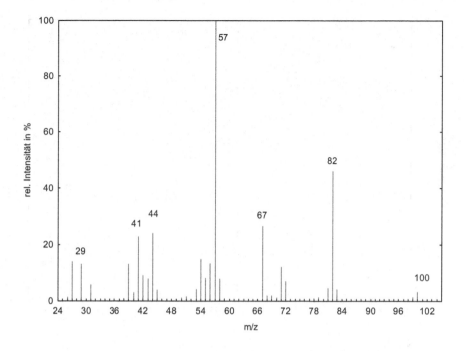

Bild 1.11: MS und Fragmentierungsschema von Cyclohexanol

5. Gegeben sind die MS (**Bild 1.19 A - B**) von zwei cyclischen isomeren Ketonen I und II: Stellen Sie die relevanten Fragmentierungen für beide Isomere zusammen und ordnen Sie die Verbindungen den MS zu! Formulieren Sie die Fragmentierungsreaktionen für folgende Peaks: MS **1.19 A**: m/z = 161, 148, 145, 133, 120 amu; MS **1.19 B**: 161, 134 amu!

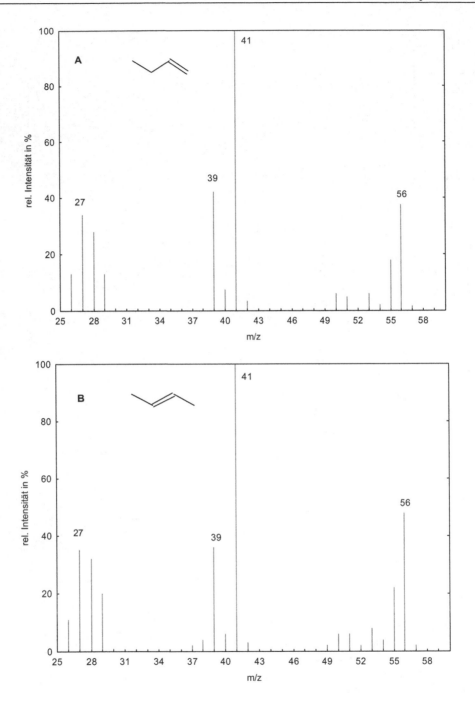

Bild 1.12: MS von Buten-1 (**A**) und Buten-2 (**B**)

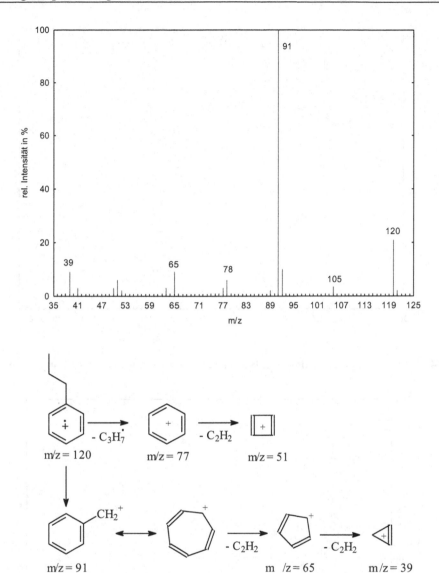

Bild 1.13: MS und Fragmentierungsschema von *n*-Propylbenzen

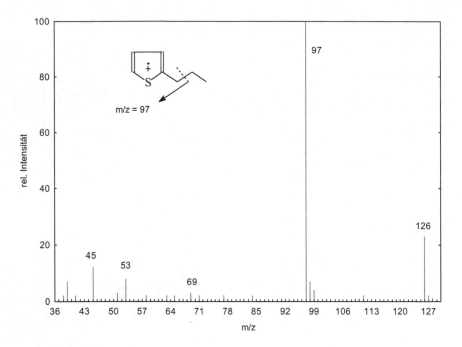

Bild 1.14: MS und Fragmentierung zum Basispeak (m/z= 97 amu) von 2-*n*-Propylthiophen

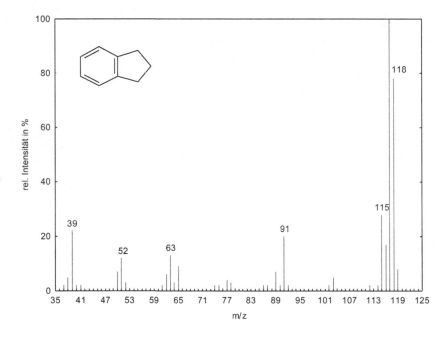

Bild 1.15: MS von Hydrinden (zu **Übung 1.5.1**)

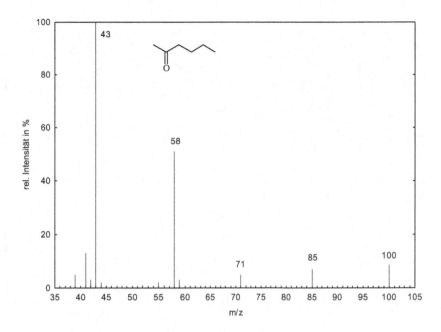

Bild 1.16: MS von Methyl-*n*-butyl-keton (zu **Übung 1.5.2** und zu **Übung 1.6.2**)

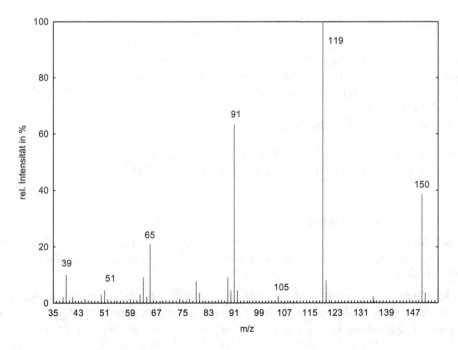

Bild 1.17: MS einer Verbindung mit der Summenformel $C_9H_{10}O_2$ (zu **Übung 1.5.3**)

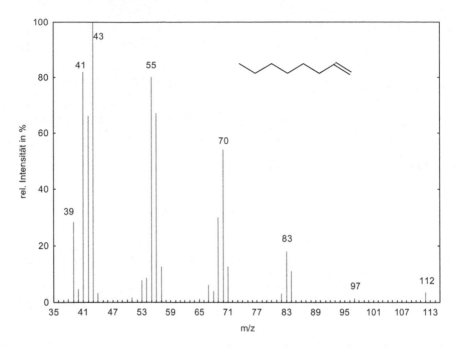

Bild 1.18: MS von Octen-1 (zu **Übung 1.5.4**)

6. In **Bild 1.20** ist das MS eines Amins mit der Summenformel $C_6H_{15}N$ dargestellt. Welcher Struktur ist dieses MS zuzuordnen? Stellen Sie für die in Frage kommenden drei Verbindungen – *n*-Hexylamin (**I**), N-Methyl-*n*-pentylamin (**II**), Dimethyl-*n*-butylamin (**III**) – die wesentlichen Fragmentierungen zusammen, ordnen Sie das richtige Isomere dem MS zu und begründen Sie Ihre Entscheidung!

7. Im MS von Nikotin hat der (M-1)-Peak etwa die gleiche Intensität wie der Molpeak. Geben Sie eine Begründung dafür!

1.5.3 McLafferty-Umlagerung

Die nach McLafferty benannte Reaktion ist eine *spezifische* Fragmentierung, die bei vielen Verbindungsklassen auftritt und meist sehr intensive Signale mit hoher strukturanalytischer Relevanz liefert.

Die McLafferty-Umlagerung stellt die Wanderung eines *γ–H-Atoms* mit nachfolgender *β-Spaltung* dar. Dabei wird über einen 6-gliedrigen Übergangszustand ein γ-H-Atom auf eine (mindestens) *Doppelbindung* übertragen und ein Neutralteilchen, das die β- und γ-Atome enthält, eliminiert. Für die Bezeichnung der McLafferty-Umlagerung wird üblicherweise das Symbol r_H verwendet.

Die McLafferty-Umlagerung wird am Beispiel von Octan-2-on – Bildung des Peaks mit m/z = 58 amu – erläutert, das MS ist in **Bild 1.21** dargestellt.

$$m/z = 58 \text{ amu}$$

Die für die r_H-Reaktion erforderliche Doppelbindung kann im Molekül entweder bereits vorhanden sein oder sie wird erst durch eine vorgelagerte Fragmentierung gebildet (z. B. durch α-Spaltung bei Ethern). Die McLafferty-Umlagerung kann auch mit einem zusätzlichen H-Transfer verbunden sein, wie z. B. die Bildung des Peaks bei m/z = 60 amu (CH_3-$C^+(OH)=NH_2$) in N-Alkyl-acetamiden (s. auch **Übung 1.7.1.b**).

Die α-, β- und γ-Positionen sind nicht auf C-Atome beschränkt. Diese Position können durch Kombinationen von C, N, O oder S besetzt sein, relevant ist immer nur das *γ-H*-Atom.

In **Tabelle 1.5** sind einige McLafferty-Produkte zusammengestellt.

Außerdem kann die McLafferty-Umlagerung durch den Einfluss des **Aromaten** induziert werden, vorausgesetzt, ein *γ-H*-Atom ist vorhanden. Die McLafferty-Umlagerung unter Mitwirkung eines Aromaten wird am Beispiel von *n*-Propylbenzen illustriert (MS von *n*-Propylbenzen, s. **Bild 1.13**):

$$m/z = 92 \text{ amu}$$

So kann beispielsweise *n*-Propylbenzen von der strukturisomeren Verbindung Methyl-ethylbenzen durch den Peak mit m/z = 92 amu aus der r_H-Fragmentierung sicher unterschieden werden, da in letzterer Verbindung kein γ-H-Atom zur Verfügung steht.

Die α- und β-Positionen können durch Heteroatome substituiert sein, so dass McLafferty-Produktionen mit anderen MZ gebildet werden, z. B. Phenylether (α = O) mit m/z = 94 amu, N-Alkylanilide (α = NH) mit m/z = 93 amu.

Die Wanderung eines γ-H-Atoms kann auch an eine **C=C-Bindung** in einem Alken erfolgen. So ist m/z = 42 amu das McLafferty-Produktion in Alkenen mit einem γ-H-Atom und m/z = 56 amu entsteht durch eine r_H-Fragmentierung aus dem durch Isomerisierung gebildeten Hexen-1-Radikalkation (s. MS in **Bild 1.22**).

$$m/z = 42 \text{ amu}$$

Schließlich läuft die massenspektrometrische Eliminierung von H_2O + Olefin aus **Alkoholen** nach dem McLafferty-Mechanismus, wobei ein δ-H-Atom am Übergangszustand beteiligt ist:

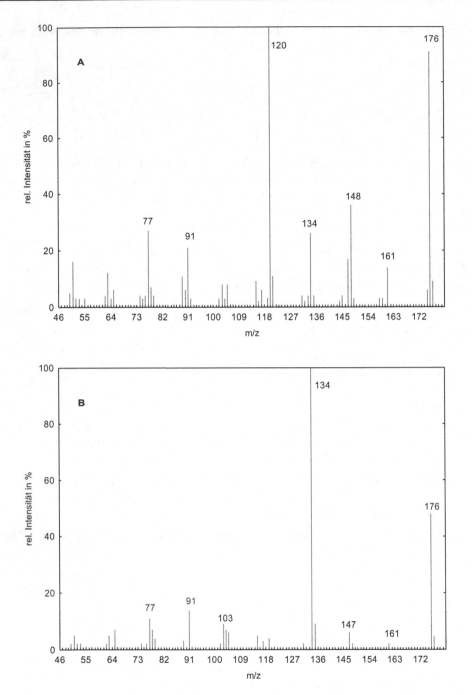

Bild 1.19 A – B: MS von 7-Methoxy-2-tetralon und 7-Methoxy-1-tetralon (zu **Übung 1.5.5**)

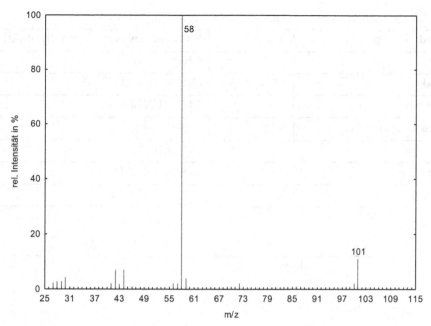

Bild 1.20: MS eines Amins mit der Summenformel $C_6H_{15}N$ (zu **Übung 1.5.6**)

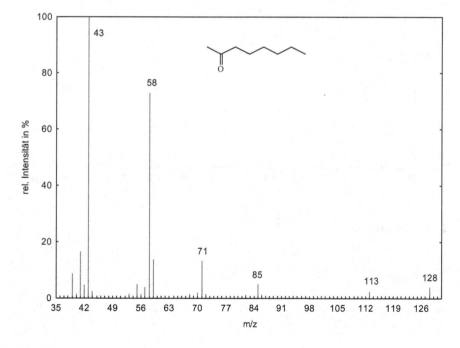

Bild 1.21: MS von Octanon-2

Tabelle 1.5: McLafferty-Produktionen wichtiger Verbindungsklassen

Verbindungstyp	m/z	Struktur des McLafferty-Produktions
Aldehyd	44	$CH_2=C(OH)H^{\bullet+}$
Methylketon	58	$CH_2=C(OH)CH_3^{\bullet+}$
Ethylketon	72	$CH_2=C(OH)C_2H_5^{\bullet+}$
Carbonsäuren (n ≥ 4)	60	$CH_2=C(OH)_2^{\bullet+}$
Methylester	74	$CH_2=C(OH)(OCH_3)^{\bullet+}$
Amide	59	$CH_2=C(OH)NH_2^{\bullet+}$
Phenylketone	120	$CH_2=C(OH)C_6H_5^{\bullet+}$

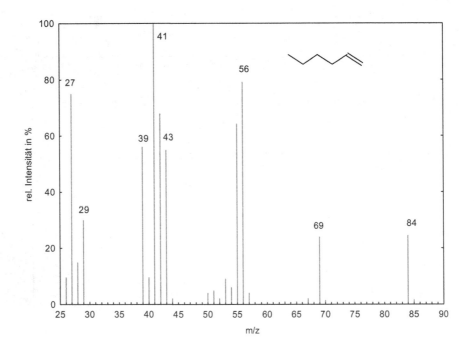

Bild 1.22: MS von Hexen-1

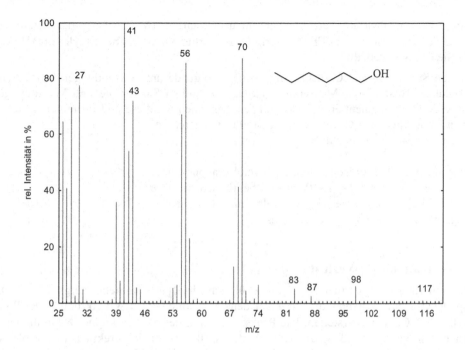

Bild 1.23: Massenspektrum von *n*-Heptanol

Das gebildete Alkenradikalkation eliminiert sukzessive Ethylen, so dass die Peak-Serie mit M - 46 (H_2O + C_2H_4), ... (M - H_2O + C_nH_{2n}) entsteht. Im MS von   *n*-Heptanol (**Bild 1.23**) sind das die Peaks mit m/z = 98 amu (M - H_2O), 70 amu (M - H_2O + C_2H_4), 42 amu (M - H_2O + 2 C_2H_4).

Übung 1.6

1. Formulieren Sie die Fragmentierungsreaktion für die gegebenen Fragmentionen:
   a. Valeriansäure (m/z = **60** amu)   b. *n*-Hexylbenzen (m/z = **92** amu)
   c. Methyl-*n*-pentylether (m/z = **45** amu)   d. Methy-ethyl-*iso*-propylamin (m/z = **72** amu)

2. Durch welche Fragmentierung wird der Peak mit m/z = 58 amu im MS von **Bild 1.16** erzeugt?

3. Carbonsäure-methylester zeigen einen intensitätsstarken (M-31)-Peak, bei Estern mit $C \geq 2$ dominiert die Olefin-Eliminierung (z. B. Verlust von C_2H_4 bei Ethylestern). Erklären Sie den Sachverhalt!

4. Für die Summenformel $C_6H_{12}O$ kommen u. a. folgende drei Verbindungen in Betracht: *n*-Hexanal, Hexan-2-on, Methyl-*tert*.-butylketon. Stellen Sie für die drei Verbindungen die relevanten Fragmentierungen zusammen, benennen Sie diese und formulieren Sie die Fragmentierungen auf Grund derer die Strukturisomeren unterschieden werden können!

5. Ordnen Sie die beiden isomeren Ethyl-cyclohexanone I und II den MS im **Bild 1.24 A - B** zu und begründen Sie Ihre Entscheidung! Formulieren Sie die relevanten Fragmentierungsreaktionen und benennen Sie diese!

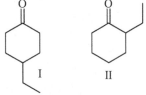

1.5.4 Neutralmolekül-Verlust

Die Eliminierung energiearmer Neutralmoleküle sind häufige Fragmentierungsschritte. Die abgespaltenen Neutralteilchen können ungeladene Moleküle (CO; H_2O; HF u. a.) oder Radikale ($H^{\cdot}$, $CH_3^{\cdot}$, $Cl^{\cdot}$ u. a.) darstellen. Die Peaks, die durch den Verlust kleiner Neutralteilchen entstehen, sind von hohem diagnostischen Wert, vor allem wenn sie direkt aus dem Molekülion eliminiert werden. So zeigt beispielsweise ein intensiver $(M-1)^+$-Peak ein fragmentierungsgünstiges labiles H-Atom und das Fehlen anderer labiler Atomgruppen im Molekül an. Ähnliches gilt für einen intensiven $(M-15)^+$-Peak infolge Verlust von $CH_3^{\cdot}$.

Im Folgenden werden Beispiele zum Verlust von neutralen Molekülen vorgestellt, die meist erst aus vorgelagerten Fragmentierungen oder Umlagerungen erfolgen.

Verlust von CO

Cyclische, ungesättigte Verbindungen sowie Ionen, die durch α-Spaltung zu einer Carbonylgruppe entstanden sind, spalten CO ab (Verlust von 28 amu). Sind mehrere CO-Gruppen enthalten, können sie nacheinander eliminiert werden. In den MS in **Bild 1.4 D** sowie **1.17** sind das die Fragmentierungen $m/z = 92 \rightarrow m/z = 64$ bzw. $m/z = 119 \rightarrow m/z = 91$ amu.

Sauerstoff in **Phenol** und seinen Derivaten wird nach einer vorausgegangenen Umlagerung ebenfalls als CO eliminiert: (s. MS in **Bild 1.4 A**):

Verlust von Ethin, C_2H_2

Die Eliminierung von C_2H_2 mit der MZ = 26 erfolgt beispielsweise aus dem Tropyliumion ($m/z = 91$ amu) und führt zum Peak $m/z = 65$ amu. Der erneute Verlust von C_2H_2 resultiert im Fragmention bei $m/z = 39$ amu (s. Formelbild in **Bild 1.13**).

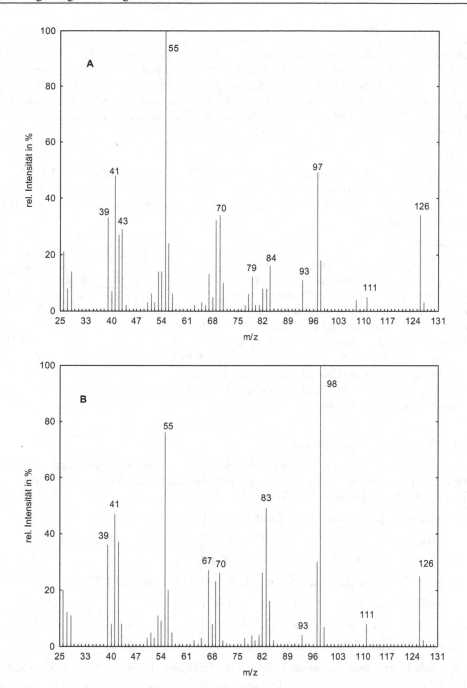

Bild 1.24 A – B: MS von zwei isomeren Ethylcyclohexanonen (zu **Übung 1.6.5**)

Verlust von HCl bzw. Cl•

Aus Chlorarylverbindungen kann das Neutralmolekül HCl (MZ = 36/38) oder das Radikal Cl• (MZ = 35/37) eliminiert werden. Ein möglicher ortho-Effekt begünstigt die Abspaltung von HCl. Durch diese Fragmentierung kann das *ortho*-Isomere leicht erkannt werden, eine massenspektrometrische Unterscheidung zwischen den *meta*- und *para*-Isomeren ist jedoch nicht möglich. Beide MS sind nahezu identisch. Der gleiche Sachverhalt trifft auch für Fluorarylverbindungen zu.

Verlust von HCN

N-Heterocyclen sowie Arylamine eliminieren N als HCN (Verlust von 27 amu). Im MS von 4-Methylpyridin (**Bild 1.25**) ist die Eliminierung von HCN durch die Bildung des Peaks bei m/z = 39 amu aus m/z = 66 amu zu erkennen. Die beiden anderen Isomere liefern weitgehend ähnliche Massenspektren.

Verlust von Keten, C₂H₂O

Als letztes Beispiel sei die Eliminierung von Keten mit der MZ = 42 genannt, was vor allem in N- und O-Acetylverbindungen vorherrschend ist. Im MS von Ethansäure-benzylester (**Bild 1.26**) führt die Eliminierung von Keten aus dem Molekülion (m/z = 150 amu) zum Basispeak (m/z = 108 amu). Die Isomeren *ortho*-, *meta*- oder *para*-Methyl-benzoesäure-methylester sind an der bevorzugten α-Spaltung (Eliminierung von m/z = 31 amu) mit nachfolgender CO-Elimierung leicht zu unterscheiden:

1.5.5 Ladungsinduzierte Spaltung

Die ladungsinduzierte Spaltung wird durch induktive Effekte hervorgerufen und wird üblicherweise mit **i** symbolisiert. Die ladungstragende Stelle zieht unter Spaltung der benachbarten Bindung ein Elektronenpaar an, wobei die Ladung wandert.

Ladungsinduzierte Spaltung aus einem Radikalkation (OE•⁺):

$$OE^{•+}: \quad R{-}Y^{•+}{-}R' \quad \rightarrow \quad R^+ + Y^•{-}R'$$

Beispiel: $R{-}O^{•+}{-}R' \quad \rightarrow \quad R^+ + O^•{-}R'$

Peak mit m/z = 29 amu (C₂H₅⁺) im MS von Ethyl-*n*-pentylether in **Bild 1.28**.

$$EE^+: \quad R{-}Y^+H_2 \quad \rightarrow \quad R^+ + YH_2$$

Beispiel: $R{-}C{\equiv}O^+ \quad \rightarrow \quad R^+ + CO$

Peak bei m/z = 57 amu (C₄H₉⁺) im MS von Methyl-*n*-butylketon, **Bild 1.16**.

Die Häufigkeit einer i-Spaltung nimmt in folgender Reihe ab: Cl, Br, NO₂, > O, S >> N, C

In Alkylchloriden größer C₅ nimmt die Intensität der R⁺-Ionen infolge der Bildung von cyclischen Produkten CₙH₂ₙCl mit n = 3, 4, 5 ab. Von diesen Ionen ist C₄H₈Cl⁺ (m/z = 91 amu) mit cyclischer 5-Ringstruktur das intensivste und bildet meist den Basispeak (s. MS von *n*-Hexylchlorid in **Bild 1.27**).

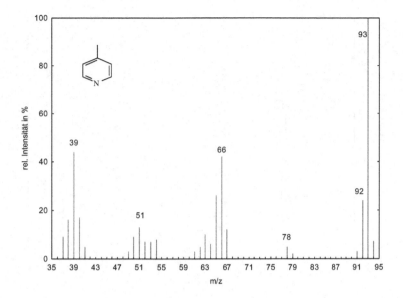

Bild 1.25: MS von 4-Methylpyridin

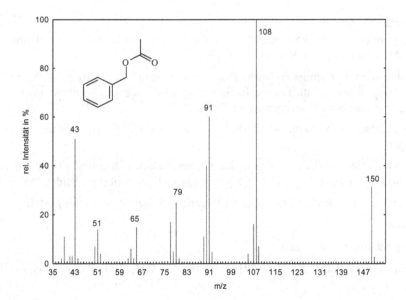

Bild 1.26: MS von Ethansäure-benzylester

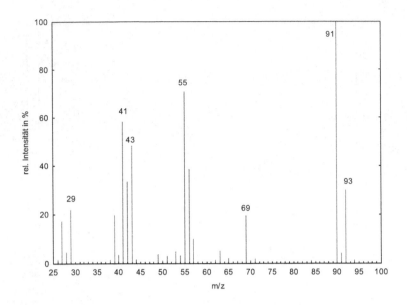

Bild 1.27: MS von *n*-Hexylchlorid (Im Bereich m/z > 93 amu sind keine Peaks sichtbar.)

1.5.6 Onium-Reaktion

Onium-Reaktionen sind an kationische Fragmentionen mit Heteroatomen geknüpft: Oxonium-Ionen, Ammonium-Ionen, Sulfonium-Ionen u. a.

Bei der Onium-Reaktion findet *H-Transfer* aus dem an das Heteroatom gebundenen Alkylrest unter *Olefineliminierung* statt. Da die Herkunft des H-Atoms meist unbekannt ist, wird die mögliche Quelle mit einer Klammer symbolisiert.

Verbindungsklassen mit Onium-Reaktionen sind Amine, Ether, Thioether, N-Acetyl-verbindungen.

Die Onium-Reaktion wird am Beispiel der massenspektrometrischen Fragmentierung von Ethyl-*n*-pentylether $CH_3–(CH_2)_2–CH_2–CH_2–O–CH_2–CH_3$ illustriert (s. **Bild 1.28**).

Die wesentlichen Fragmentierungen sind im folgenden Schema zusammengestellt:

1. α-Spaltung

    ⇒ m/z = **59** amu (Basispeak!)

    $CH_3–(CH_2)_2–CH_2–CH_2–\overset{\bullet+}{O}–CH_2–CH_3 \rightarrow \mathbf{CH_2{=}O^+{-}CH_2{-}CH_3} + CH_3–(CH_2)_2–CH_2{}^{\bullet}$

    ⇒ m/z = **101** amu

    $CH_3–(CH_2)_2–CH_2–CH_2–\overset{\bullet+}{O}–CH_2–CH_3 \rightarrow \mathbf{CH_3{-}(CH_2)_2{-}CH_2{-}CH_2{-}O^+{=}CH_2} + CH_3{}^{\bullet}$

    Die Regel von der Abspaltung des größten Alkylradikals begünstigt m/z = 59 amu gegenüber m/z = 101 amu. Die relative Intensität von m/z = 101 amu ist kleiner 1%.

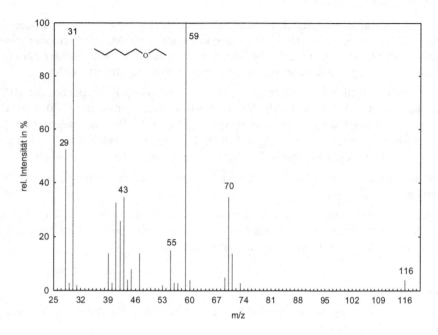

Bild 1.28: MS von Ethyl-*n*-pentylether

2. Mc-Lafferty-Umlagerung des primär gebildeten Onium-Ions mit m/z = 101

   $\Rightarrow$ m/z = **45** amu

   $CH_3–(CH_2)_2–CH_2–CH_2–O^+{=}CH_2$ $\rightarrow$ **$CH_3–O{=}CH_2^+$** + $CH_3–CH_2–CH{=}CH_2$

3. Onium-Reaktion

   $\Rightarrow$ m/z = **31** amu

   $CH_3–(CH_2)_2–CH_2–CH_2–O^+{=}CH_2$ $\rightarrow$ **$HO{=}CH_2^+$** + C_5H_{10}

4. Ladungsinduzierte Spaltung (i)

   $\Rightarrow$ m/z = **29** amu

   $CH_3–(CH_2)_2–CH_2–CH_2–O^{+\bullet}–CH_2–CH_3 \rightarrow CH_3–(CH_2)_2–CH_2–CH_2–O^\bullet + \mathbf{C_2H_5^+}$

   $\Rightarrow$ m/z = **71** amu

   $CH_3–(CH_2)_2–CH_2–CH_2–O^{+\bullet}–CH_2–CH_3 \rightarrow O^\bullet–CH_2–CH_3 + \mathbf{C_5H_{11}^+}$

1.5.7 Retro-Diels-Alder-Reaktion (RDA)

Wie das Formelbild für die RDA-Reaktion am Beispiel von Cyclohexen zeigt, können entweder die
Dien-Komponente (Weg a) oder die **En**-Kompo-
nente (Weg b) die Ladung tragen und als Ion im MS
erscheinen.

Der Cyclohexan-Ring kann auch durch ein oder mehrere *Heteroatome* substituiert oder Teil eines *größeren Ringsystems* sein. Die RDA-Reaktion kann vom Molekülion oder einem Fragmention aus starten. Bevorzugt stellt die Dien-Komponente den Ladungsträger dar (Weg a), aber auch die En-Komponente kann als Ladungsträger im MS registriert werden.

Im MS von Menthen (**Bild 1.29**) ist der Peak mit m/z = 68 (Dien-Komponente der RDA-Fragmentierung) wesentlich intensiver als der der En-Komponente mit m/z = 70 amu. Der Basispeak (m/z = 95 amu) wird durch eine σ-Spaltung unter Verlust der Isopropylgruppe erzeugt. Die σ-Spaltung unter Eliminierung der Methylgruppe zum Peak bei m/z = 123 amu ist gemäß der Stevenson-Regel weniger wahrscheinlich und daher intensitätsschwächer.

Die RDA-Reaktion wird in vielen alicyclischen und heterocyclischen Naturstoffen, wie Retinol oder Flavonoide beobachtet.

Die RDA-Reaktion gehört jedoch zu den Reaktionen, die auch bereits *thermisch* in der Einlassquelle ablaufen können, wobei die MS dieser Produkte, gegebenenfalls mit Überlagerung massenspektrometrischer RDA-Produkte registriert werden.

Übung 1.7

1. Formulieren Sie die Fragmentierungsreaktionen und benennen Sie diese für die angegebenen Ionen in den folgenden MS:

    a. Ethyl-*sec*-Butylether: m/z (I_{rel}) = 31 (8), 45 (100), 59 (19), 73 (50), 87 (6)

    b. N-Acetyl-*n*-Hexylamin: m/z (I_{rel}) = 30 (100), 43 (31), 60 (10), 72 (28)

    c. N-Methyl-ethyl-*n*-propylamin: m/z (I_{rel}) = 44(72), 58(12), 72 (100), 86(8)

2. Gegeben ist das MS eines tertiären Amins (**Bild 1.30**). Überprüfen Sie, ob das MS N-Methyl-ethyl-*iso*-propylamin zugeordnet werden kann! Formulieren und benennen Sie die relevanten Fragmentierungsreaktionen!

3. Im MS eines Terpenoids mit der Summenformel $C_{10}H_{16}$ ist ein intensiver Peak mit m/z = 68 amu zu beobachten (**Bild 1.31**). Kann das MS Limonen (I) zugeordnet werden? Formulieren und benennen Sie die Fragmentierungsreaktion für diesen Peak! Kann die Struktur (II) ausgeschlossen werden?

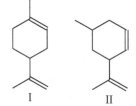

I   II

1.6 Ermittlung der Molekülstruktur

1.6.1 Beurteilung des allgemeinen Erscheinungsbildes des MS

Die Beurteilung des allgemeinen Erscheinungsbildes eines MS im Hinblick auf die Strukturermittlung betrifft die Intensität des Molpeaks mit seinen Isotopenpeaks; die Intensität des

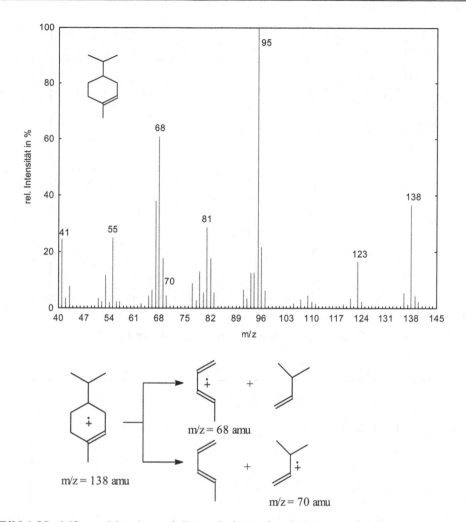

Bild 1.29: MS von **Menthen** mit Formelschema für die RDA-Reaktionen

(M-1)-Peaks; das Auftreten von sehr wenigen, aber sehr intensiven Fragmentionen; die Erkennung von Ionenserien. Dies soll an Beispielen illustriert werden.

Aliphatische Kohlenwasserstoffe liefern nur intensitätsschwache Molpeaks, s. die MS von Decanen in **Bild 1.6**. Bei starker Kettenverzweigung ist er meist gar nicht mehr sichtbar.

Die Fragmentpeaks von gesättigten aliphatischen Kohlenwasserstoffen und Verbindungen mit langkettigen Alkylsubstituenten sind durch Peak-Cluster charakterisiert. Sie werden hervorgerufen durch Ionenserien der Reihe m/z = 14n +1, begleitet von Ionen der Serien C_nH_{2n} sowie C_nH_{2n-1}, s. MS in **Bild 1.6**. Der gleichförmige Verlauf der Intensitäten wird bei verzweigten Alkanen unterbrochen, da Fragmentierungen an der Kettenverzweigung bevorzugt sind, vgl. die MS in **Bild 1.6**.

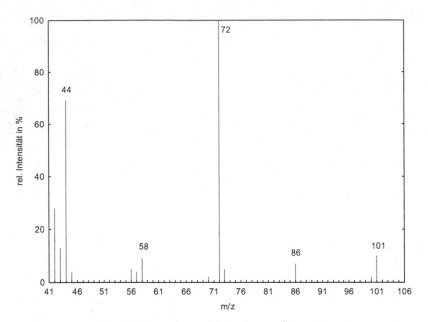

Bild 1.30: MS von N-Methyl-ethyl-*iso*-propylamin (?) (zu **Übung 1.7.2**)

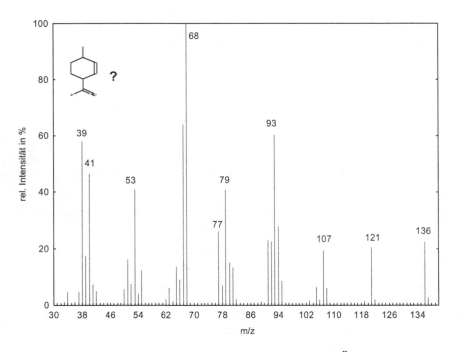

Bild 1.31: MS eines Terpenoids mit der Summenformel $C_{10}H_{16}$ (zu **Übung 1.7.3**)

Peak-Cluster im Abstand von 14 amu sind auch in Alkenen dominierend, wobei Ionen der Serie C_nH_{2n-1} und C_nH_{2n} intensiver sind als die der Serie C_nH_{2n+1}.

Während aliphatische Verbindungen nur schwache bis überaus schwache Intensitäten für den Molpeak erzeugen (s. **Tabelle 1.1**), liefern *Aromaten/Heteroaromaten* im Allgemeinen intensitätsstarke Molpeaks, vorausgesetzt sie besitzen keine fragmentierungsgünstige Gruppen, wie beispielsweise langkettige Alkylgruppen. Außerdem ist die aromatische Grundstruktur durch entsprechende Schlüsselbruchstücke (s. **Tabelle 6.1.4**) zu erkennen. Bei den aromatischen Grundkörpern bildet das Molekülion den Basispeak, Fragmentpeaks haben nur geringe Intensitäten.

Wenige Fragmentpeaks sehr hoher Intensität diagnostizieren fragmentierungsgünstige Stellen im Molekül. So besitzen beispielsweise im MS von Nikotin alle Peaks Intensitäten kleiner bis weit unter 20 % bezogen auf den Basispeak mit m/z = 84 amu, der nach Verlust des Pyridinradikals durch das sehr stabile N-Methyl-tetrahydropyrrol-Kations gebildet wird (α-Spaltung).

Intensive Isotopenpeaks im Abstand von jeweis 2 amu zum Molpeak erkennen die Anwesenheit von *Chlor* und/oder *Brom*, ein (M+2)-Peak geringer Intensität deutet auf *Schwefel* oder *Silicium* hin.

Ungewöhnlich intensive (M-1)-Peaks können beoachtet werden bei Alkinen, Nitrilen, Alkylhalogeniden oder bei Verbindungen, bei denen bei Verlust eines H˙-Radikals ein sehr stabiles Fragmention gebildet wird, wie beispielsweise ein Onium-Ion bei Arylaldehyden.

Die relevanten Informationen, die aus den Massenspektren für die Strukturanalytik erhalten werden, sind für die wichtigsten Verbindungsklassen in **Tabelle 6.1.6** zusammengestellt.

1.6.2 (M-X)-Peaks

(M-X)-Peaks entstehen durch Verlust von Neutralteilchen direkt aus dem Molekülion und sind im *oberen* Massenbereich von Bedeutung. Die Abspaltung des Neutralteilchens X kann im MS nur indirekt als Differenz zum Molpeak erkannt werden. Für die Zuordnung von X steht die Massenkorrelationstabelle (**Tabelle 6.1.3**) zur Verfügung. Die (M-X)-Peaks ermöglichen meist die einfachste und spezifischste Zuordnung der Peaks im MS und lassen *funktionelle Gruppen* erkennen.

Die Differenz zum Molpeak beträgt im MS der Verbindung I 15 amu (X = CH_3) und bei II 31 amu (X = OCH_3). In beiden Fällen entsteht durch Verlust des Radikals X das sehr stabile Benzoyl-Ion mit m/ = 105, aus dem jeweils CO abgespalten

wird und nachfolgend weitgehend identische Fragmentierungsreaktionen ablaufen. Durch den Verlust von CH_3 + CO bzw. CH_3O + CO sind eindeutig die funktionellen Gruppen (Aryl)–C(O)CH_3 bzw. (Aryl)–C(O)OCH_3 diagnostiziert.

1.6.3 Charakteristische Fragmentionen

Die Gesetzmäßigkeiten der massenspektroskopischen Fragmentierung führen zu spezifischen Fragmentionen im *unteren* Massenzahlbereich, die für bestimmte Verbindungsklassen bzw. Heteroatome charakteristisch sind. Sie sind in der Massenkorrelationstabelle (**Tabelle 6.1.4**) ausgewiesen und lassen als *„Schlüsselbruchstücke"* Strukturelemente, Heteroatome oder funktionelle Gruppen erkennen.

Beispiele charakteristischer Ionen:

Aromat: m/z = 39 ($C_3H_3^+$), 51 ($C_4H_3^+$), 65 ($C_5H_5^+$), 91 ($C_7H_7^+$) amu
          mono-Substitution: intensiver Peak mit m/z = 77 ($C_6H_5^+$) amu

$R–CH_2NH_2$: m/z = 30 amu; $R–CH_2NCH_3H$: m/z = 44 amu; $R–CH_2N(CH_3)_2$: m/z = 58 amu
Diese Ionen erzeugen jeweils den Basispeak.

Thiole/Thioether: m/z = 33 (SH^+ bei Thiolen), 45 (CHS^+); 46 (CH_2S^+), 47 (CH_2SH^+) amu

CF_3^+: m/z = 69 amu; Phthalsäurediester (Weichmacher): 149 ($C_8H_5O_3^+$) amu.

1.6.4 Allgemeine Vorgehensweise bei der Interpretation von Massenspektren

-   Berücksichtigung aller verfügbarer Informationen über die Probe: Kenntnisse aus anderen spektroskopischen Methoden; chemische Vorgeschichte wie Synthese oder anderweitige Herkunft, z. B. Isolation aus Naturstoffen, Proben aus der Umweltanalytik; mögliche Verunreinigung wie Weichmacher, Aufnahmetechnik des MS (EI, CI mit Reaktandgas; Quadrupol- oder Ion-Trap-Analysator oder andere). Ion-Trap-MS liefern ungenaue Intensitäten der (M+X)-Isotopenpeaks: Eine sichere Ermittlung der Summenformel ist daher nicht wie bei Quadropol-MS möglich.

-   Ermittlung und Absicherung des *Molpeaks*, gegebenenfalls Aufnahme eines CI-MS oder mit einer anderen weichen Ionisationsmethode. Die richtige Erkennung des Molpeaks ist Voraussetzung für eine sinnvolle Interpretation des MS.

-   Ermittlung der *Heteroatome* sowie der *Summenformel*. Bei größeren Molmassen ist die Massenfeinbestimmung mittels h-MS erforderlich. Aus der Summenformel ist die Zahl der *Doppelbindungsäquivalente* (DBE) zu berechnen und zuzuordnen.

-   Bewertung des *allgemeinen Aussehens* des MS (Intensität des Molpeaks, ausgewiesene Fragmentpeaks). Lässt sich eine Grundstruktur erkennen (Aromat, Alkan, Aromat mit großen Alkylketten usw.)?

-   Suche nach *Ionenserien* sowie *charakteristischer Ionen* (Schlüsselbruchstücke) im unteren Massenbereich, *(M-X)-Peaks* und Abspaltung weiterer neutraler Teilchen im oberen Massenzahlbereich. Suche nach Strukturelementen und funktionellen Gruppen.

-   Erarbeitung von Molekülstrukturen und Überprüfung, ob sich mit diesen die wesentlichen Peaks gemäß den Fragmentierungsregeln erklären lassen. Wenn möglich, Absicherung des Strukturvorschlags durch Vergleich mit einer Referenzsubstanz bzw. Referenzspektrum aus der Spektrenbibliothek. Bei der Interpretation des MS ist zu beachten, dass vorgelagerte thermische Reaktionen sowie Umlagerungen aus dem primär gebildeten Radikalkation die Erarbeitung des Fragmentierungswegs sehr erschweren. So ist im MS von

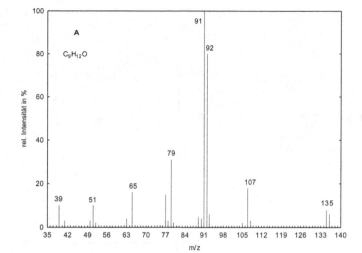

Bild 1.32 A:
zu **Übung 1.8.1**
Summenformel:
$C_9H_{12}O$

Cyclohexan ein intensiver (M-15)-Peak zu beobachten, obwohl die Verbindung über keine CH_3-Gruppe – und noch dazu in fragmentierungsgünstiger Position – verfügt.

Übung 1.8

1. Die computerunterstützte Identifizierung von MS unbekannter Verbindungen aus Spektrenbibliotheken bietet meist mehrere strukturisomere Verbindungen an. Die Auswahl der
richtigen Verbindung erfordert daher die Interpretation des MS.

   Aus den MS von je drei strukturisomeren Verbindungen in **Bild 1.32 – 1.35** ist jeweils
ein Strukturvorschlag zu erarbeiten. Für die Peaks mit hohem diagnostischem Wert sind
die Fragmentierungsreaktionen zu formulieren und zu benennen.

2. Aus den gegebenen MS in **Bild 1.36 A - O** ist ein Strukturvorschlag zu erarbeiten. Ermitteln Sie Summenformel und überprüfen Sie, ob das Molekülion ein $OE^{+\cdot}$ ist! Bestimmen
Sie die Zahl der DBE und ordnen Sie diese Strukturelementen zu! Interpretieren Sie die
Fragmentpeaks, formulieren Sie für die relevanten Fragmentpeaks die Fragmentierungsreaktionen und benennen Sie diese!

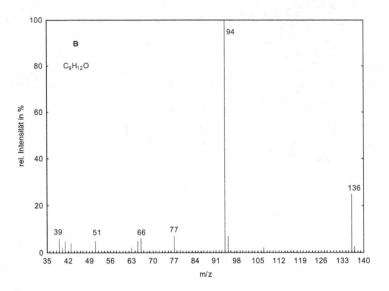

Bild 1.32 B:
zu **Übung 1.8.1**
Summenformel:
C₉H₁₂O

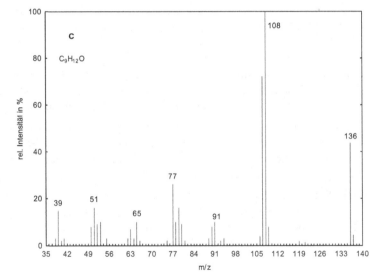

Bild 1.32 C:
zu **Übung 1.8.1**
Summenformel:
C₉H₁₂O

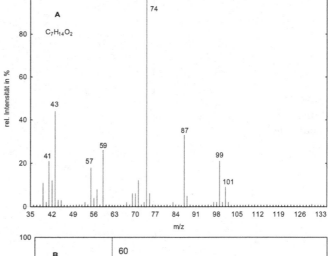

Bild 1.33 A:
zu **Übung 1.8.1**
Summenformel:
$C_7H_{14}O_2$

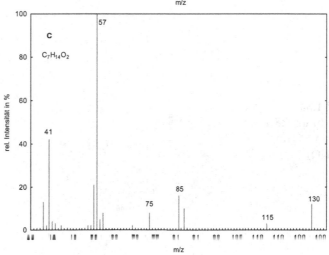

Bild 1.33 B:
zu **Übung 1.8.1**
Summenformel:
$C_7H_{14}O_2$

Bild 1.33 C:
zu **Übung 1.8.1**
Summenformel:
$C_7H_{14}O_2$

Bild 1.34 A:
zu **Übung 1.8.1**
Summenformel:
C$_8$H$_8$O$_2$

Bild 1.34 B:
zu **Übung 1.8.1**
Summenformel:
C$_8$H$_8$O$_2$

Bild 1.34 C:
zu **Übung 1.8.1**
Summenformel:
C$_8$H$_8$O$_2$

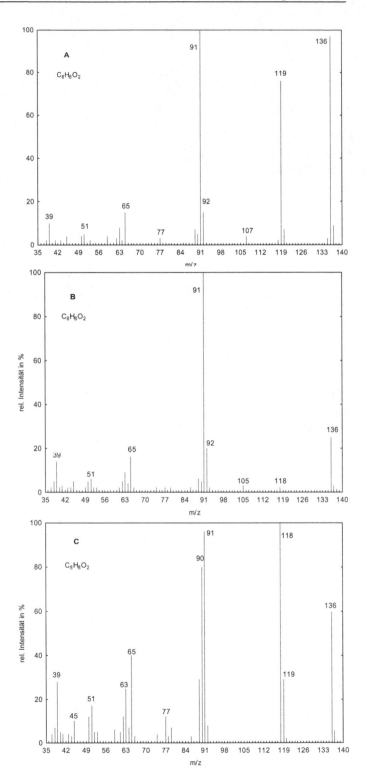

Bild 1.35 A:
zu **Übung 1.8.1**
Summenformel:
C₉H₁₀O₂

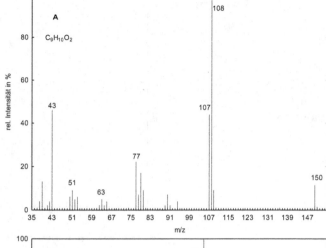

Bild 1.35 B:
zu **Übung 1.8.1**
Summenformel:
C₉H₁₀O₂

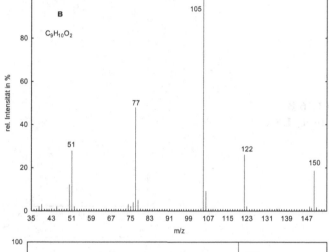

Bild 1.35 C:
zu **Übung 1.8.1**
Summenformel:
C₉H₁₀O₂

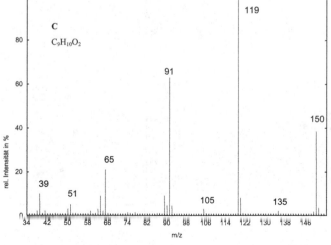

Bild 1.36 A:
zu **Übung 1.8.2**

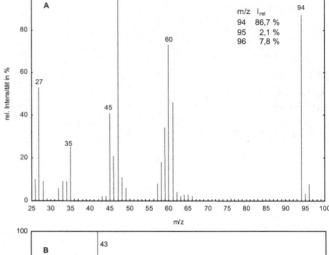

Bild 1.36 B:
zu **Übung 1.8.2**

Bild 1.36 C:
zu **Übung 1.8.2**

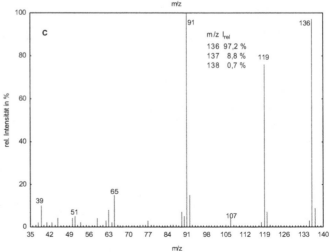

Bild 1.36 D:
zu **Übung 1.8.2**

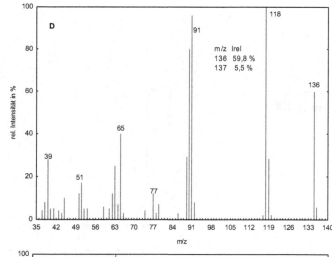

Bild 1.36 E:
zu **Übung 1.8.2**

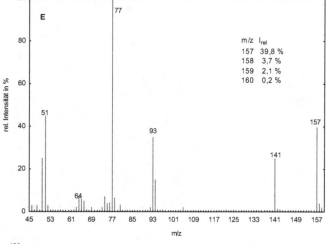

Bild 1.36 F:
zu **Übung 1.8.2**

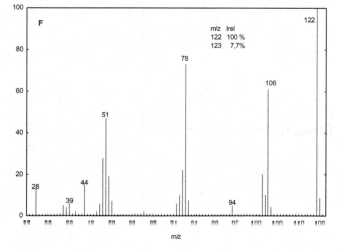

Bild 1.36 G:
zu **Übung 1.8.2**

Bild 1.36 H:
zu **Übung 1.8.2**

Bild 1.36 I:
zu **Übung 1.8.2**

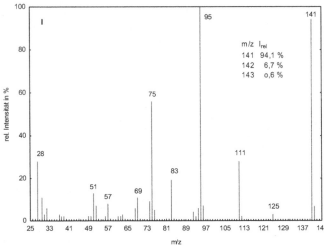

Bild 1.36 K:
zu **Übung 1.8.2**

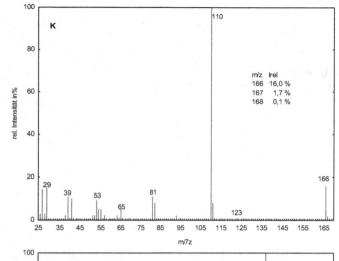

Bild 1.36 L:
zu **Übung 1.8.2**

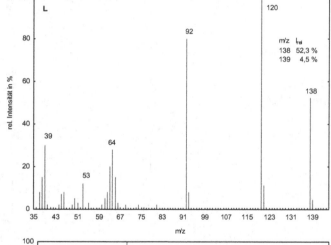

Bild 1.36 M:
zu **Übung 1.8.2**

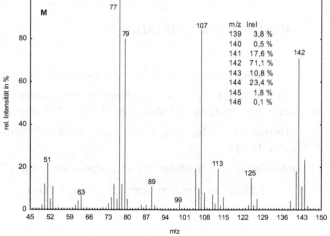

Bild 1. 36 N:
zu **Übung 1.8.2**

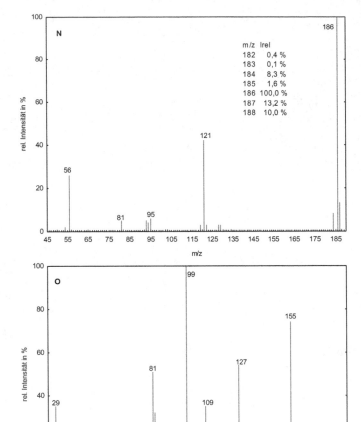

m/z	Irel
182	0,4 %
183	0,1 %
184	8,3 %
185	1,6 %
186	100,0 %
187	13,2 %
188	10,0 %

Bild 1.36 O:
zu **Übung 1.8.2**

1.7 Weiterführende Literatur

[1] T. A. Lee *A Beginners Guide to Mass Spectral Interpretation* Wiley-VCH (1998)

[2] F. W. McLafferty, F. Tureček *Interpretation von Massenspektren organischer Verbindungen* Spektrum Akademischer Verlag Heidelberg (2000)

[3]   E. deHoffmann, V. Stroobant *Massspectrometrie – Principles and Application*, J. Wiley (2002)

[4] H. Budzikiewicz, M. Schläfer *Massenspektrometrie* Wiley-VCH (2005)

[5] J. H. Gross *Mass Spectrometry* Springer-Verlag (2004)

2 Schwingungsspektroskopie

2.1 Einführung

Kernschwingungen können angeregt werden durch

-   Strahlungs**absorption** von IR-Licht
    $\Rightarrow$ **IR-Spektroskopie**
    Bereich: NIR (Nahes Infrarot) $\Leftarrow$ **4000 – 200 cm^{-1}** $\Rightarrow$ FIR (Fernes Infrarot)

-   Strahlungs**emission** nach „Stoß" mit monochromatischem Licht
    $\Rightarrow$ **Raman-Spektroskopie**

Zum Verständnis des IR-Spektrums eines zweiatomigen Moleküls A–B dient das einfache Modell einer über eine Feder verbundenen schwingenden Masse μ aus der klassischen Mechanik. Die „Stärke" der Feder steht für die Stärke der chemischen Bindung, ausgedrückt durch die **Kraftkonstante f [N/m]**, und die Massen der schwingenden Atome A und B (m_A sowie m_B) sind in der **reduzierten Masse** μ vereinigt. Mit diesem Modell des *harmonischen Oszillators* erhält man für die Schwingungsfrequenz eines zweiatomigen Moleküls die folgende Beziehung:

$$\nu = \frac{1}{2\pi} \cdot \sqrt{\frac{f}{\mu}} \quad \text{mit } \mu = \frac{m_A \cdot m_B}{m_A + m_B}$$

Die Schwingungsfrequenz ist umso höher, je größer die Kraftkonstante f, d. h. je stärker die chemische Bindung ist (*elektronischer Effekt*) und je leichter die Massen der schwingenden Atome sind (*Masseneffekt*).

Beispiel 2.1

Elektronischer Effekt

Die Kraftkonstante steigt mit der Bindungsordnung, z. B. $f_{C-X} < f_{C=X} < f_{C\equiv X}$.

Bei Schwingungen gleicher Masse steigen entsprechend die Schwingungsfrequenzen:

$\nu(C–C) \approx 1000 \text{ cm}^{-1} \quad < \quad \nu(C=C) \approx 1650 \text{ cm}^{-1} \quad < \quad \nu(C\equiv C) \approx 2250 \text{ cm}^{-1}$

$\nu(C–O) \approx 1100 \text{ cm}^{-1} \quad < \quad \nu(C=O) \approx 1700 \text{ cm}^{-1}$

So erkennt man die tatsächliche Stärke der formalen Einfach- oder Mehrfachbindung:

C–H-Einfachbindung: $\quad \nu(\text{Alkyl}C–H) \approx 3000 \text{ cm}^{-1} \nu(O=C–H) \approx 2750 \text{ cm}^{-1}$

Durch den Einfluss des am C-Atoms benachbarten O-Atoms wird die Elektronendichte verringert und somit die Bindungsstärke und folglich die Kraftkonstante der C–H-Bindung in der Formylgruppe verringert. Da die Masse der schwingenden Atome die gleichen sind, führt dies zu einer Wellenzahlerniedrigung.

C=O-Doppelbindung: ν(C=O) in Verbindungen vom Typ CH$_3$C(=O)–X:

X = H: 1742 cm^{-1} X = Cl: 1750 cm^{-1} X = Phenyl: 1685 cm^{-1}

Der –I-Effekt bei Substitution des H- durch ein Cl-Atom verringert die Elektronendichte am C-Atom, was durch die teilweise Einbindung des freien Elektronenpaars am O-Atom ausgeglichen wird. Die Beteiligung einer Resonanzstruktur mit einer C-O-Dreifachbindung erhöht die Kraftkonstante und somit die Schwingungsfrequenz: C–C(=O)Cl $\leftrightarrow$ C–C$\equiv$O$^+$Cl$^-$.

Ein Substituent mit einem +M-Effekt (Phenyl) bewirkt Konjugation der C=O- mit der Phenylgruppe, wodurch Kraftkonstante und Schwingungsfrequenz erniedrigt werden.

Konjugation erhöht die thermodynamische Stabilität, erniedrigt aber Bindungsstärke, Kraftkonstante und somit die Wellenzahl der Valenzschwingung.

Masseneffekt

Vergleich H/D: ν(C–**H**) $\approx$ 3000 cm^{-1} ν(C–**D**) $\approx$ 2120 cm^{-1}

Der reale Sachverhalt im atomaren Bereich lässt sich jedoch nur quantenmechanisch beschreiben und außerdem ist für die Schwingung eines zweiatomigen Moleküls der *anharmonische Oszillator* besser angepasst. Seine Potentialkurve nimmt einen asymmetrischen Verlauf, konvertiert gegen die Dissoziationsenergie und die über die Schrödinger-Gleichung ermittelten Schwingungsniveaus – $E_v = h \cdot \nu \cdot (v + \frac{1}{2})$ – sind nicht mehr äquidistant, sondern verringern sich mit der Schwingungsquantenzahl v.

Unter Absorption von Lichtquanten im IR-Bereich gehen die Moleküle vom Schwingungsgrundzustand (v = 0) in einen höheren Schwingungszustand mit der Quantenzahl v = 1 über. Dieser Übergang stellt die **Grund-** oder **Normalschwingung** dar.

Mit geringerer Wahrscheinlichkeit und daher mit entsprechend geringerer Intensität erfolgen aber auch Anregungen in höhere Schwingungsniveaus, die als **Oberschwingungen** bezeichnet werden. Die erste Oberschwingung (Übergang von v = 0 in v = 2) liegt wegen der Anharmonizität der Potentialkurve bei etwas weniger als dem doppelten Wert der Grundschwingung. Die Extinktionskoeffizienten der Grundschwingungen liegen im Bereich von $\varepsilon \approx 1 - 100$ l/mol·cm, die Extinktionskoeffizienten der 1., 2. … Oberschwingungen verringern sich etwa immer um den Faktor 10.

In mehratomigen Molekülen können außerdem verschiedene Schwingungen zu neuen Schwingungen kombinieren. Solche Schwingungen werden daher **Kombinationsschwingungen** genannt.

Bei mehratomigen Molekülen koppeln die Schwingungen mehr oder weniger stark. Wenn jedoch für bestimmte Atomgruppen diese Kopplungen vernachlässigbar sind, d. h für *charakteristische Schwingungen* (s. u.), kann die Kraftkonstante f auch für mehratomige Moleküle in guter Näherung nach dem *Zweimassenmodell* berechnet werden:

$$f \ [N/m] = \frac{5{,}891 \cdot 10^{-5} \cdot v^2}{\displaystyle \frac{1}{m_A} + \frac{1}{m_B}}$$

v - Wellenzahl der Absorptionsbande in cm^{-1}

m_A, m_B – relative Atommassen der entsprechenden Strukturgruppe des Moleküls

Beispiel 2.2

Gesucht ist die Kraftkonstante $f(P=O)$ der P=O-Gruppe in OPCl$_3$.

Aus dem IR-Spektrum: $v(P=O) = 1290$ cm^{-1}

Relative Atommassen: $m_P = 31$; $m_O = 16$

Ergebnis: $f(P=O) = 1035$ N/m

Auf gleiche Weise lassen sich die Kraftkonstanten für C-C-Bindungen und Bindungen in anorganischen Species abschätzen, woraus sich folgende Gesetzmäßigkeiten ergeben:

- f der CC-Einfach-, Doppel- und Dreifachbindungen verhalten sich wie 1 : 2 : 3:
  $f(C-C) \approx 500$ N/m $f(C=C) \approx 1000$ N/m $f(C\equiv C) \approx 1500$ N/m

- f steigt mit zunehmender effektiven Kernladung:
  $f(SO_3^{2-}) = 552$ N/m $f(SO_4^{2-}) = 715$ N/m

- f steigt mit zunehmendem s-Charakter des Hybridorbitals:
  $f(sp^3CH) < f(sp^2CH) < f(spCH)$

Die Anregung einer Kernschwingung wird außerdem von **Auswahlregeln** bestimmt.

- **IR-Spektroskopie**
  IR-aktiv, d. h. als Absorptionsbande im IR-Spektrum sichtbar sind nur Schwingungen, bei denen sich das *Dipolmoment* ändert. Das sind nur solche Schwingungen, die zur gleichen Symmetrieklasse gehören wie eine der drei Dipolmomentkomponenten, welche der Charaktertafel (**Tabelle 6.2.2**, vorletzte Spalte: T_x, T_y, T_z,) zu entnehmen sind.

- **Raman-Spektroskopie**
  Raman-aktiv, d. h. als Raman-Linie beobachtbar sind nur Schwingungen, bei denen sich das *induzierte Dipolmoment* (die *Polarisierbarkeit*) ändert. Solche Schwingungen gehören zur gleichen Symmetrieklasse wie die Polarisierbarkeitstensoren. Dies sind die binären Produkte in der letzten Spalte der Charaktertafel.

- **Alternativverbot**
  Besitzt das Molekül ein *Inversionszentrum i* (Spiegelung aller Atome in einem Punkt), so sind die Schwingungen *entweder* IR- *oder* Raman-aktiv.

Übung 2.1

1. Im gasförmigen Nitrosylchlorid (ONCl) wird im Ramanspektrum die NO-Schwingung bei 1800 cm^{-1} beobachtet, in der festen Form jedoch bei 1948 cm^{-1} und in $NOBF_4$ bei 2387 cm^{-1}. Beschreiben Sie die chemische Bindung in den drei Verbindungen und drücken Sie diese in Strukturformeln aus!

2. Vergleichen Sie die Bindungsstärke der C=X-Bindung mit X = C und O. Berechnen Sie nachdem Zweimassenmodell die Kraftkonstanten f(C=X) aus den Daten der IR-Spektren: $H_2C=O$: $\nu(C=O)$ = 1742 cm^{-1}; $H_2C=CH_2$: $\nu(C=C)$ = 1645 cm^{-1}!

3. Für HCN werden folgende Schwingungsfrequenzen registriert: 3311, 2097, 712 cm^{-1}. Die exakte Berechnung der Kraftkonstanten für die beiden Valenzschwingungen ergibt: f(HC) = 582 N/m und f(CN) = 1785 N/m. Berechnen Sie die Kraftkonstanten für die CN- und die HC-Bindung nach dem Zweimassenmodell und geben Sie die prozentuale Abweichung zu den exakten Werten an!

4. Zu welcher Symmetrieklasse müssen die im IR und Raman aktiven Normal-schwingungen gehören für a. $H_2C=O$ b. BF_3 c. CCl_4 d. PF_5 e. SO_3^{2-} f. PCl_6^- g. $OSCl_2$ h. $OCCl_2$ i. CO_2 k. NO_2? Für welche Verbindungen ist das Alternativverbot zu erwarten?

Die Anwendung der Auswahlregeln erfordert die Kenntnis der **Symmetrie** der **Schwingungen**. Wie das „ruhende" Molekül besitzen auch alle *Schwingungen* eine Symmetrie. Sie können daher einer Symmetrieklasse der Punktgruppe des Moleküls zugeordnet werden. Die Symmetrieeigenschaften der Normalschwingungen (**NS**) der Moleküle können der Literatur entnommen werden. In **Tabelle 6.2.3** sind die Symmetrieklassen für die Schwingungen der wichtigsten Strukturgruppen zusammengestellt. Die prinzipielle Vorgehensweise für die Ermittlung der Symmetrieeigenschaften der NS soll am Beispiel einer Verbindung **AB₃** mit trigonal planarer Struktur erläutert werden. Die für ein N-atomiges nicht-lineares Molekül (3N − 6) NS können wie folgt klassifiziert werden:

-   **Valenzschwingungen** (ν): Schwingungen mit Änderung der *Kernabstände*
    Die Zahl der NS ist gleich der Zahl der Bindungen $Z_{NS} = Z_{Bindung}$

-   **Deformationsschwingungen** (δ): Schwingungen mit Änderung der *Bindungswinkel*
    Bei planaren Molekülen existieren Winkeldeformationen **in der Molekülebene** (δ) und Schwingungen aus der Molekülebene, sog. **out-of-plane-Schwingungen** (**oop**), die mit dem Symbol γ bezeichnet werden. Letztere sind – wie wir noch sehen werden – von hohem diagnostischen Wert in der Strukturanalytik. Für die Zahl der Deformations-schwingungen gilt: $Z_\delta = Z_{NS} - Z_\nu$

Für das Molekül (hier: AB₃) wird für eine postulierte Struktur (z. B. trigonal planar) die Punktgruppe bestimmt (s. Algorithmus in **Tabelle 6.2.1**). Für diese Punktgruppe werden die Symmetrieklassen für alle Normalschwingungen ermittelt. Zweckmäßigerweise werden als Basissatz die **inneren Koordinaten** gewählt, weil diese *nur* die Schwingungen erfassen. Die inneren Koordinaten sollen für Valenzschwingungen mit Δr_i, für Deformationsschwingungen in der Ebene mit $\Delta \alpha_i$ und für die Schwingungen aus der Ebene mit $\Delta \gamma$ bezeichnet werden. Für diesen Basissatz ist nun der *Charakter der Transformationsmatrix* zu ermitteln. Dazu gilt folgender Satz:

Bei Einwirkung aller Symmetrieoperationen der Punktgruppe auf den Basissatz geben nur die Koordinaten einen Beitrag zum Charakter der Transformationsmatrix, die bei der Ausführung der Symmetrieoperation ihre Lage nicht ändern.

Die Koordinaten sind so zu legen, dass alle Symmetrieoperationen der Punktgruppe ausgeführt werden können. Bei den Deformationsschwingungen kann dies dazu führen, dass die Winkel überbestimmt sind, d. h. es können nicht alle Winkel gleichzeitig geändert werden. In diesem Fall streichen wir eine totalsymmetrische Darstellung.

Die erhaltene reduzible Transformationsmatrix ist in den Satz der irreduziblen Darstellungen auszureduzieren. Die Zahl Z_i der in einer reduziblen Darstellung enthaltenen irreduziblen Darstellungen lässt sich mit der Reduktionsformel ermitteln:

$$Z_i = 1/h \cdot \sum g_k \cdot \chi_r(K) \cdot \chi_{irr}(K)$$

h – Ordnung der Gruppe (Zahl aller Symmetrieoperationen); g_k – Zahl der Elemente der Klasse K; $\chi_r(K)$, $\chi_{irr}(K)$ – Zahl der reduziblen bzw. irreduziblen Darstellungen der Klasse K

Bei Annahme einer trigonal planaren Struktur gehört die Verbindung AB_3 zur Punktgruppe $\mathbf{D_{3h}}$. Die 6 NS eines vieratomigen Moleküls mit drei Bindungen verteilen sich auf drei Valenzschwingungen und drei Deformationsschwingungen. Der Basissatz der inneren Koordinaten ist in **Bild 2.1** wiedergegeben, und in **Tabelle 2.1** sind die reduzible Transformationsmatrix für alle Schwingungen und die nach Ausreduktion erhaltenen Symmetrieklassen zusammengestellt. Da die Koordinaten für die Winkeländerungen überbestimmt sind, wird für die Deformationsschwingungen aus dem nach Ausreduktion erhaltenen Satz der irreduziblen Darstellungen jeweils die totalsymmetrische A_1' gestrichen. Dies ist nachvollziehbar, da es für diese Struktur keine Deformationsschwingung geben kann, bei der – wie für die A_1' erforderlich – alle Symmetrieoperationen erhalten bleiben.

Wie aus **Tabelle 2.1** zu entnehmen ist, gehören die 6 NS zu folgenden Symmetrieklassen:

Valenzschwingungen, ν: $\qquad\qquad \Gamma_\nu = A_1' + E'$

Deformationsschwingungen in plane, δ: $\quad \Gamma_\delta = E'$

Deformationsschwingungen out of plane, γ: $\Gamma_\gamma = A_2''$

Die Schwingungsbilder sind in **Bild 2.2** skizziert. Schwingungen der Symmetrieklasse E' sind zweifach entartet, sie lassen sich in zwei Komponenten zerlegen. Der Übersichtlichkeit wegen sind in den Schwingungsbildern die Atome B weggelassen worden. Üblicherweise werden zum Symbol der Schwingungen die an der Schwingung beteiligten Atome angegeben.

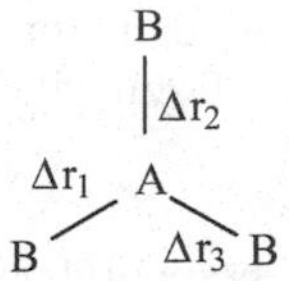

Basissatz der Abstandsänderungen Δr_i ($\Rightarrow$ Valenzschwingungen ν)

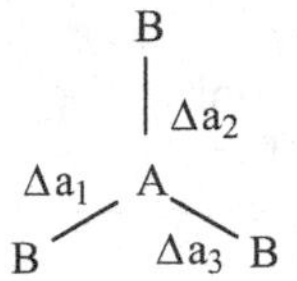

Basissatz der Winkeländerungen *in der Ebenene* $\Delta\alpha_i$ ($\Rightarrow$ Deformations-schwingungen $\delta_{\text{in-plane}}$)

Die Winkel sind überbestimmt. Bei *zwei* Winkeländerungen ist der dritte Winkel festgelegt.

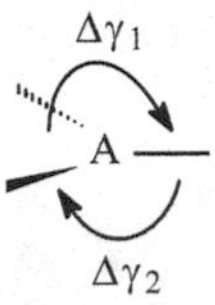

Basissatz der Winkeländerungen *aus der Ebenene* $\Delta\gamma_i$ ($\Rightarrow$ out-of-plane-Deformationsschwingung γ)

Auch diese Winkel sind überbestimmt. Mit der Änderung *eines* Winkels ist der zweite Winkel festgelegt.

Bild 2.1: Basissatz der Valenz- und Deformationsschwingungen für ein Molekül AB_3 mit der Symmetrie D_{3h}

Tabelle 2.1: Charakter χ der Transformationsmatrix für die Schwingungsbewegungen eines Moleküls AB_3 mit der Symmetrie D_{3h}

D_{3h}	E	$2\,C_3$	$3\,C'_2$	σ_h	$2\,S_3$	σ_v	Symmetrieklassen
$\chi(\Delta r_i)$	3	0	1	3	0	1	$\Rightarrow A_1' + E'$
$\chi(\Delta\alpha_i)$	3	0	1	3	0	1	$\Rightarrow A_1' + E'$ $(- A_1')$
$\chi(\Delta\gamma_i)$	2	2	0	0	0	2	$\Rightarrow A'_1 + A_2''$ $(- A_1')$

Ergebnis: $\Gamma_\nu = A_1' + E'$ $\Gamma_\delta = E'$ $\Gamma_\gamma = A_2''$

Für ein Molekül **AB$_3$** mit **pyramidaler** Struktur (Punktgruppe **C$_{3v}$**) können für die 6 NS aus **Tabelle 6.2.3** die folgenden Symmetrieklassen entnommen werden:

Valenzschwingungen, ν: $\Gamma_\nu = A_1 + E$

Deformationsschwingungen, δ: $\Gamma_\delta = A_1 + E'$

Valenzschwingungen

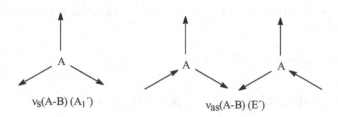

ν_s(A-B) (A$_1'$) ν_{as}(A-B) (E$'$)

ν_s – symmetrische Valenzschwingung ν_{as} – (entartete) asymmetrische Valenzschwingung

Deformationsschwingung in- plane   *Deformationsschwingung out- of- plane*

δ(BAB) (E$'$) γ(AB$_3$) (A$_2''$)

Bild 2.2: Bildliche Veranschaulichung der sechs NS für ein Molekül AB$_3$ mit D$_{3h}$-Struktur

Tabelle 2.2: Anwendung der Auswahlregeln für die Schwingungen eines Moleküls AB$_3$ mit trigonal planarer (D$_{3h}$) sowie pyradimaler Struktur (C$_{3v}$) (+ = erlaubt; - = verboten)

D$_{3h}$	IR	Raman		C$_{3v}$	IR	Raman
ν_s(A$_1'$)	-	+		ν_s(A$_1$)	+	+
ν_{as}(E$'$)	+	+		ν_{as}(E)	+	+
δ(E$'$)	+	+		δ_s(A$_1$)	+	+
γ(A$_2''$)	+	-		δ_{as}(E)	+	+

In **Tabelle 2.2** sind die Ergebnisse der Auswahlregeln für beide Strukturen des Moleküls AB$_3$ zusammengestellt. Symmetriebedingt reduzieren sich die sechs möglichen NS bei trigonal ebener Struktur (D$_{3h}$) auf jeweils drei im IR und Raman, wobei nur zwei Schwingungen koinzidieren. Bei pyramidaler Struktur werden hingegen alle Schwingungen sowohl im IR als auch Raman aktiv. Symmetriebedingt werden jedoch nur vier Schwingungen beobachtet. Schwingungsspektroskopisch kann somit sicher zwischen beiden Strukturen für ein Molekül bzw. Ion vom Typ AB$_3$ unterschieden werden.

Übung 2.2

Ermitteln Sie die Symmetrieeigenschaften der NS für ein Molekül XAB_2 mit a. planarer und b. gewinkelter Struktur.

Vergleichen Sie Ihr Ergebnis mit **Tabelle 6.2.3**.

2.2 Anwendung der (klassischen) Ramanspektroskopie

Raman-Spektren sind Emissionsspektren, die durch Wechselwirkung nicht absorbierender monochromatischer Strahlung mit Materie entstehen.

Wird ein Molekül mit monochromatischem Licht, dessen Energie für eine Elektronenanregung nicht ausreicht, bestrahlt, so werden im Emissionsspektrum des Streulichtes neben der intensiven Erregerlinie v_0 infolge elastischer Streuung (Rayleigh-Streuung) auch *energieärmere* Linien registriert. Letztere entstehen dadurch, dass ein Teil der Lichtenergie für die Anregung der Kernschwingung aufgenommen wird. Die *Differenz* zur Erregerlinie entspricht genau einer Schwingungsfrequenz des Moleküls.

Trifft das Licht auf ein Molekül im bereits angeregten Schwingungszustand, so wird bei gleicher Wechselwirkung energiereicheres Licht emittiert. Die Raman-Linien auf der energieärmeren (langwelligen) Seite der Rayleighfrequenz werden **Stokes-Linien** und die auf der kurzwelligen Seite **anti-Stokes**-Linien genannt.

Mit Lasern steht für die Ramanspektroskopie eine breite Palette des erforderlichen energiereichen Anregungslichtes von UV- bis in den NIR-Bereich zur Verfügung. Beispiele für Anregungswellenlängen: **Ar**: 514 488 458 nm; **He/Ne**: 628 578 442 nm; **Nd/YAG**: 523 1052 (NIR!) nm.

Das Anregungslicht kann *beliebig* gewählt werden. Mit Licht im VIS-Bereich können daher Glasküvetten verwendet werden, während für die IR-Spektroskopie empfindlicheres Material aus Alkalihalogenid erforderlich ist.

Während die Anregung der Kernschwingung durch Absorption von IR-Licht an die Änderung des Dipolmoments gebunden ist, sind Schwingungen im Raman-Effekt nur aktiv, wenn sich die Polarisierbarkeit (induziertes Dipolmoment) ändert. IR-Absorptionsbanden sind daher für *polare* Bindungen intensiver, Raman-Linien hingegen für *unpolare* Bindungen. Daher ist die Ramanspektroskopie zur Charakterisierung wenig bis unpolarer Bindungen vorteilhaft: C–C, C=C, C≡C, S–S, N=N u. a.

Durch die unterschiedlichen Auswahlregeln für die IR- und Ramanspektroskopie ergänzen sich beide Methoden bei der Untersuchung symmetrischer Species. Die Ramanspektroskopie ist zur Ermittlung *aller* Schwingungen symmetrischer Moleküle erforderlich. Symmetrische Schwingungen bei Molekülen mit Inversionszentrum können überhaupt nur im Ramanspektrum beobachtet werden.

Die Ramanspektroskopie eignet sich zur Untersuchung *alkoholischer* und *wässriger* Systeme, da die stark polaren IR-intensiven OH-Schwingungen Raman-inaktiv sind. Der Einsatz für Untersuchungen in wässrigen biologischen Systemen ist offensichtlich: z. B. S–S-Brücken in Proteinen, sym. O–P–O-Valenzschwingung in Nukleinsäuren, Denaturierung von Proteinen in vivo mittels Raman-Mikroskopie.

Gerüstschwingungen der wenig polaren C–C-Bindung in Ringsystemen sind im Raman intensiver und leichter zuordenbar.

Ramanspektren sind wegen der geringen Zahl von Ober- und Kombinationsschwingungen *linienärmer* als IR-Spektren.

Die Ramanspektroskopie eignet sich insbesondere für Untersuchungen im niederfrequenten Spektralbereich, da der gesamte Spektralbereich > 20 cm^{-1} erfasst ist, während für den Bereich < 200 cm^{-1} im IR ein eigenes Gerät (FIR-Spektrometer) mit anderem Küvettenmaterial (PE) erforderlich ist. Beispiele für Untersuchungen im niederfrequenten Bereich sind:

- Metall-Metall-Schwingungen: $Hg_2(NO_3)_2$: $\nu_{Hg\text{-}Hg} = 169$; $Mn_2(CO)_{10}$: $\nu_{Mn\text{-}Mn} = 157$ cm^{-1}

- Gitterschwingungen in Festkörpern zur Charakterisierung bzw. Unterscheidung polymorpher Strukturen

- Valenz- und Deformationsschwingungen schwerer Atome:

    $[CdI_4]^{2-}$: 145 (ν_{as}) 117 (ν_s) 44 (δ_1) 36 (δ_2)

Aus dem experimentell bestimmbaren **Polarisationsgrad** ρ der Raman-Linien können **totalsymmetrische Schwingungen** experimentell erkannt werden.

Totalsymmetrische Schwingungen liefern *polarisierte* (**p**) Raman-Linien: $0 < \rho < \frac{3}{4}$
Alle anderen Schwingungen sind *depolarisiert* (**dp**), für diese gilt: $\rho \approx \frac{3}{4}$

Zur Bestimmung des Polarisationszustandes der Raman-Linien wird das Spektrum mit polarisiertem Licht registriert, wobei Polarisator und Analysator einmal parallel und zum anderen senkrecht zueinander ausgerichtet sind (s. Skizze in **Bild 2.3**). Aus dem Intensitätsverhältnis wird der Polarisationsgrad ρ berechnet:

$$\rho = \frac{I_\perp}{I_\|}$$

$I_\perp$ und $I_\|$ sind die Intensitäten der Streustrahlung bei senkrechter bzw. paralleler Ausrichtung von Polarisator und Analysator. In **Bild 2.4** sind die mit polarisiertem Licht registrierten Ramanspektren von CCl_4 mit Angabe des Polarisationszustandes der Raman-Linien dargestellt.

Übung 2.3

Entscheiden und begründen Sie, wie für Moleküle vom Typ ZAX$_2$ (z. B. OCCl$_2$ und OSCl$_2$) schwingungs-spektroskopisch zwischen planarer und pyradimaler Struktur unterschieden werden kann.

Bestimmen Sie die Symmetriegruppe für beide Strukturtypen und wenden Sie die Auswahlregeln für die NS an.

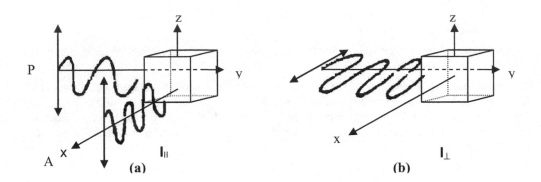

Bild 2.3: Messanordnung zur Ermittlung des Polarisationszustandes der Raman-Linien

P – Polarisator; A – Analysator;

$I_{\parallel}, I_{\perp}$ – parallele bzw. senkrechte Anordnung von Polarisator und Analysator

(a) Das in z-Richtung polarisierte Erregerlicht induziert in den Molekülen einen Dipol, der ebenfalls in dieser Richtung schwingt und in Beobachtungsrichtung x eine z-polarisierte Strahlung abgibt ($I_{\parallel}$).

(b) Die Polarisation des in y-Richtung eingestrahlten Erregerlichtes und damit auch die Schwingung des induzierten Dipols sind um 90° gedreht, damit wird kein z-polarisiertes Licht emittiert, d. h. in der Beobachtungsrichtung gilt $I_{\perp} \approx 0$.

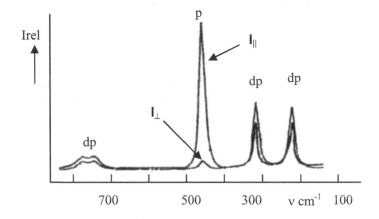

Bild 2.4: Ramanspektrum von CCl_4 mit Polarisationszustand der Raman-Linien

p – polarisierte Raman-Linie, $\rho \approx 0$ ($\Rightarrow$ totalsymmetrische Schwingung)
dp – depolarisierte Raman-Linie, $\rho \approx \frac{3}{4}$

2.3 Spektrenanalyse *kleiner* Moleküle/Ionen

Wichtige *Zielstellungen* der Analyse von Schwingungsspektren kleiner Moleküle/Ionen sind:

1. Ermittlung der Struktur (Symmetriegruppe) von Molekülen/Ionen.
   Ist z. B. ein Molekül AB_3 trigonal planar (D_{3h}) oder pyramidal mit C_{3v}-Symmetrie?

2. Koordination von Liganden an das Zentralatom sowie Erkennung der Koordinationsstelle bei bifunktionellen Liganden.

3. Untersuchung der Bindungsverhältnisse.

Lösungsweg und Beispiel zu Zielstellung 1

$\Rightarrow$ Bestimmung der Symmetriegruppe einer postulierten Struktur (s. **Tabelle 6.2.1**)

$\Rightarrow$ Ermittlung der Symmetrie der NS (s. **Tabelle 6.2.3**) und Anwendung der Auswahlregeln für die IR- und Ramanspektroskopie.

$\Rightarrow$ Zuordnung der experimentellen IR-Banden und Raman-Linien zu den NS

Zuordnungshilfen

- Valenzschwingungen liegen bei höheren Wellenzahlen als Deformationsschwingungen, da Abstandsänderungen mehr Energie erfordern als Winkeldeformationen.

- Berücksichtigung der Kraftkonstanten und Massen bei der Zuordnung von Valenz-schwingungen verschiedener Strukturgruppen (s. Formel für den harmonischen Oszillator).

- Berücksichtigung des Polarisationsgrads der Raman-Linien.

- Spektrenvergleich mit bezüglich Struktur, Kraftkonstante und Massen ähnlicher Moleküle/Ionen, insbesondere im PSE benachbarte Species, z. B. $AsCl_3$ / $SeCl_3^+$

- Spektrenberechnung mittels Normalkoordinatenanalyse (findet hier keine Berücksichtigung).

$\Rightarrow$ Wenn die experimentellen Daten nicht sinnvoll zugeordnet werden können, ist mit einem neuen Strukturvorschlag die Prozedur zu wiederholen. Eine Struktur gilt erst dann gesichert, wenn alle experimentellen IR-Banden und Raman-Linien sinnvoll zugeordnet werden können, zumindest alle Valenzschwingungen.

Beispiel 2.3

Die Struktur ist für zwei Ionen vom Typ **AB_3** aus den Daten der IR- und Ramanspektren zu ermitteln (p bedeutet polarisierte Raman-Linie).

SO_3^{2-}:	**IR:** 966	935	622	470 cm^{-1}
	Raman: 967 (p)	933	620 (p)	469 cm-1
NO_3^-:	**IR:** 1370		828	695 cm^{-1}
	Raman: 1390	1049 (p)		716 cm^{-1}

Tabelle 2.3: Auswahlregeln und Zuordnung der IR-Banden und Raman-Linien für die Ionen SO_3^{2-} und NO_3^-

SO_3^{2-}			
C_{3v}	IR	Ra	Zuordnung IR / Ra
Valenzschwingungen			
$\nu_s(A_1)$	+	+	966 / 967
$\nu_{as}(E)$	+	+	935 / 933
Deformationsschwingungen			
$\delta_s(A_1)$	+	+	622 / 620
$\delta_{as}(E)$	+	+	470 / 469

NO_3^-			
D_{3h}	IR	Ra	Zuordnung IR/Ra
Valenzschwingungen			
$\nu_s(A_1')$	-	+	- / 1049
$\nu_{as}(E')$	+	+	1390 / 1390
Deformationsschwingungen			
$\gamma(A_2'')$	+	-	828 / -
$\delta(E')$	+	+	695 / 716

Für die Ionen vom Typ AB_3 kommen die trigonal planare Struktur (D_{3h}) oder die trigonal pyramidale Struktur mit der Symmetrie C_{3v} in Betracht, für die aus **Tabelle 6.2.3** die Symmetrie der NS entnommen werden. Die Anwendung der Auswahlregeln ist bereits in **Tabelle 2.2** präsentiert. Danach können beide Ionen schon aus der Zahl und Koinzidenz der IR-Banden und Raman-Linien der richtigen Struktur zugeordnet werden. In der pyramidalen Struktur sind alle vier NS Schwingungen im IR- und Raman erlaubt, dies ist für SO_3^{2-} der Fall. Die spektralen Daten von NO_3^- sind nur mit der planaren Struktur in Einklang zu bringen.

Die Banden/Linien im höheren Wellenzahlbereich werden gemäß der Zuordnungshilfen den Valenzschwingungen und die verbliebenen den Deformationsschwingungen zugeordnet. Die totalsymmetrischen Schwingungen können aus dem Polarisationszustand der Raman-Linien erkannt werden. Die sinnvolle Zuordnung aller Daten, zusammengestellt in **Tabelle 2.3**, bestätigen die Strukturhypothese für beide Ionen.

Schwingungungsspektren von **Festkörpern** werden durch die *Kristallsymmetrie* bestimmt. Wenn die Symmetrie des Kristalls niedriger ist als die des freien Ions, werden folgende Veränderungen beobachtet:
- Aufspaltung von entarteten Schwingungen
- Aufhebung von Symmetrieverboten

Außerdem verursachen intermolekulare (bzw. interionische) Wechselwirkungen im Kristallgitter Frequenzverschiebungen gegenüber dem freien Molekül (Ion) und schließlich erscheinen im niederfrequenten Bereich (< 300 cm^{-1}) zusätzliche Gitterschwingungen als Translations- und Rotationsbewegungen der Gitterbausteine, deren Ober- und Kombinationsschwingungen zu zusätzlichen Banden im üblichen IR-Bereich führen, so dass das Festkörperspektrum in der Regel bandenreicher ist als das Schwingungsspektrum des freien Moleküls/Ions. Die Auswahlregeln für die Schwingungsspektren der Festkörper werden durch die *site symmetrie* bestimmt.

Bandenreiche Schwingungsspektren liegen bei vielen anorganischen Salzen mit hochsymmetrischen Ionen, wie Sulfaten oder Carbonaten vor.

Übung 2.4

1. Aus den gegebenen Datensätzen der Schwingungsspektren ist die Struktur der Moleküle/
   Ionen zu ermitteln (p – polarisierte Raman-Linie)!

   Vorgehensweise:

   ⇒ Ermittlung der Symmetriegruppe für eine oder mehrere Strukturhypothesen

   ⇒ Tabellarische Auflistung der Symmetrieklassen aller Normalschwingungen

   ⇒ Anwendung der Auswahlregeln für IR- und Ramanspektren

   ⇒ Zuordnung der experimentellen Daten

   a. BF_3:   RA: 1506   888 p   482 cm^{-1}

                   IR: 1505   719   480 cm^{-1}

   b. NO_2^-:   RA: 1323 p   1296   827 p cm^{-1}

                   IR: 1323   1298   825 cm^{-1}

   c. NO_2^+:   RA: 1396 cm^{-1}

                   IR: 2360   570 cm^{-1}

   d. $VOCl_3$:   RA: 1035 p   504   409 p   249   164 p   131 cm^{-1}

                   Im IR sind alle Schwingungen aktiv.

   e. $AlCl_4^-$:   RA: 498 p   348   182   119 cm^{-1}

                   IR: 496   FIR: 180 cm^{-1}

   f. $SO_3(g)$:   RA: 1390   1065 p   530 cm^{-1}

                   IR: 1391   529   495 cm^{-1}

   g. AsF_5:   RA: 809   733 p   642 p   388   366   123 cm^{-1}

                   IR: 810   784   400   365   FIR: 122 cm^{-1}

   h. $S_2O_3^{2-}$:   RA: 1123   995 p   669 p   541   446 p   335 cm^{-1}

                   IR: 1122   995   667   543   445   336 cm^{-1}

   i. HSO_3^-:   RA: 2588 p   1200   1123   1038 p   629 p   509 cm^{-1}

                   IR: 2585   1201   1122   1038   628   510 cm^{-1}

2. Gegeben sind (nur) die Valenzschwingungen für $[PtCl_4]^{2-}$. Kommt *tetraedrische* Struktur
   in Betracht? Begründen Sie Ihre Entscheidung. Wenn nein, welche Struktur lässt sich aus
   dem gegebenen Datensatz ableiten?

   RA: 330 p   312 cm^{-1}

   IR: 313 cm^{-1}

3. Die Struktur des Ions $[AsF_4]^+$ ist zu erarbeiten und die IR-Banden sowie Raman-Linien
   sind zuzuordnen!

   RA: 829   745 p   272   213 cm^{-1}

   IR: 830   270 cm^{-1}

4. Erarbeiten Sie die Struktur für Phosphorpentachlorid (PCl_5) im *festen* und *gasförmigen* Aggregatzustand und ordnen Sie alle IR-Banden sowie Raman-Linien zu!

   fest:

   RA: 662   458 p   360 p   283   238   255   178 cm^{-1}

   IR: 661   444   285   254 cm^{-1}

   gasförmig (bzw. in nichtwässriger Lösung)

   RA: 580   392 p   281 p   272   261   102 cm^{-1}

   IR: 583   443   300   272   101   . cm^{-1}

5. Erarbeiten Sie die Struktur für Phosphorpentafluorid (PF_5) aus den gegebenen Datensätzen und ordnen Sie alle IR-Banden und Raman-Linien zu!

   RA(fl.):   1026   817 p   640 p   532   514   300 cm^{-1}

   IR(g):   1025   944   575   533   302 cm^{-1}

6. Erstellen Sie einen Strukturvorschlag für das Ion $O_2PH_2^-$ und bestätigen Sie diesen aus den gegebenen Datensatz der Raman-Linien. Ordnen Sie – soweit dies sinnvoll möglich ist – alle Raman-Linien zu und unterbreiten Sie einen Vorschlag, wie *alle* Banden/Linien sicher zugeordnet werden könnten. Die Schwingung bei 930 cm^{-1} ist im IR inaktiv!

   RA: 2365 p   2308   1180   1160 p   1093   1046 p   930   820   470 p cm^{-1}

7. Welche Struktur lässt sich aus den Daten der Ramanspektren für die Verbindung SNF_3 ableiten? Alle Schwingungen sind auch IR-aktiv. Ordnen Sie die Raman-Linien zu!

   RA(fl.):   1523 p   815   773 p   525 p   432   346 cm^{-1}

8. Die Umsetzung von PCl_5 mit $AlCl_3$ führt zu einer Verbindung für die die Elementaranalyse ein Atomverhältnis von Al:P:Cl = 1:1:8 liefert. Aus den Schwingungsspektren ist die Struktur zu erarbeiten. Alle Banden/Linien sind zuzuordnen!

   RA: 662   498   458 p   348 p   255   182   178   120 cm^{-1}

   IR: 665   497   258   FIR: 118 cm^{-1}

9. Die Struktur einer festen Arsenverbindungen mit der analytischen Zusammensetzung $AsCl_2F_3$ ist zu erarbeiten, die IR-Banden und Raman-Linien sind zuzuordnen!

   RA: 689 p   573   500   422 p   375   187   157 cm^{-1}

   IR: 700   500   385   FIR: 186 cm^{-1}

10. Beim Zusammenfügen einer Lösung von $SeCl_4$ in Dioxan mit einer Lösung von $AlCl_3$ in Dioxan fällt eine feste Verbindung mit der Elementarzusammensetzung $SeCl_4 \bullet AlCl_3$ aus. Es ist die Struktur aus den Schwingungsspektren zu erarbeiten und die IR-Banden sowie Raman-Linien sind zuzuordnen!

    Aus der Literatur werden für das Ramanspektrum von $KAlCl_4$ im Bereich < 200 cm^{-1} folgende Linien entnommen: 182 und 119 cm^{-1}!

    RA: 498   416 p   395   348 p   294 p   186   182   119 cm^{-1}

    IR: 497   415   396   296   FIR: n. d. cm^{-1}

11. Aus einer salzsauren Lösung von Platin-IV-chlorid kann eine Verbindung mit der analytischen Zusammensetzung $PtCl_4 \bullet 2H_2O \bullet 2HCl$ isoliert werden. Aus den gegebenen

Schwingungsspektren ist ein Strukturvorschlag zu erarbeiten und alle IR-Banden sowie Raman-Linien sind zuzuordnen!

RA:	3226 p	2825	1695	1070 p	348 p	318	171 cm^{-1}
IR:	3225	2825	1694	1068	342	183	cm^{-1}

12. Geben Sie die NS für die Strukturgruppe XCH_3 an und stellen Sie tabellarisch die Auswahlregeln für die IR- sowie Ramanspektren zusammen! Ordnen Sie diese den gegebenen Normalschwingungen für die Verbindung mit X = Cl zu! Für welche Schwingungen wird relative Lagekonstanz bei Variation von X und für welche wird ein großer Streubereich zu erwarten sein? Geben Sie eine Begründung dafür!

RA:	3041	2966 p	1456	1355 p	1017	734 p cm^{-1}
IR:	3042	2967	1455	1354	1015	732 cm^{-1}

13. Gesucht ist die Struktur für Verbindungen vom Typ $OXCl_2$. Geben Sie die Symmetriegruppen für mögliche Strukturen an und stellen Sie tabellarisch die Auswahlregeln für die IR- sowie Ramanspektren zusammen! Für zwei Vertreter können den Schwingungsspektren die folgenden Daten entnommen werden:

    a. X = C

RA:	1827 p	849	580	569 p	440	285 p cm^{-1}
IR:	1826	849	581	568	441	284 cm^{-1}

    b. X = S

RA:	1251p	492 p	455	344 p	284	194 p	cm^{-1}
IR:	1250	490	454	342	284	FIR: n. d.	cm^{-1}

Ordnen Sie die IR-Banden und Raman-Linien zu!

14. In den Fluorkomplexen der III.Hauptgruppe vom Typ $[MeF_6]^{3-}$ mit Me = Al, Ga, In, Tl wird im Ramanspektrum die totalsymmetrische Valenzschwingung v_1 (geordnet nach steigender Wellenzahl) bei 478, 497, 535 bzw. 541 cm^{-1} beobachtet. Ordnen Sie die v_1 den Verbindungen zu und nennen Sie die Ursachen für diesen Gang! Warum ist die totalsymmetrische Schwingung zur Bewertung der Kraftkonstanten am besten geeignet?

15. In Fluorkomplexen von Vanadium vom Typ $[VF_6]^{n-}$ mit n = 1, 2 und 3 liegt die totalsymmetrische Valenzschwingung v_1 bei 533, 584 bzw. 676 cm^{-1}. Ordnen Sie die v_1 den Verbindungen zu und nennen Sie die Ursachen für diesen Gang!

16. Perowskite vom Typ A_2BMO_6 können hinsichtlich ihrer $[MO_6]$-Struktureinheit in drei Gruppen unterteilt werden. 1. Perowskite mit *unverzerrtem* MO_6-Oktaeder, 2. Perowskite mit *verschiedenen* Oktaedern und 3. Perowskite mit *verzerrtem* MO_6-Oktaeder. Ordnen Sie anhand der in **Bild 2.5** gegebenen Strichdiagramme der Raman-Linien die Perowskite A - C den drei Typen zu und begründen Sie Ihre Entscheidung!

17. In einem eisenhaltigen Peptid ist zu entscheiden, ob die $[FeS_4]$-Struktureinheit *tetraedrisch* oder *planar-quadratisch* vorliegt. Begründen Sie, warum die Ramanspekroskopie für diese Fragestellung auszuwählen ist! (Hinweis: Für die Struktur D_{4h} gilt für die Valenzschwingungen $v_s > v_{as}$, für T_d der umgekehrte Sachverhalt.) Die mit polarisiertem Licht registrierten Ramanspektren sind **Bild 2.6** zu entnehmen.

A

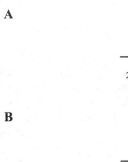

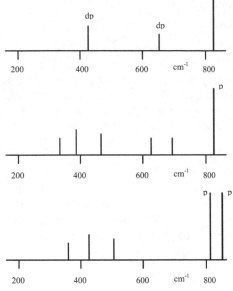

B

Bild 2.5:
Strichdiagramme der
Ramanspektren von   **C**
Perowskiten

(p – polarisierte
dp – depolarisierte Raman-
Linie)

Bild 2.6:
Mit polarisiertem Licht registrierte
Ramanspektren der [FeS₄]-Struktur-
einheit eines eisenhaltigen Peptids in
wässriger Lösung

(I⊥ , I∥ - senkrechte bzw. parallele
Anordnung von Polarisator und
Analysator)

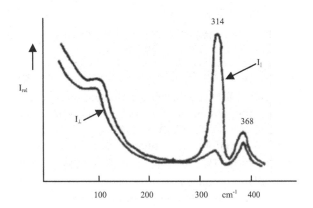

18. Die Deformationsschwingung des freien SCN⁻-Ions ist entartet und erscheint *in Lösung*
bei 470 cm⁻¹ als symmetrische Bande. Im *festen* KSCN ist die Deformationsschwingung
jedoch aufgespalten (486 + 471 cm⁻¹). Geben Sie eine Begründung dafür!

19. CaCO₃ kommt u. a. als Calcit und Aragonit vor. Den Schwingungsspektren können im
Bereich oberhalb 400 cm⁻¹ folgende Daten entnommen werden:

Calcit: **IR:** ≈ 1460 (b) 879 706   **Raman:** 1432 1087 714 cm⁻¹

Aragonit: **IR:** 1504 1492 1080 866 711 706 (im Raman entsprechende Werte).

Ordnen Sie die Banden/Linien zu. Vergleichen Sie (qualitativ) die Kristallsymmetrie der
beiden polymorphen Formen von CaCO₃!

Beispiel zu Zielstellung 2

Das Rhodanid-Ion SCN⁻ ist ein zweizähniger Ligand, da sowohl Koordination über S als auch über N an das Zentralatom erfolgen kann. Schwingungsspektroskopisch kann der Koordinationstyp sicher ermittelt werden.

Für das Schwingungsspektrum eines dreiatomigen linearen Moleküls sind vier Schwingungen zu erwarten: 2 Valenz- und 2 Deformationsschwingungen. Im IR-Spektrum des SCN⁻ werden nur drei Banden beobachtet, da die Deformationsschwingung bei 470 cm^{-1} entartet ist. Die Bande bei 2053 cm^{-1} kann näherungsweise der $\nu_{C\equiv N}$ und die bei 748 cm^{-1} der ν_{C-S} zugeordnet werden. Die „echte" $\nu_{C\equiv N}$, wie sie in den gesättigten Nitrilen vorliegt, erscheint aber im Bereich 2260 – 2240 cm^{-1} (für $CH_3-C\equiv N$: 2252 cm^{-1}), und die Valenzschwingung der C-S-Einfachbindung bei $\approx$ 680 cm^{-1} liegt tiefer als im SCN-Ion. Das bedeutet, dass die C≡N-Bindung geschwächt und die C–S-Bindung stärker als eine Einfachbindung ist. Daher muss das freie SCN⁻-Ion mit den beiden Resonanzstrukturen I und II beschrieben werden:

$$S=C=N \ \textbf{(I)} \quad \leftrightarrow \quad S-C\equiv N \ \textbf{(II)}$$

Bei Koordination über S gewinnt die Resonanzstruktur I an Gewicht:

$$\textbf{Me}{\leftarrow}\textbf{S–C}{\equiv}\textbf{N} \quad \leftrightarrow \quad Me{\leftarrow}S=C=N$$

Deshalb sollte die ν_{C-S} im Komplex kleiner sein als im freien Ion und $\nu_{C\equiv N}$ sollte bei Koordination über S ansteigen.

Koordination über **N** begünstigt hingegen Resonanzstruktur II.

Die ν_{C-S} im Komplex sollte größer sein als im freien Ion und $\nu_{C\equiv N}$ sollte bei Koordination über N fallen.

$$\textbf{Me}{\leftarrow}\textbf{N}{=}\textbf{C}{=}\textbf{S} \quad \leftrightarrow \quad Me{\leftarrow}N{\equiv}C{-}S$$

Abweichungen von dieser Regel können durch Schwingungskopplungen verursacht werden.

Beispiel 2.4

Aus den Valenzschwingungen des Ligand SCN⁻ ist zu entscheiden, ob dieser über S oder N koordiniert.

$[Hg(SCN)_4]^{2-}$: 2120 710 cm^{-1} $\qquad$ $[Fe(SCN)_6]^{3-}$: 2055 828 cm^{-1}

Lösung

$[Hg(SCN)_4]^{2-}$: $\quad \nu_{C\equiv N}$ (Komplex) > $\nu_{C\equiv N}$ (SCN⁻) und ν_{C-S} (Komplex) < ν_{C-S} (SCN⁻)

$\qquad\qquad\qquad \Rightarrow$ Koordination über **S** (Hg←SCN)

$[Fe(SCN)_6]^{3-}$: $\quad \nu_{C\equiv N}$ (Komplex) < $\nu_{C\equiv N}$ (SCN⁻) und ν_{C-S} (Komplex) > ν_{C-S} (SCN⁻)

$\qquad\qquad\qquad \Rightarrow$ Koordination über **N** (Fe←NCS)

Beispiel zu Zielstellung 3

Da die Schwingungsfrequenz durch die Kraftkonstante bestimmt wird und diese der Bindungsstärke direkt proportional ist, bietet das Schwingungsspektrum einen experimentellen Zugang zur chemischen Bindung. Dies soll am Beispiel von Nitrat-Komplexen $[Me(NO_3)_n]^{m-}$ vorgestellt werden.

Im IR-Spektrum des freien NO_3^--Ions ist im Bereich der Valenzschwingungen nur die entartete asymmetrische Valenzschwingung bei 1390 cm^{-1} zu beobachten, die ν_s ist hingegen verboten und daher inaktiv. Erfolgt Koordination des Ions über O an ein Metallion, so wird die D_{3h}-Symmetrie des freien Ions erniedrigt. Dies hat zur Folge, dass *symmetrie-verbotene* Schwingungen *aktiv* und *entartete* Schwingungen *aufgespalten* werden. Für einen Metallkomplex ergeben sich daher folgende Valenzschwingungen:

$\nu(N–O) = \nu_1$, $\nu_s(NO_2) = \nu_2$ und $\nu_{as}(NO_2) = \nu_3$

Die Gleichwertigkeit der drei NO-Bindungen im freien NO_3^--Ion ist mit der Ausbildung einer Me←O(NO)-Bindung aufgehoben. Es existiert eine (vorwiegend) O–N-Einfachbindung mit niedriger Valenzfrequenz und zwei NO-Bindungen mit Doppelbindungsanteil. Die beiden gleichwertigen Bindungen sind stark gekoppelt und resultieren in einer *symmetrischen* $\nu_s(NO_2)$ und *asymmetrischen* $\nu_{as}(NO_2)$ Schwingung. Da die Delokalisation der π-Elektronen nur noch auf zwei Bindungen reduziert ist, steigen Bindungsordnung und damit die Wellenzahlen bei Koordination an und zwar umso mehr, ja stärker die Bindung des Nitrat-Liganden an das Metallion ist. Zur qualitativen Bewertung der Bindungsstärke wird der Mittelwert der asymmetrischen und symmetrischen (NO_2)-Valenzfrequenz herangezogen. Ebenso ist die Aufspaltung der entarteten NO-Valenzschwingung umso größer, je stärker die koordinative Bindung ist. Der Maximalwert wird bei einer „echten" kovalenten Bindung erreicht, wenn Me durch H oder Alkyl substituiert ist.

Aus dem Vergleich der Valenzschwingungen des freien Liganden und einer Verbindung des Liganden mit einer kovalenten Bindung lässt sich eine Koordination erkennen und die Bindungsstärke des Liganden zum Zentralion qualitativ bewerten.

Beispiel 2.5:

Gegeben sind die IR-Valenzschwingungen von zwei Nitratokomplexen sowie von HNO_3:

	ν_1	$\nu_2 = \nu_s(NO_2)$	$\nu_3 = \nu_{as}(NO_2)$	$\Delta\nu = \nu_3 - \nu_2$	$\bar{\nu}\ (\nu_2\ \nu_3)$
$[Cu(NO_3)_4]^{2-}$	1013	1290	1465	175	1377,5
$[Zr(NO_3)_6]^{2-}$	1016	1294	1672	378	1428,5
$HONO_2$	920	1294	1672	378	1483

In beiden Komplexen koordiniert NO_3^-, da die entartete Valenzschwingung des freien Ions aufgespalten und die für D_{3h}-Symmetrie verbotene Schwingung sichtbar ist. Die Aufspaltung und die Größe des Mittelwertes $\bar{\nu}$ der symmetrischen und asymmetrischen (NO_2)-Valenzschwingung sind im Zr-Komplex in vergleichbarer Größe mit HNO_3 und wesentlich größer als im Cu-Komplex. Daher ist die Bindungsstärke des Liganden an das Zentralion im Zr-Komplex größer als im Cu-Komplex und sollte in der Nähe der kovalenten Bindung liegen. So wie der Mittelwert aus der symmetrischen (ν_2) und asymmetrischen (ν_3) NO_2-Valenzschwingungen von oben nach unten steigt, nimmt auch die Bindungsstärke der Me←ONO_2-Bindung zu.

Bei der Abschätzung der Bindungsstärke des Liganden an das Zentralion in Komplexen ist immer eine charakteristische Schwingung (s. u.) zur Bewertung auszuwählen, deren Lage nur durch die veränderte Bindungsstärke infolge der koordinativen Bindung und nicht durch Schwingungskopplung hervorgerufen wird.

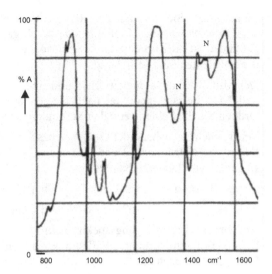

Bild 2.7 A:
Ausschnitt aus dem IR-Spektrum von
$(C_6H_5)_2Se(NO_3)_2$ im Bereich der $\nu(NO)$
in Nujolsuspension (N)

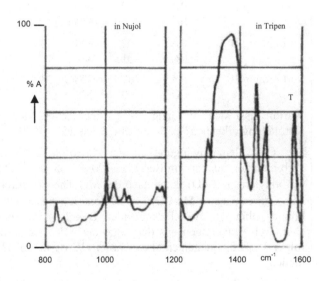

Bild 2.7 B:
Ausschnitt aus dem IR-Spektrum
von $(C_6H_5)_3SeNO_3$ im Bereich
der $\nu(NO)$ in Nujol- sowie in
Tripen-Suspension (T)

Übung 2.5

1. $K_3[Co(CN)_5(NCS)]$ existiert in zwei isomeren Formen mit folgenden IR-Banden im
    Bereich der NCS-Valenzschwingungen:

    Isomer I: 2065   810 cm^{-1} Isomer II: 2110   718 cm^{-1}

    Unterbreiten Sie einen Strukturvorschlag für die beiden Isomere und begründen Sie
    diesen!

2. Im Komplex $Pd(bipyr)(NSC)_2$ werden im Bereich der NCS-Valenzschwingungen
    folgende IR-Banden beobachtet: 2117   2095   842   700   cm^{-1}.
    Wie ist der Ligand NCS an das Zentralion koordiniert?

3. Entscheiden Sie anhand der IR-Spektren in **Bild 2.7**, ob in den Verbindungen $(C_6H_5)_2Se(NO_3)_2$ und $(C_6H_5)_3SeNO_3$ der Ligand NO_3^- überwiegend *kovalent* an Selen gebunden ist oder ob eine *ionische* Struktur vorliegt! Bewerten Sie qualitativ die Stärke der kovalenten Se–O-Bindung!

4. Der Mittelwert der symmetrischen und asymmetrischen Valenzschwingung in NO_2, NO_2^+ und NO_2^- beträgt (geordnet nach steigender Wellenzahl) 1307, 1468 und 1878 cm^{-1}. Ordnen Sie die Zahlenwerte den Verbindungen zu und begründen Sie Ihre Entscheidung!

5. Vergleichen Sie anhand der O=C-Valenzschwingungen von Oxalatokomplexen sowie der Daten von Natriumoxalat und Oxalsäuredimethylester qualitativ die Bindungsstärke des Liganden an Platin und Kupfer!

    a. $C_2O_4^{2-}$: 1640   1650 cm^{-1} b. $(CH_3)_2C_2O_4$: 1770   1796 cm^{-1}

    c. $[Pt(C_2O_4)_4]^{2-}$:   1674   1709   d. $[Cu(C_2O_4)]^{2-}$: 1645   1672 cm^{-1}

6. Gegeben sind Schwingungsspektren der Mangankomplexe vom Typ K_nMnO_4 mit n = 1, 2 und 3 in willkürlicher Auflistung. Ordnen Sie alle IR-Banden/Raman-Linien den Mangankomplexen zu!

Verbindung I:	RA:	820	812	332	325 cm^{-1}
	IR:	821	333 cm^{-1}		
Verbindung II:	RA:	902	834	386	346 cm^{-1}
	IR:	901	384 cm^{-1}		
Verbindung III:	RA:	789	778	332	308 cm^{-1}
	IR:	779	331 cm^{-1}		

    Warum lässt sich ein Gang der symmetrischen Valenzschwingung mit der effektiven Kernladung erkennen? Erläutern Sie den Sachverhalt!

7. Die CO-Valenzschwingung in $C{\equiv}O$ beträgt 2155 cm^{-1}, in den Metall-Carbonyl-verbindungen liegt sie im Bereich 2100 – 1800 cm^{-1}. Die chemische Bindung in Metall-Carbonylen $Me(C{\equiv}O)_n$ kann nach der MO-Theorie durch „Überlagerung" einer σ-Me-C-Bindung und einer Me-CO-π-back donation beschrieben werden. Welche Information können über den Anteil der beiden Beiträge zur chemischen Bindung in geladenen Carbonylverbindungen aus der Lage der Mittelwerte der CO-Valenzschwingungen für folgende Verbindungen erhalten werden (Werte in cm^{-1})? Als Bezugssystem soll $Ni(CO)_4$ dienen.

    $Ni(CO)_4$ (2094), $[Co(CO)_4]^-$ (1946), $[Fe(CO)_4]^{2-}$ (1788), $Pt(CO)_4]^{2+}$ (2258)

2.4 Spektrenanalyse *organischer* Moleküle

2.4.1 Zielstellung und Unterschiede zur Spektrenanalyse anorganischer Verbindungen

Die Analyse der Schwingungsspektren organischer Moleküle umfasst im wesentlichen folgende *Zielstellungen*:

- Ermittlung von **Strukturelementen** (Alkyl-, Alkenyl-, Aryl-, Alkin-Gruppen)
- Ermittlung **funktioneller Gruppen**
- Unterscheidung von **Isomeren**
- Untersuchung von **Konformeren**
- Untersuchung von **H-Brücken**

Im *Unterschied* zur Analyse der Schwingungsspektren der anorganischen Verbindungen spielen Symmetriebetrachtungen (fast) keine Rolle.

Ober- und *Kombinationsschwingungen* erhöhen und *zufällige Entartungen* verringern die Zahl der $3\,N - 6$ möglichen Grundschwingungen des Moleküls. Im Unterschied zur symmetriebedingten Entartung führen bei *zufällig entarteten Schwingungen* mehrere Atomgruppen (z. B. die beiden CH_3-Gruppen in $CH_3-C(O)-CH_3$) unabhängig voneinander Schwingungen mit zufällig gleicher Frequenz aus. Während bei der Spektrenanalyse kleiner Moleküle in der Regel *alle* Absorptionsbanden zugeordnet werden, beschränkt sich dies bei den organischen Verbindungen meist nur auf wenige Absorptionsbanden. Dies ist bedingt durch die zahlreichen Schwingungskopplungen wegen der Verknüpfung von vielen Atomen gleicher oder ähnlicher Massen (C, O, N) und ähnlicher Bindungsstärken (C–C, C–O, C–N).

Für die Analyse der Schwingungsspektren organischer Verbindungen sind folgende Schwingungen relevant und von hohem diagnostischen Wert:

- Charakteristische Schwingungen
- Substanzspezifische Schwingungen
- Finger-print-Bereich

2.4.2 Charakteristische Schwingungen

Definition

Bei charakteristischen Schwingungen eines mehratomigen Moleküls fällt nahezu die gesamte potentielle Energie auf die Bewegung einer bestimmten Atomgruppe. Schwingungskopplungen sind vernachlässigbar. Charakteristische Schwingungen sind daher *lagekonstant*. Das bedeutet, dass unabhängig von der Nachbargruppe eine Atomgruppe mit quasi gleicher Frequenz schwingt und zu Absorptionsbanden bei etwa gleicher Wellenzahl führt. Da bei charakteristischen Schwingungen die Absorptionsbanden eindeutig den Schwingungen einer ganz bestimmten Atomgruppe zugeordnet werden können, bezeichnet man sie auch als **Gruppenfrequenzen**. Sie sind tabelliert und bilden die wichtige Quelle für die Strukturanalytik organischer Moleküle.

Kriterien für das Auftreten charakteristischer Schwingungen

Charakteristische Schwingungen treten auf, wenn

1. sich die **Kraftkonstanten** benachbarter Bindungen (um mehr als 25 %) unterscheiden

2. sich die **Massen** benachbarter Atome stark unterscheiden (mehr als 100 %)

3. die Schwingung nicht zufällig im Bereich einer anderen Schwingung liegt.

Beide Kriterien werden beispielsweise sehr gut von $H-C\equiv N$ erfüllt. Mit Licht der Energie 3311 cm^{-1} wird nur die Schwingung der H–C-Gruppe angeregt. Nach Berechnungen entfällt 95 % der potentiellen Energie auf die Schwingung dieser Atomgruppe. Bei Anregung mit elektromagnetischer Strahlung der Energie 2097 cm^{-1} wird hingegen nur die $C\equiv N$-Gruppe zur Schwingung angeregt. Wiederum entfallen 95 % der potentiellen Energie auf die Bewegung dieser Atomgruppe. Da diese Schwingungen stark charakteristisch sind, stellt der Bereich 3300 – 3320 cm^{-1} die Gruppenfrequenzen für die CH-Schwingung mit einem sp-hybridisierten C-Atom dar. Eine Absorptionsbande in diesem Bereich diagnostiziert daher eine Acetylidgruppe, $\equiv C-H$.

Der analoge Sachverhalt trifft für eine Absorptionsbande bei ≈ 2100 cm^{-1} zu. Absorptionsbanden in diesem Bereich können einer $C\equiv N$-Gruppe zugeordnet werden. Da sich jedoch die Atommassen von C und N nur geringfügig unterscheiden, liegen auch die Gruppenfrequenzen für die $C\equiv C$-Strukturgruppe im ähnlichen Bereich.

Nach den Kriterien für das Auftreten charakteristischer Schwingungen sind nicht-konjugierte Mehrfachbindungen stark charakteristisch und liefern Gruppenfrequenzen von hohem diagnostischen Wert. Über Gruppenfrequenzen können daher beispielsweise C=C-, $C\equiv C$-, C=O- C=N- oder $C\equiv N$-Strukturgruppen sicher erkannt werden.

Die beiden ersten Kriterien für charakteristische Schwingungen werden auch für die C=S-Gruppe in Thioketonen erfüllt. Daher sollte die C=S- wie die analoge C=O-Valenzschwingung charaktcristisch scin mit lagckonstanten Gruppenfrequenzen. Dies ist jedoch nicht der Fall. Bedingt durch die größere Masse von S im Vergleich zu O, wird die Valenzschwingung erniedrigt und fällt in den Bereich von Deformationsschwingungen des CH-Skeletts. Kriterium 3 wird daher nicht erfüllt. Wegen Schwingungskopplung entfällt auf die intensitätsstarke Absorptionsbande im Erwartungsbereich der C=S-Valenzschwingung ein erheblicher Anteil der potentiellen Energie auf die beteiligten Deformationsschwingungen, so dass streng genommen diese Absorptionsbande nur näherungsweise als $v_{C=S}$ bezeichnet werden kann.

Da niederfrequente Deformationsschwingungen im Allgemeinen stark koppeln, sind mit Ausnahme der *inneren* Deformationsschwingungen der CH_3- und CH_2-Gruppen charakteristische Schwingungen auf *Valenzschwingungen* begrenzt.

Bei den **inneren** Schwingungen der Alkylgruppen erfolgt die Bewegung nur der CH-Atome, während bei den **äußeren** Schwingungen auch die übrigen Substituenten am C-Atom an der Schwingung beteiligt sind. Für letztere ist daher keine Lagekonstanz zu erwarten. Die äußeren Deformationsschwingungen werden *rocking* (ρ), *wagging* (ω) sowie *twisting* (τ) bezeichnet.

Beispiele charakteristischer Schwingungen

Kriterium 1: Unterschiede in den Kraftkonstanten f benachbarter Bindungen $(f_2 > f_1)$

$$f_1 \quad f_2$$
$$-\,C\,-\,C = X$$

$X = O$ (Carbonylverbindungen) $\nu_{C=O} \approx 1800 - 1650 \ cm^{-1}$

$X = N$ (Azomethine) $\nu_{C=N} \approx 1650 \ cm^{-1}$

$$f_1 \quad f_2$$
$$-\,C\,-\,C \equiv X$$

$X = N$ (Nitrile) $\nu_{C\equiv N} \approx 2260 - 2200 \ cm^{-1}$

$X = C$ (Alkine) $\nu_{C\equiv C} \approx 2260 - 2100 \ cm^{-1}$

Kriterium 2: Massenunterschiede benachbarter Atome $(m_1 \gg m_2)$

$$\nu_{X-H}$$

$$m_1 \qquad m_2$$
$$-\,C\,-\,X\,-\,H$$

$X = O$ (Alkohole; Phenole) $\approx 3650 \ cm^{-1}$ $(\nu_{OH, \ frei})$

H-Brücke $\approx 3200 \ cm^{-1}$ $(\nu_{OH, \ ass})$

$X = N$ (Amine; Amide) $\approx 3400 \ cm^{-1}$

primär   2 Banden

sekundär   1 Bande

$X = C$ (Kohlenwasserstoffe)

C(sp)–H   C(sp^2)–H   C(sp^3)–H
(Alkin)   (Alken; Aromat) (Alkyl)
≈ 3300 $\approx 3100\text{-}3000$ $\approx 3000\text{-}2850 \ cm^{-1}$

Je größer der s-Anteil im Hybridorbital, umso größer ist die Bindungsordnung, umso höher ist bei gleichen schwingenden Massen die Wellenzahl.

Beeinflussung charakteristischer Schwingungen

1. durch **induktive** Effekte

Mit zunehmendem I-Effekt steigt die Bindungsordnung, damit die Kraftkonstante und somit die $\nu_{C=O}$ in Carbonylverbindungen.

Beispiel: CH_3-(C=O)-X   X = H: $\nu_{C=O} = 1740 \ cm^{-1}$ X = Cl: $\nu_{C=O} = 1800 \ cm^{-1}$

2. durch **mesomere** Effekte

Mesomerie schwächt die Bindung und damit die Kraftkonstante, die Valenzschwingung sinkt.

Beispiel: CH_3-(C=O)-X   X = H: $\nu_{C=O} = 1740 \ cm^{-1}$ X = Aryl: $\nu_{C=O} = 1685 \ cm^{-1}$

$\nu_{C=C}$ (Alken) $(\approx 1640 - 1645 \ cm^{-1}) > \nu_{C=C}$ (Aromat) $(\approx 1600 - 1450 \ cm^{-1})$

3. durch **intermolekulare** Effekte

Autoassoziation, H-Brückenbildung, Wechselwirkung mit dem Lösungsmittel und weitere Effekte schwächen die Bindung und erniedrigen die Valenzschwingung

Beispiel: $\nu_{C=O}$ (Aceton, gasförmig): $1745 \ cm^{-1}$ $\nu_{C=O}$ (Aceton, in CCl_4): $1720 \ cm^{-1}$

2.4.3 Substanzspezifische Schwingungen

Substanzspezifische Schwingungen sind *gekoppelte* Schwingungen und können daher nicht wie charakteristische Schwingungen der Bewegung einer bestimmten Atomgruppe zugeordnet werden.

Substanzspezifische Schwingungen sind an die Existenz einer ganz bestimmten Struktureinheit im Molekül gebunden. Daher diagnostizieren substanzspezifische Schwingungen einen bestimmten *Strukturtyp* im Molekül.

Beispiele

- Kombinations- und Oberschwingungen der CH-out-of-plane (γ_{CH}) und ring-bending (Gerüstschwingungen der C-Atome) des Aromaten im Bereich 2000 – 1600 cm^{-1}. Sie ermöglichen die Erkennung des Substitutionstyps des Aromaten (s. **Tabelle 6.2.4.2**).

- Fermi-Resonanz der CHO-Gruppe führt zu starken Absorptionsbanden im Bereich 2850 – 2700 cm^{-1}. Sie diagnostizieren eindeutig die Aldehydgruppe und können sicher Aldehyde von den anderen Carbonylverbindungen, insbesondere von Ketonen unterscheiden.

  Zum Begriff **Fermi-Resonanz**: Wenn Oberschwingungen einer Deformationsschwingung im Bereich einer Valenzschwingung dieser Gruppe zu liegen kommt, erfolgt Resonanz beider unter Bildung neuer (meist intensitätsstarker) Banden. Für **CHO**: $\delta(HCO) \approx 1380$ cm^{-1}; **OS** ($\approx 2 \cdot \delta(HCO)$) ≈ 2750 cm^{-1}; $\nu(CH) \approx 2750$ cm^{-1} $\Rightarrow$ Fermi-Resonanz $\Rightarrow$ zwei neue starke Banden im o. g. Bereich.

  Ein weiteres Beispiel strukturanalytisch relevanter Fermi-Resonanz:
  C=O-Valenzschwingung ($\nu_{C=O}$) in Arylsäurechloriden, Aryl-C(=O)Cl.
  Die OS der $\delta(ClCO)$ liegt im Bereich der $\nu(C=O)$ und tritt mit dieser in Resonanz, was zum Auftreten einer Doppelbande im Bereich der $\nu_{C=O}$ in Arylsäurechloriden führt und somit eine Unterscheidung zu Alkylsäurechloriden ermöglicht.

- Oberschwingung der γ_{CH} der Vinylgruppe im Bereich 1840 – 1800.

  Sie beweist in Kombination mit den starken Banden der γ_{CH} bei ≈ 990 und ≈ 910 cm^{-1} sicher die Existenz der Vinylgruppe (-CH=CH$_2$).

2.4.4 Finger-print-Bereich

Im Bereich < 1500 cm^{-1} liegen Absorptionsbanden, die durch starke Schwingungskopplungen verursacht werden. Da bei gekoppelten Schwingungen bereits geringfügige Änderungen in der Struktur andere Absorptionsbanden erzeugen, führen im Unterschied zu charakteristischen (vom Molekülrest *unabhängigen*) Schwingungen gerade die gekoppelten Schwingungen zu einem Absorptionsmuster, das typisch für eine *einzelne* Verbindung ist. Aus diesem Grund wird der Spektralbereich < 1500 cm^{-1} finger-print-Bereich bezeichnet.

Während charakteristische Schwingungen nur substanzunabhängige Strukturmuster und funktionelle Gruppen erkennen, dient der finger-print-Bereich zur *Identifizierung* einer *individuellen* Verbindung.

Die **Substanzidentifizierung** erfolgt durch visuellen oder maschinellen Vergleich des IR-Spektrums der Prüfsubstanz mit dem einer Referenzsubstanz oder einem Referenzspektrum aus einer der vielen Spektrenbibliotheken, vorausgesetzt, dass beide Spektren unter identischen Bedingungen registriert werden bzw. worden sind. Für die Identifizierung einer konkreten Verbindung ist vor allem der finger-print-Bereich zu bewerten. Beim Vergleich ist zu berücksichtigen, dass Banden von Restlösungsmitteln oder der Kristallhabitus geringfügige Abweichungen vom Referenzspektrum verursachen können. Die intensitätsstarken Banden müssen jedoch im Toleranzbereich von $\pm$ 1 cm^{-1} übereinstimmen.

Polymorphie

Zusätzliche Banden oder abweichende Bandenlagen (vor allem im niederen Wellenzahlbereich) können durch unterschiedliche Kristallstrukturen hervorgerufen werden. Die meisten organischen Verbindungen kristallisieren in verschiedenen **polymorphen Formen**. Da Schwingungsspektren von festen Proben sehr leicht registriert werden können, ist die Schwingungsspektroskopie die wichtigste analytische Methode für die Untersuchung der Polymorphie im Routinebetrieb, wie sie beispielsweise in den Prüfvorschriften der Pharmacopeia zur Substanzidentifizierung vorgeschrieben sind. Bei Existenz polymorpher Formen ist wegen unterschiedlicher physikalischer Eigenschaften (z. B. Löslichkeit) und thermischer Stabilität immer nur eine ganz bestimmte Species als Wirkstoff zugelassen.

Weitere Methoden für die Untersuchung polymorpher Formen im Routinebetrieb sind die Röntgendiffraktometrie, die thermischen Analysenverfahren, die photoakustische Spektroskopie und in zunehmendem Masse findet auch die Festkörper-NMR-Spektroskopie Anwendung.

Da die Ramanspektren im Unterschied zur IR-Spektroskopie auch den niederfrequenten Absorptionsbereich, d. h. den Bereich der für die Feststoffcharakterisierung wichtigen Gitterschwingungen unterhalb 300 cm^{-1} erfassen, ist die Ramanspektroskopie für die Untersuchung der Polymorphie besonders geeignet, wobei die Raman-Mikroskopie auch einzelne Kristallite untersuchen kann. Allerdings besteht die Gefahr der thermischen Umwandlung polymorpher Formen während des Messvorgangs.

2.4.5 Zusammenstellung relevanter strukturanalytischer Informationen aus IR-Spektren der wichtigsten Verbindungsklassen

Die folgende Übersicht präsentiert die relevanten Absorptionsbanden der wichtigsten organischen Substanzklassen. Weitere Informationen sind **Tabelle 6.2.4.2** zu entnehmen. Alle Zahlenangaben sind in cm^{-1}. Fett hervorgehobene Zahlen sind strukturanalytisch von besonderer Bedeutung.

2.4.5.1 Kohlenwasserstoffe (KW)

Aus den Schwingungsspektren der KW können der Strukturtyp (Alkan, Alken, Alkin, Aromat), die Kettenverzweigung im Alkylskelett sowie der Substitutionstyp des Alkens und des Aromaten ermittelt werden. Strukturanalytisch relevant sind die CH-, C=C- und C≡C-Valenzschwingungen, die inneren Deformationsschwingungen der CH$_3$- und CH$_2$-Gruppen, die out-of-plane Deformationsschwingungen (Symbol: δ_{oop} oder γ_{CH}) der CH-Gruppe bei Alkenen und Aromaten sowie die δ_{oop} des C-Gerüsts der Aromaten. Die $\delta_{in-plane}$ der Alkene und Aromaten sind strukturanalytisch ohne Bedeutung.

Die wichtigsten Informationen für die Strukturanalytik der KW:

Alkane (sp^3-CH)

CH-Valenzschwingungen, ν_{CH}	**< 3000**		
CH$_3$	ν_{as}(E): $\approx$ **2965**	ν_s: 2875	I(ν_{as}) > I(ν_s)
CH$_2$	ν_{as}:$\approx$ **2925**	**2925** ν_s: 2855	I(ν_{as}) > I(ν_s)
CH	$\approx$ 2900 (intensitätsschwach; meist überdeckt)		
Abweichende Lage und Intensität bei CH$_3$–X, CH$_2$–X mit X = O; N; Aryl			
Deformationsschwingungen			
CH$_3$	δ_{as}(E) $\approx$ 1470	δ_s $\approx$ **1375** Aufspaltung bei Verzweigung	
CH$_2$	$\delta \approx$ **1455**		

Alkene, Aromaten (sp^2-CH)

CH-Valenzschwingungen, ν_{CH}	**< 3000**		
Alken		**Aromat**	
$\nu_{C=C}$:	**1690 - 1635**	$\nu_{C=C}$:	**1625 – 1400**
CH-Strukturtyp		*Arylsubstitution*	
–CH=CH–(E/Z); –CH=CH$_2$	γ_{CH} **1005 – 675**	• γ_{CH} + ring bending - nur γ_{CH}: bei ortho- und para- - γ_{CH} + ring bending: bei mono- und meta- • OS + KS	**850 – 650** 2000 – 1650 (Strukturmuster)

Alkin (sp-CH)

CH-Valenzschwingungen, ν_{CH}	**3340 - 3250** (schmaler als die breiten ν_{OH} und ν_{NH} !)
C$\equiv$C-Valenzschwingungen, $\nu_{C\equiv C}$	**2260 – 2100** (Intensität: gering bis inaktiv)
Deformationsschwingung, $\delta_{C\equiv CH}$	$\approx$ **650** mit OS bei $\approx$ 1250

Beispiel 2.6

Der Strukturvorschlag eines Syntheseproduktes - *para*-Methyl-styren (1) - ist IR-spektroskopisch zu bestätigen. Das IR-Spektrum wird in **Bild 2.8** präsentiert.

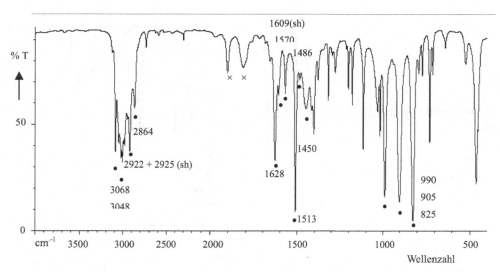

Bild 2.8: IR-Spektrum von *para*-Methylstyren (1) (Film)

Lösung

Folgende Strukturelemente können IR-spektroskopisch gesichert werden:

Strukturelement	Schwingung mit Wertebereich	Zuordnung der IR-Banden
Aromat	3070 – 3010	$v_{CH, sp2}$
	1570 w, 1513 s, 1486 w	$v_{C=C \, (Aryl)}$
Vinylgruppe	3070 – 3010	$v_{CH, sp2}$
	1628 m	$v_{C=C \, (konj.)}$
	990 s + 905 s	γ_{CH}
CH$_3$-(Aryl)	2922 m + 2864 m	$v_{s,}(CH_3)$+Fermi-R. Aryl-CH$_3$
	2925 (sh), w	$v_{as,}(CH_3)$ für Aryl-CH$_3$
para-Substitution	825 s	$\gamma_{CH,Aryl}$ (keine ring bending!)
	2000 – 1650 (OS + KS)	Strukturmuster für *para*-

Übung 2.6

1. Ordnen Sie die Banden in den für die Kohlenwasserstoffe Alkan, Alken, Alkin und Aromat repräsentativen IR-Spektren in **Bild 2.9 – 2.12** zu! Welche Strukturelemente können bestätigt werden, für welche liefert die IR-Spektroskopie keine sichere Information? Die für die jeweilige Substanzklasse relevanten Banden sind fett hervorgehoben.

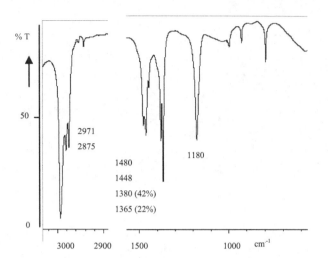

Bild 2.9:
IR-Spektrum von
2,2,3,3-Tetramethylbutan (2)
(Film)

Folgende Banden sind zuzuordnen:

2971; 2875; 1480; 1448; 1380/1365; 1180 cm^{-1}

Aus welchen Informationen werden folgende Strukturmerkmale gesichert:

a. Abwesenheit einer CH$_2$-Gruppe   b. Existenz einer *tertiären* Butylgruppe?

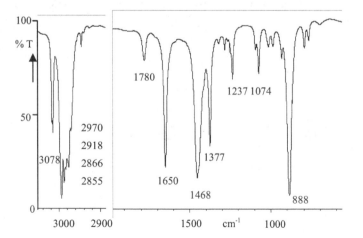

Bild 2.10: IR-Spektrum von
2-Methyl-buten-1 (3) (Film)

Folgende Banden sind zuzuordnen: (Die fett gedruckten Zahlenwerte gehören zum Alken.)

3078; 2970; 2918; 2866; 2855; **1780; 1650;** 1468; 1377; **888** cm^{-1}

Aus welchen Informationen werden folgende Strukturmerkmale gesichert:

a. Vinyliden-Gruppe   b. unverzweigte Alkylkette?

Bild 2.11:
IR-Spektrum von
Hexin-1 (4) (Film)

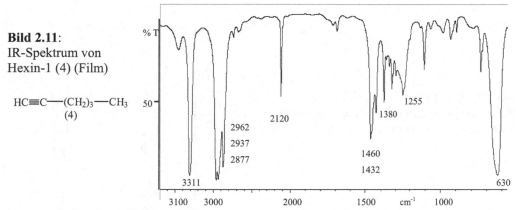

Zuordnung der Banden: **3311**; 2962; 2937; 2877; **2120**; 1460; 1432; 1380; **1255**; **630** cm^{-1}

Aus welchen Informationen kann die *unverzweigte* Alkylkette gesichert werden?

Bild 2.12: IR-Spektrum
von Toluen (5) (Film)

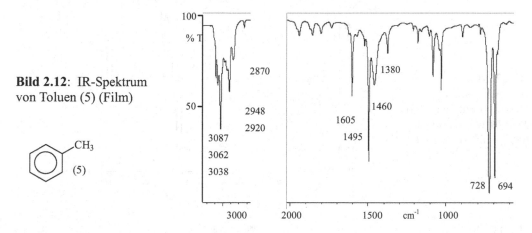

Zuordnung folgender Banden:

3087; **3062**; **3038**; 2948; 2920; 2870; **2000 - 1650**; **1605 - 1495**; 1460; 1380; **728**; **694** cm^{-1}

Aus welchen Informationen können folgende Strukturelemente gesichert werden:

a. Aromat (kein Alken)   b. Monosubstitution   c. Methylgruppe am Aromaten?

2. Wasser von zwei Rückhaltebecken der BAB wird mit $C_2Cl_3F_3$ extrahiert. Nach Entfernung des Extraktionsmittels werden die im Bereich der ν_{CH} registrierten Spektren erhalten (**Bild 2.13 A** und **B**). Entscheiden und begründen Sie, ob es sich bei den Rückständen um Benzin oder Dieselöl handelt!

3. Aus den IR-Spektren in **Bild 2.14 – 2.18** sind die Strukturelemente zu ermitteln, und aus diesen ist ein Strukturvorschlag zu erarbeiten! (Nicht alle der digital ausgewiesenen Banden können sinnvoll zugeordnet werden.)

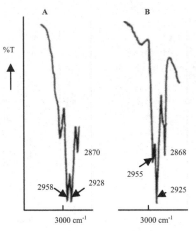

Bild 2.13 A und **B**:
IR-Spektren von Extrakten aus Wasser von zwei
BAB-Rückhaltebecken (in $C_2Cl_3F_3$)

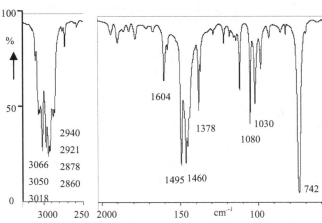

Bild 2.14:
IR-Spektrum einer
CH-Verbindung (Film)
MS: M = 106 amu (I=
68%), 107 amu (I = 6,0 %)

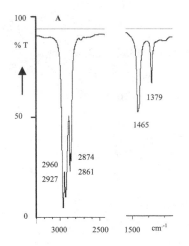

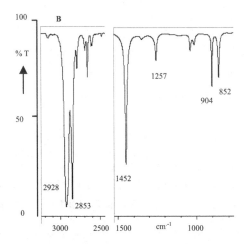

Bild 2.15: IR-Spektrum von zwei C_6-Verbindungen (**A**: in CCl_4; **B**: Film)

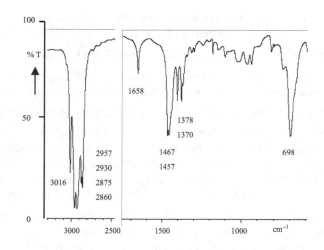

Bild 2.16:
IR-Spektrum einer unbekannten
Verbindung (Film)

h-MS: Molpeak: 98,1097 amu

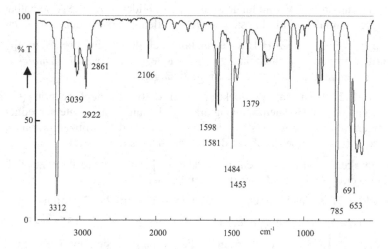

Bild 2.17:
IR-Spektrum einer
unbekannten
Verbindung (Film)

h-MS: Molpeak:
116,0627 amu

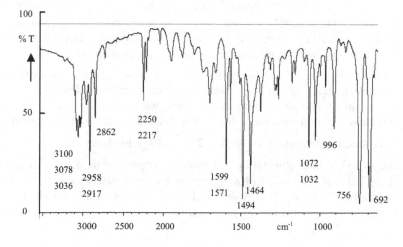

Bild 2.18:
IR-Spektrum einer
strukturisomeren
Verbindung von **Bild
2.17**
(Film)

2.4.5.2 Verbindungen mit der funktionellen Gruppe C–X–R, mit X = O, N und S Alkohole, Phenole, C–O–H

OH-Valenzschwingungen, $\nu_{OH, frei}$ **3650 – 3585** (scharf) $\nu_{OH, ass}$ **3550 – 3200** (breit)

$\nu_{OH,frei}$ wird als scharfe, starke Bande in der Gasphase, in verdünnter Lösung oder bei Substanzen beobachtet, für die eine H-Brückenbindung sterisch gehindert ist.

H-Brückenbindung bewirkt *Wellenzahlerniedrigung* und *Intensitätszunahme.*

Bei Konzentrationserhöhung erscheint längerwellig eine neue Bande infolge Ausbildung von Dimeren, bei weiterer Erhöhung der Konzentration verschiebt sich das Maximum zu noch niedriger Wellenzahl und die Banden werden breiter, weil sich über H-Brücken verknüpfte polymere Strukturen bilden. Die spektralen Änderungen bei Ausbildung von *intermolekularen H-Brücken* wird am Beispiel von *n*-Butanol in Tetra demonstriert (s. **Bild 2.19**).

Je stärker die H-Brücke ist, desto größer ist die Wellenzahlerniedrigung. Bei den stärkeren H-Brücken anorganischer Verbindungen kann diese Verschiebung bis zu $\approx$ 2200 cm^{-1} erfolgen. Die Breite der Banden wird durch den Assoziationsgrad bestimmt. Da im Gegensatz zu OH-Verbindungen NH-Verbindungen nur Dimere bilden, sind die Assoziatbanden der NH-Verbindungen schmaler, ein Indiz, sie von OH-Banden unterscheiden zu können.

Eine *intramolekularen* H-Brücke zeichnet sich durch eine breite und flache Bandenform aus, die unabhängig von der Konzentration ist, *intermolekulare* H-Brücken sind jedoch konzentrationsabhängig.

In **Bild 2.20** ist das IR-Spektrum von o-Hydroxyacetophenon (6) im Bereich der OH-Valenzschwingung in Lösung mit unterschiedlichen Konzentrationen abgebildet. Die Verringerung der Konzentration wird durch entsprechende Erhöhung der Schichtdicke kompensiert.

Die starken intramolekularen H-Brücken bei β-Diketonen führen zu IR-Banden, die von 3200 – 2000 cm^{-1} reichen und sehr flach sein können.

In **Bild 2.21** ist das IR-Spektrum mit einer Chelatbrücke abgebildet.

Deformationsschwingungen der C–O–H-Gruppe $\delta_{in\ plane}$ **1375 ± 45** $\delta_{out-of-plane}$ **650 ± 50**

Im Bereich 1375 ± 45 cm^{-1} erscheint die $\delta_{COH,\ in\ plane}$. Sie kann meist durch ihre Breite von den schmaleren CH-Deformationsschwingungen in diesem Bereich unterschieden werden. Bei primären und sekundären Alkoholen koppelt die $\delta_{COH,\ in\ plane}$ mit der CH-wagging unter Bildung von zwei Banden bei $\approx$ 1420 und $\approx$ 1330 cm^{-1}. Bei tertiären Alkohole kann keine Kopplung erfolgen, daher erscheint in diesem Bereich nur *eine* Bande.

Eine weitere Deformationsschwingung – die out-of-plane Deformationsschwingung – wird im Bereich um 650 cm^{-1} als breite Absorptionsbande beobachtet. Sie ist durch ihre Breite relativ leicht von den Deformationsschwingungen der Aromaten und anderer Gruppen zu unterscheiden und wird meist von schmalen Deformationsschwingungen überlagert.

C–O-Valenzschwingung, $\nu_{"C-O"}$ **1280 – 980** (sehr stark)

Die „C–O-Valenzschwingung" ist wegen Kopplung mit dem benachbarten C-Atom – vor allem bei primären Alkoholen – genauer als asymmetrische C–C–O–Valenzschwingung zu bezeichnen. Diese IR-Banden sind von hohem diagnostischen Wert, weil sie die Unterscheidung der Alkoholtypen gestattet: Bei *primären* Alkoholen (1°) wird sie im Bereich

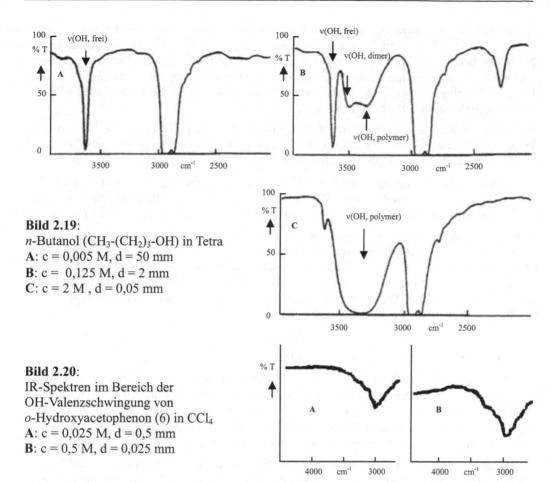

Bild 2.19:
n-Butanol (CH$_3$-(CH$_2$)$_3$-OH) in Tetra
A: c = 0,005 M, d = 50 mm
B: c = 0,125 M, d = 2 mm
C: c = 2 M , d = 0,05 mm

Bild 2.20:
IR-Spektren im Bereich der
OH-Valenzschwingung von
o-Hydroxyacetophenon (6) in CCl$_4$
A: c = 0,025 M, d = 0,5 mm
B: c = 0,5 M, d = 0,025 mm

Bild 2.21:
IR-Spektrum von
Acetylaceton (7) (Film)

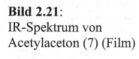

(7)

(starke intramolekulare
Chelat-H-Brücke)

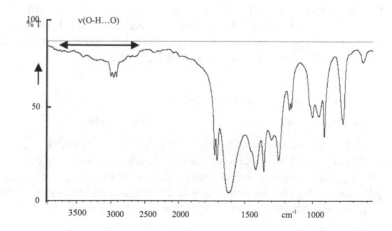

$1075 - 1000$ cm^{-1} als breite und starke Bande beobachtet, bei *sekundären* Alkoholen (2°) liegt sie bei $1150 - 1075$ cm^{-1} und bei *tertiären* Alkohole (3°) tritt sie bei $\approx 1210 - 1100$ cm^{-1} auf. Damit überlappen die Wertebereiche der 2° und 3° Alkohole teilweise. Oftmals gestattet jedoch eine Unterscheidung zwischen 2° und 3° Alkoholen die *symmetrische C–C–O-Valenzschwingung*, die bei 1° und 2° Alkoholen zwischen 900 und 800 cm^{-1} zu finden ist und bei 3° Alkoholen bei ≈ 1000 cm^{-1} liegt.

Die CO-Valenzschwingung erscheint bei *Phenolen* im Bereich $1260 - 1200$ cm^{-1}. Liegt die Bande im Wertebereich der Überlappung mit 3° Alkoholen, so ist eine phenolische Struktur leicht an den für Aromaten typischen Banden zu erkennen.

Die Deformationsschwingungen der Phenole – $\delta_{\text{in-plane}}$ sowie $\delta_{\text{out-of-plane}}$ – liegen im Bereich wie die der gesättigten Alkohole bei 1350 ± 50 bzw. 650 ± 50 cm^{-1}. Die Unterscheidung der $\delta_{\text{in-plane}}$ von der δ_s der CH$_3$-Gruppe ist wiederum über die größere Breite der ersteren möglich.

Viele Verbindungen enthalten Wasser, was im IR-Spektrum zu einer in Abhängigkeit vom Wassergehalt mehr oder weniger starken Absorptionsbande im Bereich $3500 - 3300$ cm^{-1} führt. Eine Unterscheidung von Alkoholen ist daher nicht über die OH-Valenzschwingung möglich. Wasser zeigt jedoch im Unterschied zu Alkoholen eine Absorptionsbande bei ≈ 1630 cm^{-1} (δ_{HOH}). In **Bild 2.22** ist das IR-Spektrum einer mit Wasser kontaminierten KW-Verbindung dargestellt. Die Wasserbanden sind ausgewiesen.

Ether, C–O–C   **$1200 - 900$**

Gesättigte, am Ether-C-Atom *unverzweigte* zeigen eine starke asymmetrische C–O–C-Valenzschwingung im Bereich $1150 - 1080$ (meist bei ≈ 1125) cm^{-1} und eine symmetrische C–O–C-Valenzschwingung bei $890 - 820$ cm^{-1} mit mittlerer Intensität. Bei *Verzweigung* am Ether-C-Atom treten im Bereich $1210 - 1070$ infolge Schwingungskopplung der C-O- mit der benachbarten C-C-Gruppe zwei oder mehrere Banden ähnlicher Intensität auf.

Im Wertebereich der C–O–C-Valenzschwingung liegt auch die ν_{C-O} der Alkohole und Ester. Ether können jedoch sicher an der fehlenden sehr starken OH-Valenzschwingung von Alkoholen und der Abwesenheit der starken $\nu_{C=O}$ von Estern unterschieden werden.

Für *Aryl-alkyl-ether* und *Vinyl-alkyl-ether* werden die $\nu_{as,C-O-C}$ im Bereich $1275 - 1200$ cm^{-1} und die $\nu_{s,C-O-C}$ bei $\approx 1210 \pm 10$ cm^{-1} als starke Banden beobachtet, und bei *Diarylethern* erscheint die $\nu_{as,C-O-C}$ im Bereich $1300 - 1200$ cm^{-1}. Ein repräsentatives IR-Spektrum wird am Beispiel vo Di-*sec*-butylether (8) in **Bild 2.23** präsentiert.

Amine, C–NHR (R = H; Alkyl; Aryl)

NH-Valenzschwingung, ν_{NH} **$3500 - 3280$**

Primäre Amine (Kennzeichnung: 1°) zeigen *zwei* Banden: $\nu_{as,NH}$ bei $3380 - 3350$ für gesättigte und $3500 - 3420$ cm^{-1} für aromatische Amine sowie $\nu_{s,NH}$ bei niedriger Wellenzahl. Die ν_{NH} sind weniger intensiv und schmaler als die ν_{OH}, weil Amine im Unterschied zu Alkoholen und Phenolen schwächere H-Brücken und daher nur Dimere bilden. **Bild 2.24** zeigt das IR-Spektrum von Benzylamin (9) als Beispiel für ein typisches 1° aliphatisches Amin.

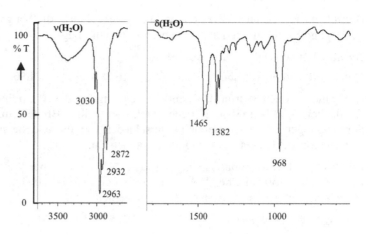

Bild 2.22:
IR-Spektrum eines KW
mit Wasser-Kontamination
(Film)

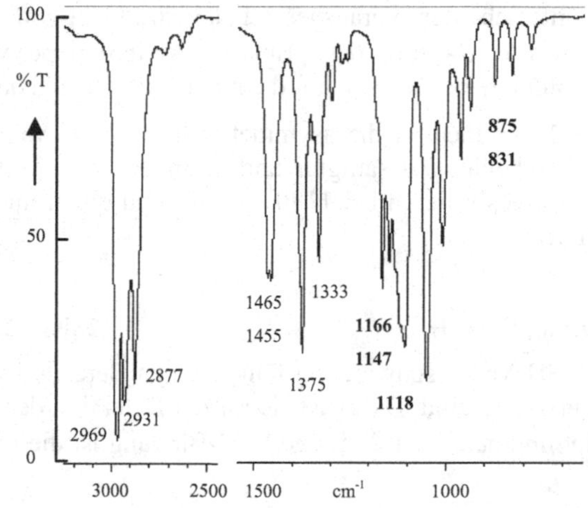

Bild 2.23:
IR-Spektrum von Di-*sec*-butylether (8)
(Film)

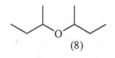

(8)

Bild 2.24:
IR-Spektrum von
Benzylamin (9) (Film)

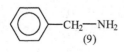

(9)

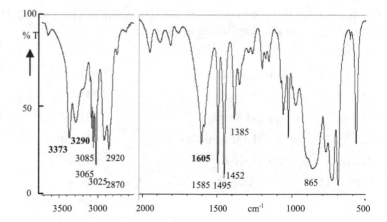

Bei *sekundären* Aminen (2°) existiert nur *eine* IR-Bande, die bei gesättigten im Bereich 3320 – 3280 und bei aromatischen Amine bei $\approx$ 3400 cm^{-1} liegt.

Tertiäre Amine verfügen über keine v_{NH}.

Deformationsschwingungen   **1650 – 1580   850 – 700**

Die mittelstarke scissoring-Deformationsschwingung der 1° Amine ($\delta_{in\text{-}plane}$) wird als breite Bande bei 1650 – 1580 cm^{-1} beobachtet. Durch ihre Breite kann sie sicher von anderen Schwingungen in diesem Bereich unterschieden werden, und sie stellt eine weitere wichtige Information zur Unterscheidung von Alkoholen dar.

Eine weitere Deformationsschwingung ($\delta_{oop,\,NH2}$) erscheint bei 1° Aminen als breite Bande im Bereich 850 – 750 cm^{-1}, bei 2° Aminen etwas tiefer (750 – 700 cm^{-1}), was zur Unterscheidung zwischen 1° und 2° Aminen herangezogen werden kann.

C–N-Valenzschwingungen   **1350 – 1020**

Die v_{C-N} bei 1° gesättigten Aminen fällt in den Bereich 1250 – 1020, bei aromatischen liegt sie im Bereich 1350 – 1250 cm^{-1}. Sie ist von mittlerer Intensität und daher leicht von der v_{C-O} zu unterscheiden, vorausgesetzt, sie wird nicht von dieser viel intensiveren Bande überlagert. Ist das α–C-Atom der primären Aminogruppe verzweigt, treten infolge Schwingungs-kopplung neue Banden auf, die nicht sinnvoll zugeordnet werden können.

Bei 2° Aminen ist die asymmetrische C–N–C-Valenzschwingung strukturanalytisch für die Unterscheidung gesättigter und aromatischer sekundärer Amine verwendbar: Gesättigte 2° Amine absorbieren bei 1180 – 1130 und die aromatischen liegen im Bereich 1350 – 1250 cm^{-1}.

Thiole, C–S–H   **2600 - 2550**

Die SH-Valenzschwingung fällt in einen Bereich, in dem keine weiteren Gruppenfrequenzen zu erwarten sind. Daher ist sie für die Detektion der Thiole gut geeignet. Wegen des geringen Dipolmoments der C–S und S–H-Bindung ist die nur von mittlerer bis schwacher Intensität.

Beispiel 2.7

Die Banden im IR-Spektrum von N-Methyl-*p*-toluidin (10) (**Bild 2.25**) sind zuzuordnen, die Struktur ist IR-spektroskopisch zu bestätigen!

Lösung:

v in cm^{-1}	Zuordnung	v in cm^{-1}	Zuordnung
3410 vs	v_{NH} (2° Amin)	1473 m; 1446 m	δ_{as}(CH$_3$-Aryl; CH$_3$-N)
3016 m	$v_{CH,sp2}$ (Aromat)	1315 w	δ_s(CH$_3$)
2920 m; 2886 m	v_s(CH$_3$)+Fermi-Resonanz	1261 m	v_{C-N-C}(Aryl-N)
2810 m	v_s(CH$_3$-N-Aryl)	810 s	γ_{CH}(1,4-Aryl)
1618 s – 1524	$v_{C=C}$(Aromat)	694 m	δ_{oop} (2° Amin)
		2000 – 1650 w	OS + KS (1,4-Aryl)

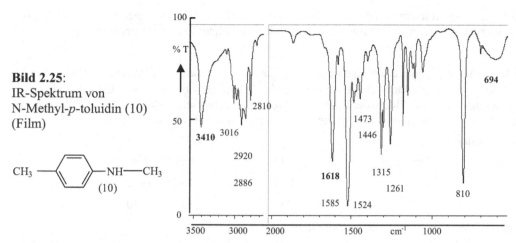

Bild 2.25:
IR-Spektrum von
N-Methyl-*p*-toluidin (10)
(Film)

Der Aromat wird durch die ν_{CH} (3100 – 3000) und die $\nu_{C=C}$ ($\approx$ 1600 – 1490) gesichert, für die *para*-Substitution sprechen die γ_{CH} (810) sowie das Fehlen der ring bending, was jedoch auch für eine 1,2-Substitution zutrifft. Eine Unterscheidung liefert jedoch das Muster der OS und KS im Bereich 2000 – 1650.

Die Valenzschwingungen der an Aryl oder N direkt gebunden CH_3-Gruppe werden erniedrigt und liegen im Bereich 2925±5 und 2865±5 bzw. 2815±5 bei N-Aryl.

2° Amin werden durch das Auftreten von nur einer ν_{NH} ($\approx$ 3400 bei 2°-N-Ary) sowie durch die δ_{oop} bei $\approx$ 700 gesichert. Letztere liegt tiefer als bei 1° Aminen.

Übung 2.7

1. Ordnen Sie die ausgewiesenen Banden im IR-Spektrum von Di-*sec*-butylether (8) in **Bild 2.23** zu! Die für Ether relevanten Banden sind hervorgehoben.

2. Ordnen Sie die ausgewiesenen Banden im IR-Spektrum von Benzylamin (9) in **Bild 2.24** zu! Die für Amine relevanten Banden sind hervorgehoben.

3. Für eine Verbindung wird das in **Bild 2.26** dargestellte IR-Spektrum registriert. Im MS erscheinen folgende Peaks (I_{rel} > 1 %): m/z (I_{rel}) 41(12) 42(12) 43(9) 44(100) 45(7) 56(2) 58(9) 59(4) 73(1). Erarbeiten Sie die Struktur der Verbindung!

4. Gegeben sind die IR-Spektren von drei strukturisomeren Verbindungen (**Bild 2.27 A - C**). Die Summenformel ist aus den MS-Daten von Verbindung B zu erstellen: Molpeak: 108 amu (I_{rel} = 83,5 %), 109 amu ((I_{rel} = 6,8 %). Die Struktur der Verbindungen ist zu erarbeiten!

2.4.5.3 Carbonylverbindungen, –C(=O)–X mit X = H, C, OH, OR, NR_2, Cl

Die C=O-Valenzschwingung liegt im Bereich $\approx$ **1800 – 1650** cm^{-1}. Der für eine charakteristische Schwingung relativ große Wertebereich wird durch die Beeinflussung der $\nu_{C=O}$ durch induktive und mesomere Effekte verursacht (s. 2.4.2). Andererseits können daraus unter Einbeziehung weiterer Informationen die verschiedenen Verbindungsklassen der Carbonyle sicher diagnostiziert werden. Die C=O-Gruppe ist stark polar, daher ist die $\nu_{C=O}$ stets eine sehr starke Bande und leicht im IR-Spektrum zu erkennen. Die für die verschiedenen Carbonylverbindungsklassen relevanten Informationen werden im Folgenden zusammengestellt:

Ketone

Ketone können aus der Kombination von $\nu_{C=O}$ und ν_{C-C-C} erkannt werden. Im Unterschied zur ν_{C-C} des C-C-Alkylskelett ist die asymmetrische Valenzschwingung der C-C(=O)-C-Gruppe sehr intensiv. Die für Aldehyde, Ester und Carbonsäuren typischen Banden müssen abwesend sein. Als Beispiel wird das IR-Spektrum von Acetophenon (11) in **Bild 2.28** präsentiert.

Wertebereiche:

	Gesättigt	Aryl-alkyl-keton	Diarylketon
$\nu_{C=O}$	1715 ± 10	$1700 - 1670$	$1680 - 1650$
ν_{C-C-C}	$1230 - 1100$	$1300 - 1230$	$1300 - 1230$

Verzweigung in α-Stellung erniedrigt die $\nu_{C=O}$.

Aldehyde

Die C=O-Valenzschwingung der Aldehyde liegt etwas höher als die der entsprechenden Ketone. Aldehyde können an den Banden zwischen 2850 und 2700 in Kombination mit der δ_{HCO} bei 1390 ± 10 cm^{-1} sicher erkannt werden. Die starken Banden (manchmal auch nur eine) zwischen 2850 und 2700 liegen niedriger als die CH-Valenzschwingungen. Sie resultieren aus einer Fermi-Resonanz (s. o.) der ν_{CH} mit der OS der δ_{HCC}.

Im IR-Spektrum von *n*-Hexanal (12) in **Bild 2.29** sind die für einen aliphatischen Aldehyd typischen Banden zu erkennen. Deutlich zu sehen ist nur die Fermi-Resonanz bei 2719 cm^{-1}, während die ν_{CH} nur als Schulter erscheint, dies wird auch für einen nicht an der zur Carbonylgruppe α-ständigen unverzweigten gesättigten Aldehyd erwartet. Bei Verzweigung am α-CAtom wird die ν_{CH} erniedrigt, so dass 2 Banden in diesem Bereich beobachtet werden.

Wertebereiche:

ν_{CH} + Fermi-Resonanz (1 oder 2 Banden)	$2850 - 2700$
ν_{CH} (gesättigt, α-unverzweigt)	$2730 - 2715$
ν_{CH} (gesättigt, α-verzweigt)	$2715 - 2700$
$\nu_{C=O}$ (gesättigt)	1730 ± 10
$\nu_{C=O}$ (Aryl)	1700 ± 10
δ_{HCO}	≈ 1390

Carbonsäuren

OH-Valenzschwingungen

Carbonsäuren bilden sehr starke H-Brücken aus, selbst im Gaszustand liegen Dimere vor. Die starke HO…H-Brücke bewirkt eine ungewöhnlich große Verbreiterung ($3300 - 2500$ cm^{-1}) und enorme Intensitätszunahme der OH-Valenzschwingung, auf der die viel schwächeren ν_{CH} begleitet von OS und KS bei ≈ 2600 cm^{-1} superpositioniert sind. Die freie ν_{OH} wird nur in sehr stark verdünnten Lösungen bei 3520 cm^{-1} sichtbar. Im gleichen Wertebereich liegen die OH-Valenzschwingungen der β-Diketone, die allerdings weniger intensiv sind.

Bild 2.26:
IR-Spektrum einer
unbekannten Verbindung
(Film)

MS: s. **Übung 2.7.** Nr. 3

× - Fermi-Resonanz:

OS δ_{NH2} + ν_{NH}

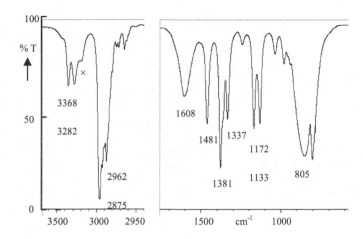

C=O-Valenzschwingungen

Die $\nu_{C=O}$ ist intensiver als die der Ketone. Monomere von *gesättigten Carbonsäuren* absorbieren bei 1760 cm^{-1}. Bei der üblichen dimeren Struktur ist nur die asymmetrische C=O-Valenzschwingung IR-aktiv. Sie wird bei aliphatischen Carbonsäuren im Bereich 1710 ± 10 cm^{-1} detektiert. Intramolekulare H-Brücken bewirken eine drastischere Wellenzahl-erniedrigung als intermolekulare, vgl. *o*-Hydroxybenzoesäure (6), (1667 cm^{-1} in KBr) mit *p*-Hydroxybenzoesäure (1682 cm^{-1} in KBr). Konjugation erniedrigt die $\nu_{C=O}$ (1700 ± 15cm^{-1}).

C-O- und O-H-Valenzschwingungen

Die Wechselwirkung der ν_{C-O} und $\delta_{in\text{-}plane}$(C–O–H) resultiert in zwei Banden, von denen die als $\delta_{in\text{-}plana}$(OH) bezeichnete Bande zwischen 1440 und 1395 cm^{-1} erscheint und die intensivere „ν_{C-O}" bei 1315 – 1280 cm^{-1} liegt. In langkettigen Carbonsäuren ist diese mehrfach aufgespalten, woran die sog. Fettsäuren erkannt werden können. Eine breite Bande im Bereich 960 – 880 cm^{-1} wird der δ_{oop}(OC–OH) zugeordnet.

Als repräsentatives Beispiel einer gesättigten Carbonsäure wird in **Bild 2.30** das IR-Spektrum von Propionsäure (14) vorgestellt.

Carbonsäureester

Aliphatische und aromatische Carbonsäureester zeichnen sich durch drei starke Banden im Wertebereich ≈ **1700** ($\nu_{C=O}$), ≈ **1200** (asymmetrische C–C und OC–C Schwingung, $\nu_{as,\ C-C-O}$) und ≈ **1100** (asymmetrische Schwingung der O–C- und C–C-Gruppen, $\nu_{as,\ O-C-C}$) aus („**3-Banden-Regel**").

In **Bild 2.31** ist das IR-Spektrum von Propionsäureethylester (15) ausgewählt.

Wertebereiche:

	Gesättigte Ester	Aromatische oder α,β-ungesättigte Ester
$\nu_{C=O}$	1750 – 1735	1730 – 1710
ν_{C-C-O}	1210 – 1165	1330 – 1250
ν_{C-C-O} (Acetate)	≈ 1240	
ν_{O-C-C}	1100 – 1030	1130 – 1000

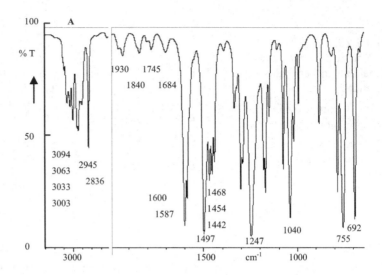

Bild 2.27 (A – C):
IR-Spektren von drei
Isomeren (alle als
Film)

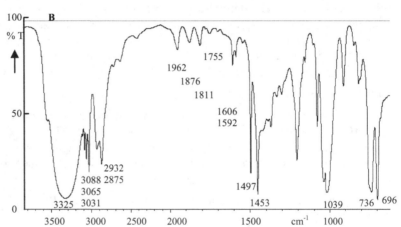

Bild 2.27 B

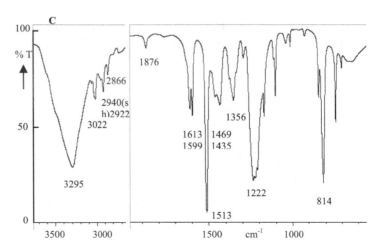

Bild 2.27 C

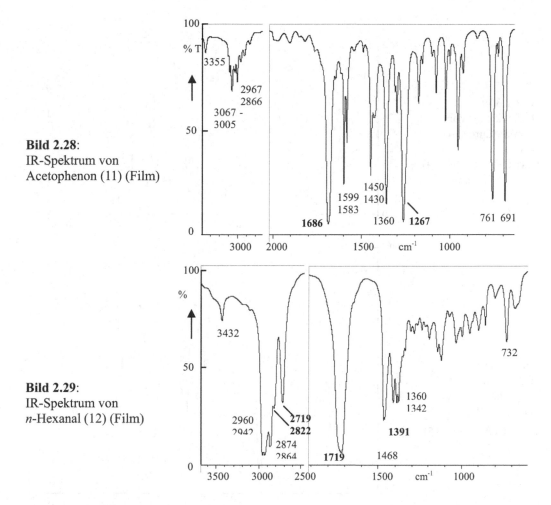

Bild 2.28:
IR-Spektrum von
Acetophenon (11) (Film)

Bild 2.29:
IR-Spektrum von
n-Hexanal (12) (Film)

Carbonsäureanhydride

C=O-Valenzschwingungen

Die Schwingungskopplung der beiden C=O-Gruppen resultiert in zwei intensiven C=O-
Valenzschwingungen, von denen die symmetrische höher liegt und bei nicht-cyclischen
Anhydriden intensiver ist als die asymmetrische. Bei cyclischen Anhydriden ist das
Intensitätsverhältnis umgekehrt.

Aus dem Intensitätsverhältnis der $v_{s,C=O}$ und $v_{as,C=O}$ kann ein cyclisches von einem nicht-
cyclischen unterschieden werden.

Im IR-Spetrum von Propionsäureanhydrid (16) (**Bild 2.32**) liegen die C=O-Valenz-
schwingungen bei 1820 (v_s) sowie 1762 cm^{-1}(v_{as}), im cyclischen 3-Methyl-glutarsäure-
anhydrid (17) in **Bild 2.33** bei 1809 und 1762 cm^{-1} mit umgekehrtem Intensitätsverhältnis.
Der gleiche Befund gilt auch für 5-Ring-Anhydride. Konjugation, wie beispielsweise bei
Phthalsäureanhydriden erniedrigt die C=O-Valenzschwingungen.

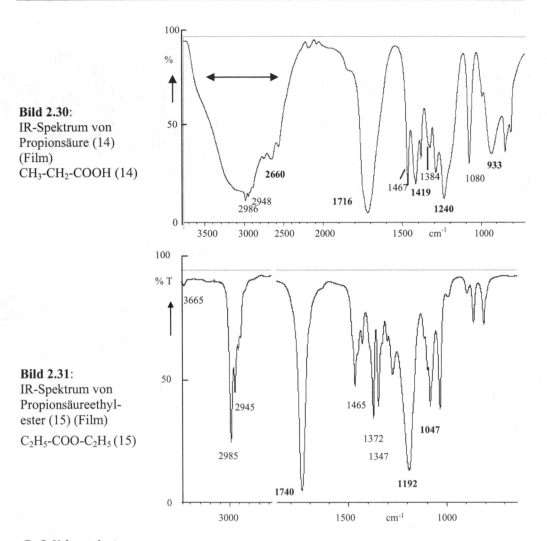

Bild 2.30:
IR-Spektrum von
Propionsäure (14)
(Film)
CH$_3$-CH$_2$-COOH (14)

Bild 2.31:
IR-Spektrum von
Propionsäureethyl-
ester (15) (Film)

C$_2$H$_5$-COO-C$_2$H$_5$ (15)

C–O-Valenzschwingungen

Im Bereich um $\approx$ 1050 cm^{-1} erscheinen die sehr starken C–O–C- und C–C–O-Valenzschwingungen, die meist noch intensiver als die C=O-Valenzschwingungen sind.

Wertebereiche:

	nicht-cyclische Anhydride	cyclische Anhydride
gesättigt $\nu_{s,\,C=O}$	1820 $\pm$ 5 (intensiver)	1860 $\pm$ 10 (schwächer)
gesättigt $\nu_{as,\,C=O}$	1750 $\pm$ 5 (schwächer)	1785 $\pm$ 15 (intensiver)
ungesättigt $\nu_{s,\,C=O}$	1775 $\pm$ 5 (intensiver)	1850 $\pm$ 10 (schwächer)
ungesättigt $\nu_{as,\,C=O}$	1720 $\pm$ 5 (schwächer)	1870 $\pm$ 10 (intensiver)
$\nu_{C–O}$	1050 $\pm$ 10	1300 – 1175; 950 – 880

Bild 2.32:
IR-Spektrum von
Propionsäureanhydrid (16)

(16)

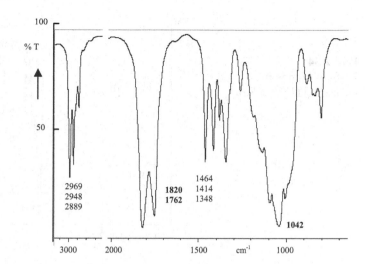

Bild 2.33:
IR-Spektrum von
3-Methylglutarsäure-
anhydrid (17) (Film)

(17)

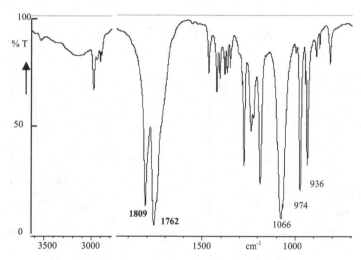

Carbonsäureamide

NH-Valenzschwingungen

Primäre Amide, R–C(=O)–NH$_2$ (1° Amide) zeigen in verdünnten unpolaren Lösungen *zwei* Banden bei ≈ 3520 und ≈ 3400 cm^{-1} mittlerer Intensität. In festen Verbindungen sind diese wegen H-Brückenbindung zu kleineren Wellenzahlen verschoben.

Sekundäre Amide, R–C(=O)–NR′H (2° Amide) sind am Auftreten von nur *einer* Bande im Bereich 3500 – 3400 cm^{-1} für die freie NH-Gruppe (in verdünnter Lösung) zu erkennen. In fester Form werden infolge Bildung verschiedener Konformere über H-Brücken meist mehrere Banden beobachtet.

Tertiäre Amide, R–C(=O)–NR′$_2$ (3° Amide) zeigen im Bereich 3300 – 3500 keine Bande.

Bild 2.34:
IR-Spektrum von
Benzamid (18) (in KBr)

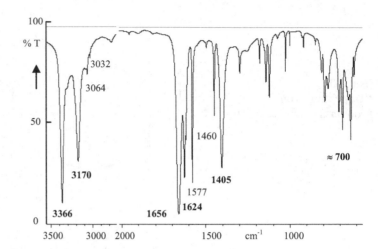

Bild 2.35:
IR-Spektrum von
Benzoylchlorid (19)
(Film)

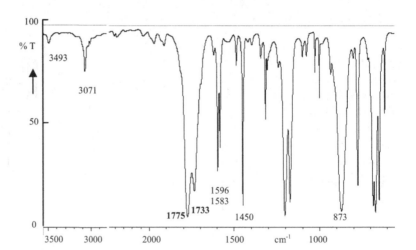

C=O-*Valenzschwingungen*

Infolge Resonanz zwischen den Grenzstrukturen I und II ist die C=O-Bindung geschwächt und außerdem kann sie wegen Schwingungskopplung streng genommen nicht mehr als „reine" C=O-Valenzschwingung angesehen werden. Daher wird die $\nu_{C=O}$ üblicherweise als **Amid I**-Bande bezeichnet. Sie liegt je nach Probenpräparation und Art des Amids immer unterhalb 1700 cm^{-1}. Da 3° Amide keine NH-Brücken ausbilden können, ist die Amid I-Bande bei 3° Amiden weitgehend unabhängig vom physikalischen Zustand.

NH-*Deformationsschwingungen*

Die δ_{NH2} liegt im Wertebereich der N–C=O-Valenzschwingung und tritt daher mit dieser in Wechselwirkung.

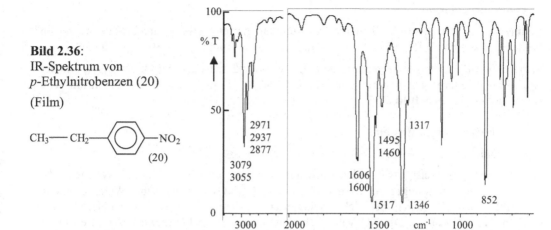

Bild 2.36:
IR-Spektrum von
p-Ethylnitrobenzen (20)

(Film)

CH_3—CH_2—⟨O⟩—NO_2

(20)

Die scharfe, gegenüber der Amid I-Bande weniger intensive NH-in-plane-Deformations-schwingung wird **Amid II**-Bande bezeichnet. Bei 1° Amiden koinzidiert sie meist mit der Amid I-Bande und ist höchstens als Schulter erkennbar, in Lösung sind beide Banden getrennt.

Kopplungen von Amid II mit δ_{NH} führt zur **Amid III**-Bande (≈ 1250 cm^{-1}).

Weitere Schwingungen

1° Amide mit einer C-N-Bindung zeigen eine CN-Valenzschwingung bei ≈ 1400 cm^{-1}.

Die out-of-plane-Schwingung der NH_2-Gruppe offenbart sich in einer sehr breiten Bande und wird zwischen 750 und 600 cm^{-1} gefunden. Sie wird auch als „wagging NH_2" bezeichnet. Bei 2° Amiden ist sie weniger intensiv.

Bild 2.34 vermittelt am Beispiel des IR-Spektrums von Benzamid (18) die typischen Informationen für ein primäres Amid.

Wertebereiche:

	1°-Amide	2°-Amide	3°-Amide
$\nu_{NH,frei}$	ν_{as}: 3520 ν_s: 3400	3500 – 3400	-
$\nu_{NH,ass}$	ν_{as}: 3350 ν_s: 3180	3330 – 3060 (oft mehrere)	-
Amid I, frei	1690	1700 – 1680	1680 – 1630
Amid I, ass.	1680 – 1630	1680 – 1630	-
Amid II	1655 – 1620	1570 – 1515 (stark)	-
	(in verd. Lsg. getrennt)		
ν_{CN}	1430 – 1390	1310 – 1230	≈ 1505
			(R=CH$_3$)
δ_{oop}(O=C-NH_2)	750 – 600 (breit)	750 – 680 (breit)	

Carbonsäurechloride

Bedingt durch den -I-Effekt liegt die $\nu_{C=O}$ unkonjugierter Carbonsäurechloride im hohen Wellenzahlbereich (1815 –1785 cm^{-1}), konjugierte absorbieren tiefer (1800 – 1770 cm^{-1}).

Aroylcarbonsäurechloride zeigen infolge Fermi-Resonanz zwischen der OS der $\delta_{HC=O}$ und der $\nu_{C=O}$ eine weitere schwächere Bande bei 1750 – 1735 cm^{-1}, s. IR-Spektrum von Benzoylchlorid (19) in **Bild 2.35**.

2.4.5.4 Nitroverbindungen

NO$_2$-Verbindungen

Die NO$_2$-Gruppe weist zwei Valenzschwingungen auf, eine sehr starke asymmetrische (ν_{as}(NO$_2$)) und eine weniger intensive symmetrische (ν_s(NO$_2$)) bei niedriger Wellenzahl. Die Absorptionsbereiche liegen bei nicht-konjugierten Nitroverbindungen etwas höher als bei direkter Arylsubstitution. Die NO-Valenzschwingungen sind im IR-Spektrum an ihrer hohen Intensität leicht zu erkennen, s. IR-Spektrum von p-Ethyl-nitrobenzen (20) in **Bild 2.36**.

Elektronendonator-Substituenten erhöhen die Intensität und erniedrigen die Lage der ν_{as}(NO$_2$) und ν_s(NO$_2$). So werden die N=O-Valenzschwingungen in p-Nitroanilin (21) bei 1475 und 1310 cm^{-1} als sehr starke bzw. starke Banden gefunden.

$$NH_2 - \langle\!\!\!\bigcirc\!\!\!\rangle - NO_2$$
$$(21)$$

Kopplung zwischen der δ_{oop}(NO$_2$) und den γ-CH des Aromaten führen zu neuen Banden und verändertem Strukturmuster im Bereich der OS + KS (2000 – 1650 cm^{-1}), so dass diese Information zum Erkennen des Substitutionstyps verloren gegangen ist.

Wertebereiche:

	ν_{as}(NO$_2$)	ν_s(NO$_2$)
Alkyl-NO$_2$	1570 – 1540 (sehr stark)	1390 – 1340 (stark)
Aryl-NO$_2$	1560 – 1500 (sehr stark)	1360 – 1300 (stark, oft 2 Banden)

N=O-Verbindungen

Da Masse und Bindungsordnung mit der C=O-Bindung vergleichbar sind, wird die $\nu_{N=O}$ im ähnlichen Wertebereich erwartet. Sie wird als starke Bande für Alkyl-N=O-Verbindungen zwischen 1585 und 1540 und bei Aryl-N=O bei 1510 – 1490 cm^{-1} beobachtet.

2.4.5.5 Schwefel-Sauerstoffverbindungen

Strukturtyp RR′S=O, RO–(S=O)–OR′

Bedingt durch die größere Masse von S gegenüber C ist die $\nu_{S=O}$ gegenüber der $\nu_{C=O}$ erniedrigt und liegt im Bereich 1225 – 980 cm^{-1}.

Strukturtyp – SO$_2$–

Wie bei Nitroverbindungen existiert für die SO$_2$-Gruppe eine *asymmetrische*, ν_{as}(SO$_2$) im höheren Wellenzahlbereich und eine *symmetrische*, ν_s(SO$_2$) Valenzschwingung. Sie werden als sehr starke Banden im Bereich 1420 – 1000 cm^{-1} beobachtet. Dieser Bereich überlappt allerdings mit anderen Strukturgruppen. Die Wellenzahlerniedrigung gegenüber der NO$_2$-Gruppe wird durch den Masseneffekt verursacht.

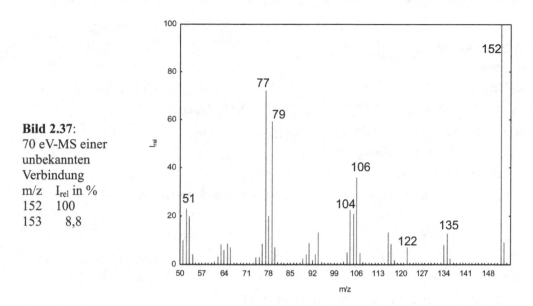

Bild 2.37:
70 eV-MS einer
unbekannten
Verbindung
m/z I_{rel} in %
152   100
153   8,8

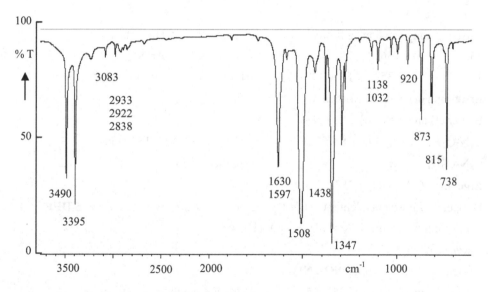

Bild 2.38:
IR-Spektrum einer unbekannten Verbindung in KBr

Beispiel 2.8

Von einer unbekannten Verbindung liegen das MS (**Bild 2.37**) und das IR-Spektrum (**Bild 2.38**) vor. Ein Strukturvorschlag ist – soweit wie möglich – zu erarbeiten. Die Peaks im MS und die IR-Banden sind zuzuordnen

Lösung

Massenspektrum

Summenformel

- C-Zahl

  m/z   152 (100 %) $\Rightarrow M^{\bullet+}$ $\Rightarrow$ 0, 2, .. N (N-Regel)

  m/z   153 (8,8 %) $\Rightarrow (M+1)^{\bullet+}$ $\Rightarrow$ (8 ± 1) C-Atome

- Prüfung auf N und Bestätigung

  N-haltige Fragmente aus

Ausgangsion	Endion	Differenz	Abspaltung von	Hinweis auf
152	122	30	N=O	Ar-NO$_2$
152	106	46	NO$_2$	Ar-NO$_2$
106	79	27	HCN	Ar-NH$_2$ oder Pyridin
104	77	27	HCN	Ar-NH$_2$ oder Pyridin

  $\Rightarrow$ **2 N-Atome** gesichert ($\Rightarrow$ NO$_2$ + NH$_2$ oder Pyridin)

- Prüfung auf O

Ausgangsion	Endion	Differenz	Abspaltung von	Hinweis auf
152	136	16	O	Ar-NO$_2$
152	135	17	OH	ortho-Effekt?

- Erstellung der Summenformel

  Bisher erkannt: (8 ± 1) C + 2 N + 2 O

  C$_7$N$_2$O$_2$**H$_x$** $\Rightarrow$ 144 + 8 (= 8 H) $\Rightarrow$ C$_7$H$_8$N$_2$O$_2$ (M = 152 amu)

  C$_8$N$_2$O$_2$**H$_x$** $\Rightarrow$ 156 $\Rightarrow$ größer als M!

  Ergebnis: **C$_7$H$_8$N$_2$O$_2$** (OE$^{\bullet+}$)

- Doppelbindungsäquivalente: C$_7$H$_8$N$_2$O$_2$ (- 2 O – 2 N + 2 CH) $\Rightarrow$ C$_9$H$_{10}$ $\Rightarrow$ **5 DBE**

  Aufteilung der DBE: Aryl (4) + NO$_2$ (1)

Strukturelemente

- aus (M-X)-Peaks (s. o.): **NO$_2$, NH$_2$**

- aus Fragmentpeaks: m/z = 51, 65, 77 $\Rightarrow$ Schlüsselbruchstücke für **Aromat**

- Ergebnis aus MS: Aromat mit den Substituenten:

  NO$_2$, NH$_2$ und CH$_3$ (aus Differenz zur Summenformel)

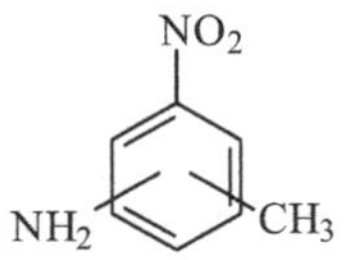

IR-Spektrum

Zuordnung der Absorptionsbanden

v/cm^{-1}	Intensität	Zuordnung	Strukturelement/funktionelle Gruppe
3490	vs	v_{as}(NH)	
3395	vs	v_s(NH)	1° Amin, R-**NH₂**
3180	w	Fermi-Resonanz: OS δ(NH$_2$) + v(NH)	
3083	w	v(CH, sp^2)	Aromat / Alken
2933	w	v_{as}(Aryl-CH$_3$)	
2922	w	v_s(Aryl-CH$_3$)	**Aryl-CH₃**
2861	w	OS δ_{as}(CH$_3$)	Fermi-Resonanz
1950 - 1700	vw	OS+KS der γ(CH) Strukturtyp entspricht in Kombination mit den γ(CH) vermutlich einer 1,2,4-Trisubstitution (nicht sicher!)	
1630	s	δ(NH$_2$)	R-NH$_2$
1597	w	v(C=C)-Aryl	**Aromat**
1508	vs	v_{as}(Aryl-NO$_2$)	
1347	s	v_s(Aryl-NO$_2$)	**Aryl-NO₂**
1438	m	δ_{as}(CH$_3$)	
1371	m	δ_s(CH$_3$	
1032	m	v(C-N)?	
873	m	δ(NO$_2$)	
920	m	γ(Aryl-CH)	Aryl, 1 benachbartes H-Atom?
815	m	γ(Aryl-CH)	Aryl, 2 benachbarte H-Atome?

Erkundete Strukturelemente und funktionelle Gruppen

Aryl-NO$_2$, R-NH$_2$, Aryl-CH$_3$, Aryl (tribsubstituiert, 1,2,4 (?))

Strukturvorschlag

Hinweis aus MS: Keine ortho-Substitution von NO$_2$ und CH$_3$, da wegen des ortho-Effekts ein *intensiver* (M-17)-Peak erscheinen müsste. Daher ergeben sich die drei folgenden Strukturen, die mit MS und IR nicht unterschieden werden können.

(Der Strukturbeweis wird UV/VIS- und NMR-spektroskopisch fortgesetzt: siehe **Übung 3.6.18**, **Übung 4.4.26** und **Bild 4.56** sowie **Bild 4.57**!)

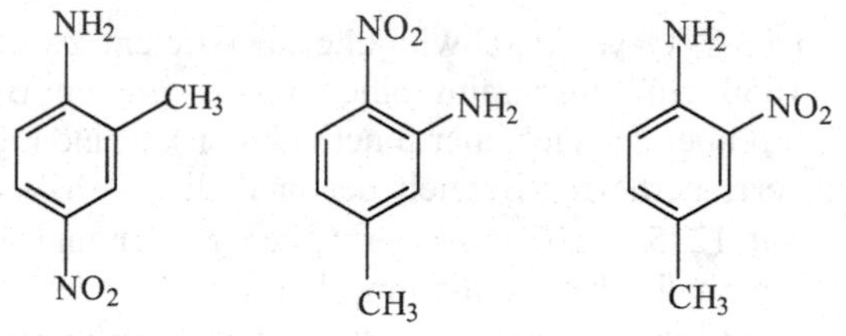

Übung 2.8

1. Ordnen Sie die in den IR-Spektren in **Bild 2.28 – Bild 2.36** ausgewiesenen Banden zu! Die für die jeweilige Verbindungsklasse relevanten Banden sind fett hervorgehoben. Stellen Sie zusammen, welche Strukturelemente IR-spektroskopisch gesichert werden können und für welche es keine oder gegebenenfalls nur unsichere Hinweise gibt!

2. Carbonylverbindungen werden leicht an der starken Absorptionsbande im Bereich von $\approx 1750 - 1650$ cm^{-1} diagnostiziert. Stellen Sie alle Informationen zusammen, wie IR-spektroskopisch die möglichen Verbindungsklassen Aldehyde, Ketone, Carbonsäuren, Carbonsäureester, -amide und anhydride erkannt und von einander unterschieden werden können!

3. Geben Sie an, wie schwingungsspektroskopisch folgende strukturanalytischen Fragestellungen entscheiden werden können:

    a. Intra- oder intermolekulare H-Brückenbindung

    b. E/Z-Isomere bei symmetrisch substituierten Alkenen

    c. Substitutionstyp eines Aromaten

    d. Unterscheidung Aryl-CH_2–CHO von CH_3-Aryl–CHO

    e. Unterscheidung primäres und sekundäres Amin

    f. Erkennung eines tertiären Carbonsäureamids

    g. Unterscheidung CH_3–Aryl–CHO und Aryl–C(=0)–CH_3

    h. Unterscheidung CH_3–Aryl–COCl und Cl–CH_2–Aryl–COH

    i. Unterscheidung R–SH, R–S–R´ und R–S–S–R´

4. Bei der Oxydation von 3-Methoxytetralon (22) entsteht als Hauptprodukt eine Verbindung, dessen Molpeak um 16 amu größer als der des Ausgangsproduktes ist. Im IR-Spektrum einer Lösung in CCl_4 wird eine starke Bande bei 1686 cm^{-1} registriert. Welche strukturanalytische Information liefert das IR-Spektrum, welche können nicht beantwortet werden?

    (22)

5. In den IR-Spektren der Verbindungen vom Typ (23) mit R = H, OH, NMe$_2$, NO$_2$ werden folgende C=O-Valenzschwingungen entnommen: 1737, 1727, 1715 und 1685 cm^{-1}. Ordnen Sie Spektren den Verbindungen zu und begründen Sie Ihre Entscheidung!

    (23)

6. Eine Verbindung zeigt im IR-Spektrum eine starke Absorptionsbande bei 1766 cm^{-1}. Entscheiden und begründen Sie, ob das Spektrum zu Verbindung (24) oder (25) gehört!

7. Die C=O-Valenzschwingung überstreicht zwar mit $\approx 1850 - 1650$ cm^{-1} insgesamt einen relativ großen Bereich, dessen Streubereich sich aber innerhalb der Verbindungsklassen stark verringert. Der Bereich der analogen C=S-Verbindungen ist mit 1275 – 1030 cm^{-1} erheblich größer und übersteigt auch innerhalb der Verbindungsklassen den der entsprechenden C=O-Verbindungen. Geben Sie eine Begründung dafür!

    (24)   (25)

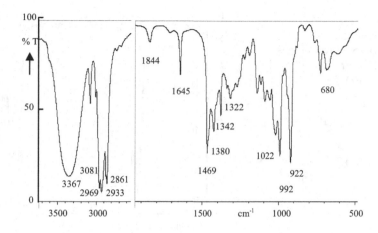

Bild 2.39:
IR-Spektrum einer
flüssigen Verbindung
(Film)

MS: M = 128 amu

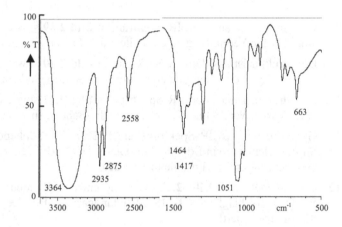

Bild 2.40:
IR-Spektrum einer flüssigen
Verbindung (Film)

MS: M = 78 amu

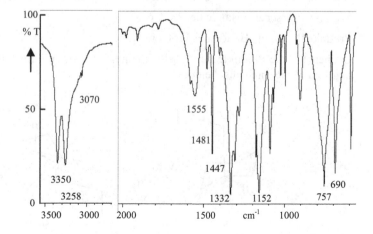

Bild 2.41:
IR-Spektrum einer festen
Verbindung (in KBr)

MS: m/z (I_{rel} in %):
157 (M) amu (40)
158 amu (3,3)
159 amu (2)

Bild 2.42:
IR-Spektrum eines
Di-*tert*-butyl-phenols
(KBr)

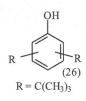

(26)

R = C(CH₃)₃

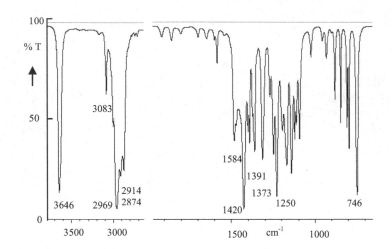

8. Die Struktur ist aus dem IR-Spektrum in **Bild 2.39** sowie den Angaben aus dem MS für eine flüssige Verbindung zu erarbeiten, die Banden sind zuzuordnen!

9. Die Struktur ist aus dem IR-Spektrum in **Bild 2.40** sowie den Angaben aus dem MS für eine flüssige Verbindung zu erarbeiten, die Banden sind zuzuordnen!

10. Die Struktur ist aus dem IR-Spektrum in **Bild 2.41** sowie den Angaben aus dem MS für eine flüssige Verbindung zu erarbeiten, die Banden sind zuzuordnen!

11. Gegeben ist das IR-Spektrum eines Di-*tert*-butylphenols (26) in **Bild 2.42**. Die Strukturelemente sind durch Zuordnung der IR-Banden zu bestätigen. Die Position der beiden tertiären Butylgruppen ist gesucht.

12. Ordnen Sie die in **Bild 2.22** ausgewiesenen IR-Banden zu und unterbreiten Sie einen Strukturvorschlag! Im **CI-MS** (Reaktandgas: *iso*-Butylen) wird ein intensiver Peak bei 85 amu registriert!

13. Bei der thermischen Zersetzung von Phenylazocyclohexen entstehen je nach LM die Reaktionsprodukte **I** und **II** mit folgenden Absorptionsbanden im Bereich > 3000 cm⁻¹:

Produkt **I**:   scharfe Bande bei 3360 cm⁻¹

Produkt **II**:   breite Bande bei 3150 cm⁻¹

Ordnen Sie die Produkte den NMR-Spektren abgeleiteten Strukturen **A** sowie **B** zu und begründen Sie Ihre Entscheidung.

Bild 2.43 A:
(Film)
h-MS:
M = 121,0891 amu
Basispeak: 120 amu

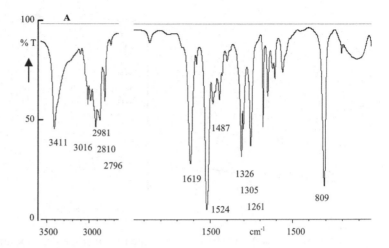

Bild 2.43 B:
(Film)
IR-Spektren von
zwei isomeren
Verbindungen
MS:
Basispeak: 120 amu
Intensive Peaks:
m/z = 44 (93%)
91 (68 %)

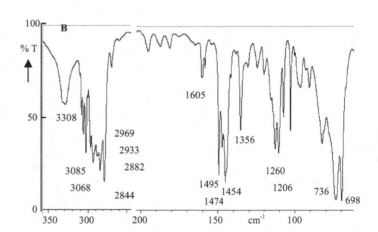

14. In **Bild 2.43A** und **2.43B** sind die IR-Spektren von zwei Isomeren abgebildet. Die Struktur ist gesucht, die Banden sind zuzuordnen.

15. In den IR-Spektren der vier isomeren Pentene (27) – (30) werden die folgenden Banden registriert (Auflistung in willkürlicher Reihenfolge):

$$H_2C\!=\!CHC_3H_7 \ (27) \qquad\qquad H_2C\!=\!C(CH_3)C_2H_5 \ (28)$$

$$\text{trans-}C_2H_5CH\!=\!CHCH_3 \ (29) \qquad \text{cis-}C_2H_5CH\!=\!CHCH_3 \ (30)$$

A: 966 (s); **B**: 1780 (w) 1651 (m) 887 (s); **C**: 1826 (w) 1643 (m) 993 (s) 912 (s)

D: 1659 (m) 689 (m)

Ordnen Sie die Banden den entsprechenden Verbindungen zu!

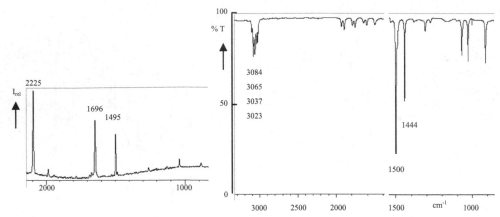

Bild 2.44:
Ramanspektrum (links) und IR-Spektrum (rechts) einer C_{14}-Verbindung (KBr)

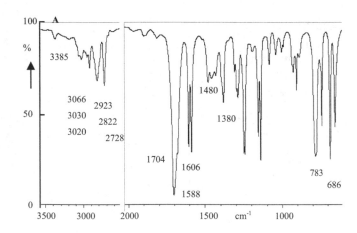

Bild 2.45 A:
(Film)
MS:
Intensiver $(M-1)^{+}$-Peak

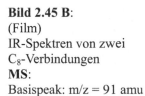

Bild 2.45 B:
(Film)
IR-Spektren von zwei
C_8-Verbindungen
MS:
Basispeak: m/z = 91 amu

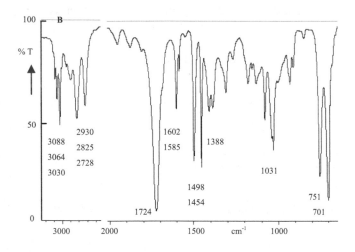

Bild 2.46 A:
(Film)

MS:
M = 122 amu
Basispeak:
m/z = 107 amu
intensive Peaks:
m/z = 51, 77, 79

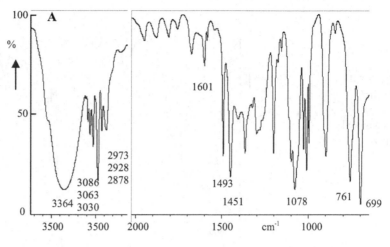

Bild 2.46 B:
(Film)

MS:
m/z = 122(40 %),
123 (3,5 %) amu
Basispeak: 107 amu
Peaks mit I > 10 %:
m/z = 39, 51, 77, 79,
91 amu

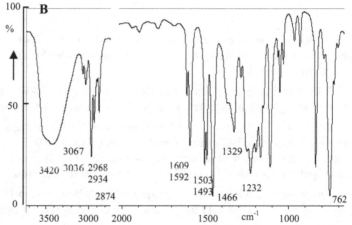

Bild 2.46 C:
(Film)

MS:
Basispeak: 94 amu
Peaks mit I > 10 %:
39, 51, 65

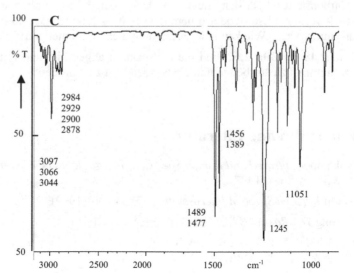

Bild 2.46 D
(Film)
MS:
Basispeak:
m/z = 91 amu

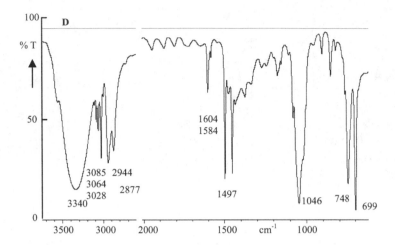

16. Gegeben ist der Ausschnitt aus dem Ramanspektrum (**Bild 2.44 A**) und das IR-Spektrum (**Bild 2.44 B**) einer Verbindung mit 14 C-Atomen. Die Struktur ist zu erarbeiten, die Banden sind zuzuordnen.

17. **Bild 2.45 A** und **2.45 B** zeigen die IR-Spektren von zwei C_8-Verbindungen. Die Struktur der Verbindungen ist zu ermitteln und durch Zuordnung der Banden zu bestätigen.

18. In **Bild 2.46 A – D** sind die IR-Spektren von vier strukturisomeren Verbindungen abgebildet. Aus den IR-Spektren und den gegebenen MS-Daten ist die Struktur zu erarbeiten, die Banden sind zuzuordnen und die für die für die Struktur relevanten massenspektrometrischen Fragmentierungen sind zu formulieren.

19. Aus Bernsteinsäure wird ein Reaktionsprodukt erhalten, dessen IR-Spektrum im Bereich 1900 – 1700 cm^{-1} in **Bild 2.47** dargestellt ist. Welches Reaktionsprodukt wurde erhalten?

20. In Carbonsäureanhydriden liegt im Unterschied zur üblichen Reihenfolge, wie beispielsweise bei Estern oder Ethern die symmetrische CO-Valenzschwingung höher als die asymmetrische. Wie kann diese Zuordnung experimentell verifiziert werden?

21. In **Bild 2.48** bis **Bild 2.52** sind die IR-Spektren abgebildet und mit MS-Daten ergänzt. Die Struktur ist zu erarbeiten und die Banden sind zuzuordnen

2.5 Weiterführende Literatur

[1] K. Nakamodo *Infrared and Raman Spectra of Inorganic and Coordination Compounds* John Wiley & Sons (1997)

[2] B. Smith *Infrared Spectral Interpretation* CRC Press (1999)

[3] D. L.Long *The Raman Effect* John Wiley & Sons (2001)

[4] N. D. Colthup, L. H. Daly, S. E. Wiberley *Introduction to Infrared and Raman Spectroscopy* Academic Press (1990)

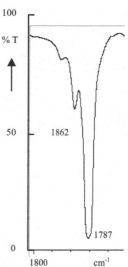

Bild 2.47:
Ausschnitt aus dem IR-Spektrum eines Reaktionsproduktes
von Bernsteinsäure (als Lösung in CCl$_4$)

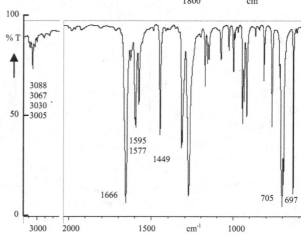

Bild 2.48:
(in KBr)

MS:
Peaks mit I > 10 %:
m/z = 51 (15%), 77 (49),
105 (100 %), 182 (32 %)
183 (4,2 %)

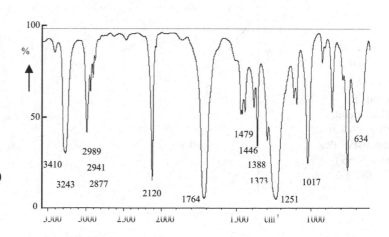

Bild 2.49:
(Film)

MS:
Basispeak:
m/z = 53 amu
für alle anderen Peaks
ist I$_{rel}$ < 10 %
M: 98 amu (0,4 %)
(M-1): 97 amu (4,8 %)

Bild 2.50:
(Film)

MS:
C_6-Verbindung
M = 114 amu

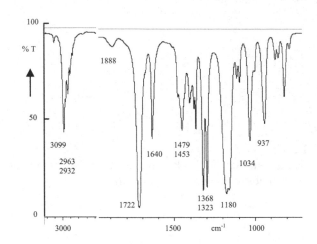

Bild 2.51:
(in KBr)

MS:
M: m/z = 123 amu
(85%)
m/z = 124 amu (6 %)

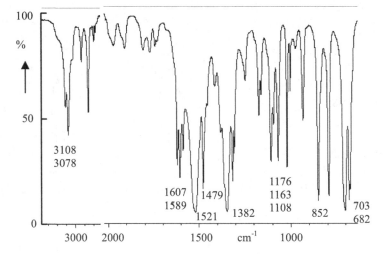

Bild 2.52:
(in KBr)

MS: M: m/z= 119
amu (I_{rel} < 0,1 %)
Basispeak:
m/z = 45 amu
intensive Peaks:
m/z = 55 (43 %),
73 (82 %)

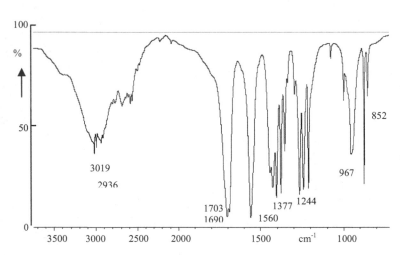

3 Elektronenabsorptionsspektroskopie

3.1 Einführung

Die Elektronenabsorptionsspektroskopie beruht auf der Anregung von Elektronen durch Absorption von elektromagnetischer Strahlung im UV/VIS-Bereich. Die üblichen Maßzahlen für den UV/VIS-Spektralbereich sind Wellenlänge (λ in nm) oder die der Energie direkt proportionale Wellenzahl ($\tilde{v}$ in cm^{-1}). Der Wertebereich der UV/VIS-Spektroskopie und der angrenzenden Bereiche vermittelt die folgende Übersicht:

λ/nm		200		400		800		
$\tilde{v}$ /cm^{-1}	50 000		25 000		12 500		4 000	200

Vakuum-UV ← | ←   UV   → | ←   VIS   → | ←   NIR   → | → (M) IR |

Absorption elektromagnetischer Strahlung im UV/VIS-Bereich kann nur erfolgen, wenn das Molekül über ein Chromophor verfügt und sich bei der Anregung das Dipolmoment ändert.

Das **Chromophor** stellt eine Gruppe von Atomen in einem Molekül dar, die elektromagnetische Strahlung absorbieren kann und daher für das Elektronenabsorptionsspektrum verantwortlich ist. Da die energetisch zu tief liegenden σ-Elektronen im üblichen UV-Bereich ($\lambda > 200$ nm) nicht angeregt werden, ist das Chromophor auf π-**Systeme** und **freie Elektronenpaare** begrenzt.

Das Chromophor kann einen Molekül*teil* oder aber das *gesamte* Molekül erfassen. Hier einige Beispiele:

-   Verbindungen mit einem π-System über das gesamte Molekül:

-   Verbindungen mit einem π-System, das durch Substituenten beeinflusst wird:

-   Verbindungen mit zwei oder mehreren nicht oder nur schwach miteinander koppelnden π-Systemen:

    Das sp^3-hybridisierte Spiro-C-Atom bildet eine Konjugationsbarriere, woraus die beiden **Subchromophore I** und **II** im Trimethylindolinospiropyran resultieren.

Für Chromophore, die nicht durch Konjugation miteinander in Wechselwirkung stehen, gilt die **Additivitätsregel**: Das Spektrum ergibt sich additiv aus den Subchromophoren.

Moleküle mit ausschließlich σ-Bindungen sowie mit oder ohne zusätzlichen freien n-Elektronenpaaren (Alkane, aliphatische gesättigte Alkohole oder Ether) verfügen über kein Chromophor. Die möglichen σ→σ*- oder n→σ*-Übergänge liegen im Vakuum-UV-Bereich (λ < 200 nm). Solche Verbindungen sind als *Lösungsmittel* für den UV-Bereich geeignet, da sie selbst keine Absorptionsbanden liefern. Strukturanalytisch relevant sind daher nur *ungesättigte* Verbindungen, für die eine π→π*- oder n→π*-Anregung erfolgen kann und Elektronenabsorptionsspektren im Bereich λ > 200 nm erzeugen.

Für die Strukturanalytik von Bedeutung sind

1. *Zahl* der Absorptionsbanden im Spektralbereich λ > 200 nm

1. *Lage* der Absorptionsbanden (λ_{max})

2. *Intensität* der Absorptionsbanden

3. *Strukturierung* der Absorptionsbanden

Die Beantwortung dieser Fragen ist ein Gebiet der Quantenchemie. Für die Spektrenanalyse organischer Verbindungen ist für den "Praktiker" folgende Vorgehensweise vorteilhaft:

-   Reduzierung des Moleküls auf das Grundchromophor (⇒ Erkennung der Substanzklasse)

-   Anwendung empirischer Regeln und Gesetzmäßigkeiten über den Substituenteneinfluß auf das Grundchromophor

Das **Grundchromophor** ist das Molekül bzw. der Molekülteil, der durch Eliminierung aller Substituenten übrig bleibt, die nicht unmittelbar zum typischen Spektralverhalten beitragen.

Beispiele für das Grundchromophor:

-   Das Spektralverhalten *substituierter Aromaten* wird durch das Grundchromophor *Benzen* bestimmt.

-   Das Spektralverhalten eines $\Delta^{4,6}$- *Steroids*, von *trans-Stilben* oder *Indigo* lässt sich auf die angegebenen Grundchromophore zurückführen:

Grundchromophore:

Für die Strukturanalytik genügt meist ein qualitatives Verständnis für das Spektralverhalten der Grundchromophore. Zur Beantwortung der Frage nach der *Zahl* der Absorptionsbanden ist das **Termsystem** des Moleküls erforderlich.

Das Termsystem repräsentiert die *real existierenden Zustände* eines Moleküls. Für diese ist daher auch die Bezeichnung **spektroskopische Zustände** gebräuchlich, weil die durch elektromagnetische Strahlung verursachten Zustandsänderungen (Elektronenübergänge) genau den Absorptionsspektren entsprechen. Für die qualitative Ermittlung des Termsystems stellt die *Symmetrie* ein wichtiges Hilfsmittel dar.

Das Termsystem lässt sich aus dem in π-Näherung erzeugten MO-Schema mit unterschiedlicher Elektronenkonfiguration erhalten. Die π-Näherung berücksichtigt von den Atomorbitalen (AO) nur die freien Elektronenpaare (n) sowie die p-Orbitale, die die bindenden (π) und antibindenden (π^*) Molekülorbitale (MO) liefern. Die energetisch tiefer liegenden s-Atomorbitale bilden σ-Bindungen, die – wie bereits erwähnt – mit UV-Licht $\lambda > 200$ nm nicht angeregt werden können. Das σ-Gerüst bleibt daher für alle weiteren Betrachtungen unberücksichtigt.

Die im Termsystem eingezeichneten möglichen Elektronenübergänge entsprechen der Zahl der Absorptionsbanden. Die „*Lage*", ausgedrückt in λ_{max} der Absorptionsbande, kann über diese qualitative Vorgehensweise jedoch nicht erhalten werden, da dies die Kenntnis der Energie der Terme voraussetzt. Für die Spektrenanalyse wird daher auf empirische Regeln zurück gegriffen.

Beginnen wir mit dem **Termsystem** von **Formaldehyd $H_2C=O$**.

$H_2C=O$ stellt das Grundchromophor für alle *aliphatischen Aldehyde* und *Ketone* dar.

MO-Schema in π-Näherung und Symmetrie der MO

Für das MO-Schemas werden nur das p_z-Orbital von C und O für die π-**Bindung** sowie das p_y-Orbital von O für ein freies **n-Elektronenpaar** berücksichtigt (s. **Bild 3.1**). Das zweite freie Elektronenpaar liegt energetisch so tief, dass es für den Spektralbereich $\lambda > 200$ nm bedeutungslos ist.

Durch Linearkombination der Atomorbitale (AO) werden die MO erhalten. Für die qualitative energetische Anordnung der MO dient die Regel:

Ein MO liegt energetisch umso höher, je mehr Knotenebenen es besitzt.

Da für die Auswahlregeln die Symmetrie der Elektronenzustände erforderlich ist, benötigen wir die Kenntnis der *Symmetrie der Wellenfunktionen* der MO. Diese wird wie folgt erhalten:

- Einwirkung der aller Symmetrieoperationen der Punktgruppe des Moleküls auf den Basissatz der AO. Einen Beitrag zum Charakter gibt nur das AO, das bei der Symmetrieoperation die Lage nicht ändert.

- Der erhaltene reduzible Charakterensatz wird in die irreduziblen Charakterensätze ausreduziert.

- Zuordnung der Symmetrieklassen zu den MO. Da die MO keine physikalische Realität besitzen, werden *kleine* Buchstaben verwendet.

$H_2C=O$ gehört zur Punktgruppe C_{2v}.

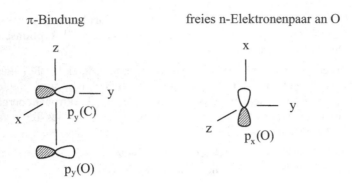

Bild 3.1: Basissatz der AO für $H_2C=O$

Tabelle 3.1: Ermittlung der Symmetrieeigenschaften der MO für $H_2C=O$

C_{2v}	E	$C_2(z)$	$\sigma_v(x,z)$	$\sigma_v(y,z)$	Symmetrieklasse der MO nach Ausreduktion
$\chi(\pi)$	2	- 2	- 2	2	$\Rightarrow b_2 + b_2$
$\chi(n)$	1	- 1	1	- 1	$\Rightarrow b_1$

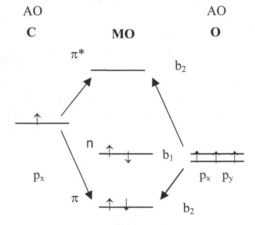

Bild 3.2: MO-Schema von $H_2C=O$ mit Angabe der Symmetrie der MO

Der reduzible Charakterensatz (Transformationsmatrix) für die π-Bindung – $\chi(\pi)$ – und die nach Ausreduktion erhaltenen Symmetrieklassen sowie der irreduzible Charakterensatz für das freie Elektronenpaar – $\chi(n)$ – sind in **Tabelle 3.1** zusammengestellt, das MO-Schema mit den Symmetrieklassen der MO zeigt **Bild 3.2**.

Das π^*-MO liegt energetisch höher als das π-MO, da es eine Knotenebene mehr besitzt. Die Zuordnung der Symmetrieklassen zu beiden MO ist eindeutig, da beide MO zur gleichen Symmetrieklasse b_2 gehören.

Ermittlung des Termsystems und der Symmetrie der Elektronenzustände

Die MO werden mit Elektronen besetzt. Die Elektronenkonfiguration $b_2^2 b_1^2$ in **Bild 3.2** stellt den energetischen **Grundzustand** des Moleküls dar. Alle Elektronen sind unter Berücksichtigung des Pauli-Verbots und der Hund'schen Regel energetisch so tief wie möglich angeordnet.

Die Besetzung energetisch höher liegender MO führt zu den **elektronenangeregten Zuständen** (s. **Bild 3.3**):

1. elektronenangeregter Zustand (n → π*-Anregung): $b_2^2 b_1^1 b_2^1$

2. elektronenangeregter Zustand (π → π*-Anregung): $b_2^1 b_1^2 b_2^1$

Für die *Symmetrie der Wellenfunktionen der Elektronenzustände* gelten folgende Regeln:

- **Voll besetzte** MO gehören zur totalsymmetrischen Darstellung.

- Für **halb besetzte** MO ist das direkte Produkt der irreduziblen Darstellungen der halb besetzten MO zu bilden, d. h. die Charakterensätze sind zu multiplizieren.

Für die Bezeichnung der resultierenden Symmetrieklassen werden *große* Buchstaben verwendet, da Elektronenzustände - wie Normalschwingungen - einen physikalisch realen Sachverhalt darstellen.

Im Grundzustandes (s. **Bild 3.2**) sind alle MO voll besetzt, daher gehört der Elektronengrundzustand zur Symmetrieklasse A_1.

Da der Elektronengrundzustand organischer Moleküle stets aus voll besetzten MO resultiert, gehört der Elektronengrundzustand für alle organische Moleküle zur totalsymmetrischen Darstellung Γ_1.

Berücksichtigung des Elektronenspins

Die beiden Elektronen in verschiedenen MO können mit parallelem oder antiparallelem Spin angeordnet werden. Letzter Fall liegt vor, wenn die Elektronenanregung mit Spinumkehr verbunden ist.

Der **Gesamtspin S** organischer Moleküle mit den für organische Verbindungen üblichen leichten Atomen ist die Summe der Spin der einzelnen Elektronen: $S = \Sigma s_i$

Der Gesamtspin S bestimmt die **Spinmultiplizität M** des Elektronenzustandes: $M = 2 S + 1$

Für parallele Spinanordnung mit $S = 0$ ist $M = 1$. Ein solcher Zustand wird **Singulettzustand** mit dem Symbol **S** bezeichnet.

Für antiparallele Spinanordnung mit $S = \frac{1}{2} + \frac{1}{2} = 1$ ist $M = 3$. Ein solcher Zustand ist dreifach entartet und bildet den **Triplettzustand** mit dem Symbol **T**.

Regel zur energetischen Lage des Triplettzustandes:

Das Triplett-Energieniveau liegt stets energetisch tiefer als das zugehörige Singulett-Energieniveau.

Das Termsystem (Gesamtelektronenzustände) für $H_2C=O$ mit den eingezeichneten möglichen Elektronenübergängen ist in **Bild 3.4** dargestellt. Im Spektralbereich $\lambda > 200$ nm sind somit *drei* Elektronenübergänge möglich, es sollten drei Absorptionsbanden in folgender energetischer Reihenfolge beobachtet werden:

$S_0 \to T_1$, $S_0 \to S_1$(n → π*-Übergang), $S_0 \to S_2$ (π → π*-Übergang)

1. elektronenangeregter Zustand   2. elektronenangeregter Zustand

n - π^* - Anregung π - π^* - Anregung

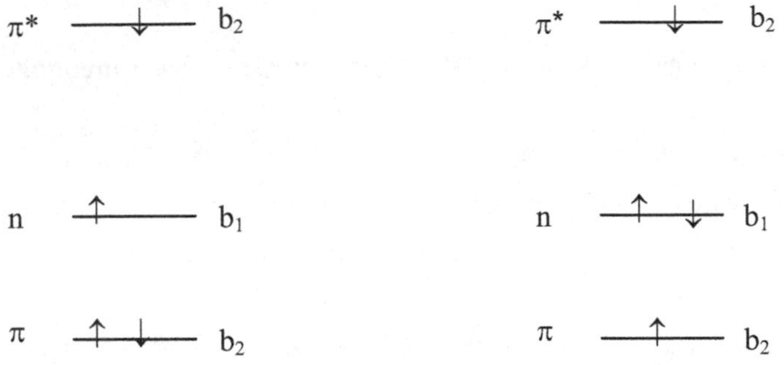

π^* ———↓——— b_2 π^* ———↓——— b_2

n ——↑——— b_1 n ——↑ ↓—— b_1

π ——↑ ↓—— b_2 π ———↑——— b_2

Bildung des direkten Produktes $b_1{\times}b_2$ Bildung des direkten Produktes $b_2{\times}b_2$

C_{2v}	E	C_2	$\sigma_v(x,z)$	$\sigma_v(y,z)$	
b_1	1	-1	1	-1	
b_2	1	-1	-1	1	
$b_1{\times}b_2$	1	1	-1	-1	$\Rightarrow \mathbf{A_2}$

C_{2v}	E	C_2	$\sigma_v(x,z)$	$\sigma_v(y,z)$	
$b_2{\times}b_2$	1	1	1	1	$\Rightarrow \mathbf{A_1}$

Bild 3.3: Elektronenkonfiguration und Symmetrie für den 1. und 2. angeregten Zustand

Intensität der Absorptionsbanden

Die Intensität der Absorptionsbanden kann mit Hilfe der **Auswahlregeln** abgeschätzt werden.

Spinauswahlregel

Elektronenübergänge mit Änderung der Spinmultiplizität sind verboten.

Für Moleküle mit leichten Atomen (das sind die üblichen organischen Verbindungen) hat diese Regel strenge Gültigkeit. Da aber auch bei den leichten Atomen die Spin-Bahn-Kopplung nicht Null ist, erfolgen diese verbotenen Übergänge doch mit endlicher Wahrscheinlichkeit. Die Extinktionskoeffizienten liegen aber nur in der Größenordnung von 10^{-3} - 10^{-1} l/mol·cm. $S_0 \rightarrow$ T-Übergänge werden daher nicht registriert und sie haben *strukturanalytisch* keine Bedeutung.

Für Moleküle mit schweren Atomen (z. B. Jod) oder Moleküle in Gegenwart von schweren Atomen (z. B. Lösung mit Xenon sättigen oder jodhaltige Lösungsmittel verwenden) wird die Spin-Bahn-Kopplung verstärkt und die $S_0 \rightarrow$ T-Übergänge werden als sog. **Interkombinationsbanden** intensiver und im Spektrum sichtbar.

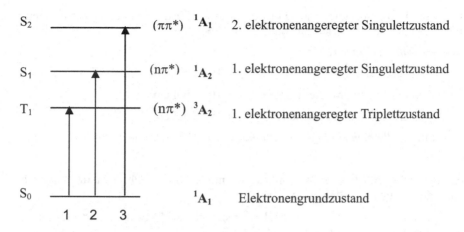

S_2 ————————— $(\pi\pi^*)$ $^1A_1$ 2. elektronenangeregter Singulettzustand

S_1 ————————— $(n\pi^*)$ $^1A_2$ 1. elektronenangeregter Singulettzustand

T_1 ————————— $(n\pi^*)$ $^3A_2$ 1. elektronenangeregter Triplettzustand

S_0 ————————— $^1A_1$ Elektronengrundzustand

1   2   3

Bild 3.4: Termsystem, Termsymbolik und Elektronenübergänge von $H_2C{=}O$

Symmetrieauswahlregel

Die Stärke einer Absorptionsbande wird vom Übergangsmoment $\vec{M}$ bestimmt. $\vec{M}$ ist proportional dem Übergangsmomentintegral $\vec{M}$ ~ $\int \Psi_0\,\vec{\mu}\,\Psi_n\,d\tau$. Ψ_0 und Ψ_n stellen die Wellenfunktionen des Grund- bzw. eines elektronenangeregten Zustandes dar und $\vec{\mu}$ ist der Dipolmomentoperator. Das Übergangsmomentintegral ist nur dann von Null verschieden und der Übergang daher erlaubt, wenn der Integrand des Übergangsmomentintegrals zur totalsymmetrischen Darstellung Γ_1 gehört oder diese enthält: $\Gamma(\Psi_0) \times \Gamma(\mu) \times \Gamma(\Psi_n) \in \Gamma_1 + \ldots..$

Da die Wellenfunktion des Grundzustandes bei organischen Molekülen immer zur totalsymmetrischen Darstellung Γ_1 gehört, ist der Integrand bei dipolinduzierten Übergängen nur dann totalsymmetrisch, wenn die Symmetrie der Wellenfunktion des angeregten Zustandes Ψ_n zur gleichen Symmetrieklasse gehört wie eine der Dipolmomentkomponenten: Es gilt

$\Gamma(\mu) \times \Gamma(\Psi_n) \in \Gamma_1$, wenn $\Gamma(\mu) = \Gamma(\Psi_n)$. (Quadrierung der Charakterensätze liefert immer die totalsymmetrische Darstellung!).

Daraus folgt für die Symmetrieauswahlregel:

Elektronenübergänge sind nur erlaubt, wenn die Symmetrie des jeweiligen elektronenangeregten Zustandes zur selben Symmetrieklasse gehört wie eine der Dipolmomentkomponenten. Diese sind der Charaktertafel zu entnehmen.

Durch die Beteiligung von geeigneten Kernschwingungen am Elektronenübergang wird das Symmetrieverbot „gelockert" und die Intensität der symmetrieverbotenen Elektronenübergänge wird durch die Kernschwingungen bestimmt mit $\varepsilon \approx 10^1 - 10^2$ l/mol·cm. Solche „geeigneten" Kernschwingungen sind z. B. bei Benzen asymmetrische Schwingungen des C=C-Gerüstes, die die D_{6h}-Symmetrie der C-Atome (Zentren für die π-Elektronenanregung) stören. CH-Schwingungen kommen daher nicht in Frage.

Spin- und symmetrieerlaubte Übergänge führen zu intensiven Absorptionsbanden mit Extinktionskoeffizienten von $\varepsilon \approx 10^4 - 10^5$ l/mol·cm.

Die Abschätzung der Extinktionskoeffizienten ist erforderlich für die Ermittlung der Konzentration von Lösungen für die Registrierung von UV/VIS-Spektren.

Anwendung der Auswahlregeln für $H_2C=O$:

Übergang 1:   spinverboten ($S_0 \rightarrow T_1$) $\varepsilon \approx 10^{-3}$ l/mol·cm

Übergang 2:   spinerlaubt, symmetrieverboten $\varepsilon \approx 10^2$ l/mol·cm

Übergang 3:   spinerlaubt, symmetrieerlaubt $\varepsilon \approx 10^4$ l/mol·cm

Dieses Ergebnis gilt für alle *nichtkonjugierten aliphatischen Aldehyde* und *Ketone*.

Allgemeine Regel:

n→π*-Übergänge sind symmetrieverboten und daher intensitätsschwach. Strukturanalytisch sind sie deshalb nur von untergeordnetem Interesse.

π→π*-Übergänge sind – abgesehen von hochsymmetrischen Molekülen, wie Benzen – erlaubt und liefern intensive Absorptionsbanden.

Beispiel 3.1: Das Termsystem ist für *trans*-**Butadien** zu erstellen, die Absorptionsbanden sind für den UV/VIS-Bereich zu ermitteln und die Intensitäten sind abzuschätzen.

Lösung:

Symmetriegruppe: **C$_{2h}$**

Basissatz der AO: 4 p$_z$-Orbitale

Transformationsmatrix, erhalten durch Einwirkung aller Symmetrieoperationen der Symmetriegruppe C$_{2h}$ auf den Basissatz der p$_z$-Orbitale:

C$_{2h}$	E	C$_2$	i	σ_h		Symmetrieklassen der MO
$\chi(\pi)$	4	0	0	- 4	$\Rightarrow$	**2 a$_u$ + 2 b$_g$**

Aus den vier AO entstehen vier MO, die in energetischer Reihenfolge nach steigender Zahl der Knotenebenen angeordnet werden (s. **Bild 3.5**).

Für die Zuordnung der Symmetrieklassen zu den MO wird das Symmetrieverhalten gegenüber dem Inversionszentrum **i** berücksichtigt. So zeigen die π$_1$- und π$_3$- MO *ungerades* Verhalten bei Ausführung der Symmetrieoperation i, da jeder schraffierte Lappen dieser Orbitale in einen unschraffierten übergeht. Sie müssen daher zu einer Symmetrieklasse gehören, für die der Charakter χ(i) = -1 ist (Symbol: Index $_u$). Davon existiert jedoch nur die Symmetrieklasse **a$_u$**. Andererseits zeigen die π$_2$- und π$_4$-MO gerades Verhalten gegenüber i (jeder schraffierte Lappen transformiert sich in einen ebensolchen), sie gehören daher zu **b$_g$**.

Die Besetzung der MO mit Elektronen im Grundzustand sowie für den ersten und zweiten elektronenangeregten Zustand sowie die daraus resultierenden Gesamtelektronenzustände ist in **Bild 3.6** dargestellt. Es werden die drei Übergänge $S_0 \rightarrow T_1$, $S_0 \rightarrow S_1$, und $S_0 \rightarrow S_2$ erhalten. Von den spinerlaubten $S_0 \rightarrow S_n$-Übergängen ist aus Symmetriegründen nur $S_0 \rightarrow S_1$ erlaubt mit

$\varepsilon \approx 10^4$ l/mol·cm. Die intensitätsschwächere Absorptionsbande aus dem symmetrieverbotenen $S_0 \rightarrow S_2$-Übergang liegt meist im Bereich λ < 200 nm. Der spinverbotene $S_0 \rightarrow T_1$ wird im Spektrum nicht beobachtet.

trans-Butadien ist das Grundchromophor für die Substanzklasse der Diene und Polyene.

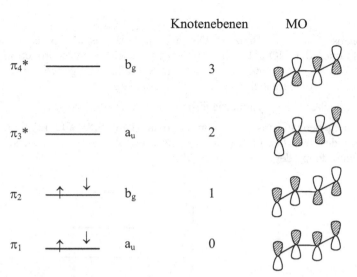

Knotenebenen   MO

π_4^* _____ b_g 3

π_3^* _____ a_u 2

π_2 ⥮ b_g 1

π_1 ⥮ a_u 0

Bild 3.5: MO-Schema für den elektronischen Grundzustand von *trans*-Butadien

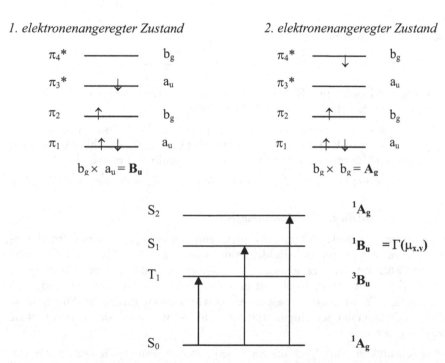

1. elektronenangeregter Zustand

π_4^* _____ b_g

π_3^* _↓_ a_u

π_2 _↑_ b_g

π_1 ⥮ a_u

$b_g \times a_u = \mathbf{B_u}$

2. elektronenangeregter Zustand

π_4^* _↓_ b_g

π_3^* _____ a_u

π_2 _↑_ b_g

π_1 ⥮ a_u

$b_g \times b_g = \mathbf{A_g}$

S_2 _____ $^1\mathbf{A_g}$

S_1 _____ $^1\mathbf{B_u}$ $= \Gamma(\mu_{x,v})$

T_1 _____ $^3\mathbf{B_u}$

S_0 _____ $^1\mathbf{A_g}$

Bild 3.6: Elektronenkonfiguration für den 1. und 2. elektronenangeregten Zustand sowie Termsystem mit den möglichen Übergängen von *trans*-Butadien

Übung 3.1

1. Erstellen Sie das Termschema von Benzen! Die aus dem Basissatz der 6 p_z-AO erhaltenen Wellenfunktionen der MO gehören zu den Symmetrieklassen (geordnet nach steigender Energie): a_{1u}, e_{1g}, e_{2u} und b_{2g}. Zeichnen Sie alle Übergänge ein und entscheiden Sie, welche dieser Übergänge erlaubt oder verboten sind!

   Welche Schwingungen „lockern" den symmetrieverbotenen Elektronenübergang?

2. Zeichnen Sie in das gegebene Termsystem von Glyoxal (**Bild 3.8**) alle möglichen Übergänge ein, entscheiden und begründen Sie, ob diese erlaubt oder verboten sind! Schätzen Sie die Größenordnung der Extinktionskoeffizienten ab!

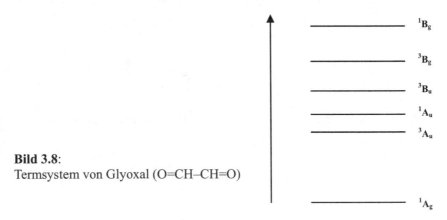

Bild 3.8:
Termsystem von Glyoxal (O=CH–CH=O)

3. Gemäß der Laporte-Regel sind Elektronenübergänge innerhalb der gleichen Nebenquantenzahlen verboten. Geben Sie eine Erklärung dafür!

4. Welche Lösungen (Lösungsmittel und Konzentration) sind für die Registrierung der $S_0 \rightarrow S_1$-Absorptionsbande von Benzen sowie Glyoxal herzustellen? Welche Masse bzw. welches Volumen sind für die Herstellung von 5 ml Analysenlösung erforderlich?

Glyoxal der Fa. Merck: 4 mol Glyoxal + 2 mol H_2O, $\rho = 1,27$ g/ml; ρ(Benzen) = 0,874 g/ml.

Schwingungsfeinstruktur der Elektronenabsorptionsbanden

Die Elektronenanregung ist verknüpft mit der gleichzeitigen Anregung von Kernschwingungen. Die beobachteten Absorptionsbanden sind daher genauer als „Schwingungselektronenabsorptionsbanden" zu bezeichnen. Sie zeichnen sich durch eine relativ große Halbwertsbreite (= Breite der Absorptionsbande in halber Höhe) aus. Die Absorptionsbanden können eine ausgeprägte Feinstruktur aufweisen ($\Rightarrow$ **schwingungsstrukturierte** Absorptionsbanden) oder sie besitzen keine Schwingungsfeinstruktur und werden deshalb **strukturlose** Absorptionsbanden genannt.

Die Schwingungsfeinstruktur wird durch die zeitlichen Desaktivierungsprozesse der elektronenangeregten Zustände bestimmt. Einige strukturanalytisch wichtige Regeln über das Auftreten strukturierter Elektronenabsorptionsbanden:

-   Der Gaszustand sowie unpolare LM begünstigen die Ausprägung der Schwingungsfeinstruktur, in unpolaren LM kann sie verschwinden.

- Schwingungsfeinstruktur wird nur in „starren" Molekülen beobachtet, d. h. in Molekülen mit geringen niederfrequenten Desaktivierungskanälen.

  Beispiele für Moleküle mit ausgeprägter Schwingungsfeinstruktur:

  Benzen und andere unsubstituierte aromatische Grundkörper (Acene, Phene). Polyene, wie z. B. Carotin verfügen über eine ausgeprägte Schwingungsfeinstruktur. Bei Alkylsubstitution des Aromaten wird jedoch die Schwingungsstruktur mit zunehmender Kettenlänge „gelöscht". Werden aber die Desaktivierungskanäle durch Anknüpfung der Alkylketten an den starren aromatischen Ring verringert, tritt die Schwingungsstruktur wieder hervor.

- Diene (–CH=CH-CH=CH–) zeigen in der Regel Schwingungsfeinstruktur,

  Enone (–CH=CH-CH=O) hingegen nicht.

- Charge-transfer-Übergänge sind strukturlos.

Für die Intensitäten der Subbanden einer Elektronenabsorptionsbande gilt das **Franck-Condon-Prinzip**:

Während der Elektronenanregung ($\approx 10^{-16}$ s) bleiben die Kernabstände unverändert. Daher sind die *vertikalen Übergänge*, d. h. Übergänge ohne Änderung der Kernkoordinaten die intensivsten. Alle anderen Übergänge sind weniger intensiv.

In Anthracen ist der $0 \rightarrow 0$-Übergang der intensivste, während dieser in Benzen nur eine sehr geringe Intensität aufweist (s. Spektren in **Bild 3.14**). Dies ist verständlich, da im elektronenangeregten Zustand von Anthracen (14 π-System) der Gleichgewichtsabstand kaum beeinflusst wird, während im wesentlich π-elektronenärmeren Benzen (6 π-System) der Abzug eines bindenden Elektrons die C-C-Bindung deutlich schwächt und zu einem größeren Gleichgewichtsabstand führt. Der intensivste Übergang ist daher der $0 \rightarrow 3$-Übergang. Vgl. auch die Spektren der Polyene in **Bild 3.9**.

Die Analyse der Schwingungsfeinstruktur liefert Informationen zur Struktur des kurzlebigen elektronenangeregten S_1-Zustand. Der Abstand der Subbanden entspricht dem **Schwingungsspektrum** im **elektronenangeregten Zustand.**

Im Benzen z. B. beträgt der Abstand der Subbanden $\tilde{v} \approx 1300$ cm^{-1}. Dies entspricht der $v(C=C)$ des Aromatengerüsts im S_1-Zustand. Im Grundzustand liegen diese Schwingungen bei $\tilde{v} \approx 1500$ - 1650 cm^{-1}. Die Verringerung offenbart eine deutliche Schwächung der Bindung des C-C-Gerüstes im S_1-Zustand.

Kraftkonstante und Gleichgewichtsabstand können für den kurzlebigen S_1-Zustand berechnet und auf diese Weise detaillierte strukturanalytische Informationen erhalten werden.

Übung 3.2

1. *n*-Propylbenzen (1) zeigt keine Schwingungsfeinstruktur, während Hydrinden (2) eine ausgeprägte Struktur aufweist. Erklären Sie den Sachverhalt!

   (1)   (2)

1. In **Bild 3.9** sind die Elektronabsorptionsspektren von Polyenen $CH_3(CH=CH)_nCH_3$ mit $n = 3, 4, 5$ dargestellt. Erklären Sie die Änderung des Intensitätsverhältnisses der 0-0-Übergänge! Welche strukturanalytische Information erhält man daraus?

3.2 Elektronenabsorptionsspektren organischer Verbindungen

3.2.1 Kleine, isolierte Chromophore

3.2.1.1 Alkene

Das **Grundchromophor** der Alkene ist **Ethen** mit einem erlaubten $\pi \rightarrow \pi^*$-Übergang. Das Absorptionsmaximum von Ethen sowie von allen *nicht konjugierten Alkenen* liegt im Vakuum-UV bei $\lambda_{max} \approx$ 170 - 180 nm. Oberhalb 200 nm wird nur der langwellige Ausläufer der Absorptionsbande registriert.

Zunehmende Alkylsubstitution des Grundchromophors bewirkt **Bathochromie** d. h. eine Verschiebung der Absorptionsbande nach längeren Wellenlängen. Die spektralen Daten völlig verschiedener Verbindungsklassen in **Tabelle 3.2** zeigen, dass alle dem gleichen Grundchromophor angehören.

3.2.1.2 Nicht-konjugierte Carbonylverbindungen und Derivate

Die Verbindungsklassen mit Carbonylgruppen sind durch einen erlaubten $\pi \rightarrow \pi^*$-Übergang und einen längerwelligen verbotenen $n \rightarrow \pi^*$-Übergang charakterisiert (s. Termsystem in **Bild 3.4**). Die spektralen Daten einiger Verbindung zeigt **Tabelle 3.3**, ein Spektrum **Bild 3.27**.

Der $n \rightarrow \pi^*$-Übergang ist bei Carbonsäuren und Derivaten auf Grund der Wechselwirkung eines freien Elektronenpaares am Heteroatom mit dem π-System der Carbonylgruppe **hypsochrom** (nach kürzerer Wellenlänge) verschoben, so dass diese Verbindungsklassen von den Aldehyde und Ketone UV-spektroskopisch unterschieden werden können.

3.2.1.3 α-Dicarbonylverbindungen, aliphatische Nitrosoverbindungen

Durch Wechselwirkung von n- und π^*-Orbitalen der beiden benachbarten Carbonylgruppen kommt es zur Aufspaltung, woraus drei intensitätsschwache $n \rightarrow \pi^*$-Übergänge resultieren. Durch diese Aufspaltung wird die längstwellige Bande bis über 400 nm verschoben, Ursache dafür, dass selbst Moleküle ohne jegliche Konjugation wie Glyoxal oder Biacetyl im VIS-Bereich absorbieren und daher farbig sind (s. **Tabelle 3.4**).

Durch besonders starke Wechselwirkung der n-Orbitale an N und O der NO-Gruppe in Nitrosoverbindungen resultieren zwei $n \rightarrow \pi^*$-Übergänge, wobei das höher liegende n-Orbital zu einem besonders energiearmen und daher langwelligen $n \rightarrow \pi^*$-Übergang führt (s. vereinfachtes MO-Schema für diese Strukturgruppe in **Bild 3.10**). Solche Verbindungen liefern daher blaue (!) Lösungen:

$n \rightarrow \pi^*$-Übergänge: λ_{max} (ε_{max} in l/mol·cm): **I 685 nm II**: 280 (80)

$\pi \rightarrow \pi^*$-Übergang: λ_{max} (ε_{max} in l/mol·cm): 220 nm ($\approx$ 5 000)

3.2.2 Diene, Enone

Diene (**–CR=CR'–C=CR''–**) sowie Enone (**–CR=CR'–C=O**) können auf das Grundchromophor *trans*-Butadien zurückgeführt werden. Der $\pi \rightarrow \pi^*$-Übergang ist sehr intensiv und liegt im Bereich von λ = 220 – 350 nm ($\varepsilon_{max} \approx$ 10 000 - 15 000 l/mol·cm). Der für Enone mögliche $n \rightarrow \pi^*$-Übergang wird vom stärkeren $\pi \rightarrow \pi^*$-Übergang überlagert.

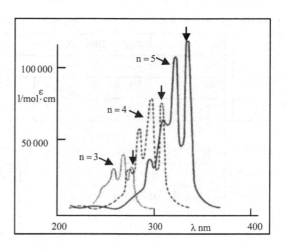

Bild 3.9:
Absorptionsspektren von Polyenen
$CH_3(CH=CH)_nCH_3$ für n = 3, 4, 5 in *n*-
Hexan mit den markierten 0-0-Übergängen

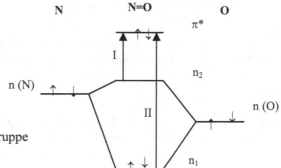

Bild 3.10:
Vereinfachtes MO-Schema der N=O-Gruppe

Tabelle 3.2: Absorptionsspektren isolierter Alkene

Verbindung	C-Substituenten am Ethen	λ_{max} nm	ε_{max} l/mol·cm
Cyclohexen	2	182	7 500
Cholesterol (3)	3	190	7 500
1,2-Dimethyl-cyclohexen (4)	4	194	9 000

Tabelle 3.3: n→π*-Übergang von Carbonylverbindungen $CH_3C(O)-X$

X	λ_{max} nm	ε_{max} l/mol·cm	X	λ_{max} nm	ε_{max} l/mol·cm
H	290	15	OC_2H_5	204	50
CH_3	280	50	NH_2	214	
OH	204	50	Cl	235	53

Tabelle 3.4: n→π*-Übergänge in α-Dicarbonylverbindungen und Acrolein $H_2C=CHCH=O$

Verbindung	λ_{max} nm	ε_{max} l/mol·cm
$CH_3-CO-CO-CH_3$ (Biacetyl)	224	29
	274	18
	422 (gelborange)	22
$O=CH-CH=O$ (Glyoxal)	**450** (orange)	35
Vgl. $H_2C=CH-CH=O$ (kein α-Dicarbonyl)	333 (farblos)	28

Die Lage von λ_{max} der längstwelligen Absorptionsbande kann mittels der empirischen **Woodward-Regeln** (s. **Tabelle 6.3.1**) abgeschätzt werden.

Beispiel 3.2:

Die längstwellige Absorptionsbande einer Verbindung mit der Summenformel $C_9H_{12}O$ liegt bei $\lambda = 307$ nm ($\varepsilon \approx 10500$ l/mol·cm). Ein Strukturvorschlag ist gesucht!

Lösung:

Aus der Summenformel werden die DBE berechnet: DBE = 4

Zuordnung der DBE: 3 DB + 1 Ring

Strukturvorschlag: Aus der Lage und der Intensität der Absorptionsbande kommt ein Dien oder Enon in Frage, z. B. 5,6,6-Dimethylcyclohexa-2,4-dien (5)?

Berechnung von λ_{max} (nach **Tabelle 6.3.1**):

Grundchromophor:	**Enon**
Grundwert:	215 nm
1 weitere DB	+ 30 nm
homoannular	+ 39 nm
exocyclische DB	+ 5 nm
1 δ C-Substituent	+ 18 nm
LM-Korrektur	0 nm
Summe	**307 nm**

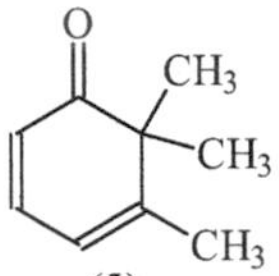

Die gute Übereinstimmung ist jedoch nicht immer gegeben, da bei diesem einfachen Schätzverfahren viele Einflüsse, wie beispielsweise sterische Faktoren unberücksichtigt bleiben. Das gleiche Chromophor liegt z. B. auch in den drei Verbindungen (6) – (8) vor, für die ebenfalls $\lambda_{max} = 307$ nm berechnet wird. Die Unterschiede zu den experimentellen Werten sind jedoch beträchtlich. Erfolg versprechend ist aber diese Abschätzung bei der Zuordnung alternativer Strukturen mit *deutlichen* Änderungen im Chromophor.

	(6)	(7)	(8)
exp.:	318 nm	322 nm	328 nm

Übung 3.3

1. Eine Verbindung mit der Summenformel C_4H_9NO liefert folgendes Absorptionsspektrum: λ_{max} in nm (ε_{max} in l/mol·cm): 220 (5 500) 289 (80) 685 (22).

   Welches Grundchromophor liegt vor? Klassifizieren Sie die Absorptionsbanden nach der Art der Elektronenübergänge (Einelektronenkonfiguration)! Unterbreiten Sie einen Strukturvorschlag! Welche Farbe ist in einer Küvette visuell für a. eine 10^{-5} molare und b. eine 0,1 molare Lösung wahrnehmbar? (E_{max} sollte für das Auge mindestens 0,05 betragen!)

2. Von einer Verbindung mit der Summenformel $C_{14}H_{10}O_2$ liegt das UV-Spektrum in *n*-Hexan vor (**Bild 3. 11**), c = 7,4 mg in 5 ml *n*-Hexan, d = 1 cm. Ermitteln Sie die Art der Elektronenübergänge, die Zahl der DBE und erarbeiten Sie einen Strukturvorschlag!

3. Aus dem Dünnschichtchromatogramm eines Reaktionsgemisches werden drei Zonen entnommen und die UV-Spektren gemessen. Das UV-Spektrum des Hauptproduktes ist in **Bild 3.12** dargestellt, für das die Strukturvorschläge (9) – (11) in Betracht zu ziehen sind. Welche Verbindung liegt vor? Begründen Sie Ihre Entscheidung!

4. Aus einem Reaktionsgemisch werden nach chromatographischer Trennung drei Produkte isoliert, die die Absorptionsspektren in **Bild 3.13** liefern. Als Reaktionsprodukte sind die Steroide (12) - (14) in Betracht zu ziehen (R = $C_8H_{17}O$). Ordnen Sie die Spektren den Verbindungen zu!

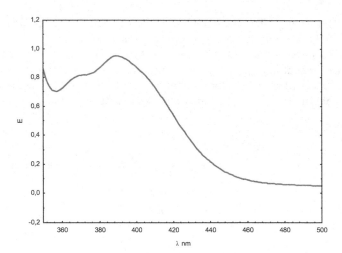

Bild 3.11:
Absorptionsspektrum einer
Verbindung mit der
Summenformel $C_{14}H_{10}O_2$

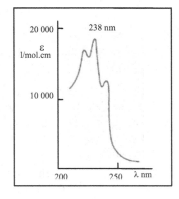

Bild 3.12:
Absorptionsspektrum eines Steroids
Einwaage: 175 µg in 5 ml ACN; d = 1 cm

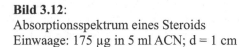

(12)   (13)   (14)

5. Zwischen den isomeren Strukturen ist anhand der UV-Spektren eine Unterscheidung zu
    treffen. Schätzen Sie die λ_{max}-Werte ab! (LM für die Spektren: Ethanol)

    a. CH_3-CH_2-CH=C(CH_3)-CH=CH-C(=O)-CH_3 (15)

        CH_3-CH=CH-CH_2-C(CH_3)=CH-C(=O)-CH_3 (16)   exp.: λ_{max} = 280 nm

    b. CH_3-CH=CH-CH=CH-CH=CH-CH=O (17)

        CH_3-CH=CH-C(O)-CH=CH-CH=CH_2 (18)   exp.: λ_{max} = 285 nm

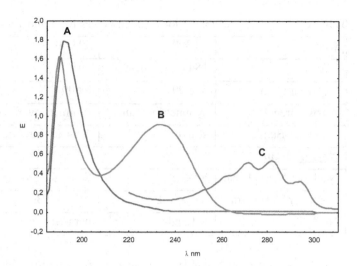

Bild 3.13:
Absorptionsspektrum von
Steroiden
Einwaage: **A** und **B**: 170 µg in
5 ml ACN;
C: 108 µg/ 5 ml Ethanol
d = 1 cm

c.

exp.: $\lambda_{max} = 328$ nm

(19)   (20)

d.

exp.: $\lambda_{max} = 306$ nm

CH_3COO (21) CH_3COO (22)

3.2.3 Aromaten

3.2.3.1 Benzen und Derivate

Benzen stellt das Grundchromophor der Aromaten dar. Das UV-Spektrum ist durch drei Absorptionsbanden charakterisiert, s. **Tabelle 3.5**. Sie werden üblicherweise nach der Nomenklatur von Clar als β-, **para-** und α-**Bande** bezeichnet.

Im Spekralbereich $\lambda > 200$ nm werden nur die längstwellige α-Bande ($S_0 \rightarrow S_1$) und von der β-Bande ($S_0 \rightarrow S_2$) nur die langwellige Flanke registriert (s. **Bild** 3.14). Die α-Bande ist erwartungsgemäß gut strukturiert. Das Maximum der Subbande resultiert aus dem 0→3-Übergang. Nach dem Franck-Condon-Prinzip lässt dies auf eine beträchtliche Geometrie-änderung im elektronenangeregten Zustand schließen (Vergrößerung der Bindungsabstände wegen verringerter Bindungsstärke).

Tabelle 3.5: Elektronenabsorptionsbanden von Benzen und Termsymbolik

v/cm^{-1}	54 300	49 000	39 300
λ/nm	184 (Vakuum-UV)	201	254
$\varepsilon_{max}/l \cdot mol^{-1} \cdot cm^{-1}$	68 000	8 500	250
Auswahlregel	symmetrieerlaubt	symmetrieverboten	symmetrieverboten
Form der Bande	strukturlos	schwach strukturiert	gut strukturiert
Nomenklatur:			
Nach der Multiplizität	$S_0 \rightarrow S_3$	$S_0 \rightarrow S_2$	$S_0 \rightarrow S_1$
Nach der Symmetrie	$^1A_{1g} \rightarrow {}^1E_{1u}$	$^1A_{1g} \rightarrow {}^1B_{1u}$	$^1A_{1g} \rightarrow {}^1B_{2u}$
Nach Clar	β-Bande	para-Bande	α-Bande

Tabelle 3.6: Absorptionsbanden von Benzenderivaten **ohne** Konjugation, R-C_6H_5, R-C_4H_4-R

Substituent R	para-Bande		α-Bande	
	λ_{max} nm	ε_{max} l/mol·cm	λ_{max} nm	ε_{max} l/mol·cm
H	**201**	**8 500**	**254**	**250**
CH_3	206	7 000	261	225
OH	211	6 200	270	1 450
OCH_3	217	6 400	269	1 500
Cl	210	7 500	257	170
NH_3^+	203	7 500	254	160
o-$(CH_3)_2$	210	8 500	263	300
m-$(CH_3)_2$	212	7 200	265	300
p-$(CH_3)_2$	216	7 500	269	750

Substituenten *ohne* oder mit nur *geringer* Konjugation zum Aromaten beeinflussen das Grundchromophor kaum, die spektralen Unterschiede zum Benzen-Spektrum sind daher nur gering, s. **Tabelle 3.6**.

Konjugationsfähige Substituenten weisen eine neue Bande auf, die **K-Bande** bezeichnet wird (abgeleitet von Konjugation) und die zwischen der para- und der α-Bande positioniert ist. Als erlaubter $\pi \rightarrow \pi^*$-Übergang liegen die Extinktionskoeffizienten der K-Bande im Bereich von 10 000 l/mol·cm. Die α-Bande ist gegenüber Benzen bathochrom verschoben und hat einen höheren Extinktionskoeffizienten. Die intensive benachbarte K-Bande überdeckt meist die schwache α-Bande und lässt diese nur als Schulter erscheinen.

Substituenten mit einem freien Elektronenpaar weisen zusätzlich einen schwachen $n \rightarrow \pi^*$-Übergang als längstwellige Absorptionsbande auf, s. **Tabelle 3.7**.

Tabelle 3.7: Absorptionsbanden von Benzenderivaten mit **konjugationsfähigen**
Substituenten $R^{konj.}$-C_4H_5

Substituent R	para-Bande		K-Bande		α-Bande		n→π*-Bande	
	λ_{max} nm	ε_{max} l/mol·cm	λ_{max} nm	ε_{max} l/mol·cm	λ_{max} nm	ε_{max} l/mol·cm	λ_{max} nm	ε_{max} l/mol·cm
$CH{=}CH_2$			248	14 000	282	280		
CHO	200	28 500	240 250	13 600	278	1 100	336	25
$COCH_3$			245	13 000	279	1 200	315	55
NO_2	208	9 800	251	9 000	292	1 200	322	150
CN			221	12 000	269	830		
COOH			230	10 000	270	800		
$CH{=}CHO$	218	12 400	298	25 000			351	100

Bei **mehrfach substituierten** Benzen-Derivaten wird eine besonders große Abweichung vom Spektralverhalten des Grundchromophors dann beobachtet, wenn in *1,4-Position* **Donator-** und **Akzeptor-Substituenten** stehen, d. h. ein sog. push-pull-System vorliegt. Der längstwellige Übergang wird in diesem Fall durch einen intensiven CT-Übergang hervorgerufen.

Als Beispiel sei p-Nitroanilin (23) genannt (λ_{max} = 375 nm; ε_{max} = 56 000 l/mol·cm). Solche Verbindungen sind aus spektroskopischer Sicht nicht mehr dem Grundchromophor des Aromaten zuzuordnen.

(23)

Für die Abschätzung der längstwelligen Absorptionsbande der großen Zahl von aromatischen **α-Carbonyl-Verbindungen** können die **Scott-Regeln** angewendet werden (**Tabelle 6.3.2**). Mit Hilfe dieser Regeln kann oftmals zwischen Isomeren sicher unterschieden werden.

Beispiel 3. 3:

Im UV-Spektrum von N-Dimethylaminobenzoesäure (24) wird eine strukturlose Absorptionsbande bei λ_{max} = 322 nm beobachtet ($\varepsilon \approx$ 24 000 l/mol·cm). Welches Isomere liegt vor?

(24)

Lösung

	ortho	meta	para
Grundwert	230	230	230 nm
$N(CH_3)_2$	+ 85	+ 20	+ 20 nm
gesamt	**315 nm**	**250 nm**	**250 nm**

Ergebnis: Das UV-Spektrum ist dem para-Isomer zuzuordnen. Eine Unterscheidung zwischen den meta- und ortho-Isomeren ist UV-spektroskopisch jedoch nicht möglich.

3.2.3.2 N-Heterocyclen

In **Tabelle 3.8** sind die spektralen Daten einiger **6-Ring N-Heterocyclen** zusammengestellt.

Azasubstitution (Ersatz von CH durch N) am Grundchromophor bewirkt:

- Keine wesentliche Änderung der Lage der Absorptionsbanden gegenüber Benzen
- Intensitätszunahme der α-Bande wegen Symmetriestörung
- Zusätzlich erscheint ein schwacher n→π*-Übergang als längstwellige Absorptionsbande
- Zwei N-Atome in *ortho*-Stellung führen auf Grund der Wechselwirkung der freien Elektronenpaare der benachbarten N-Atome zu einem besonders langwelligen n→π*-Übergang (vrgl. α-Dicarbonylverbindungen).

Das Spektralverhalten von **5-Ring N-Heterocyclen** lässt sich nicht auf das Grundchromophor von Benzen zurückführen. Die Spektren ähneln mehr denen von Dienen.

3.2.3.3 Polycyclische aromatische Verbindungen (Acene, Phene)

Acene zeigen bei zunehmender linearer Annelierung in der Reihe Benzen → Naphthalen → Anthracen → Tetracen folgende spektralen Änderungen, s. **Bild 3.14**:

- Aufspaltung der entarteten β-Bande, von denen die langwelligere β'-Bande mit zunehmender Annelierung bathochrom verschoben wird und ab Anthracen in den Bereich λ > 200 nm zu liegen kommt.
- Bathochromie der α- und para-Bande.
- Der bathochrome Effekt ist bei der para-Bande größer, daher fallen bei Anthracen α- und para-Bande zusammen, d. h. die schwache α-Bande wird von der stärkeren para-Bande überlagert. Bei Tetracen liegt die para-Bande sogar längwelliger als die α-Bande.

Phene mit gekreuzter Annelierung zeigen ebenfalls die typischen Absorptionsbanden des Grundchromophors. Phene absorbieren jedoch kürzerwellig als die entsprechenden Acene mit gleichem Annelierungsgrad.

Tabelle 3.8: Elektronenabsorptionsbanden von 6-Ring N-Heterocyclen

Verbindung	β-Bande		para-Bande		α-Bande		n→π*-Bande	
	λ_{max} nm	ε_{max} l/mol·cm	λ_{max} nm	ε_{max} l/mol·cm	λ_{max} nm	ε_{max} l/mol·cm	λ_{max} nm	ε_{max} l/mol·cm
(Benzen)	184	68 000	201	8 500	254	250		
(Pyridin)	176	70 000	198	6 000	251	2 000	270	450
(Pyridazin)	170		192	5 400	251	1 400	**340**	315
(Pyrimidin)	168		189	10 000	244	2 050	298	325

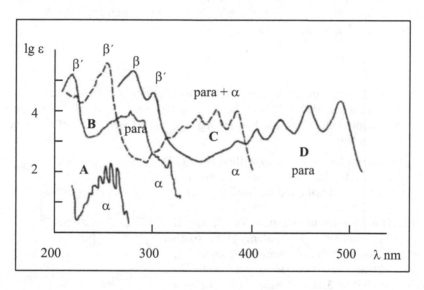

Bild 3.14: Absorptionsspektren der Acene (A: Benzen, B: Naphthalen, C: Anthracen, D: Tetracen)

Substituenteneinflüsse sind bei **Acenen** und **Phenen** geringer als bei Benzen. Folglich entsprechen auch die Spektren substituierter polycyclischer Aromaten weitgehend den jeweiligen Grundkörpern, was am Beispiel von Anthracen (25) mit dem

(25)

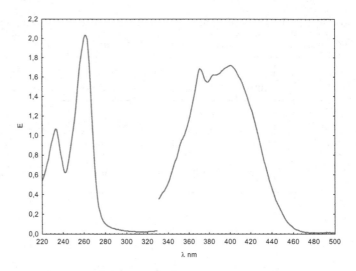

Bild 3.15:
Absorptionsspektren von
9-Anthraldehyd (R = CHO)
Bereich 220 – 330 nm:
0,01 mg/10 ml
Bereich 330 – 500 nm:
0,1 mg/10 ml Ethanol
d = 1 cm

Substituent R = CHO vorgeführt wird (vrgl. **Bild 3.15** mit **Bild 3.14**, Spektrum **C**). Weitgehend ähnliche Spektren wie 9-Anthraldehyd (R = CHO) zeigen auch die Azomethin- (R = CHNCH$_3$) sowie Hydrazon-derivate (R = CHN–NH$_2$).

Übung 3.4

1. Die längstwellige Absorptionsbande einer Verbindung mit der Summenformel C$_6$H$_5$O$_3$N liegt in einer 0,1 molaren NaOH-Lösung bei λ_{max} = 400 nm (ε_{max} ≈ 18 000 l/mol·cm). Welchem Grundchromophor kann die Verbindung zugeordnet werden? Unterbreiten Sie einen Strukturvorschlag!

2. Wird eine Lösung von Benzophenon-9-anthraldazin (26) mit UV-Licht bestrahlt, so kann dünnschicht-chromatographisch ein Photoprodukt isoliert werden, das sich thermisch wieder in die Ausgangsform umwandelt. Durch erneute Bestrahlung kann das Photoisomere erneut erzeugt werden. (Ein solcher reversibler Prozess wird Photochromie bezeichnet.) Die Absorptionsspektren der Ausgangsform und vom Photoprodukt sind **Bild 3.16** zu entnehmen. Erarbeiten Sie einen Strukturvorschlag für das Photoisomere! Auf welchem Prozess beruht die Photochromie? Hinweis: Berücksichtigen Sie das Absorptionsspektrum in **Bild 3.15**.

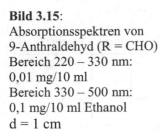

3. Das UV-Spektrum einer Verbindung zeigt ein Maximum bei λ = 272 nm (log ε = 4,1). Welches der beiden Strukturisomeren (27) und (28) liegt vor?

Bild 3.16:
Absorptionsspektren von
Benzophenon-9-anthraldazin
(26) (**A**) und dem
Photoisomeren (**B**)
Lösung **A**:
0,175 mg/10 ml Toluen
Lösung **B**:
ohne Konzentrationsangabe
DC-Zone mit MeOH
extrahiert

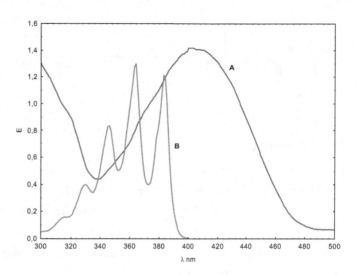

4. Bei der Oxydation von 3-Methoxytetralin (29) wird ein
    Produkt mit der Summenformel $C_{11}H_{12}O_2$ erhalten, das im
    IR eine starke Absorptionsbande bei 1685 cm^{-1} und im UV
    eine Bande bei λ_{max} = 275 nm mit $\varepsilon \approx$ 12 500 l/mol·cm
    zeigt. Erarbeiten Sie einen Strukturvorschlag!

CH_3O (29)

3.2.4 Polyene

Zum Chromophor der Polyene gehören folgende Verbindungsklassen:

$R-(CH=CH)_n-R$ Dialkyl- oder Diarylpolyene

$O=CR-(CH=CH)_n-C(R)=O$ Polyendiketone und –dialdehyde

Für Polyene ist charakteristisch:

-   konjugierte Doppelbindungen

-   Zahl der π-Elektronen ist gleich der Zahl der π-Zentren

-   alternierende Bindungsordnung

-   gleiche Elektronendichte an jedem konjugierten C-Atom

-   meist schwingungsstrukturierte, sehr intensive Absorptionsbanden (ε steigt mit n)

-   Bathochromie mit steigendem n.

Der Zusammenhang zwischen λ_{max} und n (Anzahl der konjugierten DB) folgt einem
Wurzelgesetz:

$$\lambda_{max} = a + b \cdot \sqrt{n}$$

Der Grenzwert von etwa 550 nm (rotorange Lösungen) wird auch bei großem n (lange
Ketten) nicht überschritten, s. Beispiel β-Carotin (30):

λ_{max} (0→1) = 451 nm; ε_{max} = 142 000 l/mol·cm.

(30)

3.2.5 Polymethine

Allgemeiner Verbindungstyp:

$$X - (CH = CH)_n - CH = Y \quad \leftrightarrow \quad X = (CH - CH)_n = CH - Y$$

X = NR$_2$	Y = NR$_2$	(kationische) **Cyanine**
X = NR$_2$	Y = O	(neutrale) **Merocyanine**
X = O	Y = O	(anionische) **Oxonole**

Charakteristische Merkmale der Polymethine:

- Konjugierte Moleküle mit zwei elektronegativen Endgruppen (Heteroatome N oder O)
- Gleiche Bindungsordnung wegen Resonanz zwischen zwei Grenzstrukturen. Je besser der Bindungsausgleich, desto stärker ist der polymethinische Charakter ausgeprägt, desto längerwellig absorbiert die Verbindung.
- Für die Zahl der π-Elektronen gilt: Z(π-Elektronen) = Z(π-Zentren) ± 1
  Daraus folgt das Kriterium für die einfache Erkennung eines Polymethinchromophor: Zwischen den Heteroatom-Endgruppen liegt eine ungerade Zahl von konjugierten Methingruppen.
- Die längstwellige Absorptionsbande ist von einer Schulter an der kurzwelligen Flanke geprägt. Die Extinktionskoeffizienten sind sehr hoch.
- Für die Lage der längstwelligen Absorptionsbande gilt ein linearer Zusammenhang zwischen λ_{max} und der konjugierten Kettenlänge:

$$\lambda_{max} = a + b \cdot n$$

- Für symmetrisch substituierte Cyanine beträgt der Vinylenshift b ≈ 100 nm. Daher sind Polymethine mit n ≥ 2 farbig und mit n ≥ 6 erfolgt Absorption im NIR-Bereich. Durch Umstellung nach n kann aus λ_{max} für Polymethine die Kettenlänge abgeschätzt werden. Die Größe von a (mit n = 0) entspricht der Absorptionsbande des einfachen Azomethinchromophors mit λ ≈ 230 nm. Unter Beachtung der Polymethinregeln kann die Position eines Heteroatoms in der Polymethinkette abgeschätzt werden. So bewirkt beispielsweise die Substitution einer =CH-Gruppe durch N Bathochromie, wenn N in der Polymethinkette symmetrisch angeordnet ist. Ein typisches Absorptionsspektrum eines Polymethins ist in **Bild 3.17** dargestellt.
- Bei Merocaninen und Oxonolen ist der polymethinische Charakter weniger gut ausgeprägt, daher liegt λ_{max} bei diesen Strukturtypen kürzerwellig als bei Cyaninen gleicher Kettenlänge.

Polymethinregeln erklären die spektralen Veränderungen bei Veränderung der Grundstruktur

$$X - CH - CH - CH \ldots - CH - CH - X$$

17. Substitution von =**CH**- durch ein

Element größerer Elektronegativität	bath.	hyps.	bath. .....
Element geringerer Elektronegativität	hyps.	bath.	hyps. .....

17. Substitution von **H** in der =CH-Gruppe

durch einen Donator	bath.	hyps.	bath. .....
durch einen Akzeptor	hyps.	bath.	hyps. ....

(bath. = Bathochromie; hyps. = Hypsochromie)

Beispiel 3.4

Das Grundchromophor in den Verbindungen (31) sowie (32) ist zu benennen und einzuzeichnen!

Lösung

In beiden Verbindungen ist das Grundchromophor ein Polymethin, denn zwischen den Heteroatomen befindet sich eine *ungerade* Zahl von Methingruppen.

Chromophor in (31): Nonamethinazacyanin (fett umrandet)

λ_{max} = 668 nm mit kurzwelliger Schulter, ε_{max} ≈ 65 000 l/mol·cm
Azasubstitution bewirkt Bathochromie im Vergleich zur N-freien Verbindung, wenn N symmetrisch angeordnet ist (s. Polymethinregeln).

Chromophor in (32): Nonamethinmerocyanin (fett umrandet)

λ_{max} = 558 nm mit kurzwelliger Schulter, ε_{max} ≈ 55 000 l/mol·cm
Regel: Merocyanine absorbieren kürzerwellig als Cyanine.

(31)

(32)

Zum Chromophor der Polymethine gehören die wichtigen Substanzklassen der **Diaryl-** und **Triarylmethanfarbstoffe.**

Diaryl- und *symmetrisch substituierte Triarylmethanfarbstoffe* zeigen ein Spektrum vom Typ a: Im VIS-Bereich wird nur die für Polymethine

(33)

Tabelle 3.9: Lage der längstwelligen Absorptionsbande von Polymethinen, λ_{max} in nm (log ε)

n	Cyanine	Merocyanine	Oxonole
1	312 (4,81)	283 (4,57)	276 (4,83)
2	416 (5,09)	361,5 (4,7)	362,5 (4,75)
3	519 (5,32)	421,5 (4,75)	455 (4,88)
4	625 (5,47)	462,5 (4,81)	$\approx$ 550
5	735 (5,55)	491,5 (4,83)	
6	848 (5,34) (NIR!)	512,5 (4,86)	
LM	CHCl$_3$	CHCl$_3$	DMFA

typische Absorptionsbande mit kurwelliger Schulter beobachtet. Als Beispiel wird das VIS-Spektrum von Kristallviolett (33) (R = H) vorgestellt (**Bild 3.17**).

Für *unsymmetrisch substituierte Triarylmethanfarbstoffe* ist Spektrum b typisch, s. VIS-Spektrum von Malachitgrün (34) in **Bild 3.18**. Zusätzlich erscheint kürzerwellig eine zweite Absorptionsbande, deren Polarisationsrichtung im Formelbild eingezeichnet ist. Sie liefert eine zusätzliche Bande im roten Spektralbereich, woraus die grüne Farbe der Verbindung resultiert. (In beiden Formelbildern wird nur *eine* Resonanzstruktur gezeigt. Weitere sind zu ergänzen.)

Einfache Substituenten, die das Elektronensystem praktisch nicht beeinflussen, zeigen auch bei unsymmetrischer Struktur das Spektrum vom Typ a. So sind die VIS-Spektren von Kristallviolett, (33) R = H und Fuchsin, (33) R = CH$_3$ nahezu deckungsgleich.

Die Spektren vieler Verbindungen können nicht *eindeutig* einem *einzigen* Chromophor zugeschrieben werden. So entspricht beispielsweise das Absorptionsspektrum von 4′-Dimethylaminobenzophenon (35) mit λ_{max} = 330 nm und $\varepsilon_{max} \approx$ 24 000 l/mol·cm weder bezüglich Lage noch Intensität dem typischen Spektrum eines Aromaten mit konjugationsfähigem Substituenten, während das 3′-Isomere sich vom unsubstituierten Benzophenon kaum unterscheidet.

Für das *para*-Isomere ist ein Polymethinchromophor zu erkennen: Die Heteroatome N und O sind über eine ungerade Zahl von Methingruppen getrennt. Der Anteil eines polymethinischen Chromophor erklärt das abweichende spektrale Verhalten für das *para*-Isomere. Andererseits kann aus der Kenntnis dieses Zusammenhangs das *para*-Isomere strukturanalytisch leicht von den beiden anderen Isomeren unterschieden werden.

Bild 3.17:
VIS-Spektrum von Kristallviolett (33) R=H
(*symmetrisch* substituiertes
Triarylmethan-chromophor)
Lösung:
0,09 mg/10ml MeOH

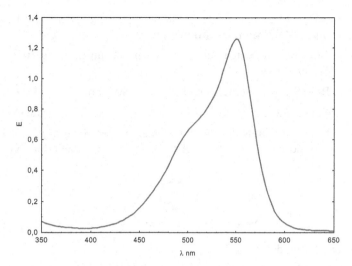

Bild 3.18:
VIS-Spektrum von
Malachitgrün (*unsymmetrisch*
substituiertes Triarylmethan-
chromophor)
Lösung:
0,13 mg/10 ml MeOH

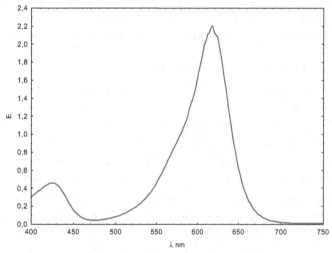

3.2.6 Azoverbindungen

Azoverbindungen enthalten eine oder mehrere
Azogruppen, –N=N–. Die stabile Konfiguration ist die
trans-Form.

(36)

Das Grundchromophor der aromatischen Azoverbin-
dungen bildet *trans*-Azobenzen (36) (X = N; R = H), dessen Absorptionsspektrum
weitgehend dem von *trans*-Stilben (36) (X = CH; R = H) gleicht (s.**Bild 3.19**). Im
Unterschied zu *trans*-Stilben erscheint bei *trans*-Azobenzen zusätzlich ein intensitäts-
schwacher n→π*-Übergang im VIS-Bereich, der verantwortlich für die gelborange Farbe ist.

Nach quantenchemischen Rechnungen wird die längstwellige Absorptionsbande bei
Azobenzen durch einen CT-Übergang vom π-Aryl in das π*-Niveau der N=N-Gruppe

verursacht. Mit Kenntnis der Natur der Elektronenübergänge lässt sich das Spektralverhalten der großen Zahl **Azofarbstoffe** verstehen:

-   *Donor*substituenten am Aromaten begünstigen den CT-Übergang und bewirken *Bathochromie.*

    Beispiel: R = N(CH$_3$)$_2$ in (36): λ_{max} = 400 nm, log ε = 4,49

    Einen Bathochromie-Effekt bewirken auch polycyclische Aromaten.

-   Eine Erhöhung der *Akzeptorfähigkeit* der *Azogruppe* - z. B. durch Protonierung – bewirkt zusätzliche Bathochromie, s. Beispiel Methylorange (37):

$$Na^+ \ ^-O_3S - - N{=}N - - N(CH_3)_2$$

λ_{max} (basische Form): 405 nm

λ_{max} (saure Form):   485 nm

(37)

Daraus folgt die Regel:

Alle Azofarbstoffe zeigen eine starke pH-Abhängigkeit, wobei stets die saure (protonierte) Form längerwellig absorbiert als die basische. Dieses spektrale Verhalten ist Grundlage für die Verwendung der Azofarbstoffe als Säure-Basen-Indikatoren.

3.2.7 Chinoide Verbindungen

Das Grundchromophor bilden *para*- und *ortho*-Benzochinon. Die UV/VIS-Spektren sind in **Bild 3.20** dargestellt.

Die längstwellige Absorptionsbande (S$_0$→S$_1$) resultiert für beide Verbindungen aus einem n→π*-Übergang. Wegen Termwechselwirkung der benachbarten freien Elektronenpaare ist diese Absorptionsbande bei *ortho*-Chinon gegenüber dem *para*-Isomeren deutlich bathochrom verschoben (vrgl. α-Dicarbonylverbindungen!).

Nach quantenchemischen Ergebnissen ist der längstwellige π→π*-Übergang (S$_0$→S$_2$) in *para*-Benzochinon verboten, der S$_0$→S$_3$-Übergang hingegen erlaubt, was sich im Intensitätsverhältnis der beiden π→π*-Banden widerspiegelt.

Substituenten bei para-Benzochinon bewirken Bathochromie der π→π*-Banden in der Reihenfolge Cl < Br < I sowie OCH$_3$ < SCH$_3$ < N(CH$_3$)$_2$, s. (38) mit λ (log ε) = 380 nm (4,3) + 500 nm (2,6).

Während *Akzeptor*substituenten, wie NO$_2$, Cl, CN das Spektrum von 9,10-Anthrachinon kaum beeinflussen, bewirken *Donor*-substituenten (OH, NR$_2$) Bathochromie, wobei der schwache n→π*-Übergang des unsubstituierten 9,10-Anthrachinons (39, R = H) vom starken π→π*-Übergang überlagert wird, s. **Bild 3.21**.

Ein besonders starker Bathochromie-Effekt wird mit den Donatoren OH und NR$_2$ beobachtet: (39) mit R = N(CH$_3$)$_2$:

λ_{max} = 592 nm, log ε = 4,19 (LM = Ethanol).

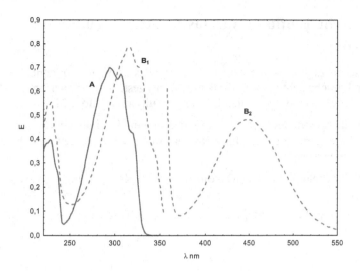

Bild 3.19:
UV/VIS-Spektren von *trans*-Stilben (**A**) und *trans*-Azobenzen (**B**)
A: 44 µg/10 ml *n*-Hexan; **B₁**: 67 µg/10 ml/*n*-Hexan; **B₂**: 1,88 mg/10 ml/*n*-Hexan

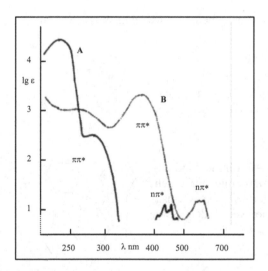

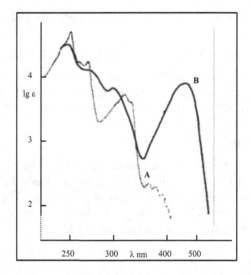

Bild 3.20:
UV/VIS-Spektren von
para- Benzochinon (**A**) und
ortho-Benzochinon (**B**)

Bild 3.21:
UV/VIS-Spektren von Anthrachinonen (39)
$R_1 = R_2 = H$ (**A**) und $R_1 = H$, $R_2 = NH_2$ (**B**)

3.3 Stereochemische Einflüsse auf das Spektralverhalten von Olefinen

Nach quantenchemischen Ergebnissen gilt als gesichert, dass in einem konjugierten System die DB im S_1-Zustand geschwächt und die Einfachbindung gestärkt wird, was in veränderten Energiebarrieren bei Torsion um die jeweilige Bindung resultiert, s. **Bild 3.22**.

Vergleicht man die Energiedifferenz (Pfeillänge) bei einem Torsionswinkel von $\phi = 0°$ (planare Anordnung der Arylringe in 1,2-Diarylethylen) mit einer tordierten Anordnung ($\phi > 0°$), so ergibt sich folgende Regel :

Torsion um die C=C-Doppelbindung bewirkt Bathochromie, Torsion um die C–C-Einfachbindung Hypsochromie.

Verdrillung ist stets mit einer Verringerung des Extinktionskoeffizienten verbunden.

Beispiel 3.5

trans-Stilben

Die planare Anordnung des Gesamtmoleküls ist aus energetischen Gründen bevorzugt und sterisch nicht gehindert.

Spektrale Daten (s. **Bild 3.19**): $\lambda_{max} = 289$ nm, $\varepsilon_{max} = 28\ 500$ l/mol·cm

cis-**Stilben** (40)

Die Planarität ist aus sterischen Gründen nicht mehr gegeben, das Molekül muss verdrillt sein.

Spektrale Daten: $\lambda_{max} = 280$ nm, $\varepsilon_{max} = 22\ 500$ l/mol·cm

Gegenüber *trans*-Stilben mit planarer Anordnung wird *Hypsochromie* beobachtet, was eine Verdrillung um die C–C-Einfachbindung bedeutet, d. h. die Phenylringe sind propeller- bzw. fächerartig aus der Ebene tordiert.

(40)

Bis-fluorenyliden (41)

Wird die Möglichkeit einer Verdrillung um die C–C-Einfachbindung unterbunden wie in (41), so kann die sterische Hinderung nur durch eine Torsion um die C=C-Doppelbindung eliminiert werden. Gemäß o. g. Regeln ist dies mit einer Bathochromie verbunden: Die Verbindung ist rot mit $\lambda_{max} = 450$ nm!

(41)

3.4 Lösungsmitteleinfluss auf Elektronenabsorptionsbanden

Viele Verbindungen zeigen eine mehr oder weniger starke Abhängigkeit der Absorptionsbanden von der Lösungsmittelpolarität. Dieser Effekt wird **Solvatochromie** genannt. Am Beispiel der C=O-Gruppe soll die Solvatochromie auf einen n→π*- und einen π→π*- Übergang

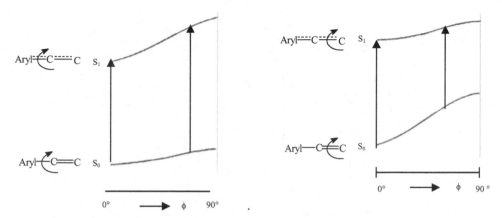

Bild 3.22: Qualitative Darstellung des Termsystems bei Torsion um die **Aryl**–CC-Einfach-
und Aryl–**C=C**-Doppelbindung im Grund- und elektronenangeregten Zustand

demonstriert werden. Zum Verständnis der Solvatochromie ist der Einfluss des LM auf die
energetische Lage des Grund- und entsprechenden elektronenangeregten Zustandes zu
bewerten, was im **Bild 3.23 A** veranschaulicht wird.

Bei der polaren C=O-Gruppe werden die Dipol-Dipol-Wechselwirkungskräfte dominieren.
Steigende LM-Polarität ist daher mit einer zunehmenden Stabilisierung der energetischen
Zustände verknüpft. Je größer das Dipolmoment μ des jeweiligen Zustandes ist, um so
energetisch tiefer wird der Zustand gesenkt.

Die relative Größe der Dipolmomente kann für die C=O-Gruppe leicht abgeschätzt werden:

Bei n→π*-Anregung (Verringerung der Elektronendichte am O-Atom) wird das Dipolmoment kleiner als im S_0-Zustand. Das Energieniveau wird daher im S_0-Zustand stärker
gesenkt als im elektronenangeregten Zustand, wodurch Hypsochromie mit steigender LM-
Polarität beobachtet wird.

Andererseits erhöht eine π→π*-Anregung das Dipolmoment, was zu einer stärkeren
Absenkung des elektronenangeregten Zustandes und damit zu Bathochromie mit steigender
LM-Polarität führt.

Regel:

n→π*-Übergänge werden mit zunehmender LM-Polarität *hypsochrom* verschoben.
π→π*-Übergänge können mit steigender LM-Polarität *bathochrom* verschoben werden.

Voraussetzung dafür, dass π→π*-Anregung einen LM-Einfluss zeigt, hängt davon ab, ob das
LM am Zentrum der π→π*-Anregung positioniert ist. So wird beispielsweise der π→π*-
Übergang der K-Bande in Acetophenon mit steigender LM-Polarität bathochrom verschoben,
die α-Bande (ebenfalls ein π→π*-Übergang) hingegen nicht. Der Grund dafür ist, dass das
polare LM an der polaren Carbonylgruppe und nicht am Aromatenteil lokalisiert ist. Der
Elektronenübergang zur α-Bande findet jedoch gerade in diesem Molekülteil statt, während
die K-Bande die Elektronen der C=O-Gruppe mit einschließt. Dies Beispiel zeigt, wie mit
Hilfe des LM-Einflusses strukturanalytisch die Solvatation in Molekülen untersucht werden
kann.

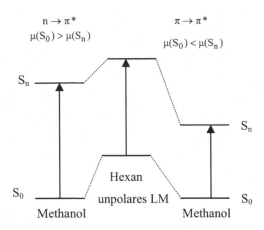

Bild 3.23 A: Qualitatives Energieniveauschema für Grund- und elektronenangeregte
          Zustände der C=O-Gruppe in unpolarem (Hexan) und polarem LM (Methanol)

Übung 3.5

1. Das UV-Spektrum einer Verbindung mit der Summenformel $C_6H_{10}O$ zeigt folgende
    Absorptionsbanden (λ_{max} in nm):

LM	Bande 1	Bande 2
Hexan	231	335
Ethanol	237	320
Wasser	245	300

    Orden Sie die Banden den entsprechenden Elektronenübergängen zu und begründen Sie
    Ihre Zuordnung! Welche Strukturelemente ergeben sich hieraus für diese Verbindung?

3.5 Ermittlung der Struktur aus UV/VIS-Spektren

Stehen keine weiteren Angaben über eine unbekannte Verbindung zur Verfügung, kann aus
dem UV/VIS-Spektrum höchstens die Zuordnung zu einem Grundchromophor erhalten
werden. Die bloße Auflistung von Erwartungswerten für Absorptionsmaxima hat nur eine
geringe Aussagekraft, da für die Spektrenanalyse die Absorptionsbande in ihrer Gesamtheit
(Strukturierung, Extinktionskoeffizient) zu bewerten ist. So kann beispielsweise die Information λ_{max} = 660 nm einem Polymethin (Nonamethincyanin) zugeschrieben werden, aber
auch eine Alkylnitrosoverbindung absorbiert in diesem Bereich. Für ein Polymethin muss
jedoch die Absorptionsbande eine Schulter auf der kurzwelligen Flanke zeigen und einen
Extinktionskoeffizienten von ε > 50 000 l/mol·cm besitzen, während die Bande der Nitroso-
verbindung aus einem schwachen n→π*-Übergang mit ε < 100 l/mol·cm resultiert.

Für kurzlebige Species (z. B. Produkte aus photochemischen Reaktionen) stehen im allgemeinen ausschließlich UV/VIS-spektroskopische Daten für die Ermittlung der Struktur zur Verfügung. Sind weitere Kenntnisse über die unbekannte verfügbar (z. B. der Synthese-ablauf), können oftmals Strukturvorschläge bestätigt oder zwischen Isomeren unterschieden werden.

Ein großer Vorteil der UV/VIS-Spektroskopie ist – bedingt durch den hohen Extinktions-koeffizient – die *große Empfindlichkeit*. Für die Registrierung des UV/VIS-Spektrums genügen Mengen von wenigen μg, wie sie beispielsweise der DC-Platte entnommen werden können. Da die Methode zerstörungsfrei ist, kann für weitere Informationen nachfolgend noch das IR-Spektrum (FT-IR-Mikroskopie) und danach das Massenspektrum für die Ermittlung der Summenformel und funktionellen Gruppen registriert werden.

Strukturanalytische Aufgaben ergeben sich stets aus den UV/VIS-Spektren, wie sie bei *HPLC-Analysen* mit einem *Diodenarray-Detektor* (DAD) gewonnen werden. Sind darüber hinaus Kenntnisse aus dem Syntheseweg bekannt, lassen sich oft detaillierte Informationen zur Struktur gewinnen. Andererseits können die HPLC-Fraktionen aufgefangen und off-line weiteren spektroskopischen Methoden zugeführt werden.

Aus den UV/VIS-Spektren können nur Informationen zum Chromophor gewonnen werden. Für weitere Details sind zusätzliche spektroskopische Daten oder zum Syntheseablauf erforderlich. Dies wird in den folgenden Beispielen demonstriert.

Übung 3.6

1. Eine ethanolische Lösung der Verbindung $[RR'N-(CH=CH)_n-CH=NRR']^+Cl^-$ mit $R = Phenyl$ und $R'= CH_3$ absorbiert bei $\lambda_{max} = 525$ nm (log $\varepsilon = 5,1$). Welchem Grundchromophor ist die Verbindung zuzuordnen? Ermitteln Sie die Kettenlänge n!

2. Die wässrig-alkoholische Lösung einer Verbindung mit der Struktur (42) absorbiert nur im UV-Bereich. Bei Zugabe von wenigen Tropfen einer verdünnten NaOH-Lösung entsteht eine rote Lösung ($\lambda_{max} = 550$ nm mit kurzwelliger Schulter). Welche Struktur liegt in alkalischer Lösung vor und welches Grundchromophor?

3. Eine Verbindung mit der Summenformel $C_7H_{13}N_2^+ClO_4^-$ zeigt das in **Bild 3.23 B** dargestellte Absorptionsspek-trum. Erarbeiten Sie einen Strukturvorschlag! Welche zusätzlichen Daten sind für eine eindeutige Struktur-sicherung noch erforderlich?

4. Sulfanilamid (*para*-$H_2N-C_6H_4-SO_2-NH_2$) und N(1-Naphthyl)-ethylendiamin·2HCl $C_{12}H_{16}Cl_2N$ werden in schwach saurer Lösung einer Abwasserprobe zugefügt. Es wird ein Produkt mit dem in **Bild 3.23 C** dargestellten Absorptionsspektrum erhalten. Bei pH > 8 wird Bathochromie beobachtet. Für das Reaktionsprodukt wird ein Extinktion-skoeffizient von $\varepsilon = 37\ 500$ l/mol·cm ermittelt. Unterbreiten Sie einen Strukturvorschlag! Zu welchem Grundchromophor gehört die Verbindung? Welchen Stoff enthält das Abwasser?

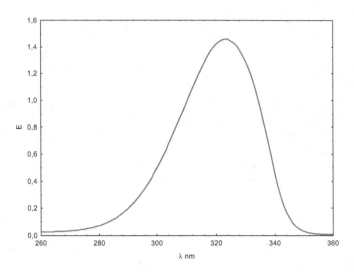

Bild 3.23 B:
Absorptionsspektrum der
Verbindung mit der
Summenformel
$C_7H_{13}N_2^+ClO_4^-$

0,234 mg/20 ml Ethanol

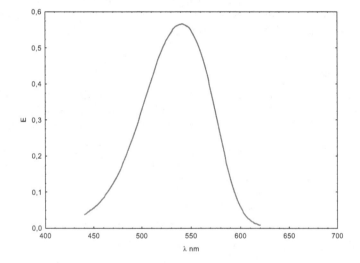

Bild 3.23 C:
Absorptionsspektrum des
Reaktionsproduktes zu
Übung 3.6.4

5. Die vier Verbindungen A – D zeigen folgende Absorptionsbanden im VIS-Bereich, λ_{max} (ε in l/mol·cm): A: 650 nm (60) B: 450 nm (150 000) C: 445 nm (1 500) D: 630 nm (58 000). Für welche Verbindung kommt ein *Polyen* und für welche ein *Polymethin* in Betracht? Begründen Sie ihre Aussage! Aus welchen Gründen können Azoverbindungen ausgeschlossen werden?

6. Für eine Verbindung wird im Massenspektrum für den Molpeak die Masse 120,0576 amu ermittelt. Das Absorptionsspektrum der Verbindung ist in **Bild 3.24** wiedergegeben. Ordnen Sie die Banden den entsprechenden Elektronenübergängen zu und unterbreiten Sie einen Strukturvorschlag!

7. Von Verbindungen (43) und (44) liegen die spektralen Daten vor. Eine Verbindung absorbiert bei λ_{max} = 680 nm (log ε = 4.86), die andere bei λ_{max} = 580 nm (log ε = 4.76).

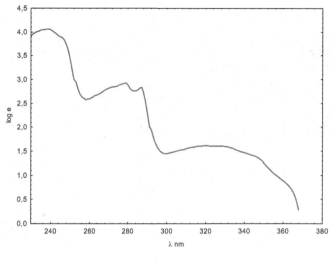

Bild 3.24:
Absorptionsspektrum einer
Verbindung mit der
Molmasse 120,0576 amu

Ordnen Sie die Spektren den Verbindungen zu und begründen Sie Ihre Entscheidung! Welches Grundchromophor liegt vor?

8. Spiropyrane vom Typ (45) sind photochrom. Eine ca. 10^{-4} molare Lösung der Verbindung (45) wird bei 0 °C mit UV-Licht in einer Küvette mit d = 1 cm bestrahlt. Dabei wird eine tiefblaue Lösung erzeugt (λ_{max} = 610 nm mit kurzwelliger Schulter, E_{max} = 1,5). Wird das UV-Licht abgeschaltet, bildet sich in wenigen Sekunden die farblose Ausgangsform zurück. Aus anderweitigen Versuchen ist bekannt, dass unter den Versuchsbedingungen bei UV-Bestrahlung nur ca. 20 % der Ausgangsform umgesetzt werden. Welchem Grundchromophor kann das Photoisomere zugeordnet werden? Unterbreiten Sie einen Strukturvorschlag für das Photoisomere!

9. Positionieren Sie die beiden Substituenten $N(CH_3)_2$ dem Gerüstmolekül (46) so zu, dass die Verbindung mit der Summenformel $C_{16}H_{18}ClN_3S$ das Absorptionsspektrum in **Bild 3.25** liefert. Vervollständigen Sie das Formelbild! Welche spektrale Änderungen sind zu erwarten, wenn in der Verbindung a. N durch CH und b. S durch O ersetzt werden?

Bild 3.25:
Absorptionsspektrum einer
Verbindung mit dem
Grundgerüst (46)

Lösung:
0,128 mg/10 ml Ethanol

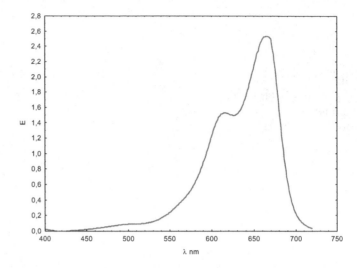

Bild 3.26 :
Absorptionsspektrum einer
Verbindung mit der
Molmasse 104,0625 amu

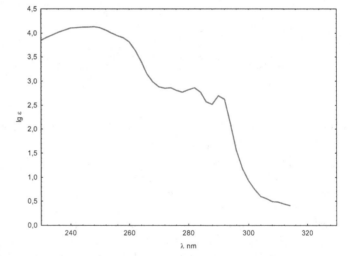

10. Der Molpeak einer Verbindung beträgt m/z = 104,0625 amu. Das Absorptionsspektrum ist in **Bild 3.26** dargestellt. Unterbreiten Sie einen Strukturvorschlag!

11. Aus der Umsetzung von 4,4′-Tetramethyldiamino-benzophenon (Michler′s Keton) mit Dimethylanilin in Gegenwart von Phosphoroxychlorid wird eine Verbindung erhalten, die im VIS-Bereich eine Absorptionsbande mit kurzwelliger Schulter liefert (λ_{max} = 570 nm, log ε = 4,5). Welche Struktur besitzt die Verbindung, welchem Grundchromophor ist sie zuzuordnen?

12. Für eine Verbindung werden im Bereich des Molpeaks folgende Intensitäten gemessen: M: m/z = 98 amu (45,4 %), M+1: m/z = 99 amu (3,0 %). Das UV-Spektrum ist in **Bild 3.27** dargestellt. Ordnen Sie die Banden den Elektronenübergängen zu! Welche Informationen zur Struktur werden UV-spektroskopisch erhalten?

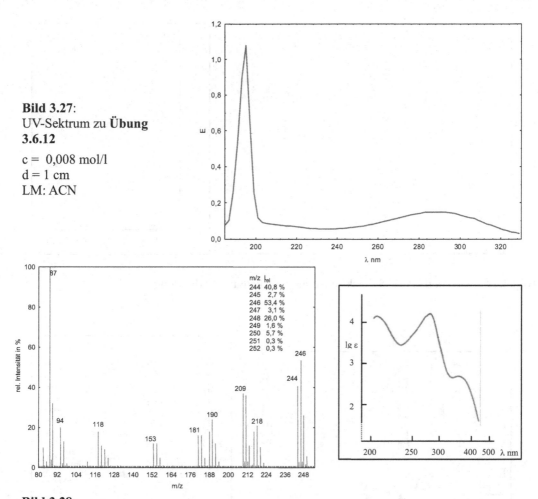

Bild 3.27:
UV-Sektrum zu **Übung**
3.6.12

c = 0,008 mol/l
d = 1 cm
LM: ACN

m/z	I_rel
244	40,8 %
245	2,7 %
246	53,4 %
247	3,1 %
248	26,0 %
249	1,6 %
250	5,7 %
251	0,3 %
252	0,3 %

Bild 3.28:
MS- und UV/-VIS-Spektrum einer unbekannten Verbindung

13. Von einer Verbindung liegen das MS- sowie das UV/VIS-Spektrum vor (**Bild 3.28**). Erarbeiten Sie einen Strukturvorschlag!

14. Welche Struktur kann aus dem MS- und UV/VIS-Spektrum in **Bild 3.29** erhalten werden? Formulieren Sie den Fragmentierungsweg!

15. Ein Steroid (47) wird mit Chloranil (48) umgesetzt. Das mit einem DAD registrierte HPLC-Chromatogramm des Reaktionsproduktes sowie die DAD- Spektren

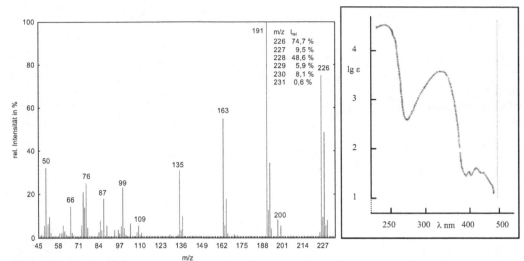

Bild 3.29:   MS- und UV/VIS-Spektrum einer unbekannten Verbindung

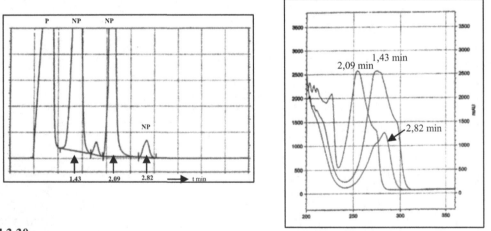

Bild 3.30 :
HPLC-Chromatogramm und Dioden-Array-(DAD)-Spektren der Nebenprodukte eines
Synthesegemisches (P – Hauptprodukt; NP – Nebenprodukte)

der Nebenprodukte sind in **Bild 3.30** dargestellt. Für das Hauptprodukt (P) wird mit einer
Einwaage von 0,116 mg/10 ml ACN eine strukturlose Absorptionsbande bei λ_{max} = 287
nm (E_{max} = 0,42) registriert. Welche Struktur liegt vor? Welche Nebenprodukte (NP)
werden offensichtlich gebildet? Mit welchen zusätzlichen Messungen können die
Strukturvorschläge der Nebenprodukte bestätigt werden?

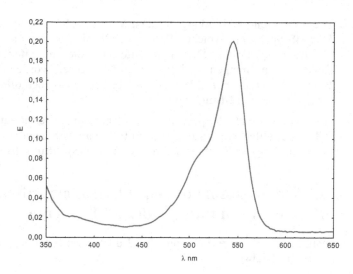

Bild 3.31:
Absorptionsspektrum eines Farbsalzes mit dem Grundgerüst (49)

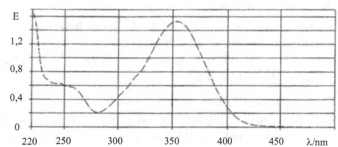

Bild 3.32:
Absorptionsspektrum der unbekannten Verbindung zum MS in **Bild 1.1**

Analysenlsg.:
0,251 mg/10 ml Methanol
d = 1 cm

Bild 3.33:
Absorptionsspektrum der unbekannten Verbindung zum **Beispiel 2.8**

Analysenlsg:
0,20 mg/10 ml Methanol
d = 1 cm

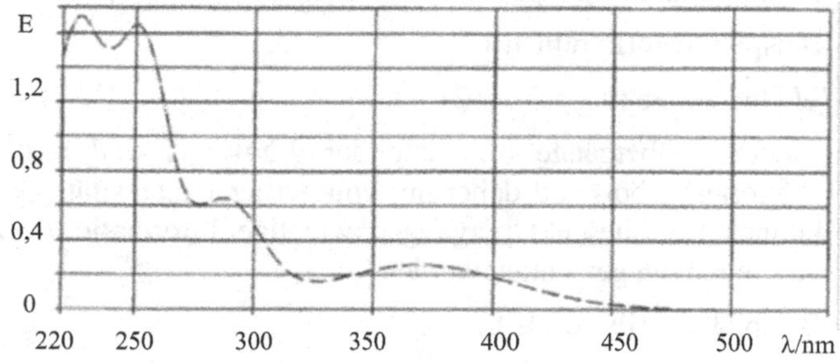

16. Gegeben ist das das Grundgerüst eines Farbsalzes (49) sowie das VIS-Spektrum (**Bild 3.31**). Positionieren Sie die beiden Substituenten N(CH$_3$)$_2$ und vervollständigen Sie das Formelbild. Entscheiden Sie, ob für X = CH, N, O oder S stehen kann! Welchem Grundchromophor ist diese Verbindung zuzuordnen?

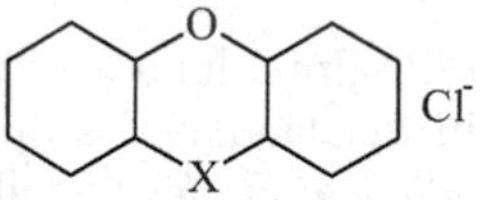

17. Die unbekannte Verbindung mit dem MS in **Bild 1.1** zeigt das in **Bild 3.32** dargestellte UV/VIS-Spektrum. Welchen Beitrag zur Ermittlung der Struktur liefert das Elektronen-absorptionsspektrum? Die Summenformel, die aromatische Grundstruktur und die funktionellen Gruppen sind aus dem MS erhalten worden. Welche strukturanalytische Fragen bleiben mit dem MS und UV/VIS-Spektrum noch offen? (Weiterführung mit den NMR-Spektren in **Übung 4.6.1**)

18. Aus dem MS und IR-Spektrum einer unbekannten Verbindung konnten die im **Beispiel 2.8** vorgestellten strukturanalytischen Informationen gewonnen werden. Welchen Beitrag zur Ermittlung der Struktur liefert das UV/VIS-Spektrum (**Bild 3.33**)?

3.6 Elektronenabsorptionsspektren anorganischer Komplexverbindungen der 3d-Elemente

Anorganische Komplexverbindungen sind durch drei Arten von Absorptionsbanden charak-terisiert (s. **Bild 3.34**):

1. Innerligand-Banden (log ε = 4 - 5)

Elektronenübergänge innerhalb der Liganden liefern weitgehend ähnliche Spektren wie die freien Liganden. Besitzt das Zentralatom keine d-Elektronen, wird nur das Absorptionsspektrum des Liganden (Bande I in **Bild 3.34**) registriert.

Beispiel: [Tl(Pyridin)$_3$]Cl$_3$

2. Charge-transfer (CT)-Banden (log ε = 3 - 4)

Elektronenübergänge von π^*-Niveaus des Liganden zum Zentralatom oder umgekehrt führen zu strukturlosen Banden mittlerer Intensität (Bande II in **Bild 3.34**). Solche Übergänge bestimmen vor allem das Spektralverhalten der elektronenreichen Metallatome in niedrigen Wertigkeitsstufen oder der schweren d-Metallionen. Strukturanalytisch sind sie ohne Bedeutung.

Beispiel: [Mo(Pyridin)$_3$]Cl$_3$

3. d-d-Übergänge (log ε = 1 - 2)

Elektronenübergänge innerhalb der d-Niveaus sind aus Symmetriegründen verboten (Laporte-Verbot) und daher nur von geringer Intensität (Bande III in **Bild 3.34**). Jedoch können aus diesen Übergängen wichtige Informationen zur Struktur von Komplex-verbindungen gewonnen werden.

Beispiel: [Cr(Pyridin)$_3$]Cl$_3$

Für die Analyse der Absorptionsspektren werden die Termsysteme der Komplex-verbindungen benötigt.

Für die Ermittlung des Termsystems bildet die **Ligandenfeldtheorie** das theoretische Gerüst. Zum Verständnis des Spektralverhaltens der 3d-Komplexverbindungen ist die *Methode des schwachen Feldes* vorteilhaft. Diese Methode berücksichtigt primär die Wechselwirkung der d-Elektronen und sekundär die Wirkung des Ligandenfeldes.

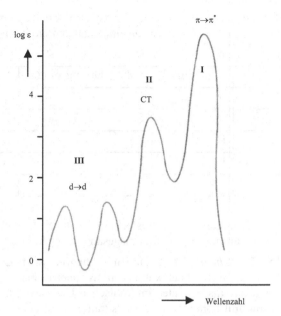

Bild 3.34:
Fiktives Absorptionsspektrum eines anorganischen Komplexes

Im *1. Schritt* der Näherung wird die Aufspaltung des Termsystems des freien d^N-Ions infolge Wechselwirkung der N-Elektronen ermittelt:

Elektronenwechselwirkung

$$d^N \xrightarrow{\hspace{3cm}} {}^{2S+1}L \quad \text{(Termsymbolik des freien Ions)}$$

Jeder Term wird unter der Annahme der **Russell-Saunders-Kopplung** (auch **LS-Kopplung** genannt) durch die Quantenzahl **L** (Gesamtbahndrehimpuls) sowie die Spinmultiplizität **M** gekennzeichnet. Die Spinmultiplizität erhält man aus der Gesamtspinquantenzahl **S** über die Beziehung: $M = S + 1$.

Gemäß der LS-Kopplung resultieren L bzw. S aus der Summe der Bahn- bzw. Spinmomente der einzelnen Elektronen $L = \Sigma\, l_i$, $S = \Sigma\, s_i$.

Die Terme werden nach einer bestimmten Symbolik bezeichnet, eine Auswahl vermittelt **Tabelle 3.10**.

Für das d^2-System beispielsweise werden folgende fünf Terme erhalten: ${}^3F$, ${}^3P$, ${}^1G$, ${}^1D$, ${}^1S$. Das ergibt einen *Gesamtentartungsgrad* von 45, für ein d^3-System beträgt dieser schon 120.

Für das Spektralverhalten im UV/VIS-Bereich ist vor allem der *Grundterm* relevant. Dieser lässt sich aus dem Satz der Gesamtterme nach folgenden Regeln leicht finden:

1. Hund´sche Regel ($\Rightarrow$ S hat den maximalen Wert)

2. Pauli-Prinzip ($\Rightarrow$ **L** hat den maximalen Wert)

Für das d^2-System muss der Grundterm nach der Hund´schen-Regel ein Triplettterm sein. Von den beiden Triplettermen kommt gemäß Pauli-Verbot nur der ${}^3F$-Term mit $L = 3$ in Frage.

Tabelle 3.10: Auswahl zur Termsymbolik und symmetriebedingten Aufspaltung der Terme des freien Ions im Ligandenfeld kubischer Symmetrie (T_d bzw. O_h)

L	Symbolik	Bahnentartungsgrad	Folgeterme im kubischen Ligandenfeld
0	S	1	A_1
1	P	3	T_1
2	D	5	$E + T_2$
3	F	7	$A_2 + T_1 + T_2$
4	G	9	$A_1 + E + T_1 + T_2$

Den Grundterm des d^2-Systems bildet daher der siebenfach bahnentartete ^3F-Term, er ist (die Spinentartung inbegriffen) insgesamt 21-fach entartet.

Im *2. Schritt* der Ligandenfeldtheorie wird die Einwirkung des Ligandenfeldes als Punktladungen einer kubischen Symmetrie berücksichtigt. Alle Terme mit einer größeren Entartung als 3 spalten im kubischen Ligandenfeld auf, da bei O_h- bzw. T_d-Symmetrie keine Terme mit höherem Entartungsgrad existent sein können. Die Folgeterme sind in der letzten Spalte von **Tabelle 3.10** angegeben.

Die Abhängigkeit der energetischen Lage der Folgeterme im Ligandenfeld kubischer Symmetrie von der Ligandenfeldstärke sind für die für die $3d^N$-Systeme den Tanabe-Sugano-Diagrammen zu entnehmen. In **Tabelle 6.3.3** sind die Ausschnitte, die für den UV/VIS-Spektralbereich relevant sind, dargestellt.

Für eine bestimmte Ligandenfeldstärke Δ (Wert auf der normierten Abszisse) ergibt sich für das d^2-System das in **Bild 3.35** skizzierte Termschema. Berücksichtigt sind nur die Terme, die das Spektrum im UV/VIS-Bereich bestimmen. Das sind der Grundterm und der erste angeregte Term gleicher Spinmultiplizität (^3P).

Da Übergänge unter Änderung der Spinmultiplizität für leichte Atome wegen der geringen Spin-Bahn-Kopplungskonstanten streng verboten und daher nur von sehr geringer Intensität sind, werden sie im Termsystem nicht berücksichtigt.

Aus dem Termschema in **Bild 3.35** ergeben sich für das d^2-System für den UV/VIS-Bereich somit 3 Absorptionsbanden, was im Spektrum des $[V(H_2O)_6]^{3+}$-Ions auch beobachtet wird (s. **Bild 3.36**).

Die Zahl der Absorptionsbanden entspricht genau der *Zahl*, wie sie aus dem Termsystem für oktaedrische Symmetrie entnommen werden. Da die Absorptionsbanden außerdem keine Asymmetrie aufweisen, liegt im $[V(H_2O)_6]^{3+}$-Komplexion ungestörte Oktaedersymmetrie vor.

Das Termsystem für tetraedrische Symmetrie kann dem Tanabe-Sugano-Diagramm ebenfalls entnommen werden, allerdings mit umgekehrter energetischer Reihenfolge.

Für die spinerlaubten, jedoch symmetrieverbotenen Übergänge liegen die Extinktions-koeffizienten bei O_h-Symmetrie im Bereich $10 - 50$ l/mol·cm. Bei T_d-koordinierten Komplexen ist ε etwa 10fach größer. Da die Termdiagramme sowohl für O_h- als auch T_d-Symmetrie gelten (lediglich Vertauschung der Reihenfolge), stellt der Extinktionskoeffizient ε

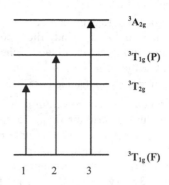

Bild 3.35:
Termsystem eines d^2-Systems in O_h-Symmetrie und
mögliche Elektronenübergänge
(In Klammern ist die Herkunft der beiden gleichen
T_{1g}-Terme aus den Termen des freien Ions angegeben.
Die Indices sind erforderlich, da im Unterschied zu T_d
im Oktaeder (O_h) ein Inversionszentrum existiert.)

Bande 1: $^3T_{1g} \rightarrow \, ^3T_{2g}$ 17 000 cm^{-1} (588 nm)

Bande 2: $^3T_{1g} \rightarrow \, ^3T_{1g}$ 25 000 cm^{-1} (400 nm)

Bande 3: $^3T_{1g} \rightarrow \, ^3A_{2g}$ 38 000 cm^{-1} (263 nm)

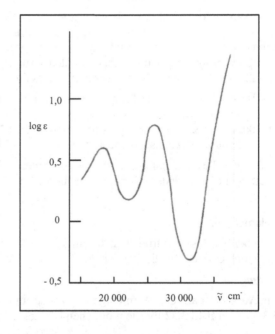

Bild 3.36:
UV/VIS-Spektrum von $[V(H_2O)_6]^{3+}$ in
wässriger Lösung

ein wichtiges Kriterium für die Unterscheidung zwischen zwischen O_h- und T_d-Symmetrie
dar.

In den Termsystemen der Elektronenkonfiguration von $d^4 - d^7$ wird ein steiler Abfall höherer
Terme mit steigender Ligandenfeldstärke beobachtet, was zu einer *Termüberschneidung* führt.
So ist beispielsweise für das d^6-System (Fe^{2+} oder Co^{3+}) bei niedriger Ligandenfeldstärke der
$^5T_2$-Term der Grundterm und wechselt im höheren Ligandenfeld zum $^1A_1$-Term. Im ersten
Fall liegt ein **high-spin-Komplex** (vier ungepaarte Elektronen) und im hohen Feld ein **low-
spin-Komplex** (alle sechs Elektromen sind gepaart) vor. Da beim d^6-System der

energiereichere Singuletterm sehr rasch abfällt und bereits bei relativ niedrigem Δ-Wert zum Grundterm wird, sind die meisten bekannten Co(III)-Komplexe diamagnetisch. Die Absorptionsspektren oktaedrischer Co(III)-Komplexe im sichtbaren Bereich resultieren aus den Übergängen $^1A_{1g} \rightarrow {}^1T_{1g}$ und $^1A_{1g} \rightarrow {}^1T_{2g}$ (s. **Bild 3.37** Mitte). Für das $[Co(NH_3)_6]^{3+}$-Ion liegen die beiden Banden bei $\approx 20\,000$ cm^{-1} (500 nm) sowie $\approx 28\,000$ cm^{-1} (357 nm).

Stauchung oder Streckung des Oktaeders ist mit einer Symmetrieerniedrigung zur tetragonalen Struktur (D_{4h}) verbunden. Diese Struktur liegt auch bei Komplexen vom Typ *trans*-$[CoA_4B_2]$ vor. Die Symmetrieerniedrigung führt zur Aufspaltung der dreifach entarteten (T)-Zustände, was im Spektrum durch asymmetrische oder aufgespaltene Absorptionsbanden zu erkennen ist, s. Termdiagramm und Absorptionsspektren von *cis*- und *trans*-$[Co(en)_2F_2]^+$ in **Bild 3.37** bzw. **3.38**. Die Termaufspaltung im *cis*-Komplex ist geringer als im *trans*-Isomer, daher wird im Spektrum des *cis*-Isomeren nur eine Asymmetrie (s. Pfeil), in der trans-Form jedoch zwei getrennte Banden beobachtet.

Eine Symmetrieerniedrigung begleitet mit einer Aufspaltung oder zumindest Asymmetrie der Absorptionsbanden ist auch infolge des **Jahn-Teller-Theorems** für die Koordinations-polyeder mit entarteten Grundtermen zu erwarten. Nach dem Jahn-Teller-Theorem sollten Komplexverbindungen mit bahnentarteten Grundzuständen nicht existieren. Die Komplex-verbindungen sollten sich so „verzerren", dass die Bahnentartung aufgehoben wird.

Als Beispiel wird das $[Ti(H_2O)_6]^{3+}$-Komplexion vorgestellt. In Bild **3.39** ist das Termsystem bei Symmetrieerniedrigung von O_h zur tetragonalen Symmetrie D_{4h} infolge Stauchung bzw. Streckung des Koordinationspolyeders und in **Bild 3.40** das Spektrum einer Lösung von TiCl$_3$ in verdünnter Schwefelsäure dargestellt.

Neben der Termaufspaltung ist Symmetrieerniedrigung mit einer Erhöhung des Extinktions-koeffizienten verbunden, wobei dieser für die *cis*-Form höher als für die *trans*-Form ist.

Beispiel 3.6:

Gegeben ist das Spektrum von Rubin (Cr^{3+}/Al_2O_3) (**Bild 3.41**). Welche Struktur besitzt das Cr^{3+}-Ion? Ordnen Sie die Banden zu!

Lösung

Ein Ausschnitt aus dem Termdiagramm für das oktaedrische Cr^{3+}-Ions (d^3-System aus **Tabelle 6.3.3**) ist in **Bild 3.42** für die möglichen Übergänge im UV/VIS-Bereich wieder gegeben .

Das Absorptionsspektrum zeigt drei sehr intensitätsschwache **Interkombinationsbanden** (markiert mit J). Sie resultieren aus Übergängen mit Änderung der Spimultiplizität. Die Ligandenfeldstärke wird im Bereich der des Pfeils liegen: Zwei Interkombinationsbanden bilden die längstwelligen Banden und die dritte ist zwischen zwei Übergängen gleicher Spinmultiplizität positioniert. Die Zahl der Übergänge entspricht der, wie sie dem Termdiagramm für O_h-Struktur entnommen werden kann. Außerdem ist keine Aufspaltung bzw. Asymmetrie der Banden zu beobachten, was eine ungestörte O_h-Koordination des Cr^{3+}-Ions bestätigt. Die Zuordnung der Absorptionsbanden ist in **Tabelle 3.11** zusammengestellt.

Da der Grundterm ($^4A_{2g}$) kein bahnentarteter Term ist, kann keine Verzerrung des Oktaeders infolge des Jahn-Teller-Theorems stattfinden, was mit dem Absorptionsspektrum konform geht (keine Asymmetrie bzw. Aufspaltung der Banden).

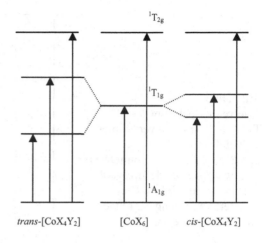

Bild 3.37:
Schematische Darstellung der Terme für die Übergänge im VIS-Bereich bei den Co(III)-Komplexen [CoX$_6$] (O$_h$), *trans*-[CoX$_4$Y$_2$] (D$_{4h}$) und *cis*-[CoX$_4$Y$_2$] (C$_{2v}$)

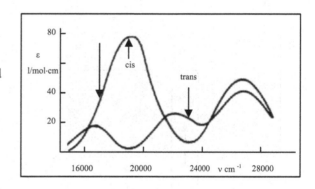

Bild 3.38:
Absorptionsspektren von *trans*- und *cis*-[Co(en)$_2$F$_2$].
(Der Pfeil zeigt die Asymmetrie der längstwelligen Bande der *cis*-Form an.)

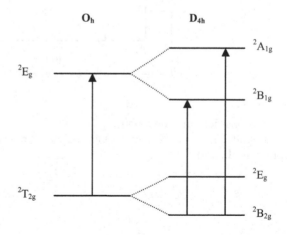

Bild 3.39:
Schematische Darstellung der Terme für die Übergänge im VIS-Bereich bei Ti(III)-Komplexen mit oktaedrischer (O$_h$) und tetragonaler (D$_{4h}$) Symmetrie

Bild 3.40:
Absorptionsspektrum des
[Ti(H$_2$O)$_6$]$^{3+}$-Ions in verdünnter
Schwefelsäure
(Der Pfeil zeigt die Asymmetrie der
längstwelligen Bande infolge der
durch das Jahn-Teller-Theorem
erfolgten Verzerrung der oktaedri-
schen Symmetrie an.)

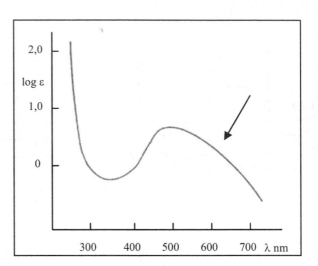

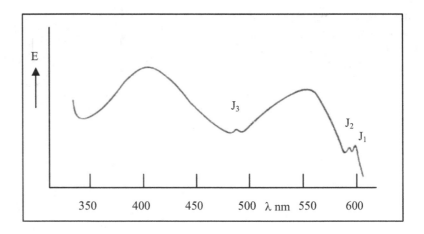

Bild 3.41:
Absorptionsspektrum von Rubin
J$_1$ – J$_3$ sind die drei Interkombinationsbanden (Übergänge mit Änderung der
Spinmultiplizität)

Bild 3.42:
Ausschnitt aus dem Tanabe-Sugano-Diagramm für ein d^3-System
(**Tabelle 6.3.3**)
Der Pfeil markiert etwa die Stelle der normierten Ligandenfeldstärke, an der die spektralen Übergänge erfolgen.
(Auf die Termbezeichnung der angeregten Zustände des freien Ions wurde aus Gründen der Übersicht verzichtet.)

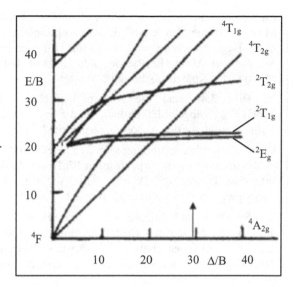

Tabelle 3.11: Zuordnung der Absorptionsbanden des Cr^{3+}-Komplexes in Rubin

Übergang für O_h	Bemerkung	λ_{max}
$^4A_{2g} \rightarrow {}^2E_g$	schwache spinverbotene Interkombinationsbande	600 nm
$^4A_{2g} \rightarrow {}^2T_{1g}$	schwache spinverbotene Interkombinationsbande	592 nm
$^4A_{2g} \rightarrow {}^4T_{2g}$	spinerlaubter Übergang	558 nm
$^4A_{2g} \rightarrow {}^2T_{2g}$	schwache spinverbotene Interkombinationsbande	487 nm
$^4A_{2g} \rightarrow {}^4T_{1g}$ (F)	spinerlaubter Übergang	405 nm
$^4A_{2g} \rightarrow {}^4T_{1g}$ (P)	spinerlaubter Übergang	< 350 nm

Übung 3.7

1. Gegeben ist das Absorptionsspektrum im VIS- und NIR-Bereich eines Nickelkomplexes vom Typ $[NiX_2Y_2]$ in **Bild 3.43**, wofür entweder *tetraedrische* oder *planar-quadratische* Anordnung der Liganden in Frage kommt. Unterbreiten Sie einen Strukturvorschlag, ordnen Sie die Absorptionsbanden den entsprechenden Übergängen zu und benennen Sie diese!

2. Welche Struktur lässt sich aus den Absorptionsspektren in **Bild 3.44** für die Nickelkomplexe $[Ni(H_2O)_6]^{2+}$ und $[Ni(en)_3]^{2+}$ ableiten? Ordnen Sie die drei Absorptionsbanden den Elektronenübergängen zu und benennen Sie die Übergänge!

   Welche Farbe besitzen die wässrigen etwa 0,1 molaren Lösungen dieser Komplexe und wie ist dieser Farbunterschied zu erklären?

3. Entscheiden und begründen Sie, welche Komplexverbindung vom Typ $[Me(H_2O)_6]^{n+}$ mit Me = Cr^{3+}, Fe^{2+}, Co^{3+}, Ni^{2+} dem Absorptionsspektrum in **Bild 3.45** zugeordnet werden kann! Begründen Sie Ihre Aussage mit Hilfe der Tanabe-Sugano-Diagramme und ordnen Sie die vier Absorptionsbanden den Elektronenübergängen zu! Kann die oktaedrische Struktur des Komplexes bestätigt werden?

4. Im **Bild 3.46** sind die Absorptionsspektren im VIS-Bereich für $[CoCl_4]^{2-}$ und $[Co(H_2O)_6]^{2+}$ abgebildet. Ordnen Sie die Spektren den Komplexverbindungen zu. Welche Struktur folgt aus den Absorptionsspektren?

5. Welche Komplexverbindung vom Typ $[Me(H_2O)_6]^{n+}$ mit Me = V^{3+}, Cr^{3+}, Mn^{2+}, Fe^{2+}, Fe^{3+} gehört zum Absorptionsspektrum in **Bild 3.47**? Welche Ursache steht für die sehr geringe Intensität der Banden? Welche Farbe ist für a. eine 0,1 molare und b. eine 1,0 molare wässrige Lösung visuell wahrnehmbar?

6. Das Spektrum im **Bild 3.48 A** ist repräsentativ für $[Fe(H_2O)_6]^{2+}$ sowie $[CoF_6]^{3-}$ und **Bild 4.48 B** für die übrigen Co(III)-Komplexe sowie $[Fe(CN)_6]^{4-}$. Welche Geometrie und magnetischen Eigenschaften sind für diese Komplexe zu erwarten? Skizzieren Sie das Termdiagramm mit den relevanten Termen, zeichnen Sie die Übergänge ein und benennen Sie diese!

7. Das Reflektionsspektrum von $K_3[CoF_6]$ zeigt im VIS-Bereich zwei Absorptionsbanden mit Maxima bei ≈ 680 sowie ≈ 880 nm und ist magnetisch normal (high-spin-Komplex). Welche Struktur ist aus dem Spektrum zu erwarten? Erklären Sie den Sachverhalt!

3.7 Emissionsspektroskopie

Für das Molekül im elektronenangeregten Zustand stehen mehrere Desaktivierungswege zum Grundzustand (Relaxation) zur Verfügung. Sie werden üblicherweise im Jablonski-Schema dargestellt. Eine vereinfachte Form ist in **Bild 3.49** wieder gegeben. Neben der strahlungs-losen Desaktivierung kann die Relaxation des elektronenangeregten Moleküls durch Emission von Licht erfolgen, wobei folgende Prozesse unterschieden werden:

Fluoreszenz: Übergang $S_1 \rightarrow S_0$

Posphoreszenz: Übergang $T_1 \rightarrow S_0$, wobei der T_1-Zustand durch einen vorgelagerten strahlungslosen ISC (intersystem crossing)-Prozeß $S_1 \rightarrow T_1$ bevölkert wird.

Die hypothetischen Fluoreszenz- und Phosphoreszenzspektren sowie das Absorptions-spektrum sind für das Termsystem in **Bild 3.49,** unten skizziert.

Das Fluoreszenzspektrum ist in der Regel spiegelbildsymmetrisch zum Absorptionsspektrum. Der Unterschied in der Lage des 0-0-Übergangs in Absorption und Emission wird *Stokessche Verschiebung* genannt. Diese Verschiebung hat ihre Ursache in der Umorientierung der Solvathülle im S_1-Zustand und damit in der Änderung der energetischen Lage des für die Fluoreszenz verantwortlichen S_1-Zustandes.

Findet im elektronenangeregten Zustand zusätzlich eine *Änderung der Geometrie* des Moleküls statt, resultiert eine große Stokessche Verschiebung. So können neben der bereits erwähnten Analyse der Schwingungsfeinstruktur auch aus dem Fluoreszenzspektrum strukturanalytische Informationen zum kurzlebigen S_1-Zustand gewonnen werden.

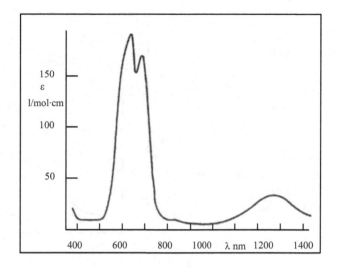

Bild 3.43:
Absorptionsspektrum eines
Nickel-Komplexes vom Typ
$[NiX_2Y_2]$ im VIS- und NIR-
Bereich

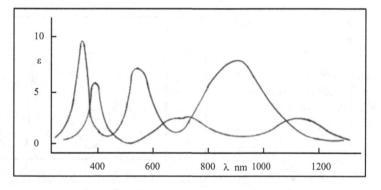

Bild 3.44:
Absorptionsspektrum der
Komplexe $[Ni(H_2O)_6]^{2+}$
sowie $[Ni(en)_3]^{2+}$ im VIS-
und NIR-Bereich

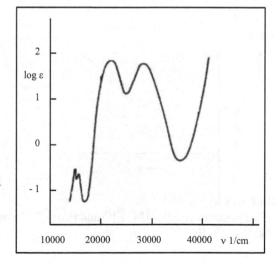

Bild 3.45:
Absorptionsspektrum eines Komplexes vom
Typ $[Me(H_2O)_6]^{n+}$

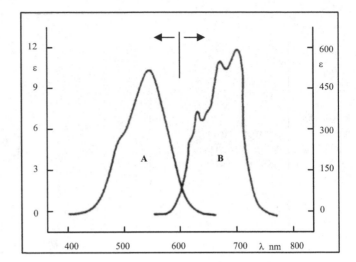

Bild 3.46:
Absorptionsspektrum der
komplexen Ionen $[CoCl_4]^{2-}$
sowie $[Co(H_2O)_6]^{2+}$

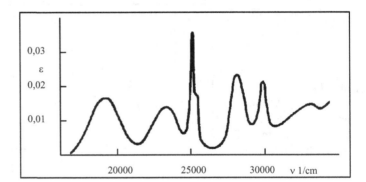

Bild 3.47:
Absorptionsspektrum eines
Komplexes vom Typ
$[Me(H_2O)_6]^{n+}$

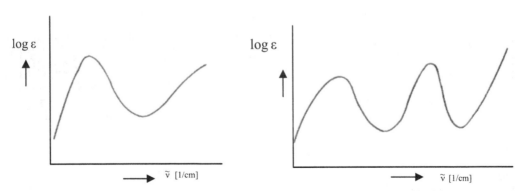

Bild 3.48 A: **Bild 3.48 B**:
VIS-Spektrum von $[Fe(H_2O)_6]^{2+}$ und $[CoF_6]^{3-}$ (**A**) und der übrigen Co(III)-Komplexe sowie
$[Fe(CN)_6]^{4-}$ (**B**)

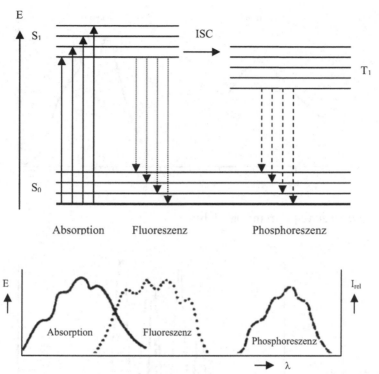

Bild 3.49: Vereinfachtes Termschema zur Verdeutlichung der Desaktivierungsprozesse mit
den daraus resultierenden Spektren
(Nicht eingezeichnet sind die strahlungslosen Desaktivierungsprozesse.)
(ISC – intersystem crossing; Spinumkehr)

Phosphoreszenzspektren sind strukturanalytisch ohne Bedeutung. Sie können – bis auf
wenige Ausnahmen – wegen der konkurrierenden strahlungslosen Desaktivierungsprozesse
nur in fester Matrix bei tiefen Temperaturen gemessen werden.

Im **Bild 3.50** sind das Absorptions- und Fluoreszenzspektrum von Biphenyl (50) abgebildet. Die
große Stokessche Verschiebung von 3310 cm^{-1}
offenbart eine Strukturänderung im elektronenangeregten Zustand. Außerdem zeigt im Gegensatz zum strukturlosen Absorptionsspektrum das
Fluoreszenzspektrum eine Schwingungsstruktur.

Nach quantenchemischen Rechnungen sind die Phenylringe aus sterischen Gründen im
Grundzustand tordiert ($\approx 23°$). Im S_1-Zustand ist die Bindungsordnung der zentralen Bindung
erhöht, das Molekül ist planar mit Konjugation über beide Arylringe. Dadurch wird das
Molekül „starr", woraus sich die Schwingungsfeinstruktur der Fluoreszenzbande erklärt.

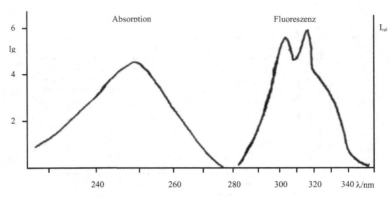

Bild 3.50:
Absorptions- und Fluoreszenzspektrum von Biphenyl

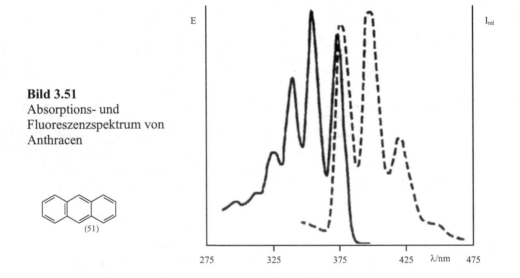

Bild 3.51
Absorptions- und
Fluoreszenzspektrum von
Anthracen

(51)

Übung 3.8

1. In **Bild 3.51** sind das Absorptions- und Fluoreszenzspektrum von Anthracen dargestellt. Welche Information erhält man zur Geometrie des elektronenangeregten Zustandes aus diesen Spektren? Warum stimmt der 0-0-Übergang beider Banden nicht genau überein?

2. Gegeben sind in **Bild 3.52** die Absorptions- und Fluoreszenzspektren von zwei Biphenylderivaten (52) und (53). Welche Informationen gewinnt man zur Struktur im S_1-Zustand?

Bild 3.52
Absorptions- und
Fluoreszenzspektrum
von 4-Methoxy-
biphenyl (52)
$\lambda_{exc} = 265$ nm
Stokes shift:
3320 cm^{-1}

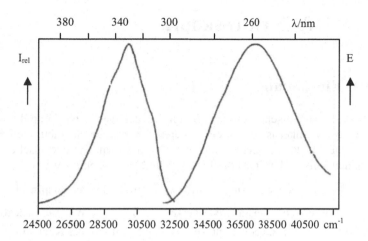

Bild 3.53
Absorptions- und
Fluoreszenz-
spektrum von
Oktamethyl-
biphenyl (53)
$\lambda_{exc} = 265$ nm
Stokes shift:
1950 cm^{-1}

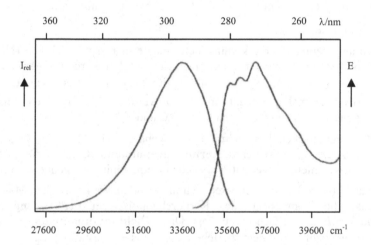

3.9 Weiterführende Literatur

[1] H.-H. Perkampus *UV/VIS-Spektroskopie und ihre Anwendung* Springer Verlag (1985)

[2] J. Fabian und H. Hartmann *Light Absorption of Organic Colorants*
Springer Verlag (1985)

[3] H. L. Schläfer und G. Gliemann *Einführung in die Ligandenfeldtheorie*
Akad. Verlags-gesellschaft, Leipzig (1967)

4 NMR-Spektroskopie

4.1 Einführung

Die kernmagnetische Resonanz beruht auf der Wechselwirkung des **magnetischen Moments** μ eines Atomkerns mit einem äußeren homogenen magnetischen Feld der Stärke B_0. Die Ursache für das magnetische Moment ist der quantenmechanische Spin des Atomkerns, der aus der Summe der Spins der Protonen und Neutronen resultiert.

Das kernmagnetische Moment $\vec{\mu}$ wird durch den **Kernspin** $\vec{J}$ und das kernspezifische **gyromagnetische Verhältnis** γ bestimmt: $\vec{\mu} = \gamma \cdot \vec{J}$. Wie für Elektronen, so ist auch für den Atomkern der Spin gequantelt, sein Betrag hängt von der **Kernspinquantenzahl** I ab:

$$\left| \vec{J} \right| = \hbar \cdot \sqrt{I(I+1)} \quad \text{mit} \quad I = 0, \ \frac{1}{2}, \ 1, \ 1\frac{1}{2} \ \ldots \quad \text{und} \quad \hbar = h/2 \cdot \pi.$$ h ist das Plancksche Wirkungsquantum.

Voraussetzung für die kernmagnetische Resonanzspektroskopie (NMR-Spektroskopie) sind Atomkerne mit einem magnetischen Moment. Für Kerne mit *gerader* Zahl von Protonen und Neutronen (sog. *g,g-Kerne*) ist I = 0. Für solche Kerne ist daher $\vec{\mu} = 0$ und sie können in der NMR-Spektroskopie nicht untersucht werden. Dazu gehören beispielsweise die für die organische Chemie wichtigen Kerne ^{12}C und ^{16}O.

Zu magnetischen Kernen mit I = ½ gehören ^{1}H, ^{13}C, ^{19}F, ^{31}P. Kerne mit $I \geq 1$ besitzen zusätzlich ein elektrisches **Kernquadrupolmoment**, d. h. die Ladung ist im Kern nicht zentrosymmetrisch verteilt. Zu solchen Kernen mit I = 1 gehören ^{2}H und ^{14}N.

Magnetische Kerne orientieren sich in einem äußeren statischen Magnetfeld der Stärke B_0 so, dass die Komponente des Kerndrehimpulses in Feldrichtung z (J_z) ein *ganz*- oder *halbzahliges* Vielfaches von $\hbar$ ist. Diese **Richtungsquantelung** wird durch die magnetische Quantenzahl m mit dem Wertebereich - I bis + I bestimmt: $J_z = m \cdot \hbar$. Für Kerne mit I = ½ ergeben sich somit zwei Einstellmöglichkeiten des Kernspins zur äußeren Feldrichtung (⇑): parallel (↑, m = + ½) und antiparallel (↓, m = - ½). Für die Energie E dieser Niveaus gilt im Magnetfeld der Stärke B_0: $E = -\mu_z \cdot B_0 = -m \cdot \gamma \cdot \hbar \cdot B_0$. Die Differenz der beiden Energieniveaus beträgt $\Delta E = \hbar \cdot \gamma \cdot B_0$. Aus dieser Beziehung ist ein wesentlicher Unterschied der NMR- zur optischen Spektroskopie zu erkennen (s. **Bild 4.1**):

Die Aufspaltung der Energieniveaus wird durch das angelegte äußere Magnetfeld bestimmt, d. h. die Energiedifferenz ΔE kann durch einen *äußeren Parameter* festgelegt werden.

Die Besetzung der beiden Energieniveaus im thermischen Gleichgewicht gehorcht der **Boltzmann-Verteilung**. Für die Zahl im oberen Niveau (N_β) zu der im unteren (N_α) gilt

$$\frac{N_\beta}{N_\alpha} = e^{-\Delta E / k_B \cdot T} \quad (k_B - \text{Boltzmann-Konstante}; \ T - \text{absolute Temperatur})$$

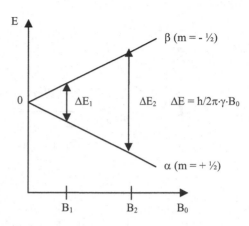

Bild 4.1:
Energieunterschied ΔE in Abhängigkeit von der äußeren Magnetfeldstärke B_0 für magnetische Kerne mit $I = \frac{1}{2}$

Da die Energiedifferenz der beiden Niveaus ΔE unterhalb der Größenordnung der thermischen Bewegung ($k \cdot T$) liegt, sind beide Niveaus nahezu gleich besetzt. Für 200 MHz-Geräte liegt für ^{1}H-Kerne das Verhältnis in der Größenordnung $1 : 10^5$, ein Grund für die im Vergleich zu den Methoden der optischen Spektroskopie geringen *Empfindlichkeit* der NMR-Spektroskopie und die Entwicklung von Magneten mit immer größeren Feldstärken zur Vergrößerung von ΔE und damit Verbesserung des Besetzungsverhältnisses zu Gunsten von N_α.

Wird nun ein elektromagnetisches Feld $E = h \cdot \nu$ eingestrahlt, deren Energie E genau der Energiedifferenz ΔE der beiden Niveaus im Magnetfeld entspricht, erfolgt „Anregung", d. h. Spinumkehr, was zu einem Signal in der Empfängerspule führt. Für die **Resonanzbedingung** gilt:

$$\nu = \hbar \cdot \gamma \cdot B_{eff} \qquad (B_{eff} \text{ ist das am Kernort wirkende effektive Magnetfeld})$$

Im Unterschied zur optischen Spektroskopie erfolgt die „Anregung" durch Wechselwirkung der Kernspins mit der *magnetischen* und nicht der elektrischen Komponente der elektromagnetischen Strahlung.

Die Frequenz ν liegt im Radiowellengebiet, d. h. im Hunderter MHz-Bereich. Im Bereich der elektromagnetischen Strahlung liegt die NMR-Spektroskopie somit im Hochfrequenzbereich ($\Rightarrow$ HF-Spektroskopie).

Die älteren Geräte mit Resonanzfrequenzen für ^{1}H-Kerne im Bereich 60 – 100 MHz arbeiteten nach der countinous-wave (**CW**) Methode: Durch Änderung entweder der Frequenz bei konstantem Magnetfeld (*Frequenz-sweep*) oder des Magnetfeldes bei konstanter Frequenz (*Feld-sweep*) werden in Analogie zur optischen Spektroskopie die Kerne sukzessive angeregt ($N_\alpha \rightarrow N_\beta$) und die Resonanzsignale als Spektrum direkt registriert. Diese Technik wurde Anfang der Siebzigerjahre durch die **gepulste Fourier-Transformationsspektroskopie** (**FT-NMR**) abgelöst. Diese Technik verbesserte extrem die Empfindlichkeit sowie Auflösung und ermöglicht die mehrdimensionale NMR-Spektroskopie.

Bei der gepulsten FT-NMR-Spektroskopie werden durch einen Radiofrequenzimpuls von sehr kurzer Dauer (μs-Bereich) alle Kerne *gleichzeitig* angeregt. Ein sehr kurzer Radiofrequenzimpuls enthält in einem breiten Anregungsband um ν_0 herum die Resonanzfrequenzen aller Kerne.

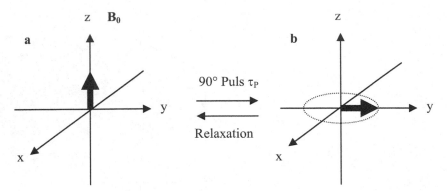

Bild 4.2: **a.** Darstellung der makroskopischen z-Magnetisierung im thermodynamischen Gleichgewicht. **b.** Wirkung eines 90°-Pulses auf die z-Magnetisierung.

Das emittierte Spektrum ist eine Überlagerung aller Frequenzen, die während des Pulses angeregt wurden. Die in der Zeitdomäne registrierten Signale werden durch die mathematische Operation der **Fourier-Transformation** in die übliche Frequenzdomäne umgerechnet. Das so erhaltene Spektrum sieht genauso aus wie ein cw-Spektrum, allerdings sind Auflösung und Empfindlichkeit um Größenordnungen besser.

In **Bild 4.2** ist die Erzeugung eines Signals in der in der y-Achse positionierten Empfängerspule skizziert. Das magnetische Moment jedes Kerns rotiert in einer Präzessionsbewegung um die z-Richtung des Magnetfeldes B_0, deren Frequenz **Larmor-Frequenz** bezeichnet wird. Die magnetischen Momente der einzelnen Kernspins summieren sich zu einer makroskopischen Gesamtmagnetisierung, dessen Vektor wegen $N_\alpha > N_\beta$ in z-Richtung (parallel zum B_0-Feld) orientiert ist (dicker Pfeil in **Bild 4.2.a**). Der aus der x-Richtung kommende 90° Puls ($\pi/2$ Puls) dreht die z-Magnetisierung rechtshändig um 90° um die x-Achse. Nach diesem $\pi/2$ Puls präzedieren die verschiedenen Kerne mit ihren unterschiedlichen Larmorfrequenzen um die z-Achse in der x,y-Ebene (punktierte Linie). Die y-Magnetisierung (dicker Pfeil in **Bild 4.2 b.**) erzeugt in der Empfängerspule eine Spannung, die registriert und gespeichert wird. Durch **Relaxation** (= Wiederherstellung des Besetzungsverhältnisses für den thermischen Gleichgewichtszustand) nimmt diese Spannung ab, daher wird dieser Spannungsabfall als **FID** (free induction decay) bezeichnet.

Die Relaxationsprozesse verlaufen nach 1. Ordnung und werden durch die **Relaxationszeiten T** beschrieben:

T_1 stellt die **Spin-Gitter-Relaxationszeit** dar. Sie erfasst den zeitlichen Verlauf der Wiederherstellung der Boltzmann-Verteilung für die Temperatur T. Wertebereiche für ^{13}C-Atome: protonenhaltige C-Atome (0,1 – 10 s), protonenfreie A-Atome (> 10 s).

Die **Spin-spin-Relaxationszeit T_2** beschreibt die Geschwindigkeit des Abbaus der Phasenkohärenz. Stets gilt $T_1 \geq T_2$.

Aus Relaxationszeitmessungen können wichtige strukturanalytische Informationen gewonnen werden, die aber im Rahmen dieses Buches nicht einbezogen werden.

In **Bild 4.3** ist das 300 MHz-^{1}H-NMR-Spektrum von Cumen dargestellt.

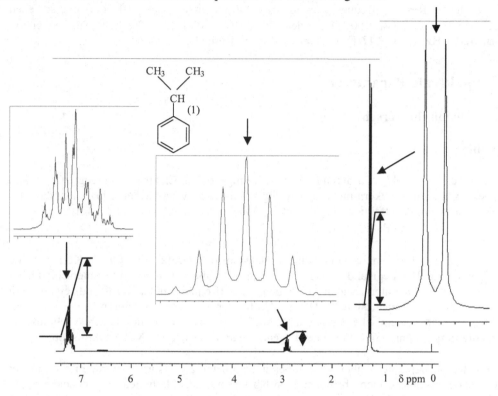

Bild 4.3: 300 MHz-^{1}H-NMR-Spektrum von Cumen (1) mit gespreizten Signalgruppen

Übung 4.1

1. Zu berechnen ist das Besetzungsverhältnis bei 300 K für die ^{1}H-Kerne in NMR-Spektrometern mit folgender Flussdichte mit der Masseinheit T (= Tesla):

   a. 1,41 T (Messfrequenz = 60 MHz)

   b. 7,07 T (Messfrequenz = 300 MHz)

2. Die magnetische Flussdichte betrage 9,4 T. Zu berechnen ist die jeweilige Messfrequenz für

   a. ^{1}H-Kerne   b. ^{13}C-Kerne   c. ^{19}F-Kerne   d. ^{31}P-Kerne

Konstanten:

$h = 6,6256 \cdot 10^{-34}$ Js $k_B = 1,3805 \cdot 10^{-23}$ J/K $\gamma(^1H) = 26,7519 \cdot 10^7$ T^{-1}s^{-1}

$\gamma(^{13}C) = 6,7283 \cdot 10^7$ T^{-1}s^{-1} $\gamma(^{19}F) = 25,181 \cdot 10^7$ T^{-1}s^{-1}

3. Welche der o. g. Kerne gehören zu den empfindlichen, welche zu den unempfindlichen?

Die NMR-Spektrometer können entweder nach ihrer magnetischen Flussdichte (B_0 in Tesla) oder nach der Resonanzfrequenz (v_0 in MHz) bezogen auf die ^{1}H-Kerne unterschieden werden, z. B. 1,41 T (v_0 = 60 MHz) oder 7,07 T (v_0 = 300 MHz). Die Resonanzfrequenz in einem 400 MHz Gerät (9,42 T) liegt danach für ^{13}C-Kerne bei 100 MHz.

4.2 Spektrale Parameter

4.2.1 Chemische Verschiebung

Definition

Das äußere Magnetfeld wird durch das von den umgebenden Elektronen erzeugte Gegenfeld auf dem Weg zum Atomkern mehr oder weniger stark geschwächt (*abgeschirmt*), so dass das am Kernort wirkende effektive Magnetfeld (B_{eff}) kleiner als das Apparatefeld B_0 ist:

$$B_{eff} = B_0 - \sigma \cdot B_0 = (1 - \sigma) \cdot B_0$$

σ ist die sog. Abschirmkonstante, eine dimensionslose Größe, die für ^{1}H-Kerne in der Größenordnung 10^{-5} liegt und für schwerere Kerne größer ist. Kerne mit unterschiedlicher effektiver Feldstärke unterscheiden sich in den Larmorfrequenzen der Kerne und zeigen somit unterschiedliche Resonanzsignale. Da die Größe der Abschirmung durch die Elektronen-dichte, also die „chemische Umgebung" bestimmt wird, wird dieser Effekt **chemische Verschiebung** genannt. Sie ist ein grundlegender Parameter in der NMR-Spektroskopie.

Da die Resonanzfrequenz aber vom äußeren Parameter B_0 bestimmt wird, gibt es in der NMR-Spektroskopie keinen absoluten Maßstab wie bei den Methoden der optischen Spek-troskopie. Daher ist ein Bezugssystem erforderlich. Im allgemeinen wird Tetramethylsilan (**TMS**) als Bezugssystem verwendet und als innerer Standard der Probe beigemischt. Vorteile von TMS sind: Großer Anteil chemisch äquivalenter ^{1}H-Kerne pro Molekül, chemisch inert, Resonanzsignal im hohen Feld. Für wässrige Lösungen dienen die Methylsignale von wasserlöslichen Silanen als Bezugssystem.

Die Differenz Δv zwischen Resonanzfrequenz einer Probe (v_i) und der von TMS (v_{TMS}) $\Delta v = v_i - v_{TMS}$ ist die **feldstärkeabhängige chemische Verschiebung** in der Dimension **Hz**.

Die dimensionslose **feldstärke*un*abhängige chemische Verschiebung** δ wird auf die Apparatefrequenz (v_0) bezogen und als ppm angegeben:

$$\delta = \frac{v_i - v_{TMS}}{v_0} \cdot 10^6 \, ppm$$

Für Signale gleicher Verbindungen wird somit – unabhängig vom Gerät – immer der gleiche δ-Wert erhalten. Als feldstärkeunabhängige Parameter können die δ-Werte tabelliert und für die strukturanalytische Erkennung von Strukturelementen und funktionellen Gruppen heran gezogen werden. Andererseits kann durch Umstellung der Definitionsgleichung der δ-Wert oder die Differenz $\Delta\delta$ zweier Signale in Δv (Signalabstand in Hz) umgerechnet werden.

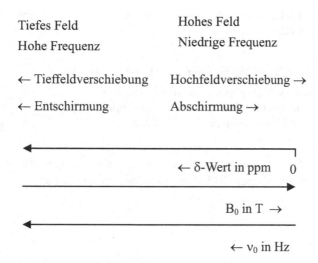

Bild 4.4: δ-Skala und Begriffe in der NMR-Spektroskopie

Nach allgemeiner Konvention wird der δ-Wert auf der Abszisse von *rechts* nach *links* aufgetragen und man hat die aus der cw-Spektroskopie stammenden Begriffe, wie „tiefes Feld", „Hochfeldverschiebung" usw. beibehalten (s. **Bild 4.4**).

Ein Signal mit beispielsweise einem großen Abstand zum TMS-Signal hat einen großen δ-Wert und erscheint daher links im Spektrum, d. h. im tiefen Feld bzw. bei hoher Frequenz. Und wenn ein Signal zu einem kleineren δ-Wert verschoben wird, spricht man von einer „Hochfeldverschiebung". Die Kerne sind stärker „abgeschirmt". Kerne mit Signalen in tiefem Feld sind andererseits stärker entschirmt, usw.

Wichtige Einflussgrößen auf die chemische Verschiebung

Ladungsdichte

Induktive Effekte

Elektronegative Substituenten (- I-Effekt) verringern die Elektronendichte und damit die Abschirmung um den Kern. Die Resonanz erfolgt daher bereits im tiefen Feld, d. h. bei größerem δ-Wert (s. **Beispiel 4.1**).

Beispiel 4.1: Einfluss der Elektronegativität (EN) auf die chemische Verschiebung (δ-Wert)

CH_3-X	X =	F	Cl	Br	($\rightarrow$ Abnahme der EN)
EN		4,5	3,5	2,7	
δ in ppm	^1H	4,27	3,06	2,69	
	^{13}C	71,6	25,6	9,6	

Über die Bewertung der Elektronendichte (Elektronegativität!) können Signale leicht zugeordnet werden (s. **Beispiel 4.2**).

Beispiel 4.2: Zuordnung von ^{1}H-NMR-Signalen über induktive Effekte

Für die CH_3-Gruppen von N-Methyl-*para*-anisol (2) werden im ^{1}H-NMR-Spektrum die Signale bei 2,78 und 3,73 ppm gemessen. Die Signale der CH_3-Gruppen sind zuzuordnen.

$$CH_3HN-\langle\!\!\!\bigcirc\!\!\!\rangle-OCH_3 \quad (2)$$

Lösung

Da EN(O) größer ist als EN(N), werden die H-Atome der OCH_3-Gruppe stärker entschirmt, die Resonanz findet bereits im tieferen Feld, d. h. bei größerem δ-Wert statt.

Die Zuordnung ist daher: 2,37 ppm ($\Rightarrow$ NCH_3)   3,73 ppm ($\Rightarrow$ OCH_3)

Mesomere Effekte (M-Effekte)

Mesomerie führt zu unterschiedlichen Ladungsdichten am Kern, daher zu unterschiedlicher Abschirmung und somit zu verschiedenen Resonanzfrequenzen. Zur Bewertung der relativen Ladungsdichten werden die mesomeren Resonanzstrukturen heran gezogen (s. **Beispiel 4.3**).

Beispiel 4.3: Zuordnung von ^{1}H-NMR-Signalen über mesomere Effekte

In 3-Pent-2-on (3) werden für die Methinprotonen Signale bei 6,18 und 6,88 ppm Signale gemessen. Die Signale sind zuzuordnen.

Lösung

Die mesomere Grenzstrukturen für Verbindung (3)

$$CH_3-CH(1)\!=\!\!=\!CH(2)-C(CH_3)\!=\!\!=\!O \longleftrightarrow CH_3-{}^+CH(1)-CH(2)\!=\!\!=\!C(CH_3)-O^-$$
$$\quad\quad (3\ \mathbf{I}) \quad\quad\quad\quad\quad\quad\quad\quad\quad\quad\quad (3\ \mathbf{II})$$

zeigen, dass H-Atom 1 wegen der positiven Ladung des ihm zugehörigen C-Atoms in Resonanzstruktur II eine geringere Elektronendichte hat als das H-Atom 2. Daher erscheint das Signal für H-1 bei tieferem Feld (bei größerem δ-Wert).

Zuordnung: 6,18 ppm ($\Rightarrow$ **H-2**)   6,88 ppm ($\Rightarrow$ **H-1**)

Meist bestimmen *induktive* Effekte im σ-Gerüst und Konjugationseffekte gemeinsam die Lage der chemischen Verschiebung. Die Wirkung dieser Effekte im π-System von Ethylenverbindungen veranschaulichen die Strukturen mit π-Donator- und π-Akzeptorgruppen:

π-Donator   π-Akzeptor

Tabelle 4.1: Einfluss von π-Donator- und π-Akzeptorsubstituenten auf die chemische Verschiebung von Ethylenprotonen (alle Werte in ppm)

$$\text{cis } H \diagdown_{\displaystyle C} {=\!=}\, {C}_{\diagup}^{\diagdown} X$$

X	Elektronischer Effekt	$\delta(H_\alpha)$	$\delta(H_\beta)$	$\delta(C_\alpha)$	$\delta(C_\beta)$
H	Bezugssystem	*5,28*	*5,28*	*123,3*	*123,3*
C_2H_5	schwacher π- und σ-Donator	5,79	trans 4,87 cis 4,95	140,5	113,5
-CH=CH$_2$	schwacher σ-Donator π-Donator	6,31	trans 5,08 cis 5,18	137,8	117,5
Phenyl	schwacher σ-Donator π-Donator	6,70	trans 5,73 cis 5,22	136,9	113,7
Cl	σ-Akzeptor schwacher π-Donator	6,33	trans 5,38 cis 5,43	124,9	116,0
-OC$_2$H$_5$	σ-Donator π-Donator	6,45	trans 3,98 cis 4,17	151,8	86,3
-COH	σ-Akzeptor π-Akzeptor	6,36	trans 6,62 cis 6,50	138,0	139,4
-COCH$_3$	σ-Akzeptor π-Akzeptor	6,40	trans 5,87 cis 6,14	129,0	138,3

Es gilt allgemein die Regel:

π-Donatoren schirmen die β-Kerne stärker ab und erzeugen so eine Hochfeldverschiebung. Der Einfluss auf die α-Position ist umgekehrt. Die π-Akzeptorgruppen induzieren eine Tieffeldverschiebung auf beide Positionen.

Beispiele zu dieser Regel sind in **Tabelle 4.1** zusammengestellt.

Anisotropie- und Ringstromeffekte

Die durch den Elektronenstrom erzeugten elektro*magnetischen* Felder führen dazu, dass chemische Bindungen magnetisch nicht isotrop sind. Die durch den Ringstrom der Elektronen in einem cyclisch konjugierten π-System verursachte Anisotropie soll am Beispiel von Benzen in **Bild 4.5** veranschaulicht werden. Das bewegte π-Elektronensystem induziert ein Magnetfeld, das dem B_0-Feld entgegen gerichtet ist. Die Richtung der Feldlinien zum B_0-Feld hängt von der räumlichen Lage ab. Die H-Atome liegen in einem Bereich, in dem das durch den Ringstrom verursachte Zusatzfeld dem B_0-Feld *gleich* gerichtet ist. Die Resonanz findet daher bereits bei tieferem Feld (= größerer δ-Wert) statt. Andererseits erfahren H-Atome, die

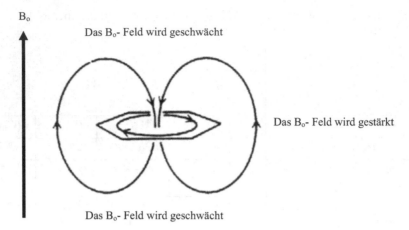

Bild 4.5: Ringstrommodell für ein cyclisches konjugiertes π-Elektronensystem am Beispiel
von Benzen

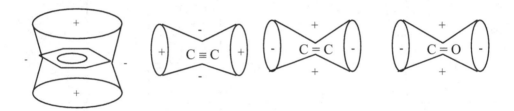

Bild 4.6: Anisotropiekegel zur Veranschaulichung der magnetischen Anisotropie in
Mehrfachbindungen

oberhalb oder unterhalb sowie im Inneren des Ringsystems liegen, eine Hochfeldverschiebung, da in diesen räumlichen Bereichen das Zusatzfeld dem B_0-Feld *entgegen* gerichtet
ist. Für die Resonanz muss die durch das Zusatzfeld erzeugte Schwächung des äußeren Feldes
zusätzlich aufgebracht werden.

Die Anisotropieeffekte werden in Form von Anisotropiekegeln veranschaulicht (s. **Bild 4.6**):

Protonen, die im positiven Bereich des Anisotropiekegels liegen, erfahren eine Hochfeldverschiebung, im negativen Bereich eine Tieffeldverschiebung.

Der Einfluss der Anisotropie auf die Signallage der ^{1}H-Atome soll am Beispiel der chemischen Verschiebung der Methylprotonen im Verbindungstyp CH_3-R demonstriert werden:

R: Alkyl (δ < 1 ppm) -CH=CH$_2$ (δ = 1,60 ppm) Phenyl (δ = 2,3 ppm) -C≡CH (δ=1,80 ppm)

Die chemischen Verschiebungen der an sp^2 hybridisierten C-Atomen gebundenen Protonen
betragen für Ethen 5,28 ppm und für Benzen 7,26 ppm. Hingegen ist der Wertebereich der
^{13}C-Signale in beiden Verbindungsklassen erwartungsgemäß gleich, da ja auf die ^{13}C-Atome
kein Anisotropieeinfluss wirken kann.

Bei der Beurteilung der chemischen Verschiebung sind auch dynamische Effekte zu berücksichtigen. So werden im Bereich der CH_3-Signale von Dimethylformamid (4) bei RT zwei Signale ($\approx 2,9$ ppm), bei 120 °C jedoch nur ein Signal beobachtet.

Die Resonanzstruktur II zeigt partiellen Doppelbindungscharakter für die C-N-Bindung, wodurch die freie Rotation bei RT kinetisch gehindert ist. Die behinderte Rotation führt dazu, dass beide Methylgruppen nicht äquivalent sind, da eine Gruppe in der Zeitskala der NMR-Spektroskopie im Anisotropiebereich der Carbonylgruppe liegt. Bei 120 °C wird infolge schnellerer Rotation ein einziges Signal sichtbar.

Die chemische Verschiebung der magnetischen Kerne wird somit durch *induktive, mesomere* und *anisotrope Effekte* bestimmt. Eine Übersicht über die Signallagen der ^{1}H- und ^{13}C-Kerne organischer Verbindungen ist in **Tabelle 4.2** zusammengestellt. Der Wertebereich für die ^{1}H-Kerne (0 – 12 ppm) ist wesentlich kleiner als der für ^{13}C-Kerne mit 0 – 200 ppm. Daher sind geringfügige strukturelle Änderungen eher im ^{13}C-NMR-Spektrum zu erkennen.

Zuordnung der chemischen Verschiebungen

Die Zuordnung der experimentell ermittelten chemischen Verschiebungen zu den Atomen ist ein wesentliches Kriterium für den Strukturbeweis.

In einfachsten Fall liefern bereits die o. g. *allgemeinen Gesetzmäßigkeiten* zur chemischen Verschiebung wesentliche Hinweise zur Struktur.

Beispiel 4.4

Kann Cumen mit dem in **Bild 4.3** präsentierten ^{1}H-NMR-Spektrum bestätigt werden?

Lösung

In Cumen liegen drei chemisch verschiedene Kernsorten vor: CH_3 CH und aromatische H-Atome. Im ^{1}H-NMR-Spektrum werden auch drei Signalgruppen beobachtet, die sich auf der Grundlage der Gesetzmäßigkeiten den eindeutig Struktureinheiten zuordnen lassen:

Alkylsignale am Aromaten erfahren infolge der Anisotropie eine Tieffeldverschiebung, außerdem liegen CH-Signale gegenüber CH_3-Signalen ohnehin immer bei größeren δ-Werten. Signale bei $\approx 1,5$ ppm gehören demnach zu Alkylgruppen am C-Gerüst und Signale bei $\approx 3,5$ ppm müssen bei Kohlenwasserstoffen dem Aryl-methinproton zugeordnet werden:

$\delta_1 = 1,56$ ppm ($\Rightarrow$ **CH_3-Alkyl**) $\delta_2 = 3,52$ ppm ($\Rightarrow$ **CH-Aryl**) $\delta_3 \approx 7,2 - 7,3$ ppm ($\Rightarrow$ **Aryl**)

Weiterhin stehen als Hilfsmitel für die Signalzuordnung *Graphiken* zur Gesamtübersicht von Kernen ($\Rightarrow$ **Tabelle 6.4.1.1** und **Tabelle 6.4.3.1**) oder für spezielle Strukturgruppen ($\Rightarrow$ **Tabelle 6.4.1.3 – 6.4.1.6**) zur Verfügung.

Mehr Sicherheit bringt die Zuordnung über die *Berechnung* der Signale mit Hilfe von Grundwerten und Substituenteninkrementen. Eine Auswahl ist in **Tabelle 6.4.1.8** (für ^{1}H-Atome) sowie **Tabelle 6.4.3.2** (für ^{13}C-Atome) gegeben. In der Praxis wird man jedoch entsprechende Programme für die Berechnung der Signallagen verwenden.

Beispiel 4.5

Die in **Beispiel 4.4** für Cumen vorgeschlagene Signalzuordnung ist tabellarisch bzw. durch Berechnung der Signale zu bestätigen.

Lösung

CH₃: Wertebereich für CH_3-C-Aryl aus **Tabelle 6.4.1.3**: 1,2 – 1,7 ppm (exp.: 1,56 ppm)

CH: Berechnung nach **Tabelle 6.4.1.8.1**: $\delta(CH) = 1{,}50 + \Sigma S_i$ mit $S_{Aryl} = 1{,}30$

        $\delta(CH) = 2{,}80$ ppm (exp.: 3,56 ppm)

Aryl: Berechnung nach **Tabelle 6.4.1.8.3**: $\delta(CH) = 7{,}27 + \Sigma S_i$ (Verwendung von S_{Ethyl})

        ortho-H: $S_{ortho} = -0{,}14$ $\delta_{ortho}(CH) = 7{,}13$ ppm

        meta-H: $S_{meta} = -0{,}05$ $\delta_{meta}(CH) = 7{,}22$ ppm

        para-H: $S_{para} = -0{,}18$ $\delta_{para}(CH) = 7{,}09$ ppm

Die berechneten chemischen Verschiebungen liegen im experimentellen Wertebereich für die Aryl-H-Atome. Eine genaue Signalzuordnung ist jedoch nicht möglich, da ein Spektrum höherer Ordnung (s. u.) vorliegt.

Beispiel 4.6

Die ¹H- und ¹³C-NMR-Signale sind für 2,2,4-Trimethyl-pentan-1,3-diol (5) zu berechnen.

Lösung

OH: Keine Berechnung möglich

      Wertebereich aus **Tabelle 6.4.1.2**:

      1 – 5 ppm

Berechnung der *¹H-Signale*: **Tabelle 6.4.1.8.1**

H-1: $\delta = 1{,}25 + 1{,}7\,(OH) = \mathbf{2{,}95}$ ppm

H-3: $\delta = 1{,}50 + 1{,}7\,(OH) = \mathbf{3{,}20}$ ppm

Berechnung der *¹³C-Signale*: **Tabelle 6.4.3.2**

C-1: $\delta = -2{,}3 + 9{,}1(1\alpha C) + 48{,}5(1\alpha OH_{1°}) + 28{,}3(3\beta C) - 2{,}5(1\gamma C) - 3{,}3(1\gamma OH_{2°}) + 0{,}6(2\delta C) - 6(S_{2°/4°}) = \mathbf{72{,}4}$ ppm (exp.: 72,7 ppm)

C-2: $\delta = -2{,}3 + 36{,}4(4\alpha C) + 10{,}2(1\beta OH_{1°}) + 9{,}4(1\beta C) - 5{,}0(2\gamma C) + 9{,}7(1\beta OH_{2°}) - 10(S_{4°/3°}) - 8{,}0(S_{4°/2°}) - 1{,}5(S_{4°/1°}) = \mathbf{38{,}9}$ ppm (exp.: 72,7 ppm)

C-3: $\delta = -2{,}3 + 18{,}2(2\alpha C) - 5{,}8(1\gamma OH_{1°}) + 47{,}0(5\beta C) + 44{,}5(1\alpha OH_{2°}) - 10(S_{3°/4°}) - 8{,}5(S_{3°/3°}) = \mathbf{83{,}1}$ ppm (exp.: 84,1 ppm)

C-4: $\delta = -2{,}3 + 27{,}3(3\alpha C) + 0{,}3(1\delta OH_{1°}) + 9{,}4(1\beta C) - 7{,}5(3\gamma C) + 9{,}7(1\beta OH_{2°}) - 8{,}5(S_{3°/3°}) = \mathbf{28{,}4}$ ppm (exp.: 29,1 ppm)

C-5: $\delta = -2{,}3 + 9{,}1(1\alpha C) + 18{,}8(2\beta C) - 2{,}5(1\gamma C) - 3{,}3(1\gamma OH_{2°}) + 0{,}9(3\delta C) - 1{,}1(S_{1°/3°}) = \mathbf{19{,}6}$ ppm

C-6: $\delta = -2{,}3 + 9{,}1(1\alpha C) - 5{,}8(1\gamma OH_{1°}) + 28{,}2(3\beta C) - 2{,}5(2\gamma C) + 0{,}6(2\delta C) - 3{,}3(1\gamma OH_{2°}) - 3{,}4(S_{1°/4°}) = \mathbf{20{,}6}$ ppm

Im 100 MHz-Gerät werden sieben ^{13}C-Signale registriert, im 400 MHz-Gerät erscheinen acht. Damit sind alle C-Atome chemisch nicht äquivalent. (Die Erklärung folgt später.) Die Zuordnung der für die CH_3-Gruppen berechneten ^{13}C-NMR-Werten zu den experimentellen Signalen (22,3; 19,8 und 18,0 ppm) ist ohne weiter führende Experimente (2D-NMR-Techniken) nicht möglich.

Beispiel 4.7

Die ^{1}H- und ^{13}C-NMR-Signale sind für Nikotinsäuremethylester (6) zu berechnen. Das ^{13}C-NMR-Spektrum ist als Strichdiagramm zu zeichnen.

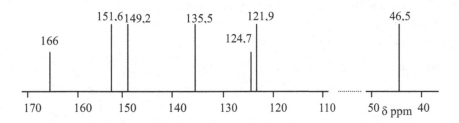

Lösung

^{1}**H-NMR** ($\Rightarrow$ **Tabelle 6.4.1.8.4**)

H-2: $\delta = 8,59 + 0,62(Z_{32}) = 9,21$ ppm   **H-4:** $\delta = 7,75 + 0,60(Z_{34}) = 8,35$ ppm

H-5: $\delta = 7,38 + 0,23(Z_{35}) = 7,61$ ppm   **H-6:** $\delta = 8,59 + 0,34(Z_{36}) = 8,93$ ppm

H-7: $\delta \approx 3,8$ ppm ($\Rightarrow$ Graphik in **Tabelle 6.4.1.3**)

^{13}**C-NMR** ($\Rightarrow$ **Tabelle 6.4.3.2.4**)

C-2: $\delta = 149,8 - 0,6(Z_{32}) = 149,2$ ppm   **C-3:** $\delta = 123,7 + 1,0(Z_{33}) = 124,7$ ppm

C-4: $\delta = 135,9 - 0,3(Z_{34}) = 135,6$ ppm   **C-5:** $\delta = 123,7 - 1,8(Z_{35}) = 121,9$ ppm

C-6: $\delta = 149,8 + 1,8(Z_{36}) = 151,6$ ppm

C-7: $\delta = -2,3 + 51,1$ (α-OCOCH$_3$) $- 2,3$ (γPhenyl) $= 46,5$ ppm ($\Rightarrow$ **Tabelle 6.4.1.3**)

C-8: $\delta \approx 166$ ppm ($\Rightarrow$ Graphik in **Tabelle 6.4.3.1**)

Strichdiagramm der ^{13}C-NMR-Signale

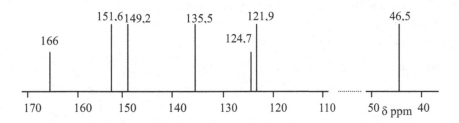

Die graphische Darstellung des berechneten ^{13}C-NMR-Spektrums in Form eines Strichdiagramms erleichtert die Zuordnung der experimentellen Signale. In ^{13}C-NMR-Routinespektren erscheinen alle C-Signale als Singuletts, so dass die im Strichdiagramm gezeichneten Linien direkt mit dem experimentellen Spektrum vergleichen werden können. Quartäre ^{13}C-Signale haben geringere Intensität (s. 4.2.2) und sind daher als schwache Signale relativ leicht zu identifizieren.

Tabelle 4.2: Typische Wertebereiche der ^{1}H- und ^{13}C-NMR-Signale organischer
Verbindungsklassen (δ in ppm)

Stoffklasse	^{1}H-Signale (0 – 12 ppm)	^{13}C-Signale (0 – 200 ppm)
n-Alkane	1 – 4	10 – 60
CH$_3$–X X = C	≈ 1,0	≈ 10 – 15
N	2,4	≈ 30 – 40
O	3,4	≈ 6,0
	δ(CH$_3$) < δ(CH$_2$) < δ(CH)	δ(CH$_3$) < δ(CH$_2$) < δ(CH)
Cycloalkane	≈ 2,0	25 – 27
Cyclopropan	≈ 0,2	- 2,8
Alkene	4 – 7,5	100 – 160 (wie Aromaten!)
Alkine	2 – 3	70 – 80
Aromaten/	6,5 – 9	100 – 160
Heteroaromaten	Substituenteneinfluss:	Substituenteneinfluss:
	δ(ortho) < δ(para) < δ(meta)	δ(ypso) < δ(ortho) < δ(para) < δ(meta)
Carbonyle		
R-C(=O)-H (Aldehyd)	9 – 11	190 – 200
R-C(=O)-C (Keton)		190 – 200
R-C(=O)-X- (X= O; N)		160 – 180
R-C(=S)-C (Thioketon)		> 210
OH (mit D$_2$O austauschbar)	Einfluss von LM, c und H$_2$O	
Alk-OH in CDCl$_3$	1 – 3	
Alk-OH in DMSO	5 – 6	
Chelatbrücken	> 12	
Aryl-OH in CDCl$_3$	4 – 8	
Aryl-OH in DMSO	8 – 12	
Chelatbrücken	10 – 16	
NH (mit D$_2$O austauschbar)	Einfluss von LM, c und H$_2$O	
aliphatisch; cyclisch	0,5 – 3	
aromatisch	3 – 5	
Amide; Pyrrole; Indole	5 – 8,5	

Übung 4.2

1. Die chemische Verschiebung der CH-Signale wird durch die Hybridisierung des C-Atoms beeinflusst: Ethan: $C(sp^3)H = 0{,}86$; Ethen: $C(sp^2)H = 5{,}28$; Ethin: $C(sp)H = 1{,}8$ ppm. Begründen Sie die Abweichung der $\equiv$CH-Signale in der gegebenen Reihenfolge!

2. In zwei isomeren Vinylverbindungen R-CH=CH$_2$ mit R = $-O-C(=O)-CH_3$ (**A**) und $-C(=O)-OCH_3$ (**B**) werden den NMR-Spektren folgende chemischen Verschiebungen entnommen (Auflistung mit abnehmendem δ-Wert):

   Verbindung **I**: ^{1}H-NMR: 6,40   6,16   5,87 ppm

                         ^{13}C-NMR: 131,3   128,1 ppm

   Verbindung **II**: ^{1}H-NMR: 7,25   4,85   4,55 ppm

                         ^{13}C-NMR: 141,5   96,8 ppm

   Ordnen Sie die Signale den Verbindungen **A** und **B** zu!

3. Die zu N ortho-ständigen H-Atome in Pyridin zeigen Resonanzsignale bei > 8 ppm. Außerdem sind für diese H-Atome im Unterschied zu Benzen nukleophile Substitutionsreaktionen begünstigt (vrgl. Tschitschibabin-Reaktion zur Bildung von 2-Aminopyridin). Geben Sie eine Erklärung dafür!

4. Die grüne Verbindung 15,16-Dimethyl-dihydropyren (7) mit ^{1}H-NMR-Signalen bei $\delta_1 \approx -2{,}8$ und $\delta_2 \approx 8{,}5 - 9$ ppm wird unter Lichteinfluss reversibel entfärbt. Das Photoisomere zeigt Signale bei $\delta_1 \approx 2{,}3$ und $\delta_2 \approx 7{,}5 - 8$ ppm. Kommt für die Photochromie reversible Valenztautomerie unter Bildung von (8) in Betracht? Begründen Sie Ihre Entscheidung!

                 (7)   (8)

5. Die ^{1}H-Resonanzsignale der Formylprotonen der Aldehyde R$-$CHO liegen im Bereich $\delta = 9 - 11$ ppm. Welche Einflüsse sind für die Signallage bei so tiefem Feld verantwortlich?

6. Im ^{1}H-NMR-Spektrum einer Lösung von Acetylaceton in CDCl$_3$ wird ein Signal bei ungewöhnlich hohem δ-Wert von $\approx 15{,}5$ ppm registriert. Zu welchen H-Atomen gehört das Signal, warum erscheint es bei so tiefem Feld?

7. Im ^{13}C-NMR-Spektrum werden für Dimethylnitrosamin $(CH_3)_2N-N=O$ bei RT zwei Signale beobachtet. Warum sind die CH$_3$-Gruppen chemisch nicht äquivalent?

8. Die chemische Verschiebung der Arylprotonen in Acetophenon $C_6H_5-C(=O)-CH_3$ liegen bei $\delta = 7{,}40$ (meta-H), $\delta = 7{,}45$ (para H) und $\delta = 7{,}91$ (ortho-H) ppm. Aus welchem Grund liegen die Signale der ortho-ständigen H-Atome bei deutlich tieferem Feld als die anderen? Für Anisol $C_6H_5-O-CH_3$ beispielsweise gilt $\delta_{orth} < \delta_{para} < \delta_{meta}$.

9. Auch σ-Elektronen verursachen Anisotropieeffekte, die jedoch im Unterschied zu π-Elektronen deutlich schwächer sind. So liegen beispielsweise die *äquatorialen* H-Atome in starren Cyclohexanringen im *negativen* Bereich des Anisotropiekegels der benachbarten C–C-σ-Bindung. In wässriger Lösung von D-Glucose werden dem ^{1}H-NMR-Spektrum für die Protonen am C-1 die chemischen Verschiebungen von 5,25 und 4,65 ppm entnommen. Ordnen Sie die Signale den beiden Anomeren (α- und β-D-Glucose) zu!

(9 α-D-Glucose)   (9 β-D-Glucose)

10. Berechnen Sie die chemische Verschiebung für die ^{1}H- und ^{13}C-NMR-Kerne im *aliphatischen* und *olefinischen* Molekülteil für folgende Verbindungen:

   a. 2,3,4-Trimethylpentan   b. 2-Hydroxypropansäure   c. 2-Methylbutansäure
   d. 2-Methyl-butan-1-ol   e. 1-Pentylamin   f. Isoleucin
   g. E-Crotonaldehyd   h. Butansäurevinylester   i. 2-Aminobutansäure
   k. Ph-CH(OCH$_3$)-CH$_2$Cl   l. CH$_3$C(Cl)=C(CH$_3$)OCH$_3$ m. CH$_3$-CH$_2$-CH$_2$-NO$_2$

11. Berechnen Sie die chemische Verschiebung für die ^{1}H- und ^{13}C-Kerne im *aromatischen* Molekülteil für folgende Verbindungen:

   a. 2-Chloranilin   b. Benzoesäuremethylester   c. Benzylacetat
   d. 1,2-Dinitrobenzen   e. 2-Nitro-4-hydroxybenzoesäure f. *o*-Kresol
   h. Nikotinsäureamid   i. 3-Methyl-2-chlor-pyridin   k. α-Picolin

12. Die experimentell ermittelten chemischen Verschiebungen im Lacton (10) betragen 4,92, 6,15 und 7,63 ppm. Ordnen Sie die Signale den Protonen zu!

13. Für die E/Z-Isomeren von CH$_3$HC=C(CH$_3$)COOCH$_3$ werden für die Methinprotonen aus dem ^{1}H-NMR-Spektrum folgende chemischen Verschiebungen erhalten: δ_A = 6,73 und δ_B = 5,98 ppm. Ordnen Sie chemischen Verschiebungen den E/Z-Isomeren zu!

14. Die gegebenen experimentellen ^{13}C-Signale in ppm sind über Berechnung zuzuordnen:

   a. *p*-Nitrophenol   115,9 126,4 141,7 161,5
   b. 2-Aminopyridin   108,5 113,3 137,5 147,5 158,9
   c. 3-Hydroxybutanon-2   19,4   24,9   73,1   211,2
   d. *p*-Aminobenzoesäuremethylester   49,8   115,7 120,2 130,0 151,0 167,0
   e. 2-Methyl-buten-1   12,5   22,5   31,1   109,1 147,0

4.2.2 Intensität der Resonanzsignale

Die Fläche unter dem Kernresonanzsignal ist ein Maß für die Intensität **I**. Die Integration kann *digital* oder in Form von *Stufenhöhen* im Spektrum angegeben werden.

In der **^{1}H-NMR**-Spektroskopie ist I direkt proportional der Stoffmenge n und der Zahl N der zum Signal gehörenden H-Atome: $I \sim n \cdot N$.

Für eine reine Verbindung verhalten sich somit die Stufenhöhen wie die Zahl der H-Atome N unter den Signalen.

Aus den Integrationsdaten wird im ^{1}H-NMR-Spektrum das Atom*verhältnis* der H-Atome erhalten.

Im ^{1}H-NMR-Spektrum von Cumen (**Bild 4.3**) wird aus den Stufenhöhen für die Signalgruppen $\delta \approx 7{,}15$, $2{,}89$ und $1{,}25$ ppm das Intensitätsverhältnis 5 : 1 : 6 entnommen. Unter Berücksichtigung der chemischen Verschiebungen ergeben sich daraus folgende Strukturgruppen: C_6H_5 ($\Rightarrow$ monosubstituierter Aromat); 1 (Aryl)-**CH** und $(CH_3)_2$C-(Alkyl).

Aus der Proportionalität von I zur Stoffmenge n können Beziehungen für die *quantitative Analyse* von Substanzgemischen abgeleitet werden.

Zweikomponentengemisch mit den Substanzen A und B:

Fall 1 Für jede Substanz ist mindestens eine nicht überlagerte Signalgruppe vorhanden.

$$\frac{n_A}{n_B} = \frac{I_A \cdot N_B}{I_B \cdot N_A}$$

I_A, I_B Intensität des Signals A bzw. B (z. B. Stufenhöhe in mm gemessen)
N_A, N_B Zahl der H-Atome, die zum Signal A bzw. B gehören
n_A, n_B Stoffmenge der Verbindungen A bzw. B

Die Signale sollten so ausgewählt werden, dass eine möglichst große Zahl von H-Atomen zur Signalgruppe gehört (N bestimmt die Empfindlichkeit!) und tatsächlich keine Spektrenüberlagerung vorliegt.

Fall 2 Überlagerung der Signalintensitäten.

Die Intensität ist an zwei Signalgruppen zu entnehmen.

$$\frac{n_A}{n_B} = \frac{I^{(2)} \cdot N_B^{(1)} - I^{(1)} \cdot N_B^{(2)}}{I^{(1)} \cdot N_A^{(2)} - I^{(2)} \cdot N_A^{(1)}}$$

$I^{(1)}$, $I^{(2)}$ Intensität an der Signalgruppe 1 bzw. 2

$N_A^{(1)}$, $N_A^{(2)}$ Zahl der H-Atome der Verbindung A an der Signalgruppe 1 bzw. 2

$N_B^{(1)}$, $N_B^{(2)}$ Zahl der H-Atome der Verbindung B an der Signalgruppe 1 bzw. 2

In Routine ^{13}**C-NMR**-Spektren existiert keine Proportionalität zwischen der Signalintensität und der Anzahl der C-Atome. Die Intensität wird entscheidend von der Relaxationszeit T_1 beeinflusst. Die protonenfreien quartären C-Atome haben die längste Relaxationszeit. Daher ist die Wartezeit zwischen den Pulsfolgen kleiner als die vollständige Wiederherstellung des thermischen Besetzungsverhältnisses. Da die Signalintensität aber vom Besetzungsverhältnis bestimmt wird, haben die quartären C-Atome die kleinsten Intensitäten.

Da die Routinespektren in der ^{13}C-NMR-Spektroskopie mit Löschung aller ^{13}C/^{1}H-Kopplungen (^{1}H-Breitbandentkopplung!) aufgenommen werden, wird Spinenergie von Protonen auf die ^{13}C-Kerne übertragen (**Kern-Overhauser-Effekt, NOE**). Die dadurch erzeugte Signalverstärkung kann bis 200 % betragen, wirkt aber unterschiedlich auf die CH$_x$-Gruppen. Protonenfreie Kerne können nicht von der NOE-Intensitätszunahme profitieren.

Schließlich haben noch Molekülgröße und Beweglichkeit von Strukturgruppen einen Einfluss auf die Signalintensität der ^{13}C-Atome. So ist die Intensität der CH$_3$-Gruppen in der Regel etwas geringer als die der CH$_2$- und CH-Gruppen wegen der Möglichkeit der freien Rotation.

Unterschiedliche Relaxationszeiten und Unterschiede im NOE, sowie Molekülgröße und molekulare Beweglichkeit verursachen Abweichungen der experimentellen Intensitätsverhältnisse der ^{13}C-Signale vom Atomverhältnis. Quartäre C-Atome sind an den geringen Signalintensitäten in Routinespektren zu erkennen.

Für die Aufnahme von ^{13}C-NMR-Spektren mit „korrekten" Intensitätsverhältnissen sind spezielle Aufnahmetechniken erforderlich, auf die hier aber nicht eingegangen wird.

4.2.3 Linienbreite

Nach der Heisenberg'schen Unschärferelation stehen Lebensdauer des angeregten Zustandes und Linienbreite umgekehrt zueinander. Prozesse, die die Relaxation (T_2) verkürzen, bewirken somit eine Signalverbreiterung. Es gilt $T_2 \cdot \Delta_{1/2} \cdot \pi = 1$.

Kerne mit Kernspin $I \geq 1$ haben ein elektrisches Quadrupolmoment, das die Relaxation beschleunigt (Kernquadrupolrelaxation) und Linienverbreiterung bewirkt. Zu den Kernen mit $I = 1$ gehört ^{14}N. Außerdem wird die Breite des **N–H**-Signals noch von der Dynamik der Austauschprozesse der N–H-Atome über H-Brücken bestimmt. Protonen am N können schnellen, mittleren oder langsamen Austauschprozessen unterliegen.

X–H-Signale acider Protonen mit X = O, N, C können in Abhängigkeit vom LM, der Temperatur und Konzentration unterschiedlich breite Signalen liefern. Meist sind diese Gruppen an breiten Signalen zu erkennen. Verbindungen mit stärkeren H-Brücken und langsameren Austauschprozessen (Phenole, ROH-Brücke zum LM DMSO) führen jedoch zu schärferen Signalen. Außerdem sind OH- und NH-Gruppen leicht durch Austausch mit D$_2$O zu erkennen: Nach Schütteln mit D$_2$O verschwinden die Signale der über H-Brücken austauschbaren H-Atome. Diese experimentelle Vorgehensweise ist vor allem für das Erkennen überlagerter Signale von OH- mit CH$_x$-Gruppen vorteilhaft.

4.2.4 Indirekte Kernspinkopplung

Benachbarte magnetische Kerndipole treten über die *Bindungselektronen* in Wechselwirkung. Durch diese skalare Kopplung wird Magnetisierung zwischen den koppelnden Kernen übertragen. Daher werden am Ort der koppelnden Nachbarkerne magnetische Zusatzfelder erzeugt, die dem äußeren Feld gleich oder entgegen gerichtet sein können und die Feinaufspaltung der Resonanzlinien verursachen. Da die Erzeugung der Zusatzfelder die Bindungselektronen vermitteln, wird diese Kopplung „**indirekte Kernspinkopplung**" bezeichnet. Die **„direkte Kernspinkopplung"** verläuft über den Raum und wird in flüssigen Proben durch die molekulare Bewegung heraus gemittelt.

Die Kopplung kann zwischen Kernen der gleichen Sorte (*homonukleare* Kopplung) oder zwischen verschiedenen Kernen (*heteronukleare* Kopplung) erfolgen.

Die Größe der Kopplung wird durch die indirekte Kernspinkopplungskonstante (kurz: **Kopplungskonstante** bezeichnet) und in der Dimension Hertz ausgedrückt: **J [Hz]**. Die Tatsache, dass das am koppelnden Nachbarkern erzeugte Zusatzfeld dem äußeren Feld gleich oder entgegen gerichtet sein kann, bedingt das *Vorzeichen* von J. Das Kernmoment verursacht die magnetische Polarisation der Elektronenhülle. Der *energieärmere* Zustand entspricht der *antiparallelen* Anordnung von magnetischem Kern- und Elektronenspin. Für die Weiterleitung der magnetischen Polarisation gelten das Pauli-Verbot und die Hund´sche Regel: Die magnetische Polarisation für Orbitale ist an *verschiedenen* Zentren (bei Bindungsbildung) *antiparallel*, für energiegleiche Orbitale am *selben* Zentrum (Hybridorbitale am C) dagegen *parallel*.

Definitionsgemäß ist J *positiv*, wenn der energieärmere Zustand mit der *antiparallelen* Einstellung der koppelnden Kerne verknüpft ist.

Regel (mit Ausnahmen!): *Gerade* Anzahl von Bindungen zwischen den Kernen: **J < 0**; *ungerade* Anzahl von Bindungen zwischen den Kernen: **J > 0**

Zur Ermittlung des Vorzeichens von J sei auf Lehrbücher der NMR-Spektroskopie verwiesen.

Die Entwicklung der kopplungsbedingten Feinstruktur soll am Beispiel von Chloracetaldehyd (11) erläutert werden. Verbindung (11) verfügt über zwei chemisch verschiedene H-Kerne. Bei ausgeschalter Kopplung werden im ^{1}H-NMR-Spektrum daher 2 Signale beobachtet.

H(1)CO – CH$_2$(2) – Cl (11)

H-1 können sich parallel und antiparallel zum B$_0$-Feld einstellen, welche über drei σ-Bindungen Zusatzfelder an den Kernen **H-2** erzeugen. Unter Berücksichtigung der Definition zum Vorzeichen bei Kopplung über drei Bindungen ist das am koppelnden Kernort erzeugte Zusatzfeld bei paralleler Einstellung antiparallel und bei antiparalleler Einstellung wird ein Zusatzfeld erzeugt, das das B$_0$-Feld um einen kleinen Betrag verstärkt (s. **Bild 4.7**). Daher erscheint das Signal für H-2 als **Dublett**. Da die beiden Einstellungsmöglichkeiten der Kerne H-1 gleichberechtigt sind, sind die Zusatzfelder gleich stark, das Intensitätsverhältnis des Dubletts ist somit 1 : 1.

Die Spin-Einstellungen der beiden **H-2**-Kerne sind im unteren Teil von **Bild 4.7** skizziert. Nur die beiden Einstellungen ↑↑ sowie ↓↓ verursachen Zusatzfelder am Kernort von H-1 und bewirken Hoch- bzw. Tieffeldverschiebung, während die beiden nicht unterscheidbaren Spin-Einstellungen ↓↑ und ↑↓ *kein* Zusatzfeld am Kern H-1 hervorrufen. Da diese Kombination jedoch doppelt wahrscheinlich ist als die beiden gleichgerichteten Spins, verhalten sich die Intensitäten des durch die skalare Kopplung entstandenen **Tripletts** wie 1 : 2 : 1.

Der Abstand aller Signale in den **Multipletts** ist gleich und entspricht dem Betrag der Kopplungskonstanten J [Hz]. Aus dem ^{1}H-NMR-Spektrum wird J = 7 Hz erhalten

Die chemische Verschiebung wird im Zentrum des Multipletts, d. h. im *Signalschwerpunkt* entnommen. Für das Triplett von H-1 fällt die chemische Verschiebung mit dem mittleren Signal zusammen (δ$_1$ = 9,62 ppm), die chemische Verschiebung der H-2-Kerne liegt in der Mitte des Dubletts (δ$_2$ = 4,08 ppm). Die Differenz der chemischen Verschiebung beträgt in einem 300 MHz Gerät für (11): Δν = Δδ · ν$_0$ · 10^{-6} = 5,18 · 300 MHz · 10^{-6} = 1554 Hz

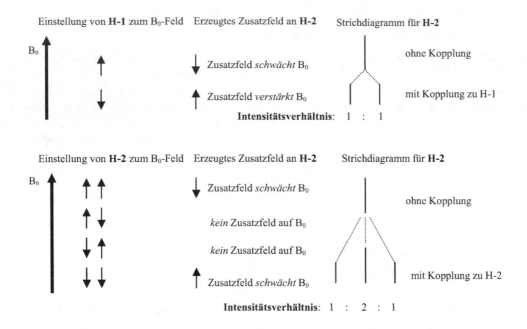

Bild 4.7: Entstehung der Multipletts für Chloracetaldehyd (11) infolge skalarer Kopplung

Für (11) ist der Abstand der chemischen Verschiebung $\Delta\nu$ mit 1554 Hz sehr viel größer als die Kernspinkopplung (J = 7 Hz). In diesem Fall liegt ein **Spektrum 1. Ordnung** vor.

Allgemein gilt als Kriterium für ein Spektrum erster Ordnung: $\Delta\nu/J > 7$.
Für Spektren 1. Ordnung gilt für die Linienzahl der Multipletts M: $M = 2 \cdot N \cdot I + 1$, wobei N die Zahl der koppelnden *Nachbar*kerne und I die Kernspinquantenzahl darstellt.

Die Signalzahl des Multipletts M für die Kopplung von Kernen mit $I = \frac{1}{2}$ (^1H, ^{13}C, ^{19}F, ^{31}P) beträgt: **M = N + 1**. Die **Intensitäten der Linien** entsprechen den Binominalkoeffizienten, die man dem Pascalschen Dreieck entnehmen kann.

Andererseits kann aus den leichter auswertbaren Spektren 1. Ordnung über M die *Zahl der Nachbarkerne* erhalten werden.

In **Bild 4.8** ist das 250 MHz-^{1}H-NMR-Spektrum einer Verbindung mit der Summenformel C_4H_8O abgebildet. Im tiefsten Feld liegt ein *Quartett* bei $\delta_1 = 2,45$ ppm mit einem Signalabstand von $\Delta\delta = 0,03$ ppm (= 7,5 Hz). Das Intensitätsverhältnis beträgt 1 : 3 : 3 : 1. Mit M = 4 erhält man für die Zahl der koppelnden Nachbarkerne N = 3.

Das *Triplett* bei $\delta_2 = 1,05$ ppm mit den Linienintensitäten 1 : 2 : 1 und dem gleichen Abstand von $\Delta\delta = 0,03$ ppm entsprechend 7,5 Hz zeigt an, dass diese Signalgruppe mit N = 2 Kernen koppeln muss. Aus dem gleichen Linienabstand (und damit gleichen Kopplungskonstanten) in beiden Multipletts erkennt man, dass diese Signale das **Spinsystem** für eine CH_3–CH_2-Gruppe darstellen. Aus der Übersicht in **Tabelle 6.4.1.1** kann das Quartett der Strukturgruppe -C(O)CH_2-C zugeordnet werden, der berechnete Wert (**Tabelle 6.4.1.8.1**) beträgt 2,45 ppm.

Ein Singulett bei δ_3 = ppm offenbart, dass diese H-Atome im Molekül so angeordnet sein müssen, dass keine Kopplung mit Nachbarkernen möglich ist. Dieser Fall liegt bei H-Atomen vor, zwischen denen vier oder mehr σ-Bindungen liegen und wird für die unbekannte Verbindung in **Bild 4.8** realisiert, wenn die H-Atome über die Carbonylgruppe von anderen Alkylprotonen getrennt sind. Das Intensitätsverhältnis ergibt eine CH_3-Gruppe, die gemäß **Tabelle 6.4.1.1** an einer Carbonylgruppe positioniert ist ($\Rightarrow$ CH_3–C=O–).

Unter Berücksichtigung der Summenformel wird aus der Analyse des ^{1}H-NMR-Spektrums für die unbekannte Verbindung Butanon-2, CH_3-CH_2-C(=O)-CH_3 erhalten.

Kopplung über mehrere Kernsorten

Bei Kopplung von H-Kernen zu zwei verschiedenen Protonensorten gilt für das Multiplett M: $M = (N_1 + 1)(N_2 + 1)$. Bei gleichen oder sehr ähnlichen Kopplungskonstanten zu den beiden Kernsorten reduziert sich das Multiplett zu $M = N_1 + N_2 + 1$.

Da J_1 und J_2 in *n*-Nitropropan (12) sehr ähnlich sind (beide Kopplungen verlaufen über drei σ-Bindungen), ergibt sich für das Multiplett der fett hervorgehobenen Methylengruppe nach der vereinfachten Formel ein Sextett: $M = N_1 + N_2 + 1 = 3 + 2 + 1 = 6$ (s. **Bild 4.9**).

Die beiden Tripletts entstehen durch Kopplung der CH_3- bzw. CH_2-Gruppe zu den Protonen der gemeinsamen Methylengruppe mit M = 2.

Die Kopplungskonstante des Methinprotons in *iso*-Nitropropan (13) zu den beiden Methyl-gruppen ist gleich, das Proton „sieht" sechs gleichwertige H-Atome, woraus das Septett resultiert. Die beiden chemisch äquivalenten CH_3-Gruppen koppeln mit dem Methinproton und bilden daher ein Dublett. Die Strichdiagramme in **Bild 4.9** sind in willkürlicher Lage gezeichnet. Durch den elektronenziehenden Einfluss der NO_2-Gruppe liegen die Signale der benachbarten Protonen im tiefsten Feld (größter δ-Wert).

Das für *n*-Nitropropan entwickelte Strichdiagramm findet sich im ^{1}H-NMR-Spektrum von Maleinsäure-N-*n*-propylamid (14) wieder. Im 250 MHz-^{1}H-NMR-Spektrum der postulierten Struktur (14) in **Bild 4.10** sind vier Signalgruppen zu erkennen. Das Signal im tiefsten Feld gehört zu den chemisch äquivalenten Methinprotonen, die als olefinische Protonen bei $\delta \approx 6,5$ – 7 ppm erwartet werden. Die Multipletts der aliphatischen Protonen sind vergrößert dargestellt. Die Protonen H-3 koppeln mit den zwei benachbarten H-2-Kernen und erscheinen daher als Triplett. Das gleiche Multiplett wird für die Methylgruppe durch Kopplung mit H-2 erhalten. Die Linienabstände beider Tripletts sind gleich ($\Delta\delta = 0,03$ ppm). Mit $\nu_0 = 250$ MHz erhält man daraus für die Kopplungskonstanten $J_1 = J_2 = 7,5$ Hz. Mit gleichen Kopplungs-konstanten zu den beiden Nachbargruppen wird gemäß $M = N_1 + N_2 + 1$ für die Methylen-protonen (H-2) ein Sextett erhalten.

Die Signalzuordnung der beiden Tripletts kann außer durch die relativen Intensitäten aus der chemischen Verschiebung vorgenommen werden: Methylensignale von Kernen, die dem elektronegativen N-Atom benachbart sind, sind tieffeldverschoben und werden bei $\delta \approx 3,5$ ppm erwartet.

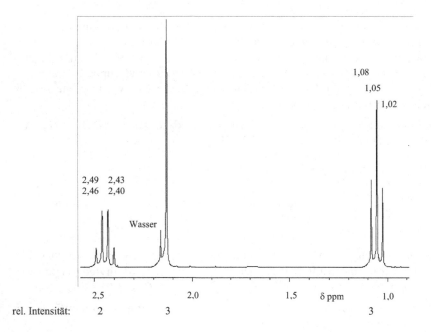

Bild 4.8: 250-MHz-^{1}H-NMR-Spektrum einer Verbindung mit der Summenformel C_4H_8O

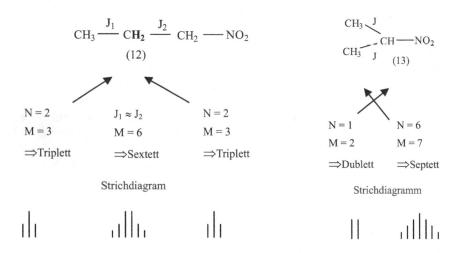

Bild 4.9: Entwicklung der Strichdiagramme für die Kopplung der Protonen in *n*-Nitro- und *iso*-Nitropropan

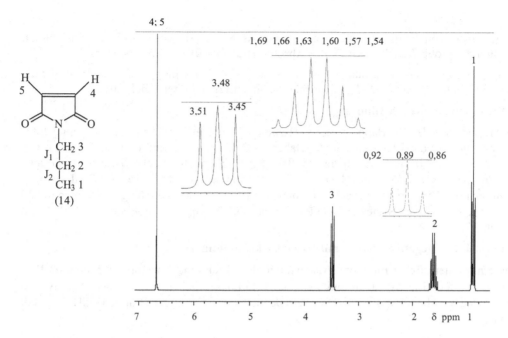

Bild 4.10: 250 MHz-^{1}H-NMR-Spektrum von Maleinsäure-N-*n*-propylamid (14) ($J_1 \approx J_2$)

Bezeichnung der Kopplungskonstanten und Wertebereiche

Die Kopplung zwischen H-Atomen kann maximal über fünf Bindungen reichen, daher ist eine Angabe über die Zahl der Bindungen erforderlich:

Symbol	Bezeichnung der Kopplung	Anzahl der Bindungen
^2J	**geminale** Kopplung	2
^3J	**vicinale** Kopplung	3
^4J oder ^5J	**long range** Kopplung	4 bzw. 5

Der Absolutbetrag der Kopplungskonstanten zwischen Protonen liegt im Bereich 0 – 20 Hz. Die Kopplungskonstanten werden von der Zahl der Bindungen, über die die Kopplung verläuft, die Elektronendichte der Bindungen sowie von Bindungswinkeln bestimmt. Long range Kopplungen offenbaren sich nur selten als Linienaufspaltungen, meist bewirken Kopplungen über vier oder fünf Bindungen nur eine Linienverbreiterung.

Kopplungen innerhalb magnetisch äquivalenter Kerne (s. u.) treten im Spektrum nicht in Erscheinung, d. h. sie führen nicht zur Linienaufspaltung.

Kopplungskonstanten zu schwereren Atomen (^{1}H/^{19}F, ^{1}H/^{31}P; ^{19}F/^{31}P, ...) sind entsprechend größer. In **Tabelle 6.4.2** sind Wertebereiche für homonukleare und heteronukleare Kopplungen zusammengestellt.

Geminale Kopplung, ^2J

Die geminale Kopplungskonstante ^2J hat ein **negatives** Vorzeichen. Aus diesem Sachverhalt lässt sich der große Wertebereich für den Absolutbetrag von 0 – 20 Hz verstehen.

Die für CH_4 ermittelte Kopplungskonstante von J = – 12 Hz möge als „Standard" für die geminale Kopplung dienen. Folgende Effekte verändern den Wertebereich für ^2J:

Einfluss benachbarter π-Bindung

Die Möglichkeit der Überlappung der C-H-Bindung mit der benachbarten π-Bindung führt zur Verringerung der Elektronendichte. Daher wird ^2J negativer und (wegen des negativen Vorzeichens von ^2J) im Absolutbetrag größer. Der Effekt ist bei benachbarter C=O-Gruppe etwas größer als bei C=C und liegt im Bereich von absolut 14 – 15 Hz. Sind zwei π-Bindungen der CH_2-Gruppe benachbart, können die Beträge der Kopplungskonstanten bis 20 Hz betragen. In starren Systemen, wie Ringen ist die Überlappung besser, und $|^2J|$ liegt im Bereich 16 – 18 Hz.

Einfluss elektronegativer Atome mit freien Elektronenpaaren

Atome mit einem freien Elektronenpaar wirken als π-Elektronendonatoren für die C-H-Bindung, sie liefern Elektronen in antibindende σ^*-Orbitale. Daher wird ^2J mehr positiv und folglich der Absolutbetrag kleiner. Der Wertebereich von $|^2J|$ für die Gruppe **O-CH$_2$** liegt bei $\approx$ 10 Hz.

Winkelspannungen

Bei Vergrößerung des H–C–H-Winkels der geminalen H-Atome wird die Kopplung positiver und somit der Absolutbetrag von ^2J kleiner. Beim Winkel von 120° liegt die Kopplungskonstante um $\approx$ 2,5 Hz. Am Beispiel von Strukturtyp RHC=CH$_2$ werden Werte für ^2J vorgestellt: R = CH$_3$ (2,1 Hz), F (-3,5 Hz), OCH$_3$ (-2,0 Hz), COCH$_3$ (1,3 Hz).

Vicinale Kopplung, ^3J

Die vicinale Kopplungskonstante ist in der Regel positiv. Sie wird beeinflusst vom C-C-Bindungsabstand (Elektronendichte), vom H–C–C-Winkel, von Substituenten und vom Torsionswinkel φ, der sich am besten in der Newman-Projektion darstellen lässt.

Von besonderer Bedeutung ist der Einfluss des Torsionswinkels φ auf ^3J, dessen funktionaler Zusammenhang durch die **Karplus-Kurve** gegeben ist (**Bild 4.11**).

Bei freier Drehbarkeit um die C–C-Bindung durchläuft ^3J ein Minimum bei φ = 90°, und bei *trans*-Anordnung der koppelnden H-Atome (φ = 180°) wird der Maximalwert erreicht. Aus den experimentell ermittelten vicinalen Kopplungskonstanten können über die Karplus-Beziehungen die Torsionswinkel abgeschätzt werden.

Aus dem Karplus-Diagramm folgt, dass ^3J für E-Isomere (φ = 180°) größer ist als für die Z-Formen mit φ = 0° (s. **Tabelle 6.4.2.1.1**). Außerdem können über die Karplus-Beziehungen konformere Strukturen (Torsion um die C–C-Einfachbindungen) untersucht werden.

Die Kopplungskonstante ^3J ist der wichtigste Parameter zur Unterscheidung von E/Z-Isomeren und Konformeren.

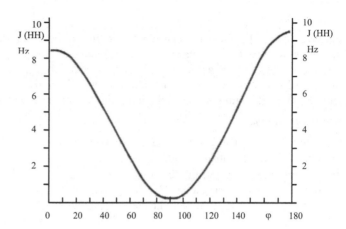

Bild 4.11:
Karplus-Kurve:
^3J als Funktion vom
Torsionswinkel φ

Bei *symmetrisch substituierten* Verbindungen R–CH=CH–R sind beide Methinprotonen äquivalent und die Kopplung führt nicht zur Signalaufspaltung. (Die Ermittlung der Kopplungskonstanten ist für solche Fälle nur mit besonderen Techniken möglich.)

Abweichungen treten bei kleinen Ringen auf, bei denen $^3J_{cis}$ sogar größer als $^3J_{trans}$ sein kann.

Über ^3J sind die räumlichen Anordnungen der H-Atome in Alicyclen (Cyclohexane, Steroide, Zucker u. a.) experimentell zugänglich. Di-achsiale Anordnung benachbarter H-Atome (a,a) haben wegen $\varphi = 180°$ eine größere vicinale Kopplungskonstante als die a,e- oder e,e-Position mit $\varphi \approx 60°$. Über die vicinale Kopplung können Epimere in Steroiden unterschieden werden.

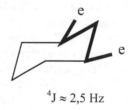

Long-range Kopplung, $^{4,5}J$

Kopplungen zwischen H-Atomen über vier oder mehr Bindungen sind in alicyclischen Verbindungen kleiner als 1 Hz und daher ohne Bedeutung. Größere Werte findet man in Verbindungen mit allylischer Struktur $H_2C=CH-CH-R$, in Aromaten, Heteroaromaten sowie in Verbindungen mit einer sog. W-Struktur. Wertebereiche substituierter Benzene sind: $^3J_{ortho} = 6 - 9$ Hz, $^4J_{meta} = 1 - 3$ Hz, $^5J_{para} = 0 - 1$ Hz. Die Kopplung *para*-ständiger Protonen führt meist nur zu einer Linienverbreiterung.

4.2.5 Äquivalenz in der NMR-Spektroskopie

Für das Verständnis der chemischen Äquivalenz von Kernen ist die Molekülsymmetrie zu berücksichtigen. Hinsichtlich der Existenz von Symmetrieelementen können Kerne wie folgt eingeteilt werden:

Homotope Kerne

Homotope Kerne liegen vor, wenn die Kerne durch eine Drehung um eine n-zählige Drehachse C_n ausgetauscht werden können. Homotope Kerne sind chemisch äquivalent in achiraler und chiraler Umgebung (z. B. in einem chiralen LM oder bei Gegenwart chiraler Reagenzien). Sie haben *eine* chemische Verschiebung, s. Beispiel Dichlormethan (15) mit einer C_2.

Enantiotope Kerne

Enantiotope Kerne haben nur eine Spiegelebene σ oder ein Inversionszentrum **i**, haben aber keine C_n. Chlorfluormethan (16) verfügt über eine σ, die in der Papierebene liegt, Verbindung (17) besitzt ein Inversionszentrum im Schnittpunkt der Diagonalen des Cycobutanringes.

Enantiotope Kerne sind nur in achiraler Umgebung chemisch äquivalent. In chiralen Lösungsmitteln oder bei Gegenwart chiraler Reagenzien sind die Kerne nicht mehr isochron und können zur Signalaufspaltung führen.

Diastereotope Kerne

Diastereotope Kerne können nicht durch eine Symmetrieoperation ausgetauscht werden. Solche Kerne liegen in Molekülen mit einem Chiralitätszentrum (*) vor, z. B. 2-Chlorbutansäure (18).

Diastereotope Kerne sind chemisch nicht äquivalent. Sie haben unterschiedliche chemische Verschiebungen und können höchstens *zufällig* isochron sein. Das chirale Zentrum (*) in (18) ist verantwortlich dafür, dass die H-Atome der benachbarten Methylengruppe unterschiedliche chemische Verschiebungen haben und die Kopplung im Spektrum sichtbar ist.

Diastereotope Kerne liegen aber auch in Molekülen mit *prochiraler* Struktur vor, d. h. ein Chiralitätszentrum ist nicht zwingend erforderlich, wie das Beispiel von Aminoglutarsäure (19) zeigt. Die beiden CH_2-Gruppen sind enantiotop, weil sie durch eine σ am C-2 (senkrecht zur Papierebene) ausgetauscht werden können. Die H-Atome jeder Methylengruppe sind jedoch diastereotop, weil sie durch keine Symmetrieoperation ineinander überführt werden können. In achiraler Umgebung fällt somit die chemische Verschiebung der beiden Methylengruppen zusammen. ^{13}C-1 und ^{13}C-2 zeigen im ^{13}C-NMR-Spektrum nur *ein* Signal, aber jedes H-Atom der Methylengruppe hat eine eigene chemische Verschiebung. Kopplung der chemisch nicht äquivalenten H-Atome führt zu einem Multiplett. Inwieweit die Existenz eines Chiralitätszentrums im Molekül zur Signalaufspaltung führt, hängt auch vom Abstand der Kerne zum optisch aktiven Zentrum ab.

Chemische Äquivalenz bei schnellen Austauschprozessen

Kerne, die nicht durch Symmetrieoperationen ineinander überführt werden können, sind chemisch äquivalent, wenn sie durch schnelle innermolekulare Bewegungen im Zeitmittel identisch werden. Da dynamische Prozesse abhängig sind von Temperatur, Katalysator und

Konzentration, hängt die chemische Äquivalenz auf der Grundlage von Austauschprozessen von äußeren Bedingungen ab. Als Faustregel gilt, dass Prozesse, die – in Abhängigkeit von der Apparatefrequenz – schneller als 10^{-1} bis 10^{-3} Hz ablaufen, zu *einem* Signal „verschmelzen", d. h. chemisch äquivalent sind, langsamere Prozesse zeigen sich in unterschiedlichen Signalen.

Beispiele für chemische Äquivalenz durch schnelle Umwandlung von Strukturen sind

- Rotation um partielle Doppelbindungen

  Als Beispiel sei auf das bereits erwähnte ^{1}H-NMR-Spektrum von Dimethylformamid (4) verwiesen. Bei RT ist die Rotation behindert und es erscheinen zwei Signale für die beiden CH$_3$-Gruppen. Oberhalb 120 °C ist die Rotation um die partielle Doppelbindung so schnell, dass beide Methylgruppen chemisch äquivalent sind.

- Keto-Enol-Tautomerie

  Bei RT werden im ^{1}H-NMR-Spektrum von Acetylaceton (20) zwei Signale für die Methylgruppen beobachtet und außerdem erscheint neben dem CH$_2$-Signal der Ketoform bei tieferem Feld das Methinsignal der Enolform. Aus den Intensitäten kann das Molverhältnis der tautomeren Formen erhalten werden. Bei höherer Temperatur werden die Methylgruppen chemisch äquivalent.

(Keto-Form)   (20)   (Enol-Form)

- Ringinversion

  Bei Umwandlung der Sesselkonformationen von Cyclohexan werden achsiale Protonen zu äquatorialen und umgekehrt. Bei RT erfolgt die Ringinversion so schnell, dass nur ein gemitteltes Signal für die Methylenprotonen beobachtet wird, obwohl alle CH$_2$-Gruppen diastereotope Paare bilden. Nur im „eingefrorenen" Zustand oder in starren Ringen kann zwischen achsialen und äquatorialen Protonen unterschieden werden.

- Rotation um C–C-Einfachbindungen

  Die Methylprotonen sind in der Regel immer chemisch äquivalent, selbst in chiralen Molekülen. Der Grund ist die schnelle Rotation infolge geringer Energiebarrieren. (Die Lebensdauer der Rotameren liegt bei RT in der Größenordnung von 10^{-6} s.) Abweichungen treten auf, wenn die Rotation aus sterischen Gründen behindert ist.

Kerne können aber auch *zufällig isochron* sein. Trotz unterschiedlicher chemischer Umgebung und Abwesenheit schneller Austauschprozesse haben solche Kerne zufällig die gleiche Resonanzfrequenz. Zufällige Äquivalenzen erschweren die Interpretation von NMR-Spektren. Jedoch können über die Korrelationsspektroskopie (s. u) solche Kerne meist sicher erkannt werden.

Magnetisch äquivalente Kerne

Chemisch äquivalente Kerne sind noch auf magnetische Äquivalenz zu untersuchen.

Magnetisch äquivalente Kerne sind isochrone Kerne, die gleiche Kopplungskonstanten zu allen nicht isochronen Kernen besitzen, oder anders ausgedrückt: Chemisch äquivalente Kerne sind magnetisch nicht äquivalent, wenn sie zu Kernen mit unterschiedlicher Kopplungskonstanten koppeln. Spin-Spin-Wechselwirkung zwischen magnetisch äquivalenten Kernen tritt im Spektrum nicht in Erscheinung.

Magnetisch nicht äquivalente Kerne werden in der Symbolik mit einem Strich ($'$) versehen.

Zur Erläuterung der magnetischen Äquivalenz werden eine *para*-disubstituierte (21) und eine symmetrisch 1,2,3-trisubstituierte aromatische Verbindung (22) ausgewählt.

Verbindung (21) besitzt die beiden chemisch unterschiedlichen Kernsorten A und B. Die beiden chemisch äquivalenten Kerne A koppeln jedoch zu einem ausgewählten Kern B mit unterschiedlicher Kopplungskonstanten (eine *ortho*-Kopplung über drei und eine *para*-Kopplung über fünf Bindungen). Daher sind die chemische äquivalenten Kerne A magnetisch nicht äquivalent und sie werden mit einem Strich unterschieden (AA$'$). Das gleiche trifft für die Kerne B zu. Auch sie sind magnetisch nicht äquivalent und sind BB$'$-Kerne.

In Struktur (22) liegen ebenfalls zwei unterschiedliche Kernsorten A und B vor. Die beiden chemisch äquivalenten Kerne B koppeln jedoch mit gleicher Kopplungskonstanten zum *ortho*-ständigen Kern A und sind daher magnetisch äquivalent.

4.2.6 Nomenklatur von Spinsystemen

Spinsysteme sind durch skalare Kopplung miteinander verbundene Kerne. Sie werden üblicherweise mit *großen Buchstaben* des Alphabets klassifiziert.

- Chemisch äquivalente Kerne bekommen den gleichen Buchstaben. Die Zahl der Kerne wird als Index angegeben.

    z. B.   CH$_3$ $\Rightarrow$ A$_3$

- Liegen mehrere Kernsorten vor, so wird für jede Kernsorte ein eigener Buchstabe gewählt. Welcher Buchstaben ausgewählt wird, hängt von der Ordnung des Spinsystems ab.

- Bei **Spektren 1. Ordnung** ($\Delta v/J > 7$) werden Buchstaben gewählt, die im Alphabet weit auseinander stehen.

    z. B.   CH$_3$–CH$_2$– $\Rightarrow$ A$_3$X$_2$

Bei starker Kopplung im Vergleich zur Differenz der chemischen Verschiebung ($\Delta v \approx J$) liegen Spektren höherer Ordnung vor und für die Bezeichnung der koppelnden Kerne werden benachbarte Buchstaben verwendet.

    z. B.   R–CH = CH – R$'$ $\Rightarrow$ **AB**

- Bei mittlerer Kopplung werden Buchstaben aus der Mitte des Alphabets benutzt.

z. B.

$$-C=C\begin{array}{c}H\\\\H\end{array}\quad\Rightarrow \mathbf{AMX}$$

- Magnetisch nicht äquivalente Kerne werden mit einem Strich (′) gekennzeichnet.

z. B. ⇒

$$\Rightarrow \quad \mathbf{AA'XX'}$$
oder
$$\mathbf{AA'BB'}$$

AA′XX′- bzw. AA′BB′-Spinsysteme liegen auch bei *para*-disubstituierten Aromaten vor, vorausgesetzt, die Substituenten am Benzen sind unterschiedlich. Ob die Buchstaben X oder B verwendet werden, hängt vom Unterschied der chemischen Verschiebungen der beiden Kernsorten ab. Sind diese sehr groß wie beispielsweise in *para*-Nitrophenol, liegt ein AA′XX′-System vor, sind die Unterschiede gering (z. B. *para*-Chlortoluen) ist das Spinsystem als AA′BB′ zu bezeichnen. Sind die Substituenten gleich wie in *para*-Dichlorbenzen, so haben alle H-Atome die gleiche chemische Verschiebung, koppeln aber unterschiedlich miteinander, so dass ein AA′A″A‴ resultiert. Da diese Kopplungen jedoch keine Signalaufspaltung verursachen, wird ein Singulett beobachtet und daher das Spinsystem mit A_4 bezeichnet.

In 1,2-disubstituierten Ethylenverbindungen $X–CH_2–CH_2–Y$ sind die beiden Methylenprotonen chemisch äquivalent, da in der gezeigten staggered Konformation eine Spiegelebene vorliegt. Die anderen möglichen Konformere besitzen zwar keine σ mehr, jedoch bleibt die chemische Äquivalenz bei schneller Rotation erhalten. Die unterschiedlichen vicinalen Kopplungen werden jedoch nicht herausgemittelt, daher sind die Protonen jeder CH_2-Gruppe magnetisch nicht äquivalent. Es liegt also ein AA′BB′-Spinsystem vor, das allenfalls zu einem einfachen A_2X_2-Spinsystem übergeht, wenn die vicinalen Kopplungskonstanten gleich oder sehr ähnlich sind ($^3J_{AB} \approx {}^3J_{AB'}$). Als Beispiel wird in **Bild 4.12** das ^{1}H-NMR-Spektrum von Bis-(chlorethyl)-ether, $(Cl–CH_2–CH_2)_2–O$ vorgestellt.

Übung 4.3

1. Die Wertebereiche der ^{1}H-Signale von Carbonsäuren R-CO**OH** und der Formylprotonen R-C**HO** überlappen teilweise. Wie können sie experimentell sicher unterschieden werden?

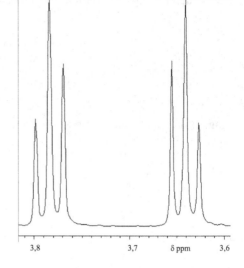

Bild 4.12:
400 MHz-^{1}H-NMR-Spektrum von
Bis-(chlorethyl)-ether (Cl–CH$_2$–CH$_2$)$_2$–O

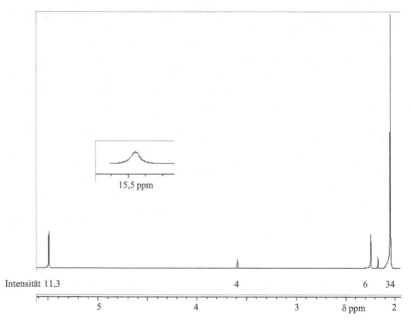

Bild 4.13:
400 MHz-^{1}H-NMR-Spektrum von Acetylaceton CH$_3$–C(O) –CH$_2$–C(O)–CH$_3$ (23)

2. Die vicinale Kopplung zwischen dem Proton am N und der benachbarten CH_2-Gruppe wird in Aminen R–CH_2–NH–R′ im allgemeinen nicht beobachtet, in Amiden R–C(=O) –NH–CH_2–R′ erscheint die Methylengruppe (bei Abwesenheit weiterer Kopplungen) jedoch als Dublett, während das Signal der NH-Gruppe breit ist und keine Feinstruktur erkennen lässt. Welche Ursachen sind für diesen Sachverhalt in Betracht zu ziehen?

3. Ermitteln Sie aus dem ^{1}H-NMR-Spektrum in **Bild 4.13** das Molverhältnis der tautomeren Keto- und Enol-Form von Acetylaceton (23).

4. Bei der Synthese von Butyraldoxim, CH_3–CH_2–CH_2–CH=N–OH (24) entsteht ein anti/syn-Isomeren-Gemisch, von dem das 250 MHz-^{1}H-NMR-Spektrum in **Bild 4.14** wiedergegeben ist. Für das Methinproton in Oximen R-CH=NOH gilt: $\delta_{syn} > \delta_{ant}$. In welchem Molverhältnis liegen die Isomeren vor?

   Benennen Sie die Multipletts, entwickeln Sie die Kopplungen für alle Signalgruppen als Strichdiagramme, geben Sie die chemischen Verschiebungen für alle Protonen an, ermitteln Sie die Kopplungskonstanten und ordnen Sie alle Signalgruppen zu!

5. Aus dem 400 MHz-^{1}H-NMR-Spektrum in **Bild 4.15** ist das Molverhältnis vom Gemisch der Isomeren Hexen-1 (CH_3–CH_2–CH_2–CH_2–CH=CH_2) und 4-Methyl-penten-1 ((CH_3)$_2$CH–CH_2–CH=CH_2) zu ermitteln. Im Spektrum sind die Intensitäten der für die Auswertung relevanten Protonen (hohe Empfindlichkeit, sichere Zuordnung) angegeben.

6. In **Bild 4.16** ist das 400 MHz-^{1}H-NMR-Spektrum von Morpholin $HN(CH_2)_4O$ (25) dargestellt. Kennzeichnen Sie das Spinsystem! Ordnen Sie die Signale den Protonen zu!

7. Skizzieren Sie das ^{1}H-NMR-Spektrum als Strichdiagramm für die folgenden Verbindungen und benennen Sie das Spinsystem: a. Ethyl-*iso*-propylether b. (CH_3)$_3$P=O c. Methyl-*tert.*-butyl-keton d. CF_3CH_2Cl e. $ClCH$=C(F)P(=O)(OR)$_3$

8. Zeichnen Sie das Strichdiagramm für den Ausschnitt des 250 MHz-^{1}H-NMR-Spektrum für eine Vinylgruppe R-CH=CH_2 mit folgenden Daten: $\delta_1 = 5{,}22$ Hz $\delta_2 = 5{,}73$ Hz $\delta_3 = 6{,}70$ Hz J(H$_1$/H$_2$) = 16 Hz J(H$_1$/H$_3$) = 10 Hz J(H$_2$/H$_3$) = 2,5 Hz

9. Entscheiden Sie, ob die Protonen homotop, enantiotop oder diastereotop sind! Benennen Sie das Spinsystem!

   a. CH_3–CH_2–COOH   b. HOOC–CH_2–CHCl(COOH)

   c. CH_3–O–CH_2–O–CH_3 d. CH_3–O–CH_2–Cl

   e. CH_3–CH(OH)–CH_2–COOH   f. 1,3-Dioxolane (26)

   g. HO–CH_2–CH(OH) –CH_2OH   h. p-Cl–C_6H_4–C(CH_3)$_2$Cl

10. Kennzeichen Sie das Spinsystem für die H-Atome in folgenden Verbindungen:

    a. Cl_2CH–CH_3 b. CH_3–SH   c. (CH_3)$_2$CH-Cl   d F_2C=CH_2

    e *trans*-HFC=CHF   f. *cis*-HFC=CHF   g. 2,6-Dichlorpyridin

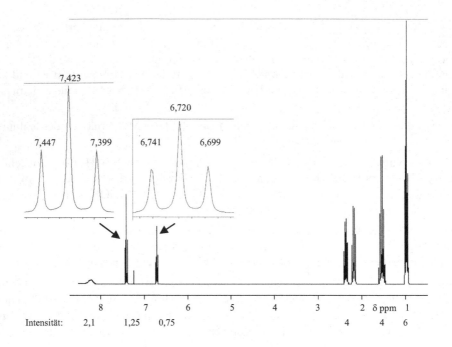

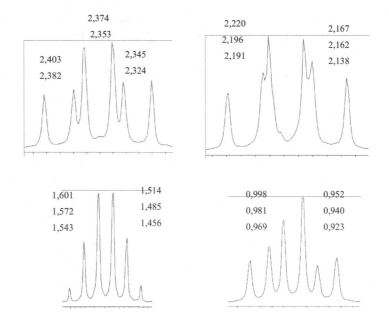

Bild 4.14:
250 MHz-^{1}H-NMR-Spektrum mit gespreizten Bereichen der anti/syn-Isomeren von
Butyraldoxim CH_3–CH_2–CH_2–CH=N–OH (24)

Bild 4.15:
400 MHz-^{1}H-NMR-Spektrum von einem Gemisch aus Hexen-1 $CH_3(CH_2)_3CH=CH_2$ (27) und 4-Methylpenten-1 $(CH_3)_2CHCH_2CH=CH_2$ (28)

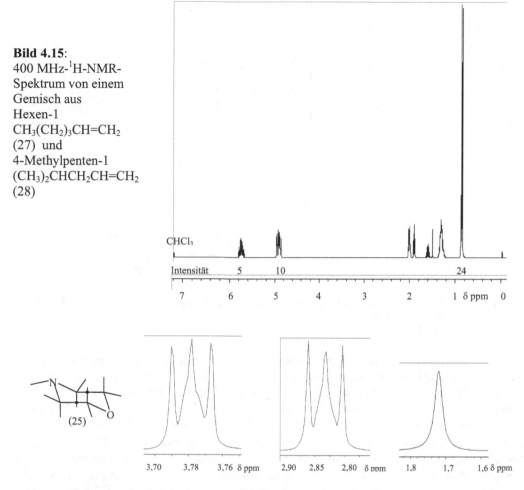

Bild 4.16: 400 MHz-^{1}H-NMR-Spektrum von Morpholin (25)

4.3 Analyse von ^{1}H-NMR-Spektren

4.3.1 Spektren 1. Ordnung

Spektren 1. Ordnung liegen in einem Spinsystem vor, wenn die Differenz der chemischen Verschiebungen Δv sehr viel größer ist als die Kopplungskonstante J.

Als Richtzahl gilt: $\Delta v / J > 7$ (Manchmal wird auch der 10-fache Wert angegeben.)

Das Multiplett M der Signalgruppe wird durch die Zahl der koppelnden *Nachbar*kerne N bestimmt: **M = N + 1**.

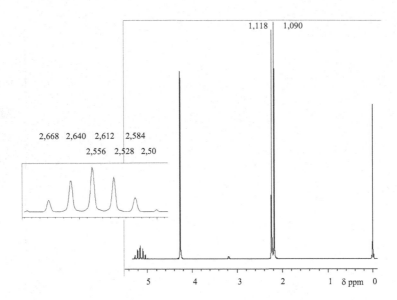

Bild 4.17: 250 MHz-^{1}H-NMR-Spektrum einer Verbindung mit der Summenformel $C_4H_{10}O$
(Spektrum zu **Beispiel 4.8**)

Da die Differenz der chemischen Verschiebung $\Delta\nu$ von der Apparatefeldstärke bestimmt wird,
die Kopplungskonstante J hingegen feldstärke*un*abhängig ist, wird beim Übergang zu höherer
Apparatefeldstärke $\Delta\nu$ größer, so dass ein Spektrum höherer Ordnung in ein einfacher
auswertbares Spektrum 1. Ordnung überführt werden kann. Die Vereinfachung der Spektren
ist ein weiterer Grund, weshalb immer höhere Apparatefeldstärken zur Anwendung kommen.

Spektren 1. Ordnung mit zwei chemisch verschiedenen Kernsorten werden gemäß der
Nomenklatur von Spinsystemen allgemein $\mathbf{A_mX_n}$ bezeichnet. Im Zentrum (Signalschwer-
punk) der Multipletts werden die chemischen Verschiebungen für die Kerne A (δ_A) und X (δ_X)
erhalten und der Absolutbetrag der Kopplungskonstanten J [Hz] kann aus der Differenz jeder
benachbarten Linie des Multipletts entnommen werden.

Magnetisch nicht äquivalente Kernen erzeugen *immer* Spektren höherer Ordnung.
Spinsysteme mit magnetisch nicht äquivalenten Kernen können nie in Spektren 1. Ordnung
überführt werden.

Der Grund dafür ist, dass in Spinsysteme mit magnetisch nicht äquivalenten Kernen nicht der
Abstand der chemischen Verschiebung $\Delta\nu$, sondern die verschiedenen (feldstärke*un*-
abhängigen!) Kopplungskonstanten dafür verantwortlich sind, dass ein Spektrum höherer
Ordnung vorliegt.

Beispiel 4.8

In **Bild 4.17** ist das ^{1}H-NMR-Spektrum einer Verbindung mit der Summenformel $C_4H_{10}O$
dargestellt. Die Struktur der Verbindung ist zu erarbeiten.

Lösung

Im ^{1}H-NMR-Spektrum werden 3 Signalgruppen beobachtet: Septett mit δ_1 = 2,584 ppm (zentrale Linie des Multipletts), Singulett bei δ_2 = 4,13 ppm, Dublett bei δ_3 = 1,104 ppm (im Mittelpunkt der beiden Linien). Die Protonen bei δ_1 = 2,584 ppm koppeln mit 6 äquivalenten Nachbarkernen (N = 7 – 1 = 6). Der Absolutwert der Kopplungskonstanten J entnimmt man dem (für alle Linien) gleichen Signalabstand von $\Delta\delta$ = 0,028 ppm. Für ν_0 = 250 MHz entspricht das einem Abstand von $J = \Delta\delta \cdot \nu_0 \cdot 10^{-6}$ = 0,028 · 250 · 10^6 · 10^{-6}= 7 Hz.

Die Protonen bei δ_3 = 1,104 ppm koppeln mit N = 2 – 1 = 1 Nachbarkernen. Der Signalabstand ist der gleiche wie im Septett und entspricht $|J|$ = 7 Hz.

In **Tabelle 6.4.9** finden wir für J = 7 Hz und der Tatsache, dass die Summenformel mit DBE = 0 zu einer gesättigten Verbindung gehört, eine vicinale Kopplung (^{3}J) über drei σ-Bindungen. Diese Signalgruppe diagnostiziert eindeutig die *iso*-Propylstruktur $(CH_3)_2CH-$.

Aus der Differenz zur Summenformel verbleibt für das CH-Skelett noch eine CH_3-Gruppe, die als Singulett an keiner CH_x-Gruppe benachbart angeordnet werden darf.

Aus der tiefen Lage der chemischen Verschiebungen der CH- sowie der CH_3-Gruppe erkennt man, dass beide Gruppen direkt mit O verknüpft sein müssen. Die durch die hohe Elektronegativität von O bedingte Entschirmung der Protonen wirkt sich selbst noch auf die Lage der Methylprotonen der *iso*-Propylgruppe deutlich aus, die über ein C-Atom vom O entfernt stehen. (Methylsignale im CH-Skelett liegen bei < 1 ppm.) Die Verbindung mit der Summenformel $C_4H_{10}O$ gehört daher zu *iso*-Propyl-methylether, $(CH_3)_2CH-O-CH_3$.

Spektren vom Typ **AMX** können in der Regel wie Spektren 1. Ordnung ausgewertet werden. Sie liegen vor, wenn sich die chemischen Verschiebungen in mittlerer Stärke unterscheiden. Für das Dreispinsystem AMX werden die chemischen Verschiebungen δ_A, δ_M und δ_X im Zentrum der drei Signalgruppen entnommen. Aus den Multipletts erhält man die drei Kopplungskonstanten J_{AX}, J_{MX} und J_{AM}.

Ein AMX-System liegt vor, wenn die kleinste Differenz der chemischen Verschiebungen größer ist als das zweieinhalbfache der größten Kopplungskonstanten J: $\Delta\nu_{min} > \mathbf{2{,}5} \cdot \mathbf{J_{max}}$.

Im 400 MHz ^{1}H-NMR-Spektrum von 2,3-Dichlorphenol (29) (**Bild 4.18**) liegt ein AMX-Spinsystem vor: $\Delta\nu_{min} = \Delta(\delta_A - \delta_M) \cdot 400$ MHz · 10^{-6} = 44 Hz ist größer als 2,5 · 8 Hz = 20 Hz. Da die vom Kern A ausgehenden *ortho*-Kopplungen quasi gleich sind, „verschmilzt" das Dublett von Dubletts (Symbol: dd) für Kern A zu einem Triplett. Die beiden anderen Kerne erscheinen jeweils als Dublett von Dubletts (dd) mit $J_{1,\,ortho}$ = 8 Hz und $J_{2,\,meta}$ = 2 Hz.

4.3.2 Spektren höherer Ordnung

Spektren höherer Ordnung liegen bei starker Kopplung vor, d. h. wenn die Kopplungskonstante J und die Differenz der chemischen Verschiebung $\Delta\nu$ sehr ähnlich sind. Als Faustregel gilt: $\Delta\nu/J < 7$.

Aus Spektren höherer Ordnung können δ und J nicht mehr direkt entnommen werden. Für einige Spektren höherer Ordnung können jedoch die Parameter δ und J aus Formeln berechnet werden, die aus quantenmechanischen Lösungen erhalten wurden. Für andere Spektren höherer Ordnung ist nur der Spektrentyp zu erkennen, δ und J können nur über Spektrensimulation gewonnen werden.

Charakteristika von Spektren höherer Ordnung

Am Beispiel eines Dreispinsystems wird das Spektrum 1. Ordnung AX_2 dem Spektrum höherer Ordnung AB_2 in Form der Strichdiagramme gegenübergestellt:

1. Ordnung (AX_2)   höherer Ordnung (AB_2)

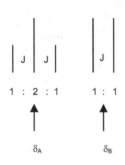

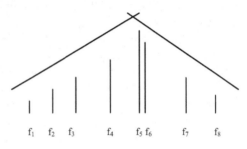

Strichdiagramme

Unterschiede

- Gleiche Linienabstände	*un*gleiche Linienabstände
- Linienzahl: M = N + 1	*mehrere* Linien als nach 1. Ordnung
- Linienintensität: wie Binominalkoeffizienten	*Dacheffekt* der Linienintensitäten
- Parameter δ, J:	nur über Formeln, meist überhaupt nicht
direkt aus dem Spektrum zu entnehmen	

Erkennung Spektren höherer Ordnung: ungleiche Linienabstände; mehrere Linien als nach 1. Ordnung berechenbar; Dacheffekt der Linienintensitäten.

Während die *iso*-Propylgruppe in Cumen (1) ein Spektrum 1. Ordnung liefert ($\Delta\delta/J \approx 70$), erfüllen die aromatischen Protonen alle o. g. Kriterien für ein Spektrum höherer Ordnung (**Bild 4.19**). Sie gehören zu einem AA′BB′C-System, die *iso*-Propylgruppe zu einem AX_6-System.

Ein mehr oder weniger stark ausgeprägter Dacheffekt macht sich jedoch auch bei Spektren 1. Ordnung bemerkbar, obwohl alle anderen Kriterien für ein Spektrum 1. Ordnung erfüllt sind und das Spektrum explizit ausgewertet werden kann. Dieser angedeutete Dacheffekt ist hilfreich bei der Erkennung zusammen gehöriger Spinsysteme in ^{1}H-NMR-Spektren mit mehreren, vor allem bei überlagerten Spinsystemen.

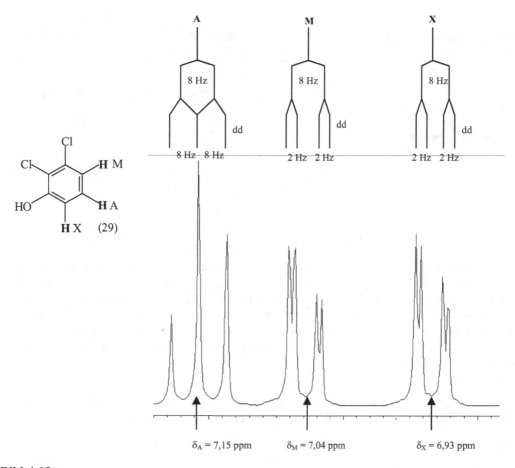

Bild 4.18:
400 MHz ^{1}H-NMR-Spektrum von 2,3-Dichlorphenol (29) mit Strichdiagramm des
AMX-Spinsystems

Bild 4.19:
Dacheffekt der Linienintensitäten der aromatischen Protonen
im ^{1}H-NMR-Spektrum von Cumen (1) (s. **Bild 4.3**)

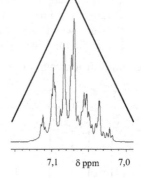

AB-System

Muster eines Strichdiagramms: Beispiele:

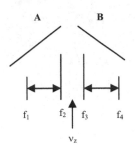

Auswertung: $\nu_{A,B} = \nu_z \pm 0,5 \cdot \sqrt{(f_1 - f_4) \cdot (f_2 - f_3)}$

$$|J| = |f_1 - f_2| = |f_3 - f_4|$$

Die Parameter eines AB-Systems können explizit dem Spektrum entnommen werden. J_{AB} wird wie für das AX-System direkt aus dem Linienabstand erhalten. Während beim AX-System jedoch alle Linien gleiche (oder annähernd gleiche) Intensität besitzen und δ_A und δ_X jeweils in der *Mitte* des Dubletts entnommen werden, wird im AB-System ein Dacheffekt erkannt und δ_A sowie δ_B wandern umso mehr in Richtung der stärkeren inneren Linien, je steiler das „Dach", d. h. umso geringer der Unterschied in den chemischen Verschiebungen der Kerne A und B ist.

AB_2-System

Das Strichdiagramm und ein Beispiel sind für ein Dreispinsystem vom Typ AB_2 oben bereits vorgestellt worden. Ein AB_2-System lässt sich wie ein AB-System explizit auswerten:

$$\nu_A = f_3 \qquad \nu_B = 0,5 \cdot (f_5 + f_7) \qquad |J_{AB}| = \frac{1}{3} \cdot |(f_1 - f_4) + (f_6 - f_8)|$$

Dreispinsysteme

ABX-System

Das Vorliegen eines ABX-Spinsystems kann im ^{1}H-NMR-Spektrum erkannt und in die Strukturanalyse einbezogen werden, s. Muster eines Strichdiagramms für ein ABX-System. Im Zentrum des X-Teils (4 Linien etwa gleicher Intensität, manchmal von zwei weiteren schwachen Linien ergänzt) kann die chemische Verschiebung von X entnommen werden. Weitere Parameter können nicht direkt aus dem Spektrum erhalten werden. Ein ABX-System ist zu erwarten, wenn sich die chemischen Verschiebungen von zwei Kernen nur gering unterscheiden, die Differenz zum dritten Kern jedoch deutlich größer ist.

Muster eines Strichdiagramms für ein ABX-Systems: Beispiel:

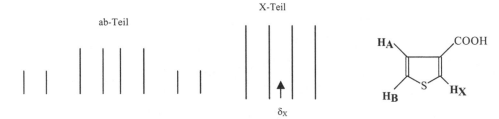

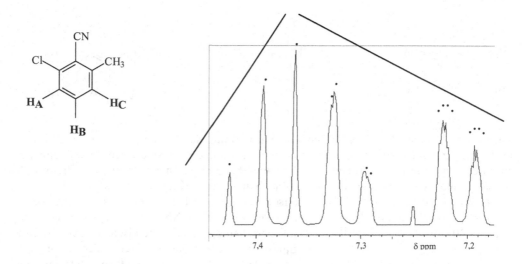

Bild 4.20: 250 MHz-[1]NMR-Spektrum von 2-Methyl-6-chlor-benzonitril

ABC-System

Ein ABC-Spinsystem liegt vor, wenn sich die chemischen Verschiebungen aller drei Kerne nur geringfügig unterscheiden. Die Differenzen können sogar kleiner als die Kopplungs-konstanten sein.

Ein ABC-Spinsystem besteht theoretisch aus 15 Linien, die jedoch in den seltensten Fällen alle aufgelöst sind. Durch Vergleich der Liniendifferenzen und -intensitäten mit den anderen Dreispinsystemen kann das ABC-System erkannt werden. Eine Entnahme von Parametern ist jedoch nicht möglich.

In **Bild 4.20** wird das 250 MHz-^{1}H-NMR-Spektrum von 2-Methyl-6-chlor-benzonitril als ein typisches ABC-System präsentiert. Die 15 Signale sind – wenn auch nicht alle aufgelöst – im Spektrum zu erkennen (punktierte Angabe der Signale).

Vierspinsysteme

Von den Vierspinsystemen sind strukturanalytisch das **AA′XX′**- bzw. **AA′BB′**-Spinsystem relevant. Da diese Systeme magnetisch nicht äquivalente Kerne enthalten, handelt es bei diesen Spinsystemen *immer* um Spektren höherer Ordnung. Sie können jedoch leicht an der Symmetrie der beiden „Dachhälften" erkannt werden und liefern wichtige strukturanalytische Informationen, auch wenn die chemischen Verschiebungen der Kerne und die Kopplungs-konstanten nicht direkt zugänglich sind.

So können beispielsweise die folgenden Strukturtypen von Aromaten/Heteroaromaten an Hand der AA′XX′- bzw. AA′BB′-Spinsysteme eindeutig erkannt und von isomeren Strukturen sicher unterschieden werden:

Theoretisch besteht das AA'XX'-Spinsystem aus 20 und das AA'BB'-System aus 24 Linien. In den wenigsten Fällen sind alle Linien aufgelöst. Zu erkennen sind diese Spinsysteme aber an ihrer *symmetrischen* Struktur. Als Spektren höherer Ordnung hängt die Struktur der Signale außer von den chemischen Verschiebungen und Kopplungskonstanten auch vom Apparatefeld ab. Bei relativ großen Unterschieden in der chemischen Verschiebung werden für das Spinsystem die Buchstaben A und X verwendet (AA'XX'), z. B. in *para*-Chloraceto-phenon (30) mit $\Delta v \approx 115$ Hz (**Bild 4.21**). Unterscheiden sich die chemischen Verschiebungen nur geringfügig, liegt ein AA'BB'-Spinsystem vor. Die Differenz der chemischen Verschiebungen für *para*-Chlorbenzonitril (31) mit $\Delta v \approx 32$ Hz (**Bild 4.22**) ist nicht mindestens siebenfach größer als die Kopplungskonstanten. Es liegt daher ein AA'BB'-Spinsystem vor.

Je kleiner die Differenz der chemischen Verschiebung der beiden Kernsorten wird, umso näher rücken die beiden symmetrischen Signalhälften zusammen, desto steiler wird das „Dach" der Signalintensitäten. Ist schließlich $R_1 = R_2$, so „verschmelzen" die Signalhälften zu einem Singulett, es liegt dann ein A_4-Spinsystem vor.

Ein AA'BB'-Spinsystem bilden auch die Protonen in einem *ortho*-disubstituierten Aromaten mit *gleichen* Substituenten oder auch in Anthracen (32) (s. **Bild 4.23**). Eine sichere Unterscheidung zwischen den AA'XX'-Systemen *ortho*-di- und *para*-di-Substitution liefert das ^{13}C-NMR-Spektrum: Bei *ortho*-Substitution erscheinen drei ^{13}C-Signale mit *einem* intensitätsschwachen quartären C-Atom, bei para-Substitution sind es vier Signale mit *zwei* quartären C-Atomen.

Wie oben bereits begründet, liegt das AA'XX'- bzw. AA'BB'-Spinsystem auch in der Struktureinheit $-CH_2-CH_2-$ vor und offenbart sich vor allem in wenig flexiblen Systemen, wie in starren Ringen.

Übung 4.4

1. Gegeben ist der Ausschnitt aus dem 250 MHz-^{1}H-NMR-Spektrum von 3-Ethyl-3-methyl-glutarsäure (33) (**Bild 4.24**). Ermitteln Sie die chemischen Verschiebungen und die Kopplungskonstante! Zeigen Sie, dass es sich um ein AB-System handelt! Zu welchen Protonen gehören die Signale? Warum sind die Protonen nicht chemisch äquivalent?

2. Zu welchem Spinsystem gehören die Protonen in Thiophen (34)?

3. Ein A_2X_2-Spinsystem liefert ein Spektrum 1. Ordnung. Warum gehört ein AA'XX' zu einem Spektrum höherer Ordnung? Warum kann ein solches Spinsystem nie in ein Spektrum 1. Ordnung überführt werden? Warum und wie könnte hingegen ein AB_2-Spektrum in ein AX_2-System überführt werden?

(34)

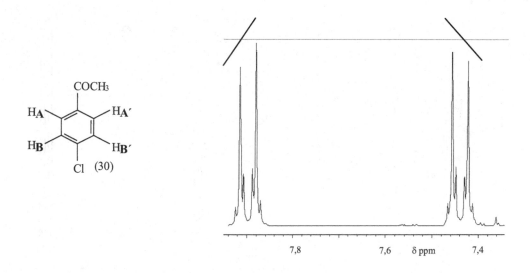

Bild 4.21: Ausschnitt aus dem 250 MHz-^{1}H-NMR-Spektrum von p-Chloracetophenon (30): AA′XX′-Spinsystem

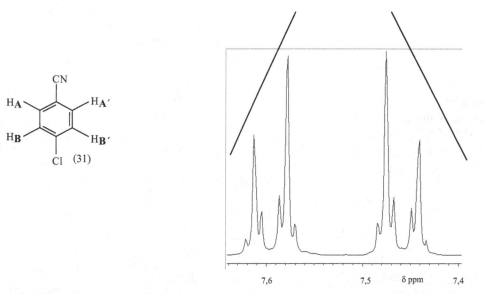

Bild 4.22: 250 MHz-^{1}H-NMR-Spektrum von p-Chlorbenzonitril (31): AA′BB′-Spinsystem

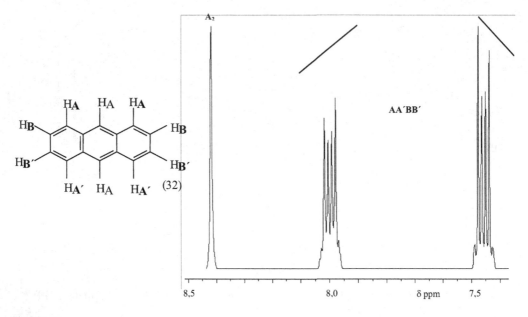

Bild 4.23:
250 MHz-^{1}H-NMR-Spektrum von Anthracen (32): A_2 + AA´BB´-Spinsystem

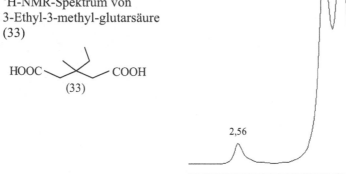

Bild 4.24:
Ausschnitt aus dem 250 MHz-^{1}H-NMR-Spektrum von 3-Ethyl-3-methyl-glutarsäure (33)

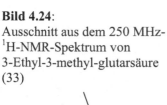

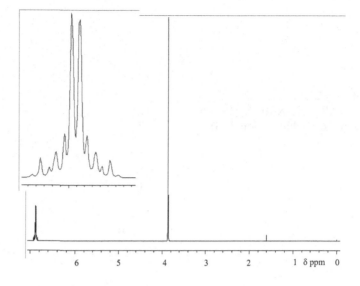

Bild 4.25:
250 MHz-¹H-NMR-
Spektrum **zu Übung 4.4.4**
(Summenformel $C_8H_{10}O_2$)

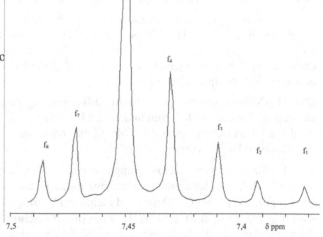

Bild 4.26:
250 MHz-¹H-NMR-Spektrum vo
2,6-Dibrompyridin (35)

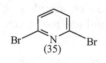

4. In **Bild 4.25** ist das 250 MHz-¹H-NMR-Spektrum einer Verbindung mit der Summen-
    formel $C_8H_{10}O_2$ abgebildet. Erarbeiten Sie einen Strukturvorschlag. Benennen Sie die
    Spinsysteme. Berechnen Sie die chemischen Verschiebungen!

Bild 4.27:
250 MHz-^{1}H-NMR-Sepktrum
von 2,6-Dichlorpyridin (36)

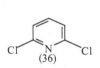

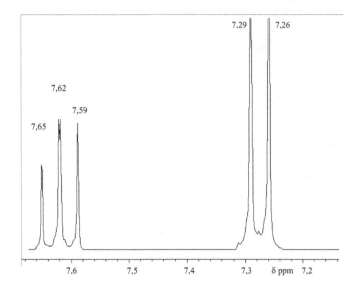

5. **Bild 4.26** und **Bild 4.27** präsentieren die 250 MHz-^{1}H-NMR-Spektren von 2,6-Dibrom-pyridin (35) sowie 2,6-Dichlorpyridin (36). Ermitteln Sie die chemischen Verschiebungen sowie die Kopplungskonstanten und benennen Sie die Spinsysteme! Zeigen Sie, dass Spektren 1. bzw. höherer Ordnung vorliegen! Ist für Verbindung (35) in einem 600 MHz-Gerät ein Spektrum 1. Ordnung zu erwarten?

6. Eine Verbindung mit der Summenformel $C_{11}H_{13}NO$ liefert das in **Bild 4.28** wieder-gegebene 400 MHz-^{1}H-NMR-Spektrum. Die Verbindung zeigt keine mit D_2O austauschbare Protonen. Die Struktur der Verbindung ist zu erarbeiten! Geben Sie die chemischen Verschiebungen und – soweit möglich – die Kopplungskonstanten an und benennen Sie die Spinsysteme!

7. Das ^{1}H-NMR-Spektrum einer Allyl-Metallverbindung vom Typ CH_2CHCH_2MeX besteht aus einem Quintett bei 6,2 ppm und einem Dublett bei 2,5 ppm. Es ist zu entscheiden, ob in dieser Verbindung eine Me-C-Bindung oder eine ionische Struktur mit einem Allylkation oder Allylanion vorliegt!

8. Die Einführung einer Acetoxygruppe in ein $^1\Delta$-Steroid (37) führte zu einem Derivat, dessen Molpeak der erwarteten Summenformel entspricht. Ist die CH_3COO-Gruppe gemäß Formelbild am C-2-Atom und nicht am C-1 eingeführt worden? Liegt das α- oder β-Epimere vor? In **Bild 4.29** ist der relevante Ausschnitt aus dem 300 MHz-^{1}H-NMR-Spektrum dargestellt. Die Integration entspricht dem Signal für 1 H-Atom.

9. In **Bild 4.30** ist das 400 MHz-^{1}H-NMR-Spektrum eines Anilinderivats (38) mit vier Substituenten (NH_2, 2 CH_3 und NO_2) abgebildet. Im Aromatenbereich werden zwei Dubletts im Intensitätsverhältnis von jeweils 1 : 1 beobachtet. Welche Informationen zur Struktur können aus dem vorliegenden Spektrum gewonnen werden, welche bleiben noch offen? Geben Sie die Spinsysteme an!

Bild 4.28:
400 MHz-^{1}H-NMR-Spektrum
mit gespreizten Ausschnitten
zu **Übung 4.4.6**
(Summenformel: $C_{11}H_{13}NO$)
Relative Intensitäten:
Von rechts: 1 : 3 : 2 : 1 : 6

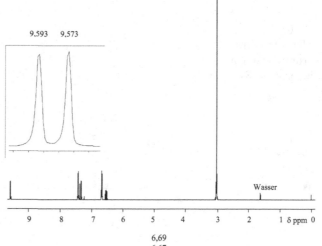

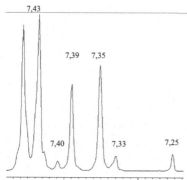

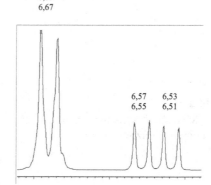

Bild 4.29:
Ausschnitt aus dem 300 MHz-^{1}H-NMR-Spektrum eines
steroidalen Syntheseproduktes (36)

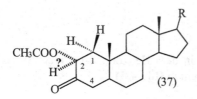

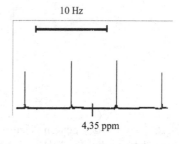

Bild 4.30:
400 MHz-^{1}H-NMR-
Spektrum von einem
Anilinderivat (38)

(38)

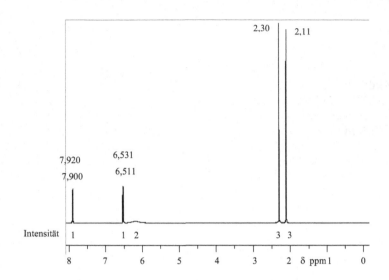

Bild 4.31:
250-MHz-^{1}H-NMR-Spektrum
von einem Benzonitrilderivat
(39)

(39)

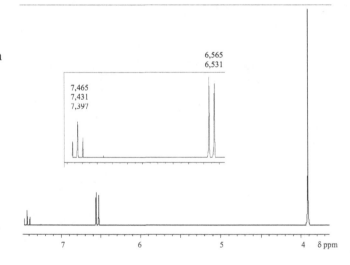

10. Die Position der beiden Methoxygruppen in dem Benzonitril-Derivat (39) ist gesucht.
    Gegeben ist das 250 MHz-^{1}H-NMR-Spektrum in **Bild 4.31**.

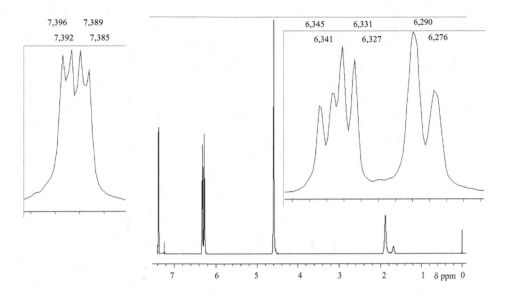

Bild 4.32: 250-MHz-^{1}H-NMR-Spektrum zu **Übung 4.4.11**

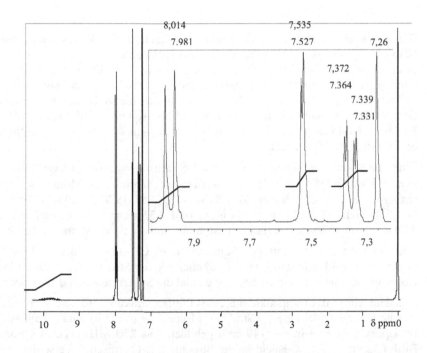

Bild 4.33: 250-MHz-^{1}H-NMR-Spektrum zu **Übung 4.4.12** (LM: $CDCl_3$)

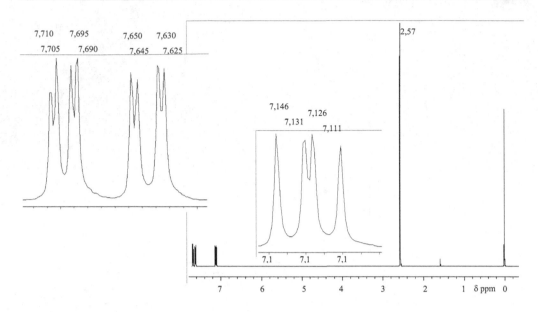

Bild 4.34: 250-MHz-^{1}H-NMR-Spektrum zu **Übung 4.4.13** (Summenformel: C_6H_6OS)

11. Eine aus Kleie isolierte Flüssigkeit führt nach katalytischer Reduktion zu einer flüssigen Verbindung, für die der Molpeak massenspektrometrisch zu m/z = 98,0369 amu bestimmt wurde. Ein (M+2)-Peak tritt praktisch nicht in Erscheinung. Im IR-Spektrum dominieren eine sehr intensive, breite Bande bei 3365 cm^{-1} und eine starke Bande bei 1055 cm^{-1}. Das MS sowie das IR-Spektrum ordnen die Verbindung einem Aromaten zu. Die Struktur ist anhand der gegebenen Daten sowie aus dem 250 MHz-^{1}H-NMR-Spektrum **Bild 4.32** zu erarbeiten. Alle Kopplungskonstanten sind zu bestimmen und die Spinsysteme sind zu benennen!

12. Eine unbekannte Verbindung zeigt im IR-Spektrum eine sehr breite Bande im Bereich von ≈ 3400 – 2500 cm^{-1}. Im MS werden im Bereich des Molpeaks folgende Peaks registriert: m/z in amu ($I_{rel.}$ in %): 190(36) 191(2,8) 192(22) 193(1) 194(6) 195(< 1). Das 250 MHz-^{1}H-NMR-Spektrum ist in **Bild 4.33** dargestellt. Gesucht ist die Struktur. Alle Kopplungskonstanten sind zu bestimmen und die Spinsysteme sind zu benennen!

13. Von einer Verbindung mit der Summenformel C_6H_6OS ist das 250 MHz-^{1}H-NMR-Spektrum in **Bild 4.34** dargestellt. Erarbeiten Sie die Struktur für diese Verbindung! Alle Kopplungskonstanten sind zu bestimmen und die Spinsysteme sind zu benennen!

14. Aus dem Abbau des Hauptalkaloids eines Pfefferextraktes wird eine Verbindung erhalten, für die aus dem MS eine C_8-Struktur (Molpeak = m/z 150 amu) ermittelt wurde. Der Basispeak wird von m/z = 149 amu gebildet. Das 250 MHz-^{1}H-NMR-Spektrum ist in **Bild 4.35** präsentiert. Gesucht ist die Struktur. Die chemischen Verschiebungen und alle Kopplungskonstanten sind zu berechnen und die Spinsysteme sind zu benennen!

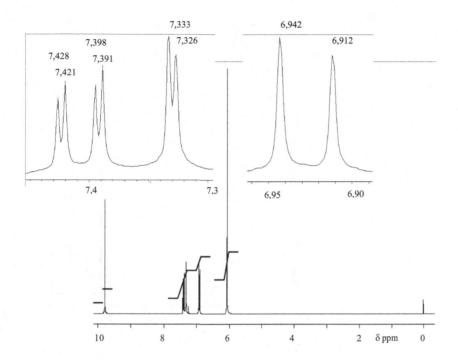

Bild 4.35: 250 MHz-^{1}H-NMR-Spektrum einer C_8-Verbindung (zu **Übung 4.4.14**)

15. Die Struktur einer Phosphorverbindung ist zu ermitteln. Aus dem MS- und IR-Spektrum wird die Struktur CHCl=C(F)P(=O)(OC$_2$H$_5$)$_2$ postuliert. Für den Strukturbeweis und die Festlegung des E/Z-Isomeren wurde ein ^{19}F-NMR-Spektrum registriert. Es wurde ein Doppeldublett (dd) mit den Kopplungskonstanten J$_1$ = 82 Hz und J$_2$ = 24,5 Hz erhalten. Kann die geminale Position von P und F als gesichert angenommen werden? Welches E/Z-Isomere liegt vor? Stellen Sie zusammen, auf welche Weise (spektroskopische Methode mit Informationen) folgende Struktureinheiten erkannt werden können (Mehrfachnennung von Möglichkeiten ist erwünscht): Anwesenheit von P und Cl; P=O; -OC$_2$H$_5$; C=C; **H**C=C.

    Skizzieren Sie das Strichdiagramm für das ^{1}H-NMR-Spektrum!

    Skizzieren Sie das Strichdiagramm für das ^{31}P-NMR-Spektrum!

    Wie ist in einem ^{1}H-NMR-Spektrum die Anwesenheit von P zu erkennen?

16. Ein Doppeldublett (dd) in einem ^{1}H-NMR-Spektrum kann ein ähnliches Aussehen wie ein Quartett (q) haben. Zu welchen Struktureinheiten gehören beide Multipletts? Wie kann ein dd sicher von einem q unterschieden werden?

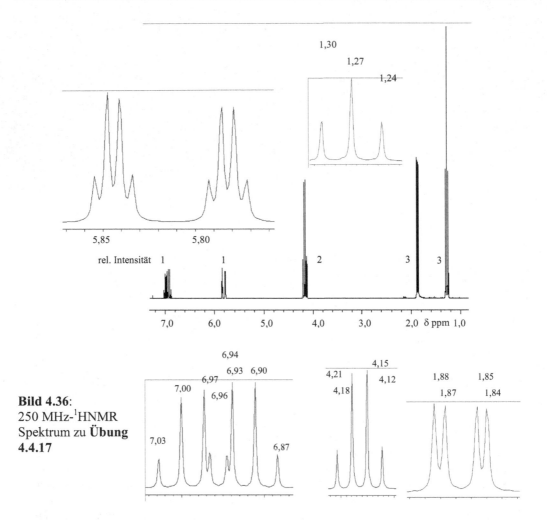

Bild 4.36:
250 MHz-^{1}HNMR
Spektrum zu **Übung 4.4.17**

17. Eine Verbindung (Summenformel aus MS: $C_6H_{10}O_2$) zeigt im UV-Spektrum eine Absorptionsbande bei λ_{max} = 205 nm (lg ε = 3,95). Das IR-Spektrum zeichnet sich durch folgende Banden aus: 3052 m, 2980 m, 2940 m, 2918 m, 2876 m, 1722 vs, 1652 s, 1446 m, 1377 m, 1185 s, 1042 s, 967 s. Das 250 MHz-^{1}H-NMR-Spektrum ist **Bild 4.36** zu entnehmen. Erarbeiten Sie die Struktur für diese Verbindung! Ordnen Sie die IR-Banden sowie die chemischen Verschiebungen zu! Ermitteln Sie alle Kopplungskonstanten und benennen Sie die Spinsysteme! Berechnen Sie λ_{max} für Ihren Strukturvorschlag!

18. Aus dem 400 MHz-^{1}H-NMR-Spektrum in **Bild 4.37** ist die Struktur der Verbindung (Summenformel aus MS: $C_5H_{13}N$) zu erarbeiten! Die chemischen Verschiebungen und Kopplungskonstanten sind zuzuordnen!

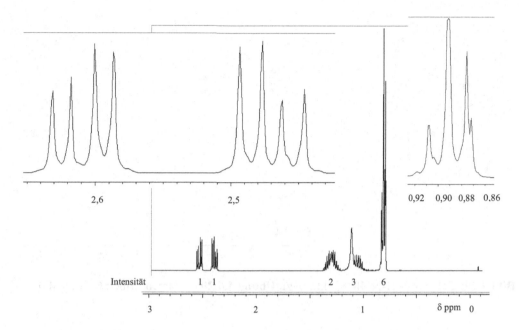

Bild 4.37: 400 MHz-^{1}H-NMR-Spektrum zu **Übung 4.4.18** (Summenformel: $C_5H_{11}N$)

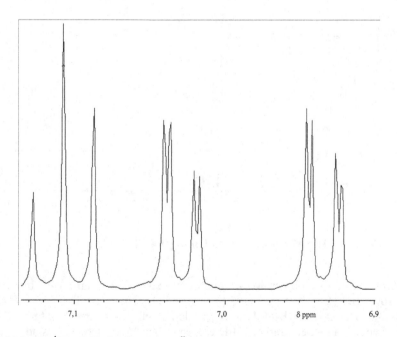

Bild 4.38: 250 MHz-^{1}H-NMR-Spektrum zu **Übung 4.4.19**

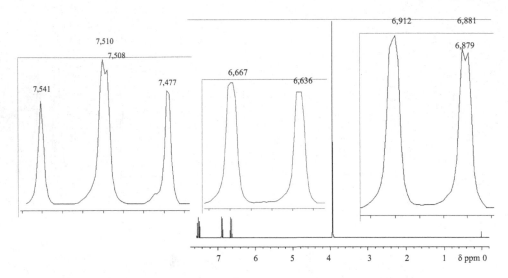

Bild 4.39: 250 MHz-^{1}H-NMR-Spektrum zu **Übung 4.4.20** (Summenformel: C$_6$H$_6$NClO)

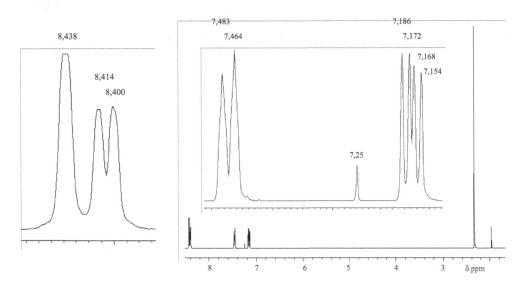

Bild 4.40: 400 MHz-^{1}H-NMR-Spektrum zu **Übung 4.4.21**

19. Ein Aromat zeigt im oberen MZ-Bereich die Peaks: m/z in amu (rel. Intensität in %): 162 (100), 163 (6,8), 164 (63), 165 (4,5), 166 (11), 167 (0,5). Das 250 MHz-^{1}H-NMR-Spektrum in D$_2$O ist in **Bild 4.38** abgebildet, 1 austauschbares H-Atom liegt vor. Ein Strukturvorschlag ist zu erarbeiten! Die chemischen Verschiebungen sind zu berechnen! Ist eine sichere Zuordnung der chemischen Verschiebungen möglich? Die Kopplungskonstanten sind zu ermitteln und zuzuordnen!

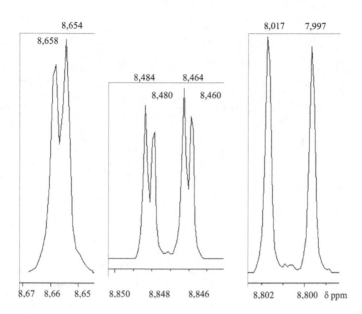

Bild 4.41: 400 MHz-^{1}H-NMR-Spektrum zu **Übung 4.4.22** (Summenformel: $C_7H_4N_2O_6$)

20. Die Struktur einer Verbindung mit der Summenformel C_6H_6NClO ist zu erarbeiten! Das 400 MHz-^{1}H-NMR-Spektrum ist **Bild 4.39** zu entnehmen. Das Intensitätsverhältnis beträgt (vom tiefen Feld beginnend): 1 : 1 : 1 : 3.

21. Eine Verbindung mit der Summenformel C_6H_7N liefert das in **Bild 4.40** wieder gegebene 400 MHz-^{1}H-NMR-Spektrum. Die Struktur dieser Verbindung ist gesucht. Berechnen Sie die chemischen Verschiebungen für Ihren Strukturvorschlag, ermitteln Sie die Kopplungskonstanten und ordnen Sie die Signale zu!

22. Von einer Verbindung mit der Summenformel $C_7H_4N_2O_6$ liegt das 400 MHz-^{1}H-NMR-Spektrum in D_2O vor (**Bild 4.41**). Im IR-Spektrum dominiert eine sehr intensive Absorptionsbande im Bereich 3300 – 2500 cm^{-1}. Erstellen Sie einen Strukturvorschlag! Die chemischen Verschiebungen sind zu berechnen, alle Kopplungskonstanten sind zuzuordnen!

23. Aus dem MS wird für eine Verbindung die Summenformel $C_9H_7NO_3$ ermittelt. Im IR-Spektrum werden Banden starker bzw. sehr starker Intensität bei 1714, 1522 und 1350 cm^{-1} beobachtet. Das 400 MHz-^{1}H-NMR-Spektrum ist in **Bild 4.42** dargestellt. Es liegen keine mit D_2O austauschbare Protonen vor. Erarbeiten Sie einen Strukturvorschlag (chemische Verschiebungen berechnen und zuordnen, alle Kopplungskonstanten sind zu ermitteln)!

24. Eine Verbindung mit der Summenformel $C_4H_6O_3$ liefert im IR-Spektren die Banden: 2969 (m), 2933 (m), 1789 (vs), 1484 (m), 1389 (m), 1364 (m), 1340 (m), 1186 (s). Das ^{1}H-NMR-Spektrum ist **Bild 4.43** zu entnehmen. Ein Strukturvorschlag ist zu erstellen und zu begründen!

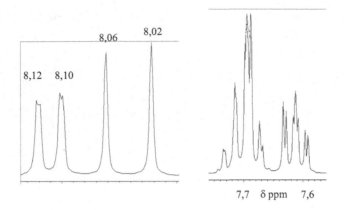

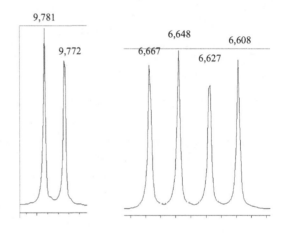

Bild 4.42:
400 MHz-^{1}H-NMR-Spektrum zu **Übung**
4.4.23 (Summenformel: $C_9H_7NO_3$) in
gespreizter Darstellung

25. Im ^{1}H-NMR-Spektrum einer Verbindung mit der Zusammensetzung C_3H_5FO werden zwei Dubletts beobachtet: $\delta_1 = 4{,}75$ ppm ($J_1 = 48$ Hz), $\delta_2 = 2{,}7$ ppm ($J_2 = 4{,}3$ Hz). Welche Struktur liegt vor? Skizzieren Sie das Strichdiagramm für das ^{19}F-NMR-Spektrum!

26. Für die unbekannte Verbindung aus **Beispiel 2.8** wurden aus den MS- und IR-Spektren folgende Struktureinheiten ermittelt: Aromat mit den funktionellen Gruppen NO_2, NH_2 und CH_3. Aus dem IR-Spektrum ergab sich anhand der oop-Gerüst- und γ_{CH}- sowie deren OS ein Hinweis für eine 1,2,4-Trisubstitution des Aromaten. Die Information aus dem UV/VIS-Spektrum (**Bild 3.33**) ist in **Übung 3.6.18** zu erarbeiten. Das MS spricht wegen eines fehlenden ortho-Effektes (Abspaltung von OH) gegen die Nachbarschaft von CH_3 und NO_2. In Weiterführung der Strukturanalytik dieser Verbindung werden in **Bild 4.44** das ^{13}C-NMR- sowie das 400 MHz-^{1}H-NMR-Spektrum präsentiert. Ermitteln Sie die Position der H-Atome des Aromaten! Welcher Substitutionstyp liegt vor? Begründen Sie Ihre Entscheidung! Welche strukturanalytischen Informationen sind noch nicht vollständig gesichert und bedürfen zusätzlicher NMR-Techniken?

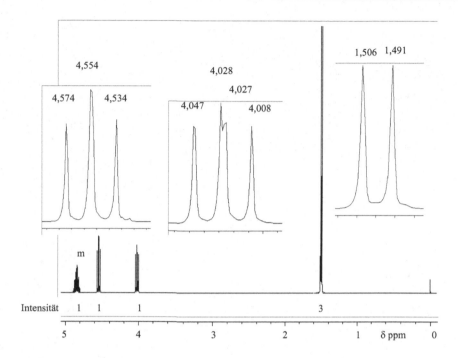

Bild 4.43: 400 MHz-^{1}H-NMR-Spektrum zu **Übung 4.4.24** (Summenformel: $C_4H_6O_3$)

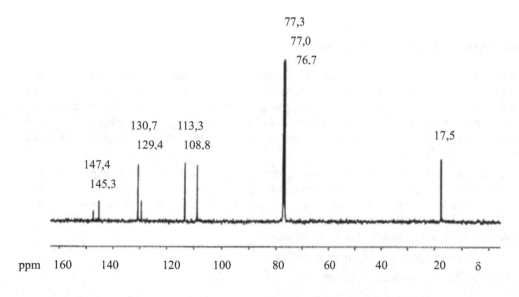

Bild 4.44 A: ^{13}C-NMR der Verbindung aus **Beispiel 2.8**

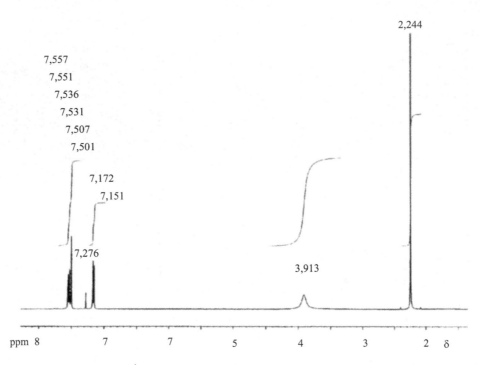

Bild 4.44 B: 400 MHz-^{1}H-NMR-Spektrum der unbekannten Verbindung aus **Beispiel 2.8**

4.4 Experimentelle Techniken

Die Interpretation der bisher erfassten so genannten *eindimensionalen* (**1D-**)NMR-Spektren stößt für komplexe Moleküle meist auf Schwierigkeiten. Ursachen können sein: Überlagerung verschiedener Signale; wegen Mehrfachkopplungen können die Kopplungskonstanten nicht mehr entnommen werden; die Signalzuordnung kann wegen ähnlicher chemischer Verschiebungen nicht mehr realisiert werden; keine Zuordnung der Signale ähnlicher chemischer Verschiebungen.

Um diese und weitere Probleme zu umgehen, stehen heutzutage eine Vielzahl experimenteller Techniken zur Verfügung, von denen hier nur solche aufgenommen werden, die in den Übungsaufgaben inbegriffen sind. Für weitere Techniken sowie zum theoretischen Verständnis dieser Techniken sei auf die im Vorwort aufgeführte Basisliteratur mit der dort angegebenen weiter führenden Literatur verwiesen.

(Einige) Zielstellungen der experimentellen Techniken sind:

-   Vereinfachung komplexer Spektren

    ⇒ Zuordnung schwer detektierbarer Signale

    ⇒ Eliminierung unerwünschter Kopplungen

    ⇒ Erzeugung leichter auswertbare Spektren 1. Ordnung

- Erkennung koppelnder Spinsysteme
- Ermittlung der CH_x-Struktur
- Zuordnung der ^1H- und ^{13}C-Signale in komplexen Molekülen.

4.4.1 Erhöhung der Magnetfeldstärke B_0

Wie oben bereits erläutert, können Spektren höherer Ordnung durch Erhöhung des Apparatefeldes B_0 in leichter auswertbare Spektren 1. Ordnung überführt werden. Es soll aber nochmals daran erinnert werden, dass dies für Spinsysteme mit magnetisch nicht äquivalenten Kernen nicht gilt.

4.4.2 Verschiebungsreagenzien (LSR)

Werden den Probenmoleküle mit koordinationsfähigen Substituenten paramagnetische Ionen, vor allem β-Diketokomplexe von *Lanthaniden* zugesetzt, so werden aufgrund der Ausbildung einer koordinativen Bindung zwischen Probenmolekül und Lanthanidenkomplex die Signale des Probenmoleküls – zum Teil beträchtlich – verschoben. Die Art der Verschiebung wird durch das Lanthaniden-Ion bestimmt. So bewirken Eu(III)-Komplexe eine Tieffeld-verschiebung, Pr(III)-Komplexe hingegen einen shift zu höherem Feld.

Als Beispiel für ein Lanthaniden-shift-Reagenzien (**LSR**) sei Eu(dpm)$_3$ genannt, wobei dpm für den Liganden 2,2,6,6-Tetramethyl-3,5-heptandion $(CH_3)_3C\text{-}C(=O)\text{-}CH_2\text{-}C(=O)\text{-}C(CH_3)_3$ steht. Die Größe des shifts hängt u. a. ab von der Konzentration des shift-Reagenzes und dem Abstand der Kerne vom Lanthaniden-Zentralion, wobei für den shift des Kerns i mit dem Abstand r zum Zentralion gilt: $\Delta v_i \sim 1/r^3$.

Bild 4.45 zeigt am Beispiel des ^1H-NMR-Spektrum von *n*-Hexanol, wie überlagerte Signale durch Zusatz eines LSR völlig getrennt werden können. Während im oberen Spektrum ohne LSR nur die Signale der CH_3- und CH_2OH-Gruppen getrennt zu erkennen sind, liegen bei Zusatz von Eu(dpm)$_3$ alle CH_2-Signale getrennt vor. Das Proton der OH-Gruppe mit dem geringsten Abstand zum Lanthaniden-Zentralion liegt in diesem Spektrum bei über 20 ppm.

Außer der Auftrennung überlagerter Signale, kann diese Technik bei Verwendung *chiraler Verschiebungsreagenzien* zur Analyse von Enantiomeren-Gemischen eingesetzt und die optische Reinheit bestimmt werden. Die Komplexe mit chiralen LSR bilden mit einem Racemat Diastereomere, die – zumindest für Gruppen in unmittelbarer Nähe zum optisch aktiven Zentrum – getrennte Signale liefern. Wegen gleicher Zahl der H-Atome in beiden Signalen entspricht das Intensitätsverhältnis direkt dem Verhältnis der optischen Antipoden. Die alternative Methode – Verwendung chiraler LM – führt meist nur zu ungenügenden Signalunterschieden.

4.4.3 Erkennung von OH-Gruppen

Signale von OH-Gruppen können im ^1H-NMR-Spektrum meist anhand der größeren Linienbreite detektiert werden. Im Zweifelsfall kann nach Schütteln mit D_2O das NMR-Spektrum wiederholt gemessen werden. Wegen Austausch des OH-Protons mit D_2O zu OD wird an dieser Stelle kein Signal mehr registriert. Diese Technik ist jedoch nicht spezifisch für OH-Gruppen, da auch NH und CH-acide Protonen ausgetauscht werden.

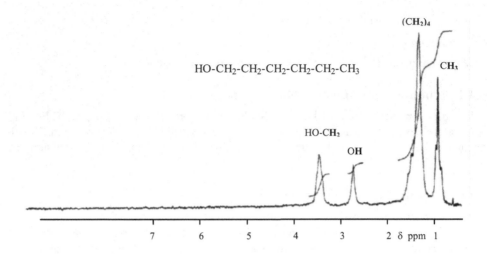

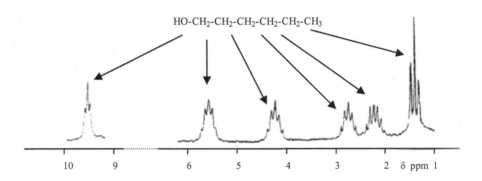

Bild 4.45: oben: ^{1}H-NMR-Spektrum von *n*-Hexanol in CCl$_4$ *ohne* LSR
            unten: *mit* Eu(dpm)$_3$

Diese Methode versagt, wenn das OH-Signal von CH$_x$-Signalen überlagert wird, wie es z. B. in Steroiden der Fall ist. So kann z. B. bei einer großen Überzahl von CH$_x$-Protonen die Entfernung von nur *einem* H mit D$_2$O aus dem Intensitätsverhältnis nicht erkannt werden.

Für solche Fälle ist der Zusatz von **TAI** (Trichloracetylisocyanat, CCl$_3$–C(=O)–N=C=O) ein Lösungsweg zur sicheren Erkennung von OH-Gruppen. Diese Technik führt jedoch zur Veränderung der Probe, so dass sie für weitere Untersuchungen nicht mehr zur Verfügung steht.

Durch Zusatz dieses sehr reaktiven Reagenzes werden aus Alkoholen Urethane gebildet:

$$R\text{-}OH + O=C=N\text{-}C(=O)\text{-}CCl_3 \longrightarrow O=C\underset{\displaystyle OR}{\overset{\displaystyle NH\text{-}C(=O)CCl_3}{\big\langle}}$$

Die NH-Gruppe der Urethane liefert scharfe Signale im Bereich 8 – 9 ppm.

Die Zahl der NH-Signale entspricht der Zahl der unterschiedlich gebundenen OH-Gruppen.

Liegen verschiedene Alkohole vor, so kann aus der relativen Lage auch der Alkoholtyp erkannt werden. Es gilt: $\delta_{tertiär} < \delta_{sekundär}$.

4.4.4 Doppelresonanz-Techniken

Selektive Entkopplung

Wird in eine Signalgruppe eines Spinsystems ein zweites (starkes) Feld v_2 mit der Resonanzfrequenz dieser Signalgruppe eingestrahlt, so wird wegen des schnellen Wechsels der Spin-Orientierung dieser Protonen ein Nullfeld zu den koppelnden Nachbarkernen vermittelt und sie erscheinen daher als Singulett.

So führt beispielsweise die Signalaufspaltung infolge Spin-Spin-Kopplung für Chloracetaldehyd, $ClCH_2$-COH zu einem Dublett für die CH_2-Gruppe und einem Triplett für das Formylproton (s. Strichdiagramm in **Bild 4.7**). Entspricht das Zusatzfeld v_2 der Resonanzfrequenz der Formylprotonen, so wird aus dem Dublett der CH_2-Signale ein Singulett. Wird andererseits in die Resonanzfrequenz der Methylenprotonen eingestrahlt, so wird das –CHO-Signal als Singulett beobachtet. Wird schließlich in beide Resonanzfrequenzen eingestrahlt (*Multiple Resonanz*), erscheinen alle Multipletts als Singuletts.

Mit dieser Technik können

- koppelnde Spinsysteme in komplizierten Spektren erkannt

- störende Kopplungen zwecks Ermittlung der Kopplungskonstanten eliminiert werden.

^{1}H-Breitbandentkopplung (**^{1}H-BB-Entkopplung**)

Die ^{13}C-NMR-Spektren sind aufgrund der zahlreichen Kopplungen mit den H-Atomen sehr komplex und daher schon für sehr einfache Systeme kaum interpretierbar. Außerdem verteilen sich die Linienintensitäten auf die Multipletts, so dass die wegen der geringen Häufigkeit des ^{13}C-Isotops ohnehin schon schwachen ^{13}C-Signale weiterhin an Empfindlichkeit verlieren. Daher werden die ^{13}C-NMR-Spektren unter gleichzeitiger Löschung *aller* ^{13}C/^{1}H-Kopplungen aufgenommen. Dies wird durch Einstrahlung eines Frequenzbandes, das den gesamten Bereich der ^{1}H-Signale enthält, realisiert, daher die Bezeichnung „Breitbandentkopplung", wofür auch das Symbol {^{1}H} verwendet wird.

Die routinemäßig aufgenommenen {^{1}H}-^{13}C-NMR-Spektren sind daher sehr einfach, denn sie bestehen nur aus Singuletts.

Die Zahl der Singuletts im ^{1}H-entkoppelten ^{13}C-NMR-Spektrum entspricht der Zahl der *nicht isochronen* C-Atome, vorausgesetzt, es liegt keine zufällige Isochronie vor.

Die gesamte Intensität ist in einem einzigen Signal konzentriert und wird durch den NOE (Kern-Overhauser-Effekt) bis zu 200 % verstärkt. Da quartäre C-Atome keine NOE-Verstärkung erfahren, haben sie nur geringe Intensität und sind daher als solche erkennbar.

Nachteiligerweise geht durch die Löschung der Kopplung die aus den Kopplungen gewonnenen wichtigen Informationen verloren. So kann beispielsweise keine Aussage zur CH_x-Struktur erhalten werden.

Bild 4.46:
Strichdiagramm eines
off-resonance-^{13}C-NMR-
Spektrums von
Crotonsäure (40)

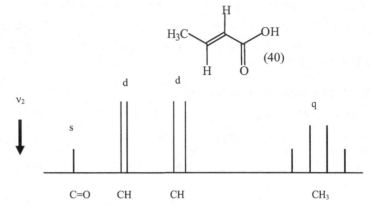

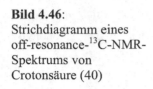

Off-resonance-Entkopplung

Wird eine Entkopplungsfrequenz eingestrahlt, die etwa 100 – 500 Hz vom Resonanzbereich der Protonen entfernt liegt (*außerhalb* des Resonanzbereiches!), so werden die *direkt gebundenen* C,H-Kopplungen nicht gelöscht. Die CH_x-Gruppen liefern quasi Spektren 1. Ordnung, aus denen die CH_x-Struktur erhalten wird:

CH_3 ⇒ Quartett (q) CH_2 ⇒ Triplett (t)   CH ⇒ Dublett (d) $C^{quartär}$ ⇒ Singulett (s)

(Liegen die Protonen der CH_2-Gruppe als AB-System vor, erscheinen sie statt eines Tripletts als X-Teil eines ABX-Spinsystems.)

In **Bild 4.46** wird das Strichdiagramm eines off-resonanz entkoppelten ^{1}H-NMR-Spektrums von Crotonsäure (40) bei Einstrahlung im tiefen Feld gezeigt. Bei Einstrahlung im hohen Feld rücken die Signale des Quartetts näher zusammen. In der Spektrendarstellung werden üblicherweise die Singuletts des {^{1}H}-^{13}C-NMR-Spektrums mit den aus der off-resonanz entkoppelten Technik erhaltenen Multipletts als Symbole (s, d, t, q) angegeben.

Nachteiligerweise versagt diese Technik, wenn die Signale dicht beieinander liegen, da die vielen überlagerten Multipletts dann nicht mehr erkannt werden können. Da heutzutage mit dem DEPT-Experiment auch bei Signalen sehr ähnlicher chemischer Verschiebung sicher die CH_x-Struktur ermittelt werden kann, ist die off-resonance-Technik nur noch von historischem Interesse.

4.4.5 DEPT (Distortionless Enhancement by Polarization Transfer)

Die DEPT-Aufnahmen gehören zu den Techniken mit komplexen Pulsfolgen (Näheres s. Lehrbuch). Nach mathematischer Separation von drei getrennten Experimenten werden aus Singuletts bestehende ^{13}C-NMR-Subspektren getrennt für die CH_3-, CH_2- und CH-Gruppen erhalten. Die in den Subspektren gegenüber dem {^{1}H}-^{13}C-NMR-Spektrum fehlenden Signale gehören zu quartären C-Atomen. In der **PENDANT**-Darstellung werden auch die quartären C-Atome, auf der gleichen Seite wie die der CH_2-Gruppe liegend, angezeigt (s. z. B. **Übung 5.3**).

Im **DEPT135** Subspektrum erscheinen **CH$_3$**- und **CH**-Signale als *positive* und **CH$_2$**-Gruppen als *negative* Signale. Die Unterscheidung zwischen CH$_3$- und CH-Gruppen erfolgt mit der **DEPT90**-Aufnahme, in der *nur* CH-Gruppen detektiert werden (s. z. B. **Bild 4.51**).

Die Zeit τ der komplexen Pulsfolgen muss genau der Kopplungskonstanten $^1J_{C,H}$ angepasst werden. Die Standardzeit $\tau = 3{,}6$ ms entspricht einer C,H-Kopplungskonstanten von 139 Hz. Da sich aber die C,H-Kopplungskonstanten stets etwas unterscheiden, wird die o. g. Forderung nicht immer voll erfüllt und es können im DEPT90-Spektrum auch schwache Signale der CH$_3$-Gruppen auftreten. Sind die Abweichungen größer, sind auch diese zusätzlichen Signale intensiver. Dieser Sachverhalt darf bei der Auswertung von DEPT-Spektren nicht übersehen werden!

4.4.6 NOE-Spektroskopie

Bei Einstrahlung mit einem starken zusätzlichen Feld werden *räumlich benachbarte H-Atome* durch den NOE (**N**uclear **O**verhauser **E**ffect) verstärkt, wenn der Abstand der Protonen ≤ 5 Å beträgt. Da diese Signalverstärkung sehr schwach ist, werden die *Differenzspektren* aus den Spektren *mit* und *ohne* zusätzlicher Einstrahlung gemessen. Es werden dann nur Signale sichtbar, die in räumlicher Nähe zum eingestrahlten H-Atom stehen.

In **Bild 4.47** ist der relevante Ausschnitt aus dem NOE-Differenzspektrum für die Struktureinheit R(CH$_3$)C=CHCH$_2$OH zur Ermittlung des E/Z-Isomeren wiedergegeben. Es ist anderweitig gesichert, dass das Multiplett bei 5,85 ppm im ^{1}H-NMR-Spektrum (**a**) zum H-Atom der Methingruppe gehört. Bei zusätzlicher Einstrahlung in das Resonanzsignal der CH$_3$-Gruppe erscheint im 1D-NOESY mit selektiver Anregung (**b**) das Methin-Signal, das demzufolge der CH$_3$-Gruppe benachbart positioniert sein muss. Damit steht die CH$_2$OH-Gruppe *trans*-ständig zur CH$_3$-Gruppe, es liegt also das E-Isomere vor.

Besitzt eine Ethylengruppe *zwei* H-Atome, so können die geometrischen Isomere leicht aus den Kopplungskonstanten ermittelt werden. Haftet nur *ein* oder gar *kein* H-Atom an der Ethylenstruktur, ist der Weg über Kopplungskonstanten gegenstandslos. Mit der NOE-Technik kann jedoch die Geometrie bestimmt werden.

Heutzutage wird allerdings bevorzugt die **2D-NOESY-Spektroskopie** (s. u.) angewendet.

Übung 4.5

1. Das Molverhältnis eines Enantiomeren-Gemisches von 1-Phenyl-1-methyl-propylamin (**41**) ist zu ermitteln. Unterbreiten Sie einen Lösungsweg!

2. Welche Spinsysteme in 4-Vinyl-pyridin können durch Erhöhung der Apparatefeldstärke B$_0$ in ein Spektrum 1. Ordnung überführt werden, welche nicht? Begründen Sie Ihre Aussage!

3. Die Resonanzsignale der Methin- (6,09 und 6,47 ppm) sowie der Methylgruppen (1,28 und 1,87 ppm) in Verbindung (**42**) sind zuzuordnen. Schlagen Sie einen Lösungsweg vor!

Bild 4.47:
Ausschnitt aus dem ^{1}H-NMR-Spektrum einer
Verbindung mit der Struktureinheit
$R(CH_3)C=CHCH_2OH$ (**a**) sowie das NOE-
Differenzspektrum bei Einstrahlung in das
Resonanzsignal der CH$_3$-Gruppe (**b**).
Verstärkt wird das =C**H**-Signal, das daher
cis-ständig zur CH$_3$-Gruppe stehen muss.
Die für das E-Isomere formulierte Struktur
ist damit gesichert.

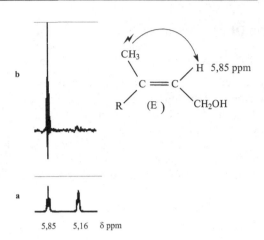

4. Aus der Umsetzung von $1\alpha,2\alpha$-Epoxy-
    25-hydroxy-provitamin D$_3$ (**43**)   mit
    KHF$_2$ bei   180 °C wurde ein Reaktions-
    produkt isoliert, für das Struktur (**44**)
    vorgeschlagen wird. (Die räumliche
    Anordnung der Atome im Ring A sind
    im **Formelbild 44 A** verdeutlicht.)

    Aus dem h-MS konnte die Summen-
    formel gesichert werden. Das schwin-
    gungsstrukturierte UV-Spektrum mit
    λ_{max} = 282 nm bestätigt, dass trotz harter
    Reaktionsbedingungen   das   5,7-Dien-
    System erhalten geblieben ist. Weitere
    strukturanalytische Beweise für Struk-
    turvorschlag (**44**) können aus folgenden
    NMR-Spektren erhalten werden:

    Bild   4.48   A: 200   MHz-^{1}H-NMR-
    Spektrum

    Bild 4.48 B: vergrößerter Ausschnitt aus
    dem 200 MHz-^{1}H-NMR-Spektrum

    Bild   4.48   C: 200   MHz-^{1}H-NMR-
    Spektrum nach Zugabe von TAI

    Bild 4.48 D: Spinentkopplung durch Doppelresonanz:
    Einstrahlung in das Multiplett bei 3,92 ppm

    Bild 4.48 E: Spinentkopplung durch Doppelresonanz:
    Einstrahlung in die mit Ethylacetat überlagerte Signal-
    gruppe bei 4,1 ppm

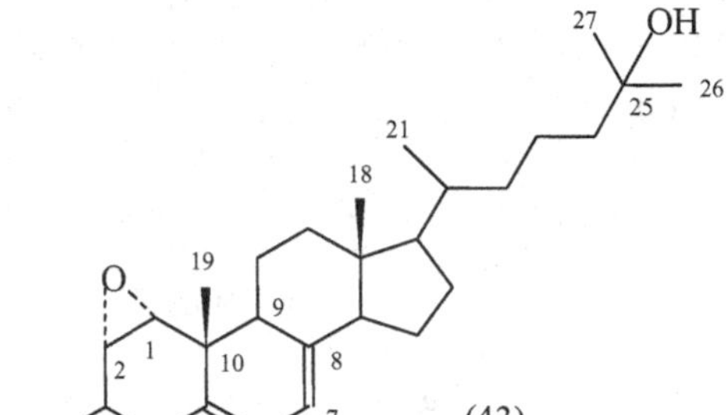

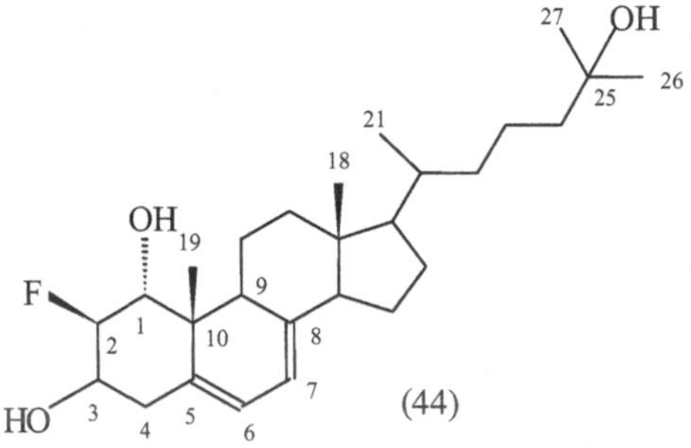

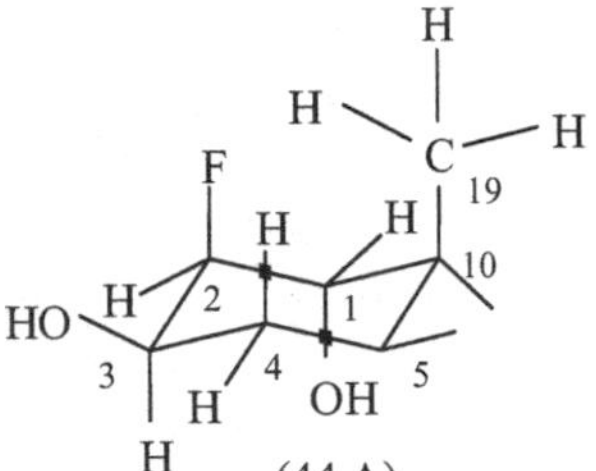

Die folgenden strukturanalytischen Fragen sind zu beantworten. Als Hilfe ist die Zuordnung für die wichtigsten Signale gegeben. Außerdem ist noch Ethylacetat von der chromatographischen Trennung zugegen, dessen Signale mit EA gekennzeichnet sind.

a. Wie viele OH-Gruppen enthält das Reaktionsprodukt? Welche Informationen beweisen, dass trotz harter Reaktionsbedingungen die tertiäre OH-Gruppe in 25-Stellung nicht abgespalten wurde?

b. Das Quartett von EA bei 4,12 ppm ist mit weiteren Signalen überlagert (s. breiter Untergrund in **Bild 4.48 B**). Im TAI-Spektrum ist der „Untergrund" verschwunden. Welche Protonen kommen dafür in Frage? Bewerten Sie außer dem TAI-Spektrum auch das Doppelresonanz-Experiment bei Einstrahlung in diese Signalgruppe in **Bild 4.48 E**!

c. Ist Fluor in 2-Stellung achsial positioniert, dann ist eine Kopplung zur 19-CH_3-Gruppe mit einer Kopplungskonstanten von $|J| \sim 4{,}0 - 4{,}5$ Hz zu erwarten. Zeigen Sie, dass Fluor achsial am C-2-Atom haftet!

d. Ordnen Sie die chemische Verschiebung für H-2 zu und begründen Sie Ihre Entscheidung.

e. Ordnen Sie alle CH_3-Signale anhand der Kopplungen und der TAI-Spektren zu!

f. Wie viele ^{13}C-Signale werden für C-26 und C-27 erwartet?

g. Welche Protonen können aus dem Doppelresonanz-Experiment bei Einstrahlung in das Signal bei 3,9 ppm (**Bild 4.48 D**) sowie bei 4,1 ppm (**Bild 4.48 E**) zugeordnet werden?

5. Aus einer Aminosäure wird ein Kondensationsprodukt mit der Zusammensetzung C_5H_9NO erhalten. Erarbeiten Sie anhand des ^{13}C-NMR-Spektrums in **Bild 4.49** mit Angaben der off-resonance-Multipletts einen Strukturvorschlag!

6. Aus einer Fraktion der chromatographischen Trennung des Hydrolysegemisches eines Peptids wird eine Substanz isoliert, die das in **Bild 4.50** gezeigte ^{13}C-NMR-Spektrum mit Angabe der off-resonance-Multipletts liefert. Erarbeiten Sie einen Strukturvorschlag!

7. In **Bild 4.51** sind die DEPT-Spektren einer Verbindung mit der Zusammensetzung $C_8H_{10}O_2$ abgebildet. Ordnen Sie *alle* H-Atome den entsprechenden Strukturgruppen zu!

8. Gegeben sind in **Bild 4.52** die $\{^1H\}$-^{13}C-NMR-Spektren von Naturkautschuk (*cis*-Polyisopren) und Guttapercha (*trans*-Polyisopren). Ordnen Sie die Spektren den beiden Isomeren zu. Hinweis: Für die zur Doppelbindung α-ständigen C-Atome eines Alkens gilt: $\delta_{trans} > \delta_{cis}$.

9. Aus dem MS einer unbekannten Verbindung wurde die Summenformel $C_{10}H_{12}O$ erhalten. Anhand der NMR-Spektren in **Bild 4.53 A – B** ist die Struktur zu erarbeiten. Die Spinsysteme sind zu benennen, die Kopplungskonstanten sind – soweit möglich – zu ermitteln. (Weitere strukturanalytische Informationen können dem $^1H,^1H$-COSY-Spektrum in **Bild 4.54** entnommen werden.)

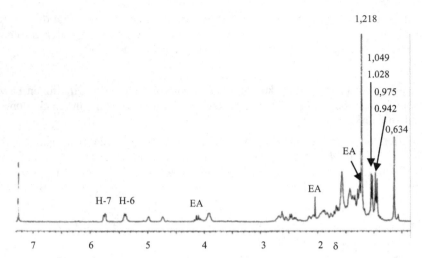

Bild 4.48 A: 200 MHz-^{1}H-NMR-Spektrum vom Reaktionsprodukt aus dem Steroid (43)

Bild 4.48 B:
Ausschnitt aus
Bild 4.48 A

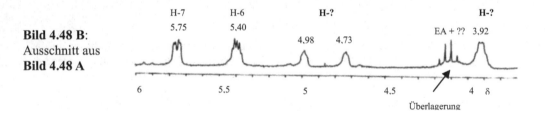

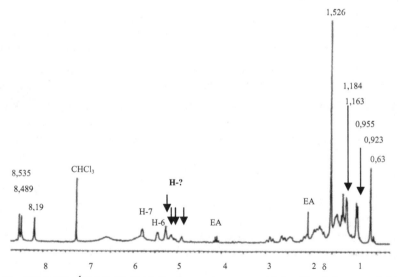

Bild 4.48 C: 200 MHz-^{1}H-NMR-TAI-Spektrum vom steroidalen Reaktionsprodukt

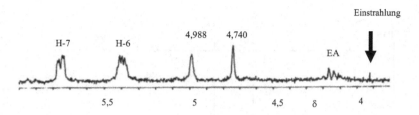

Bild 4.48 D:
Spinentkopplung (Doppelresonanz): Einstrahlung bei 3,91 ppm

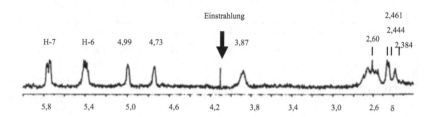

Bild 4.48 E:
Spinentkopplung (Doppelresonanz): Einstrahlung bei 4,1 ppm

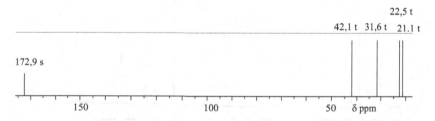

Bild 4.49:
^{13}C-NMR-Spektrum mit Angaben der off-resonance Multipletts vom Kondensationsprodukt einer Aminosäure mit der Summenformel C_5H_9NO

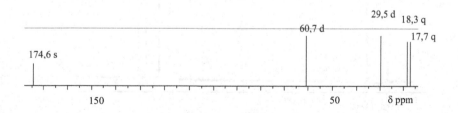

Bild 4.50:
^{13}C-NMR-Spektrum mit Angaben der off-resonance Multipletts von einem Hydrolyseprodukt eines Peptids (Molpeak: 117 amu)

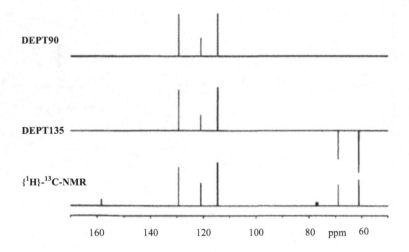

Bild 4.51: ^{13}C/DEPT-NMR-Spektren einer $C_8H_{10}O_2$-Verbindung

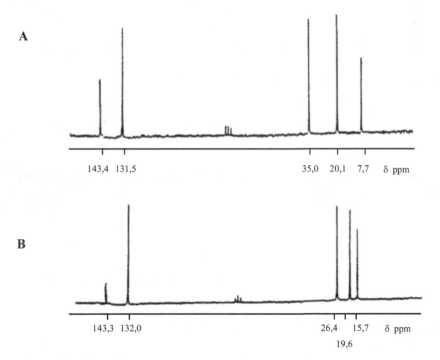

Bild 4.52: {^{1}H}-^{13}C-NMR-Spektren von Naturkautschuk und Guttapercha

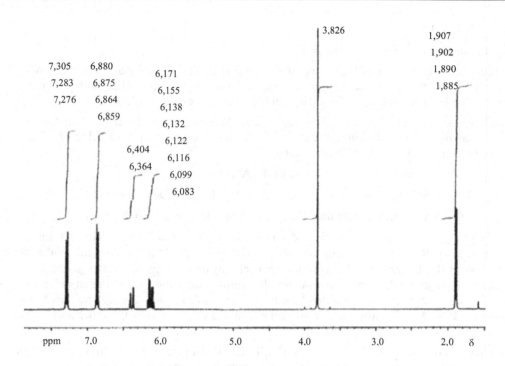

7,305   6,880   6,171
7,283   6,875   6,155
7,276   6,864   6,138
           6,859   6,132
                           6,122
           6,404   6,116
           6,364   6,099
                           6,083

3,826   1,907
                           1,902
                           1,890
                           1,885

ppm   7,0   6,0   5,0   4,0   3,0   2,0   δ

Bild 4.53 A: 400 MHz-^{1}H-NMR-Spektrum zu **Übung 4.5.9** ($C_{10}H_{12}O$)

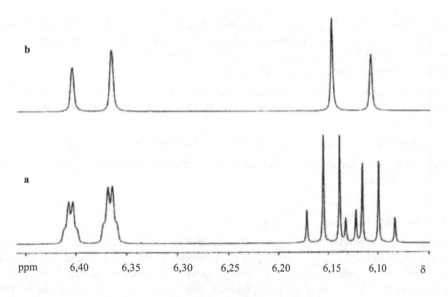

ppm   6,40   6,35   6,30   6,25   6,20   6,15   6,10   δ

Bild 4.53 B: (**a**) Ausschnitt aus dem 400 MHz-^{1}H-NMR-Spektrum
(**b**) ^{1}H-NMR-Doppelresonanzspektrum: Einstrahlung in das Signal bei 1,9 ppm

4.4.7 2D-NMR-Spektren

Allgemeiner Aufbau eines 2D-Spektrums

Zu den theoretischen Grundlagen und der experimentellen Realisierung von 2D-NMR-Spektren muss auf die einschlägige Literatur verwiesen werden. Hier sollen nur die prinzipiellen Unterschiede zum 1D-NMR-Spektrum heraus gestellt werden.

Während eine 1D-Aufnahmen aus Präparation und Datenakquisition bestehen, kommen bei der 2D-Technik noch zwei weitere Bausteine hinzu: eine *Evolutionszeit* t_1 und eine *Mischzeit*, die aus Pulsen und Wartezeiten bestehen kann.

In einem COSY-Experiment beispielsweise ist die Abfolge

Präparation (90° Puls) $\Rightarrow$ Evolution (t_1) $\Rightarrow$ Mischzeit $\Rightarrow$ Detektion (t_2).

(Bei der COSY-Aufnahme besteht die Mischperiode aus einem einzigen 90°-Puls.)

Das Empfängersignal ist eine Funktion der Detektionszeit t_2. Nach einer Fourier-Transformation in der t_2-Richtung erhält man das übliche 1D-Spektrum für die Momentaufnahme zur Zeit t_1. Wird die Evolutionszeit t_1 nun systematisch um den Betrag Δt_1 erhöht, so kann die zeitliche Entwicklung des Spinsystems durch die Abfolge der Momentaufnahmen dargestellt werden. Mit einer zweiten Fourier-Transformation entlang der t_1-Richtung wird das endgültige 2D-NMR-Spektrum in der Frequenz-Domäne erhalten. Es wird üblicherweise als Konturenplot (Höhenliniendiagramm) dargestellt.

Bei einem **homonuklearen 2D-Spektrum (^{1}H,^{1}H-COSY-Spektrum)**, bei dem in den beiden Frequenzrichtungen die Signale von gleichen Kernen detektiert werden, liegen Signale auf einer *Diagonalen* quer durch das Spektrum. Sie entsprechen einem gewöhnlichen 1D-Spektrum.

Symmetrisch zu diesen Signalen liegen die sog. Kreuzsignale (**cross peaks**). Sie verknüpfen die Signale von zwei Kernen, die Magnetisierung während der Mischzeitfolge ausgetauscht haben. Sie zeigen damit eine Wechselwirkung dieser Kerne miteinander an und stellen die wichtigste Information aus dem 2D-Spektrum dar.

In einem **heteronuklearen Korrelationsexperiment** (z. B. **HSQC**) gibt es keine Signale auf einer Diagonalen. Die cross peaks zeigen die Wechselwirkung *verschiedener* Kernsorten (^{1}H mit ^{13}C-Kernen) an.

Auf den Frequenzachsen F_1 und F_2 werden die üblichen 1D-Spektren abgebildet.

In den Übungen werden die folgenden 2D-Spektren einbezogen, weitere Experimente sind der Literatur zu entnehmen.

^{1}H,^{1}H-COSY-Spektren (H,H-correlation spectroscopy)

Im COSY-Experiment erfolgt Magnetisierungstransfer durch skalare Kopplung. Für Protonen, die über mehr als drei σ-Bindungen verknüpft sind, ist die Kopplungskonstante nahe Null, solche Protonen geben daher keine cross peaks. Deswegen sind in einem H,H-COSY-Spektrum nur cross peaks von Protonen sichtbar, die über *zwei* oder *drei* Bindungen verbunden sind. Long-range Kopplungen können bei Kopplungen über π-Elektronen als cross peaks sichtbar werden. In **Bild 4.54** wird ein ^{1}H,^{1}H-COSY-Spektrum als Ergänzung zu **Übung 4.5.9** präsentiert.

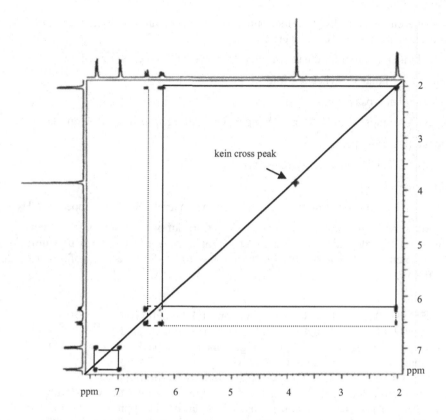

Bild 4.54: ^{1}H,^{1}H-COSY-Spektrum mit der eingezeichneten Diagonalen sowie aller cross peaks von der unbekannten Verbindung mit der Summenformel $C_{10}H_{12}O$ (s. **Übung 4.5.9**)

$^1J_{C,H}$ -korrelierte NMR-Spektren

In $^1J_{C,H}$-korrelierten NMR-Spektren werden die Korrelationen der ^{13}C-Kerne mit den *direkt gebundenen* H-Atomen durch cross peaks angezeigt.

$^1J_{C,H}$-korrelierten NMR-Spektren ermöglichen somit die genaue Zuordnung der ^{13}C-Signale aus der gesicherten Zuordnung der am C-Atom direkt gebundenen H-Atomen und umgekehrt. Quartäre C-Atome können auf Weise jedoch nicht zugeordnet werden.

Aus den $^1J_{C,H}$-korrelierten NMR-Spektren lassen sich *chemisch nicht äquivalente* H-Atome an einem C-Atom detektieren, so die diastereotopen H-Atome einer CH_2-Gruppe oder die H-Atomen einer $=CH_2$-Gruppe in einem Ethylen-Derivat: Vom C-Signal ausgehend werden cross peaks zu den chemisch nicht äquivalenten beiden H-Atomen gefunden. Auch *zufällig isochrone* C-Atome können so diagnostiziert werden.

Die $^1J_{C,H}$-Korrelationen können mit verschiedener Technik kreiert werden. Im **HETCOR**-Experiment liegen in der F_1-Achse die ^{1}H-Signale. Die F_2-Achse mit den ^{13}C-Signale wird während der Zeit t erhalten. Mit den üblichen Experimenten **HMQC** (Heteronuclear Multiple

Quantum Coherence) und **HSQC** (Heteronuclear Single Quantum Coherence) sind die F_1 und F_2-Achsen gegenüber HETCOR vertauscht.

Mit allen Techniken können für die C-Atome folgende drei Fälle erzielt werden:

Die von einem C-Signal ausgehende Linie

$\Rightarrow$ schneidet *keinen* cross peak:

An dieses C-Atom ist kein H-Atom gebunden, es stellt ein *quartäres* C-Atom dar.

$\Rightarrow$ schneidet *einen* cross peak:

Es liegt eine CH, CH_2 oder CH_3-Gruppe vor.

$\Rightarrow$ schneidet *zwei* cross peaks:

Es liegt eine CH_2-Gruppe mit diastereotopen H-Atomen oder die Strukturgruppe $C = CH_2$ vor.

Mit den Techniken zur Erzeugung von $^1J_{C,H}$-Korrelationen können aus den sicher zugeordneten ^{1}H-Signalen die zugehörigen ^{13}C-Signale zugeordnet werden und umgekehrt. Außerdem können (zusätzlich zu DEPT) diastereotope CH_2-Signale und zufällig isochrone Kerne erkannt werden.

In **Bild 4.55** ist das HETCOR-Spektrum von 1,1-Dimethyl-1-hydroxy-propen-2 (45) abgebildet und die C/H-Korrelationen sind eingezeichnet. Das ^{13}C-Signal bei 72 ppm zeigt keinen cross peak zu einem H, daher ist es ein quartäres C. Das ^{1}H-Signal bei 2,2 ppm zeigt keinen cross peak zu einem C-Atom, daher ist das H-Atom an ein Heteroatom gebunden (OH-Gruppe). Die ^{13}C- und ^{1}H-Atome der CH_3-Gruppen zeigen einen cross peak (29 ppm bzw. 1,2 ppm). Das ^{13}C-Signal bei 112 ppm korreliert mit zwei ^{1}H-Signalen (4,95 ppm und 5,21 ppm) und gehört daher zur =CH_2-Gruppe. Das ^{13}C-Signal bei 148 ppm korreliert mit den Protonen bei 5,95 ppm, sie gehören zur Methingruppe. Die Zuordnung der ^{13}C-Signale ist damit gesichert und die bereits über die Kopplungskonstanten realisierbare Zuordnung der ^{1}H-Signale wird bestätigt.

$$H_2C=CH-C(CH_3)_2-OH$$
$$(45)$$

Mit dem in **Bild 4.56** präsentierten HSQC-Spektrum der unbekannten Verbindung aus **Beispiel 2.8** (Weiterführung in **Übung 3.6.18** sowie **Übung 4.4.26**) können über die zweifelsfreie Zuordnung der H-Atome die drei zugehörigen ^{13}C(Methin)-Signale sicher zugeordnet werden. (Die Korrelationen sind selbst einzuzeichnen.)

Quartäre C-Atome können über die $^1J_{C,H}$-Korrelationsspektren nicht erkannt werden.

*($^1H,^{13}C$)-korrelierte NMR-Spektren über mehrere Bindungen (**HMBC**-Spektren)*

Im HMBC-Spektrum werden C,H-Korrelationen vorwiegend über zwei ($^2J_{C,H}$) und drei Bindungen ($^3J_{C,H}$) als cross peaks angezeigt. Mit diesem Experiment können nun auch *quartäre* C-Atome sicher zugeordnet werden.

Bei der Auswertung der HMBC-Spektren ist zu beachten, dass starke $^1J_{C,H}$-Kopplungen nicht völlig unterdrückt werden und als ^{13}C-Satelliten erscheinen können.

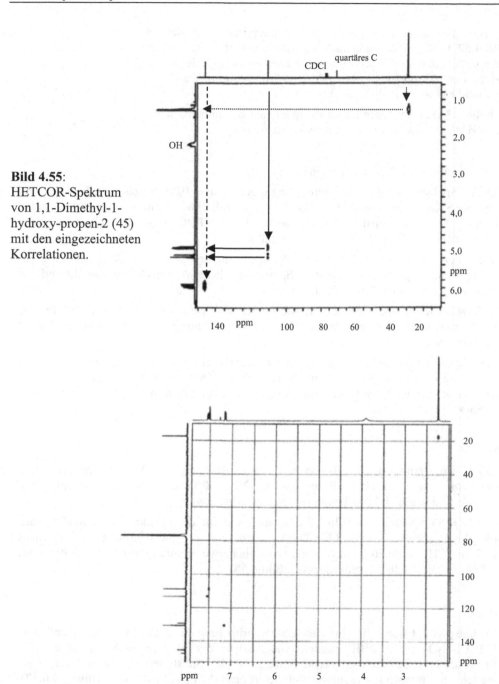

Bild 4.55:
HETCOR-Spektrum
von 1,1-Dimethyl-1-
hydroxy-propen-2 (45)
mit den eingezeichneten
Korrelationen.

Bild 4.56:
HSQC-Spektrum zur unbekannten Verbindung aus **Übung 4.4.26**
Die ^{1}H-NMR und ^{13}C-NMR-Spektren sind in **Bild 4.44 A** und **B** abgebildet.

Das HBMC-Spektrum der unbekannten Verbindung aus **Beispiel 2.8**
in **Bild 4.57 A - C** gestattet nun auch die sichere Signalzuordnung der
quartären ^{13}C-Atome. Mit der Zuordnung aller NMR-Signale ist die
Struktur der Verbindung als 2-Methyl-5-nitro-anilin (5-Nitro-
ortho-toluidin) (46) endgültig gesichert.

In **Tabelle 4.3** sind die wesentlichen Korrelationen zusammengestellt,
die dem HMBC-Spektrum entnommen werden können.

TOCSY (TOtal Correlation SpectroscopY)

Im TOCSY-Spektrum wird die Magnetisierung durch mehrstufigen sukzessiven Transfer über
das gesamte Spinsystem verteilt, d. h. das TOCSY korreliert *alle* Protonen eines Spinsystems
miteinander. Im Unterschied zu COSY werden im **2D-TOCSY** somit auch cross peaks
zwischen *nicht direkt koppelnden Protonen* sichtbar.

So liefern beispielsweise die 2D-TOCSY-Spektren von Proteinen für jede Aminosäure ein
charakteristisches Signalmuster, das dem Spinsystem dieser Aminosäure entspricht und zur
Identifizierung der Aminosäure in Peptiden dient.

Im **1D-TOCSY**-Experiment werden mit steigender Mischzeit sog. Relay-Spektren erzeugt,
aus denen sukzessive Protonen mit zunehmender Entfernung vom eingestrahlten Signal
sichtbar werden.

In einer *HSQC-TOCSY* sind die Informationen beider Experimente vereinigt. Zeigt das HSQC
die $^{1}J_{C,H}$- Kopplungen an, dann vermittelt das HSQC-TOCSY durch cross peaks auch die
Kopplungen zu den nächsten C-Atomen. In den Übungsaufgaben im Kapitel 5 werden auch
solche Spektren präsentiert.

2D-NOESY

Die durch den Kern-Overhauser-Effekt bewirkte Übertragung von Magnetisierungsenergie
über den Raum auf benachbarte Kerne wird im 2D-NOESY als cross peaks sichtbar. Auf
diese Weise sind räumlich benachbarte H-Kerne zu erkennen.

Das 2D-NOESY-Spektrum in **Bild 4.58** bestätigt die für die unbekannte Verbindung aus
Beispiel 2.8 erarbeitete Struktur (46). Die cross peaks zeigen die räumliche Nachbarschaft
von H-3 und CH$_3$ sowie H-7 und NH$_2$ an, was üblicherweise durch entsprechende Pfeile im
Formelbild veranschaulicht werden kann (s. **Bild 4.58**).

Übung 4.6

1. Im **Beispiel 1.4** wurde für eine unbekannte Verbindung aus dem MS die Summenformel
    $C_6H_4Cl_2N_2O_2$ mit 5 DBE ermittelt. Die Analyse der Fragmentpeaks sowie das IR-
    Spektrum beweisen die aromatische Struktur mit den Substituenten NO$_2$ und NH$_2$. Eine
    weitere strukturanalytische Information liefert das UV/VIS-Spektrum (s. **Übung 3.6.17**).
    In **Bild 4.59 A – D** sind die NMR-Spektren abgebildet, mit denen die Struktur endgültig
    gesichert werden kann. Erarbeiten Sie die Struktur und ordnen Sie die ^{1}H- und ^{13}C-
    Signale zu!

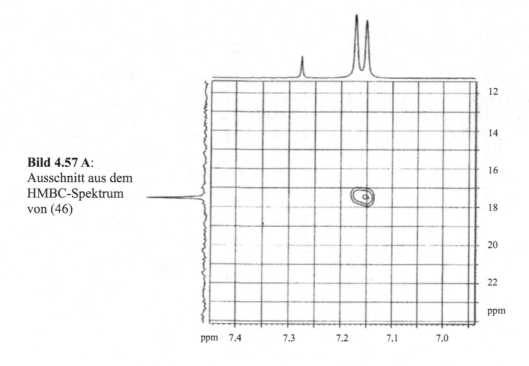

Bild 4.57 A: Ausschnitt aus dem HMBC-Spektrum von (46)

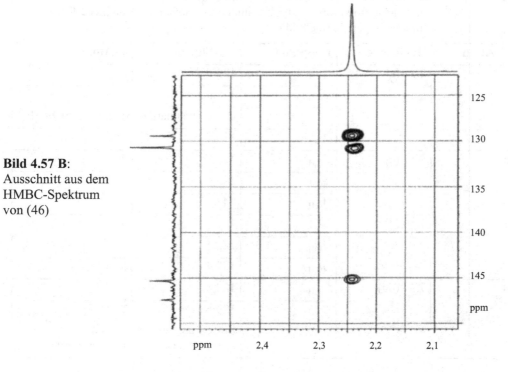

Bild 4.57 B: Ausschnitt aus dem HMBC-Spektrum von (46)

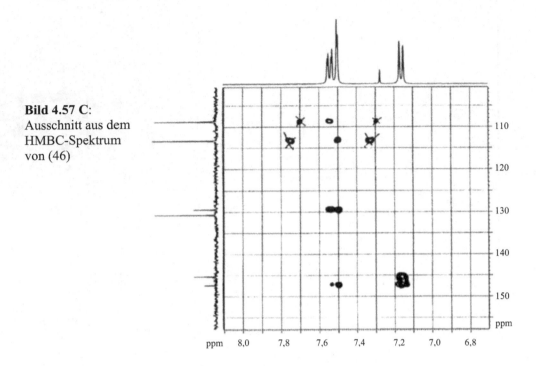

Bild 4.57 C:
Ausschnitt aus dem
HMBC-Spektrum
von (46)

Tabelle 4.3: Korrelationen aus dem HBMC-Spektrum zum Strukturbeweis von
2-Methyl-5-nitro-anilin (46) (unbekannte Verbindung aus **Beispiel 2.8**);
Nummerierung, s. Formelbild (46)

H-Atom	^{1}H-Signale	Kopplung	^{13}C-Signale	C-Atom
7	2,34 (s)	$^2J_{C,H}$	129,5	2
		$^3J_{C,H}$	145,3	1
			Das dritte quartäre Signal gehört zu 5!	
		$^3J_{C,H}$	130,7	**3**
3	7,16 (d)	$^3J_{C,H}$	17,5	7
		$^3J_{C,H}$	145,3	
		$^3J_{C,H}$	147,4	5
6	7,50 (d)	$^3J_{C,H}$	113,4	**4**
		$^3J_{C,H}$	129,5	2
		$^3J_{C,H}$	147,4	5
4	7,54 (dd)	$^3J_{C,H}$	108,8	6
		$^3J_{C,H}$	129,5	**2**
			Entfernung zu 1 ist zu weit! Damit ist auch **1** sicher festgelegt.	

Bild 4.58:
Ausschnitt aus dem
2D-NOESY-
Spektrum für die
Verbindung (46) aus
Beispiel 2.8

NOESY-
Korrelationen:

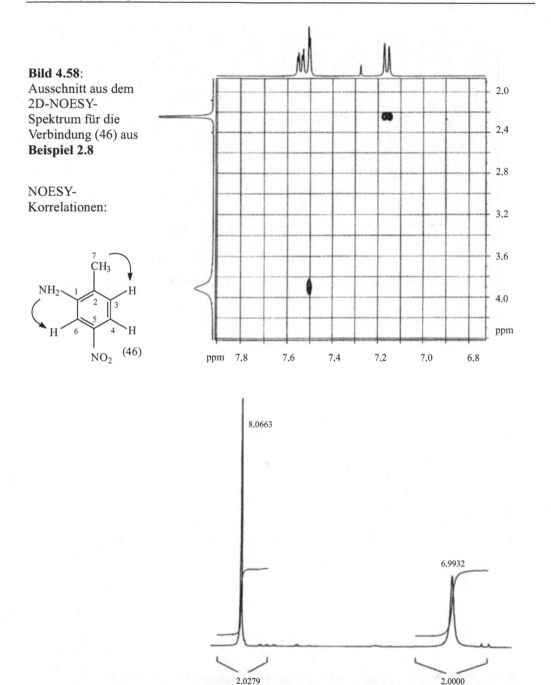

Bild 4.59 A:
400 MHz-^{1}H-NMR-Spektrum der Verbindung aus **Beispiel 1.4** (zu **Übung 4.6.1**)

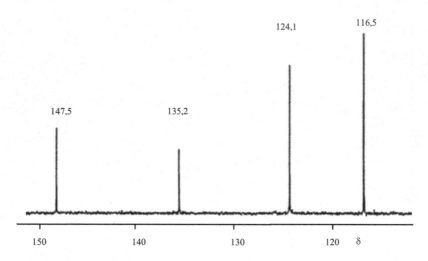

Bild 4.59 B: ^{13}C-NMR-Spektrum der Verbindung aus **Beispiel 1.4** (zu **Übung 4.6.1**)

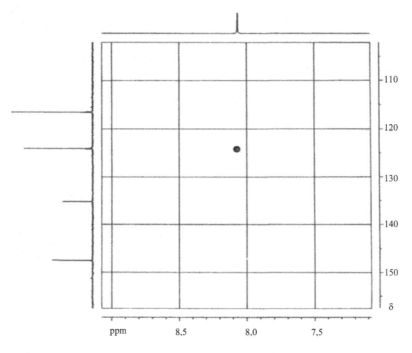

Bild 4.59 C: HSQC-Spektrum der Verbindung aus **Beispiel 1.4** (zu **Übung 4.6.1**)

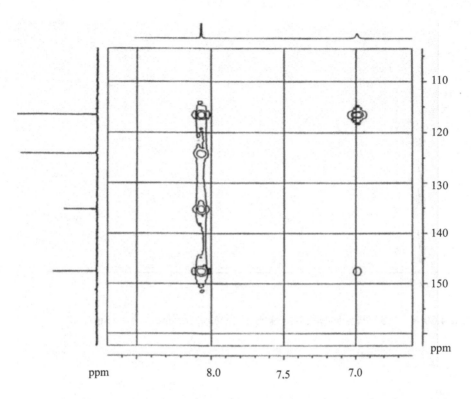

Bild 4.59 D: HMBC-Spektrum der Verbindung aus **Beispiel 1.4** (zu **Übung 4.6.1**)

2. Aus dem MS wird für eine Verbindung die Summenformel $C_6H_3Cl_2NO_2$ ermittelt. Mit den Spektren ^{1}H-NMR, ^{13}C-NMR, ^{1}H,^{1}H-COSY, HSQC und HMBC in **Bild 4.60 A – E** ist die Struktur zu erarbeiten und durch Zuordnung aller ^{1}H- und ^{13}C-Signale zu beweisen.

3. Aus der Summenformel einer Verbindung ($C_6H_{13}NO_2$) und den NMR-Spektren in **Bild 4.61 A – D** ist die Struktur zu erarbeiten. Alle NMR-Signale sind zuzuordnen.

4. Aus einem Naturstoff wurde eine Verbindung isoliert, für die massenspektroskopisch die Summenformel $C_8H_8O_3$ ermittelt wurde. In **Bild 4.62 A – H** werden folgende NMR-Spektren gezeigt: 400 MHz-^{1}H-NMR in DMSO, ^{13}C-NMR in DMSO, HSQC, HMBC, 1D-NOESY-Spektren bei verschiedener selektiver Einstrahlung. Die Struktur der Verbindung ist zu erarbeiten, alle Signale sind zuzuordnen und die Kopplungskonstanten sind zu bestimmen! Die Korrelationen sind in den Spektren einzuzeichnen!

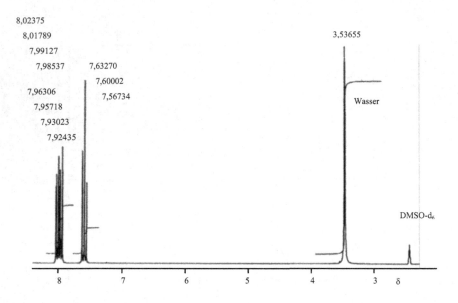

Bild 4.60 A: 250 MHz-^{1}H-NMR-Spektrum der Verbindung zu **Übung 4.6.2**

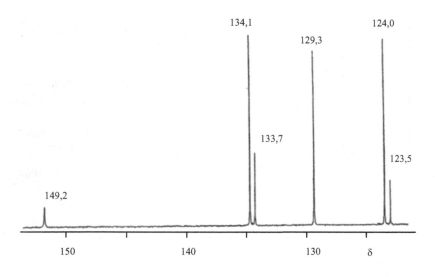

Bild 4.60 B: ^{13}C-NMR-Spektrum der Verbindung zu **Übung 4.6.2**

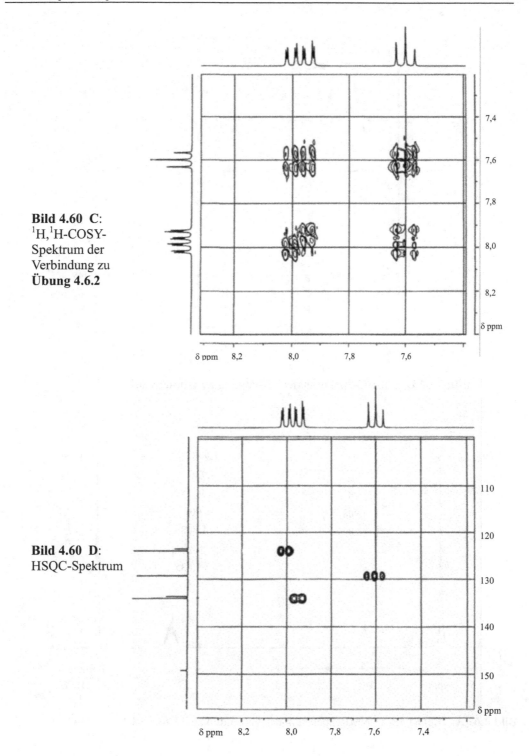

Bild 4.60 C:
^{1}H,^{1}H-COSY-
Spektrum der
Verbindung zu
Übung 4.6.2

Bild 4.60 D:
HSQC-Spektrum

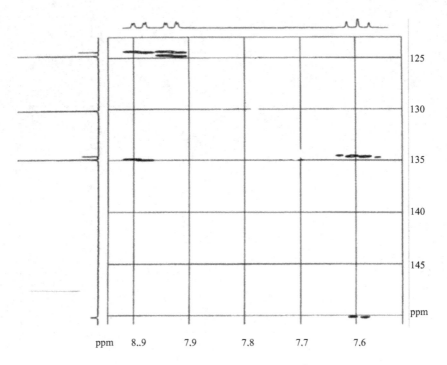

Bild 4.60 E: HMBC-Spektrum der Verbindung zu **Übung 4.6.2**

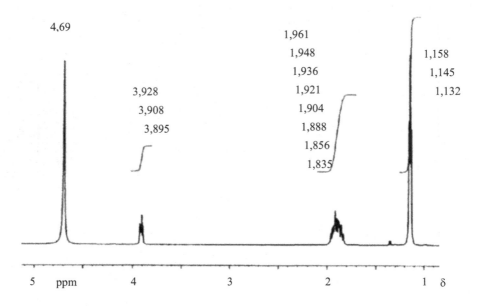

Bild 4.61 A: 400 MHz-^{1}H-NMR-Spektrum der Verbindung zu **Übung 4.6.2** in D_2O

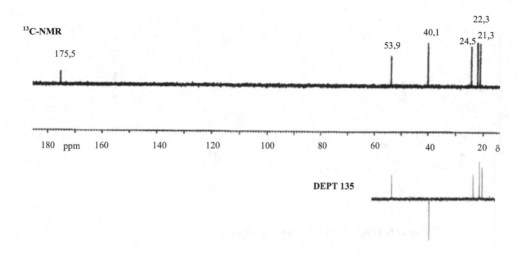

Bild 4.61 B: ^{13}C-NMR-Spektrum und DEPT 135 der Verbindung zu **Übung 4.6.2** in D$_2$O

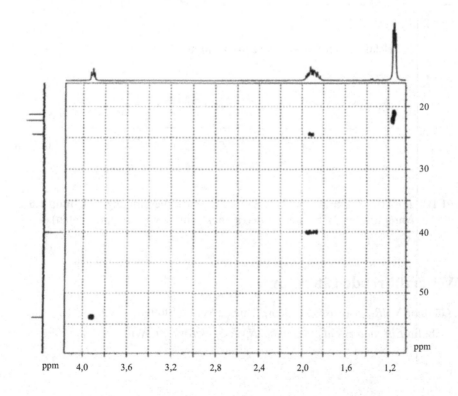

Bild 4.61 C: HSQC-DEPT-Spektrum der Verbindung zu **Übung 4.6.2**

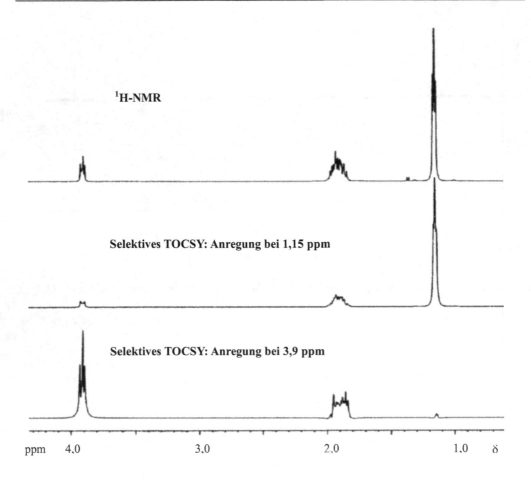

Bild 4.61 D: ^{1}H-NMR-Spektrum und TOCSY-Spektren der Verbindung zu **Übung 4.6.2**
Anregung bei 1,15 ppm (mittleres Spektrum) sowie 3,9 ppm (unten)

4.5 Weiterführende Literatur

[1] H. Günther *NMR-Spektroskopie* Georg Thieme Verlag Stuttgart (1992)

[2] H. Fribolin *Ein- und zweidimensionale NMR-Spektroskopie* Wiley-VCH (1999)

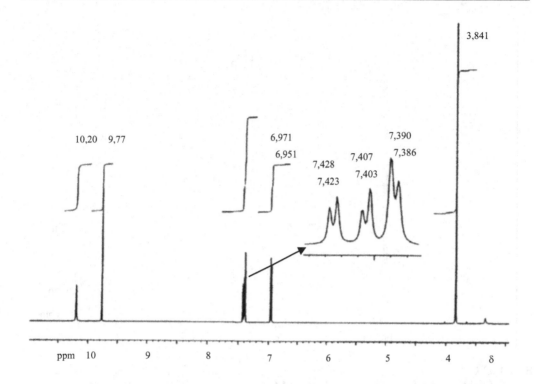

Bild 4.62 A: 400 MHz-^{1}H-NMR-Spektrum der Verbindung von **Übung 4.6.3** in DMSO

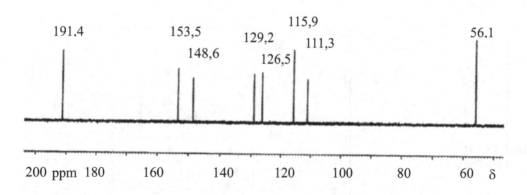

Bild 4.62 B: ^{13}C-NMR-Spektrum der Verbindung von **Übung 4.6.3** in DMSO

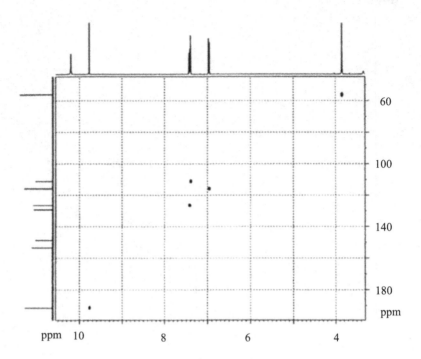

Bild 4.62 C:
HSQC-Spektrum der Verbindung von **Übung 4.6.3**

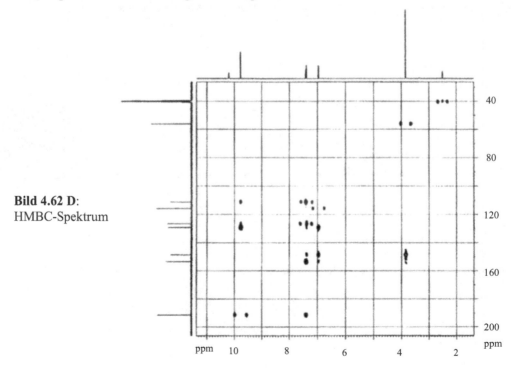

Bild 4.62 D:
HMBC-Spektrum

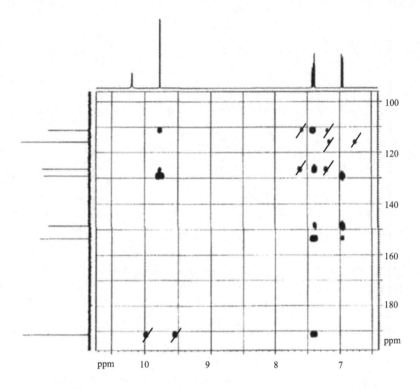

Bild 4.62 E: Ausschnitt aus dem HBMC-Spektrum der Verbindung von **Übung 4.6.3**

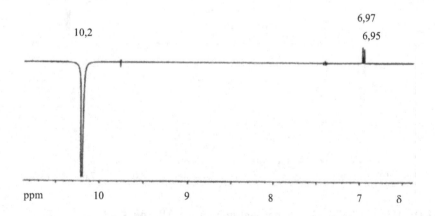

Bild 4.62 F: 1D-NOESY-Spektrum der Verbindung von **Übung 4.6.3**
       Selektive Anregung bei 10,2 ppm

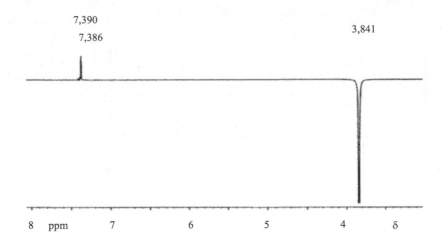

Bild 4.62 G: 1D-NOESY-Spektrum der Verbindung von **Übung 4.6.3**
Selektive Anregung bei 3,84 ppm

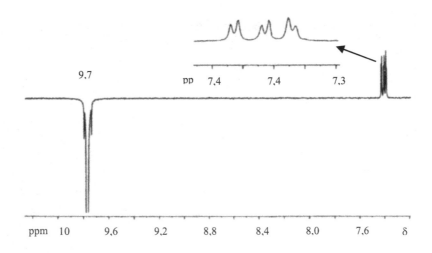

Bild 4.62 H: 1D-NOESY-Spektrum der Verbindung von **Übung 4.6.3**
Selektive Anregung bei 9,7 ppm

5 Komplexer Einsatz der Methoden

5.1 Übersicht über die Ermittlung von Heteroatomen

STICKSTOFF

Methode	Information	
MS	• N-Regel • N-Indikatoren $\Rightarrow$ Massenkorrelationstabelle (**Tabelle 6.1.3** und **6.1.4**)	
IR	Charakteristische Schwingungen $\Rightarrow$ **Tabelle 6.2.4**	
	$\nu_{as} + \nu_s(NH_2)$, $\delta(NH_2)$	Primäre Amine; Amide
	$\nu(NH)$	Sekundäre Amine; Amide
	$\nu_{as} + \nu_s(NO_2)$	Nitroverbindungen
	$\nu_s(N{=}O)$	Nitrosoverbindungen
	$\nu(N{\equiv}C)$	Nitrile (oft sehr schwach!)
UV/VIS	N-haltige Grundchromophore N-Heterocyclen Polymethine Azoverbindungen	
^{1}H-NMR	• Mit D_2O austauschbare H-Atome • Indirekte Erkennung über Signallagen > 8 ppm (NO_2; Pyridin) • Indirekte Erkennung über Signallagen < 7 ppm (NH_2)	

CHLOR, BROM

Methode	Information
MS	Isotopenmuster M+2, M+4, ... $\Rightarrow$ **Tabelle 6.1.2** Sichere Bestimmung der Zahl der Atome

JOD

Methode	Information
MS	Ungewöhnlich große Massendifferenzen infolge Verlust von I ($\Delta = 127$ amu) bzw. HI ($\Delta = 128$ amu)

FLUOR

Methode	Information
MS	Ungewöhnliche Massendifferenzen infolge Abspaltung von F (Δ = 19 amu) bzw. HF (Δ = 20 amu) F-Indikatoren $\Rightarrow$ Massenkorrelationstabelle (**Tabelle 6.1.3** und **6.1.4**)
IR	Intensive ν(C-F) 1370 – 1120 (Alkyl-F) 1270 – 1100 (Aryl-F)
NMR	▪ Signale im ^{19}F-NMR, meist als Multipletts infolge Kopplung mit ^{1}H-Atomen ▪ Ungewöhnlich große Signalabstände der Multipletts im ^{1}H-NMR infolge ^{1}H/^{19}F-Kopplung ▪ Im {^{1}H}-^{13}C-NMR-Spektrum erscheinen anstelle der Singuletts wegen der ^{13}C/^{19}F-Kopplung Multipletts mit großen Signalabständen

SCHWEFEL

Methode/ Strukturgruppe	Information	
MS	▪ Sichere Erkennung und Ermittlung der S-Zahl am M+2 Peak bei Abwesenheit von Cl und/oder Br ▪ S-Indikatoren $\Rightarrow$ Massenkorrelationstabelle (**Tabelle 6.1.3** und **6.1.4**)	
- SH	IR	2500 – 2600 cm^{-1}
	MS	• Abspaltung von SH (Δ = 33 amu) • Schlüsselbruchstücke, wie CSH$^+$ (m/z = 45 amu)
-S-	IR	Keine sichere Information (Ausschluss von -SH über IR)
	MS	Wie für -SH
-S-S-	Raman	Intensive ν(S-S)
>C=S	IR	Intensive ν(C=S) 1270 – 1030
	^{13}C-NMR	Signal bei ungewöhnlich tiefem Feld (> 210 ppm)
R-SO$_2$-R′(H)	IR	ν_{as} + ν_s(SO$_2$): 1370 + 1150 cm^{-1}
	MS	Eliminierung von SO$_2$ (Δ = 64 amu)
Thiophen	MS	Aromatenpeaks; DBE < als für Aromat ^{1}H-NMR (Kopplungskonstanten)

SAUERSTOFF

Methode	Information	
MS	O-Indikatoren $\Rightarrow$ Massenkorrelationstabelle (**Tabelle 6.1.3** und **6.1.4**)	
^{1}H-NMR	OH	Austauschbare H-Atome bei OH-Gruppen
	R-O-R	Indirekt über Signallagen
^{13}C-NMR	RR'C=O	200 – 180 ppm
	RHC=O	200 – 180 ppm
	RC=OX	180 – 160 ppm
IR	Charakteristische Schwingungen ν(C=O), ν(C-O), ν(HO), ν(NO$_2$) ... $\Rightarrow$ **Tabelle 6.2.4**	
UV/VIS	Intensitätsschwache n$\rightarrow\pi^*$-Übergänge Polymethine: intensive $\pi\rightarrow\pi^*$-Übergänge im VIS-Bereich	

PHOSPHOR

Methode	Information
MS	P-Indikatoren $\Rightarrow$ Massenkorrelationstabelle (**Tabelle 6. **) Isotopenfreie Signale: m/z: 65 amu (PO$_2$H$_2$); 97 amu (PO$_4$H$_2$); 99 amu (PO$_4$H$_4$)
NMR	• Signale im ^{31}P-NMR, als Multipletts infolge Kopplung mit ^{1}H-Atomen • Ungewöhnlich große Signalabstände der Multipletts im ^{1}H-NMR infolge ^{1}H/^{31}P-Kopplung • Im {^{1}H}-^{13}C-NMR-Spektrum erscheinen anstelle der Singuletts wegen der ^{13}C/^{31}P-Kopplung Multipletts mit großen Signalabständen
IR	Charakteristische Schwingungen ν(P=O), ν(P-O); liegen aber im Wertebereich der Valenzschwingungen von C=S, C-N, C-O, C-F, S=O

SILICIUM

Methode	Information
MS	Relativ intensive (M+1)- *und* (M+2)-Peaks
IR	Charakteristische Schwingungen: ν(Si-O) $\approx$ 800, ν_{as}(Si-O-Si): 1100 – 1000; ν_s(Si-O-Si): 600 – 500

5.2 Ermittlung der Summenformel und DBE

MS	Zahl der Atome	Information
MS	C	Aus (M+1)-Peak
	S	Aus (M+2)-Peak
	Cl/Br	Aus Isotopenmuster
	N	N-Regel
	O	Aus O-Indikatoren sowie IR
	H	Aus Differenz zum Molpeak
^{1}H-NMR	H	Aus den relativen Signalintensitäten
^{13}C-NMR	C	Nichtisochrone C-Atome: Aus der Signalzahl
	CH$_x$	Aus DEPT
		Aus Korrelationsspektren

Aus der Summenformel ist die Zahl der DBE zu ermitteln und aufzuteilen (s. **1.3**).

5.3 Geometrische Isomere vom Alkentyp RR′C=CR″R‴

H-Zahl	Strukturtyp	Methode	Information
3 H	RHC=CH$_2$	IR	γ(CH) (s. **6.2.4.2.I.2**)
		^{1}H-NMR	AMX-System (Multipletts; J)
2 H	*trans*-RHC=CHR′	IR	γ(CH) (s. **6.2.4.2.I.2**)
		^{1}H-NMR	^{3}J(^{1}H/^{1}H) (nur für R ≠ R′ ermittelbar)
	cis-RHC=CH$_2$	IR	γ(CH) (s. **6.2.4.2.I.2**)
		^{1}H-NMR	^{3}J(^{1}H/^{1}H) (nur für R ≠ R′ ermittelbar)
	RR′C=CH$_2$	IR	γ(CH) (s. **6.2.4.2.I.2**)
		^{1}H-NMR	• ^{2}J(^{1}H/^{1}H) • NOESY
1 H	RR′C=CR″H	IR	Außer ν(C=C) keine Information!
		^{1}H-NMR	NOESY
0 H	RR′C=CR″R‴	IR	Außer ν(C=C) keine Information!
		^{1}H-NMR	NOESY

5.4 Beispiel zur Ermittlung der Struktur einer unbekannten Verbindung

Massenspektrum (EI 70 eV)

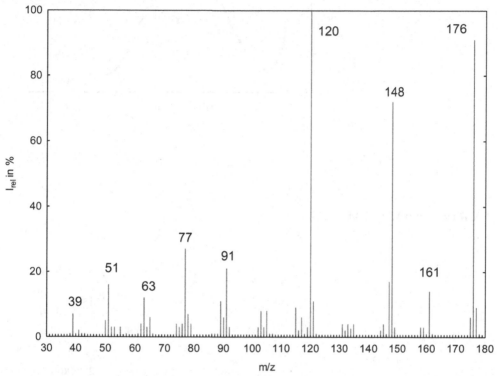

m/z (I_{rel}): 176 amu (94,2 %) 177 amu (11,8 %)

IR-Spektrum (KBr-Preßling)

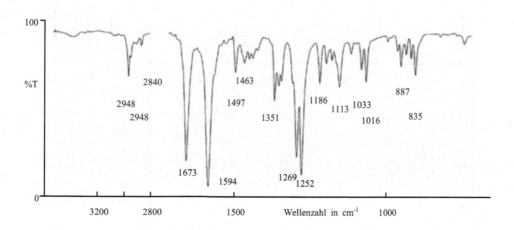

UV-Spektrum

0,45 mg in 25 ml Methanol

d = 1cm

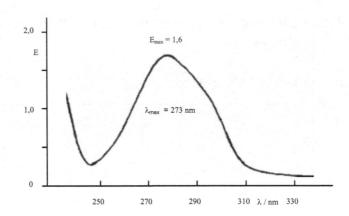

^{1}H-NMR (ν_0 = 400 MHz, LM: CDCl$_3$)

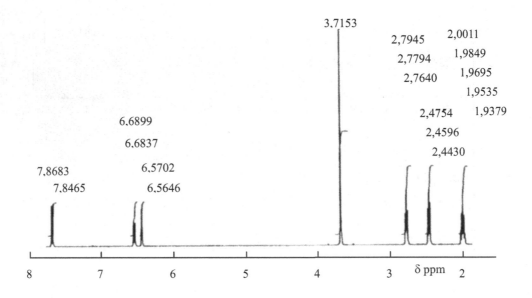

^{13}C-NMR (LM: CDCl$_3$)

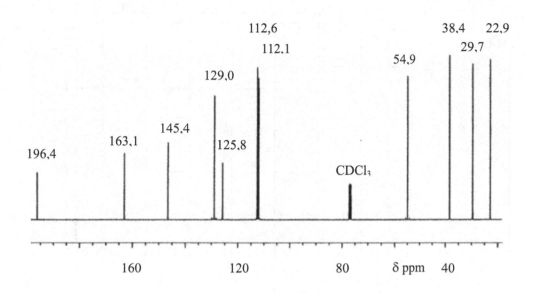

DEPT135

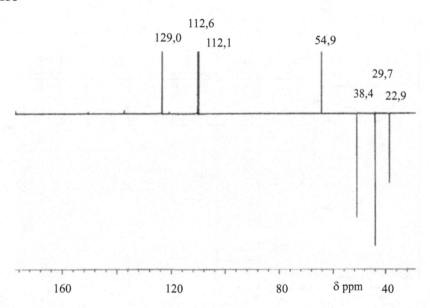

¹H,¹H-COSY

HSQC

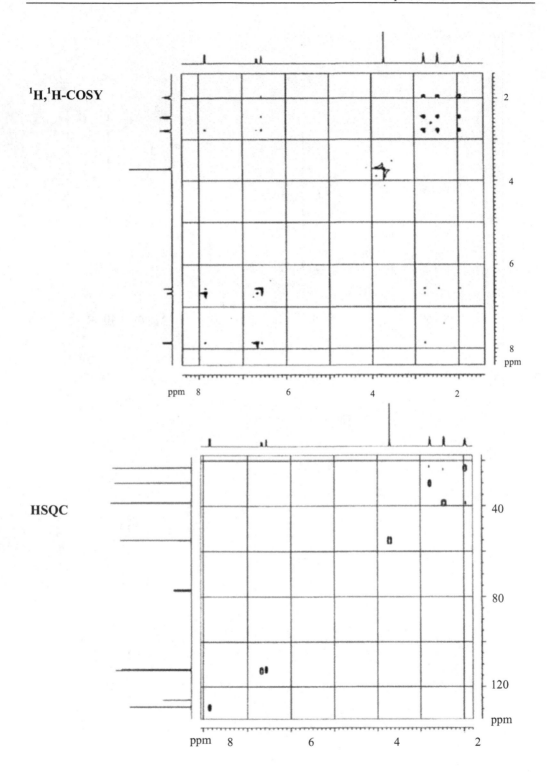

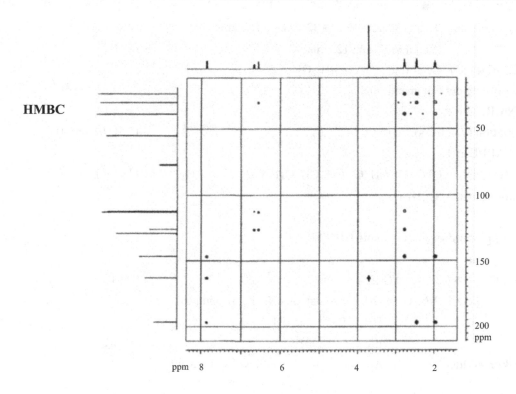

Lösung

A. Summenformel

MS:

$M^{\bullet+}$:   176 amu (I_{rel} = 94,2 %) $\Rightarrow$ sinnvolle Differenzen zu Fragmentpeaks

M+1   177 amu (I_{rel} = 11,8 %) $\Rightarrow$ n_C = (11±1)

Heteroatome:

N: $M^{\bullet+}$ ist geradzahlig $\Rightarrow$ kein N oder 2 N

    IR: keine Schwingungen für N-haltige Strukturgruppen $\Rightarrow$ kein N

Cl; Br: Kein Isotopenmuster

F: Keine Differenzen von Δ = 19 oder 20 amu

    Keine Multipletts im ^{13}C-NMR-Spektrum $\Rightarrow$ kein Halogen

S: Kein (M+2)-Peak mit I_{rel} ≥ 4,4% $\Rightarrow$ kein S

O: IR: ν(C=O) = 1688 cm^{-1}

    MS: m/z = 148 → m/z = 120 amu (Δ = 28 amu (CO))

    ^{1}H-NMR: Singulett bei 3,72 ppm (3 H; OCH$_3$) $\Rightarrow$ O vorhanden

Aufsummierung: 11 C (132 amu) + 2 O(32 amu) = 164 amu

$\qquad$ Δ zum Molpeak: 12 amu $\qquad$ $\Rightarrow$ 12 H

(vorläufige) Summenformel: $\qquad$ $C_{11}H_{12}O_2$

Überprüfung der Summenformel:

^{1}H-NMR:

Integration (von links): $\quad$ 1 : 1 : 1 : 3 : 2 : 2 : 2 $\qquad$ $\Rightarrow$ 12 H (bestätigt)

^{13}C-NMR/DEPT:

CH$_x$ (von links): C^q C^q C^q CH C^q CH CH CH$_3$ CH$_2$ CH$_2$ CH$_2$ $\qquad$ $\Rightarrow$ 11 C + 12 H

Summenformel: $C_{11}H_{12}O_2$

B. Doppelbindungsäquivalente (DBE)

$C_{11}H_{12}O_2$ $\quad\rightarrow$ (-2 O) $\qquad$ $C_{11}H_{12}$ $\qquad\qquad\qquad$ $\Rightarrow$ 6 DBE

Aufteilung der DBE: $\qquad$ 4 DBE: Aromat (aus NMR, IR und MS)

$\qquad\qquad\qquad\qquad\quad$ 1 DBE: C=O (aus IR)

$\qquad\qquad\qquad\qquad\quad$ Differenz: 1 DBE $\qquad\qquad\qquad$ $\Rightarrow$ 1 Ring

Struktureinheiten: $\qquad$ 1 Aromat + 1 C=O + 1 alicyclischer Ring

C. UV-Spektrum

Abschätzung des molaren Extinktionskoeffizienten für λ_{max} = 273 nm aus dem Lambert-Beer-Gesetz:

$$\varepsilon_{max} = \frac{E \cdot M[g/mol] \cdot V_L[ml]}{m[mg] \cdot d[cm]} = \frac{1{,}6 \cdot 176 g/mol \cdot 25ml}{0{,}45mg \cdot 1cm} = 15650 \, l/mol \cdot cm$$

Aus der Lage (λ_{max}) und dem Extinktionskoeffizienten (ε) kann die längstwellige Absorptionsbande der K-Bande eines *Aromaten* mit einem *konjugationsfähigen Substituenten* zugeordnet werden. Die im IR, MS und ^{13}C-NMR detektierte C=O-Gruppe sollte daher in Konjugation zur Aryl-Struktureinheit stehen. (Dies wird durch die Lage der ν(C=O) < 1700 cm^{-1} bestätigt.)

D. IR-Spektrum

ν/cm^{-1}	Intensität	Zuordnung	Strukturelement
3100-3000	w	$\nu(\text{CH,sp}^2)$	Aromat/Alken
2948	m	$\nu(\text{CH,sp}^2)$	Alkyl
2840	m	$\nu(\text{O-CH}_3)$	OCH_3
1673	vs	$\nu(\text{C=O, in Konjugation})$	α-Arylketon
1594 1497	s m	$\nu(\text{C=C, Aryl})$	Aromat (kein Alken!)
1467 1446	m	$\delta_{as}(\text{CH}_3) + \delta_s(\text{CH}_2)$	Alkyl
1351	m	$\delta_s(\text{CH}_3)$	CH_3
887	m	$\gamma(\text{CH, 1H, isoliert})$?	Aryl-1,2,4-trisubstituiert ??
835	m	$\gamma(\text{CH, 2H, benachbart})$?	

Strukturelemente: **Aromat** (1,2,4-trisubstituiert ??)   **OCH₃**   **Alkyl**

α-**Arylketon**

E. ¹H-NMR-Spektrum

δ ppm	$Z^{rel}(H)$	Multiplett	J in Hz	Zuordnung
7,86	1	d	$J = 8,7$	Aryl mit o-H
6,68	1	dd	$J_1 = 8,7$ $J_2 = 2,5$	Aryl mit o-H Aryl mit m-H
6,56	1	d	$J = 2,5$	Aryl mit m-H
3,72	3	s		O-CH_3
2,78	2	„t"	$J = 6,1$	$\text{C-CH}_2\text{-C}$
2,46	2	„t"	$J = 6,5$	$\text{C-CH}_2\text{-C}$
1,97	2	„q"	$J = 6,3$	$\text{C-CH}_2\text{-C}$

Strukturelemente: **Aryl (1,2,4-trisubstituiert) CH₃O   -CH₂-CH₂-CH₂-**

(1 Aryl-H mit o-Kopplung; 1 Aryl-H mit m-Kopplung;

1 Aryl-H mit o- und m-Kopplung)

F. ^{13}C-NMR-Spektrum und DEPT

δ ppm	CH$_x$	Zuordnung	Bemerkung
196,4	C^q	C=O (Keton)	eindeutige Signalzuordnung
163,1	C^q	Aryl (C mit Substituent)	mit Substituent OCH$_3$
145,4	C^q	Aryl (C mit Substituent)	
129,0	CH	Aryl	
125,8	C^q	Aryl (C mit Substituent)	
112,6	CH	Aryl	
112,1	CH	Aryl	
54,9	CH$_3$	CH$_3$-O	eindeutige Signalzuordnung
38,4	CH$_2$	C-CH$_2$-C	
29,7	CH$_2$	C-CH$_2$-C	
22,9	CH$_2$	C-CH$_2$-C	

Summe C$_y$H$_x$: C$_{11}$H$_{12}$ (Übereinstimmung mit Summenformel und H-Zahl aus ^{1}H-NMR)

Strukturelemente: **Aryl mit 3 Substituenten (keine Symmetrie!)**

                             CH$_3$-O   C=O (Keton)   3 CH$_2$

G. Strukturvorschläge

Die Zahl der DBE erfordert einen Ring zusätzlich zum Aromaten. Die drei CH$_2$-Gruppen sind daher Teil eines Alicyclus. Die Ketogruppe muss nach dem IR-Spektrum in Konjugation zum Arylrest stehen. Nach den Kopplungskonstanten sind die H-Atome des Aromaten in 1,2,4-Position anzuordnen. Es ergeben sich daher folgende zwei Strukturen:

Das zur α-C=O-Gruppe ortho-ständige Aryl-H-Atom (fett markiert) sollte im tiefsten Feld liegen (7,86 ppm). Im ^{1}H-NMR-Spektrum erscheint es als Dublett mit J = 8,7 Hz, d. h. es liegt eine ortho-Kopplung vor. Diese Forderung ist nur in Struktur **II** erfüllt. Das 1-H-Atom in **I** führt zwar auch zu einem Dublett, jedoch mit einer kleineren meta-Kopplungskonstante.

Berechnung von λ$_{max}$ (**Tab. 6.3.2**): **II:** 246 + 3+ 25 = **274 nm** (exp: 273 nm); **I:** 256 nm.

Der endgültige Strukturbeweis für **I** erfolgt durch die Zuordnung *aller* ^{1}H- und ^{13}C-Signale.

H. Berechnung der NMR-Signale

(Berechnung mit Programm SpecTool®; alle δ-Werte in ppm)

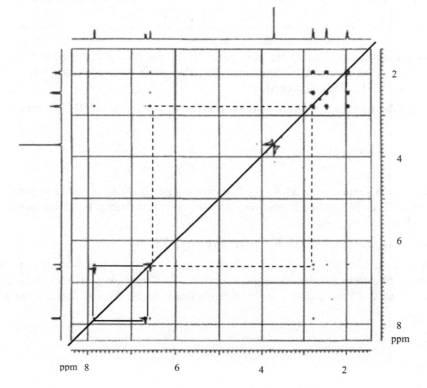

Die Nummerierung der Atome wird in allen weiteren Ausführungen beibehalten.

I. ¹H/¹H-COSY

Ziel: Erkennung der koppelnden und damit in Nachbarschaft stehenden H-Atome.

Einige Korrelationen der cross peaks sind im Spektrum eingezeichnet, weitere sind selbst zu finden.

Zuordnung der ^{1}H-NMR-Signale

Signal δ (ppm)	Zuordnung Nr. des H-Atoms	cross peak zum Signal (Nr. des H-Atoms)	Bemerkung
1,97	7	2,78 (6) 2,46 (8)	H-Atome müssen zwischen H-6 und H-8 stehen **H-7** ist sicher!
2,78	6	6,56 (Aryl) long range Kopplung	CH$_2$-Gruppe haftet am Aromaten **H-6** ist sicher!
2,46	8	1,97 (7)	
3,72	11	kein cross peak!	**H-11** ist sicher!
6,56	4 (über J$_m$)	6,68 (2) 2,78 (6)	nur 1 cross peak innerhalb des Aromaten cross peak zu einer CH$_2$-Gruppe
6,68	2 (über J$_o$ + J$_m$)	6,56 (4)	2 cross peaks ⇒ 2 Kopplungen **H-2** ist sicher!
7,86	1 (über J$_o$)	6,68 (2)	nur 1 cross peak innerhalb des Aromaten

Über die Kopplungskonstanten und die cross peaks ist die Zuordnung der Signale für *alle* H-Atome gesichert. Über das HSQC-Experiment ist daher auch die Zuordnung aller den H-Atomen zugehörigen C-Atome gesichert.

Die Zuordnung der quartären C-Atome erfolgt über die ^{2}J$_{C,H}$ und ^{3}J$_{C,H}$ im HMBC-Spektrum.

J. HSQC (^{1}J$_{C,H}$-Kopplung)

Ziel: Alle direkt gebundenen CH-Atome liefern cross peaks. Aus den sicher zugeordneten Signalen der H-Atomen können die Signale der zugehörigen C-Atome zugeordnet werden und umgekehrt.

Die cross peaks sind im HSQC-Spektrum eingezeichnet.

Quartäre C-Atome können nicht erkannt werden, wie der fehlende cross peak im HSQC-Spektrum für das ^{13}C-Signal bei δ = 125,8 ppm zeigt. Die Zuordnung der quartären C-Atome erfolgt aus den Korrelationen im HMBC-Spektrum (Punkt **K.**).

HSQC

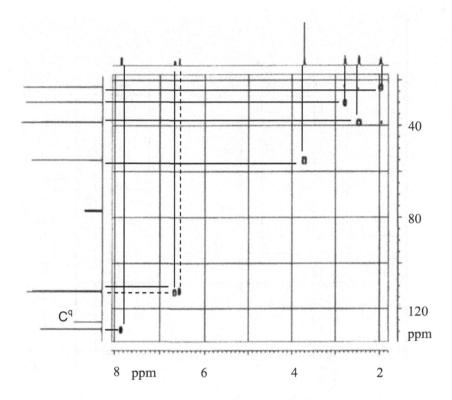

Zuordnung der CH-Signale

^{1}H-Signal δ (ppm)	Nr. des H-Atoms	^{13}C-Signal δ (ppm)	Zuordnung C-Atom Nr.
7,86	1	129,0	1
6,68	2	112,6	2
6,56	4	112,1	4
3,72	11	54,9	11
2,78	6	29,7	6
2,46	8	38,4	8
1,97	7	22,9	7

K. HMBC ($^2J_{C,H}$ und $^3J_{C,H}$-Kopplung)

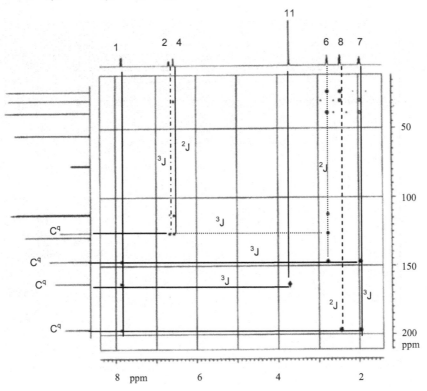

Zusammenstellung der Korrelationen zur Zuordnung der quartären C-Atome

Start (δ ppm)	Kopplung	Signal (δ ppm)	Zuordnung	Bemerkung
H-11 (3,72)	$^3J_{C,H}$	^{13}C: 163,1	C^q-3	C^q-3 gesichert
H-7 (1,97)	$^3J_{C,H}$	^{13}C: 196,4	C^q-9	C^q-9 gesichert
H-8 (2,46)	$^2J_{C,H}$	^{13}C: 196,4	C^q-9	
H-6 (2,78)	$^3J_{C,H}$	^{13}C: 125,8	C^q-10	C^q-10 gesichert; Bestätigung durch c. p. zu H-2!
	$^2J_{C,H}$	^{13}C: 146,5	C^q-5	
H-2 (6,68)	$^3J_{C,H}$	^{13}C: 125,8	C^q-10	C^q-10 gesichert, zu H-5 ist die Entfernung zu groß!
H-7 (1,97)	$^3J_{C,H}$	^{13}C: 146,5	C^q-5	C^q-5 gesichert

Zusammenstellung aller H,C-Korrelationen über 2 und 3 Bindungen

^1H		Korrelation zu C-Atom Nr.			
δ ppm	H-Atom-Nr.	über $^2J_{C,H}$	δ ppm	über $^3J_{C,H}$	δ ppm
1,97	7	6	29,7	5	145,4
		8	38,4		196,4
2,46	8	7	22,9	7	
		9	196,4		
2,78	6	7	22,9	8	38,4
				10	125,8
3,72	11			3	145,4
6,56	4			2	112,6
				10	125,8
6,68	2			4	112,1
				10	125,8
7,86	1			5	145,4
				3	163,1
				9	196,4

Graphische Veranschaulichung von Korrelationen

Der Übersicht wegen sind nur die Korrelationen zu den quartären C-Atomen eingezeichnet.

L. Massenspektrometrische Fragmentierungen

m/z 176 $\xrightarrow{\alpha}$ $-CH_2=CH_2$ m/z 148

m/z 148 $\xrightarrow{- CO}$ m/z 120

m/z 51 $\xleftarrow{- C_2H_2}$ m/z 77 $\xleftarrow{- CO}$ m/z 105 $\xleftarrow{- CH_3^{\cdot}}$ m/z 120

Aromatenbruchstücke: $C_7H_7^+$ $\longrightarrow$ $C_5H_5^+$ $\longrightarrow$ $C_3H_3^+$
m/z 91   m/z 65   m/z 39

Die massenspektrometrische Fragmentierung steht in Einklang mit der erarbeiteten Struktur: **3-Methoxytetralon**.

Während isomere Strukturen im aromatischen Teil sich massenspektrometrisch nicht unterscheiden lassen, sollte die isomere Verbindung mit einer zum Aromaten β-ständigen C=O-Gruppe ein völlig unterschiedliches Massenspektrum zeigen mit der Eliminierung von Keten zum Basispeak:

CH_3O $\xrightarrow{\quad - O=C=CH_2 \quad}$ m/z 134 (Basispeak!)

Für die folgenden Probleme ist aus den gegebenen Spektrensätzen die Struktur nach dem oben vorgeführten Beispiel zu erarbeiten und zu begründen.

Alle Spektren sind vollständig auszuwerten.

5.5 Übungen zur Strukturermittlung

Übung 5.1

MS
(EI; 70 eV)

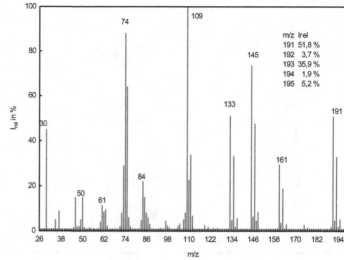

m/z	Irel
191	51,8 %
192	3,7 %
193	35,9 %
194	1,9 %
195	5,2 %

UV

Einwaage:

Lsg. 1: 0,776 mg/5 ml

Analysen-Lsg.:

1 ml Lsg. 1/10 ml

LM: Methanol

d = 1 cm

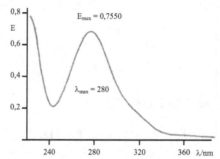

IR (KBr)

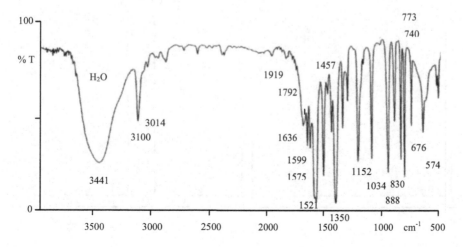

¹H-NMR (400 MHz; LM: DMSO)

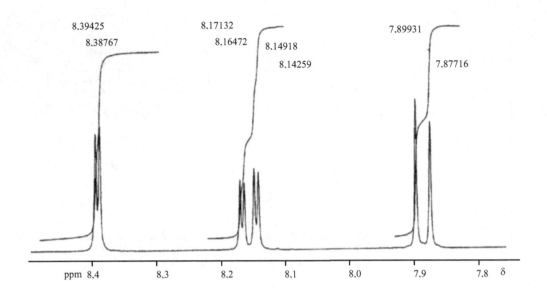

¹³C-NMR und **DEPT 135**

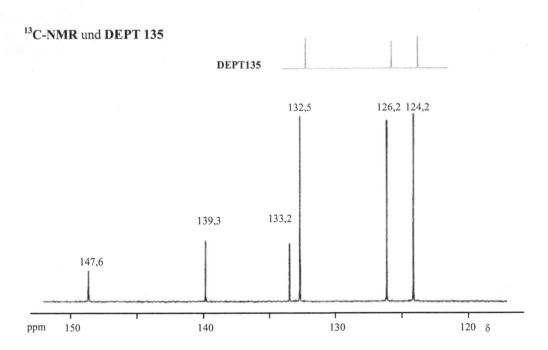

¹H,¹H-COSY
(LM: DMSO)

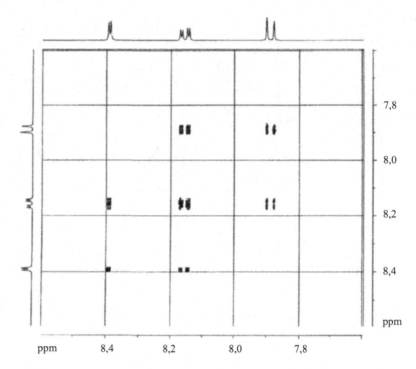

HMBC

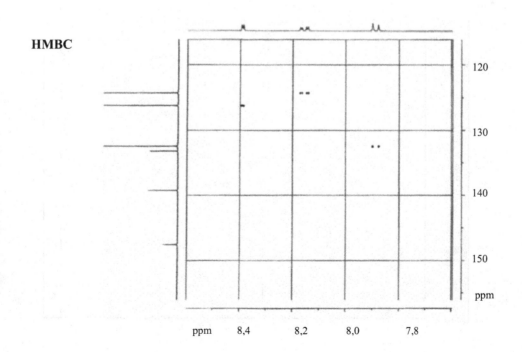

HMBC

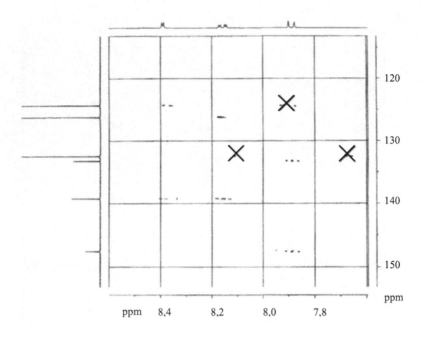

Übung 5.2

MS
(EI; 70 eV)

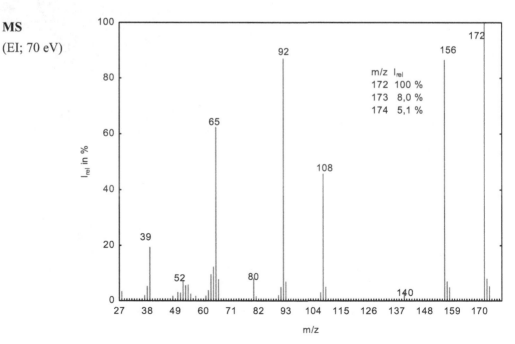

m/z	I_{rel}
172	100 %
173	8,0 %
174	5,1 %

UV

Einwaage:

Lsg. 1: 0,756 mg/5ml

Analysenlsg.:

1 ml Lsg. 1/10 ml

LM: Methanol

d = 1 cm

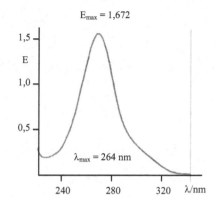

$E_{max} = 1,672$

$\lambda_{max} = 264$ nm

^{13}C-NMR

(LM: DMSO)

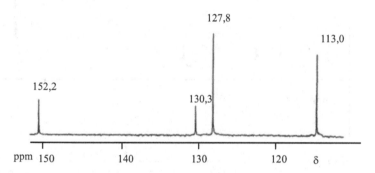

IR (KBr)

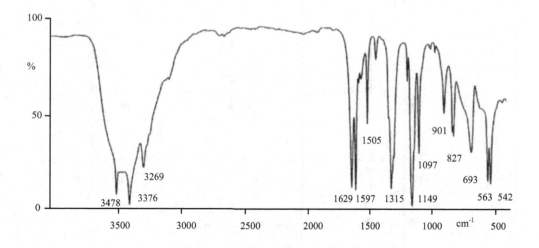

¹H-NMR (400 MHz; LM: DMSO)

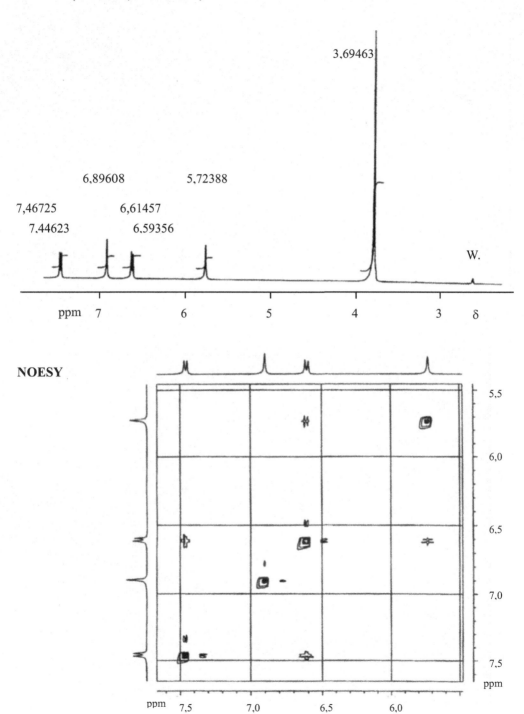

HSQC

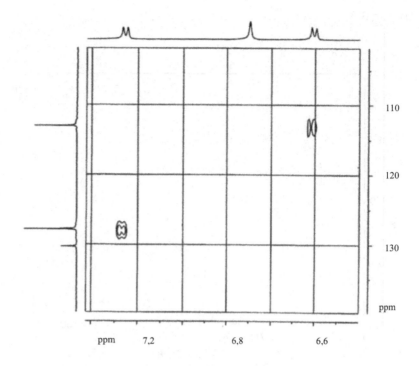

HMBC

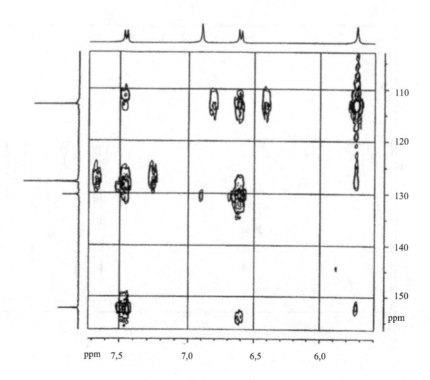

Übung 5.3

MS (EI, 70 eV)

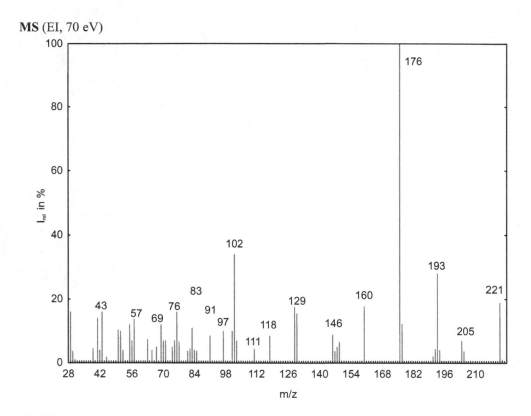

IR (KBr)

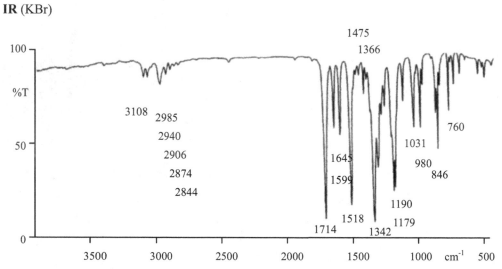

¹HNMR (200 MHz; LM: CDCl₃)

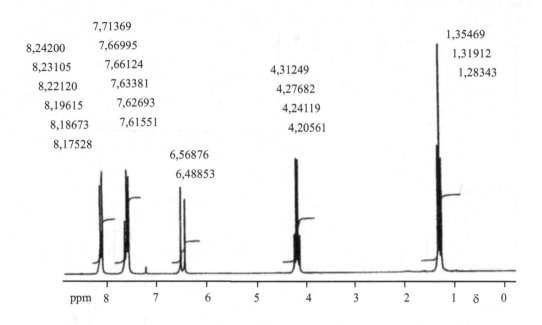

¹³CNMR (Pendant; LM: CDCl₃)

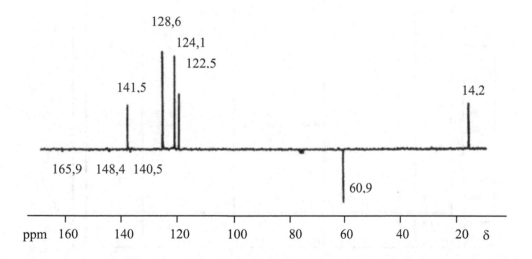

UV

Lsg. 1: 0,358 mg/5 ml Methanol

Analysenlsg.:

1 ml Lsg. 1/10 ml Methanol

d = 1 cm

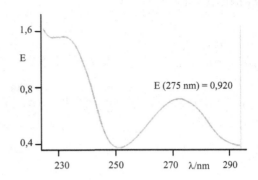

^{1}H,^{1}H-COSY

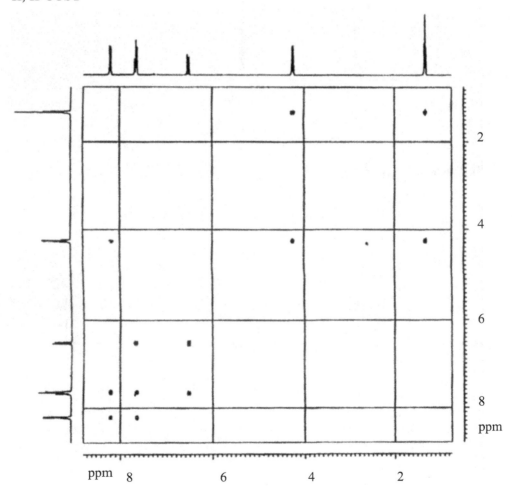

HSQC

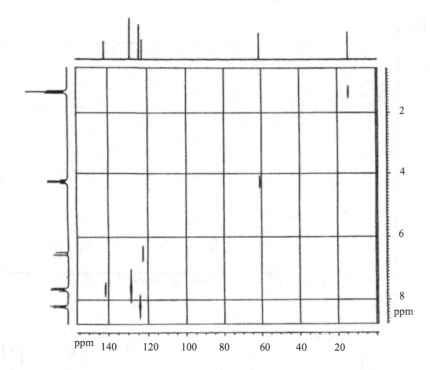

HMBC

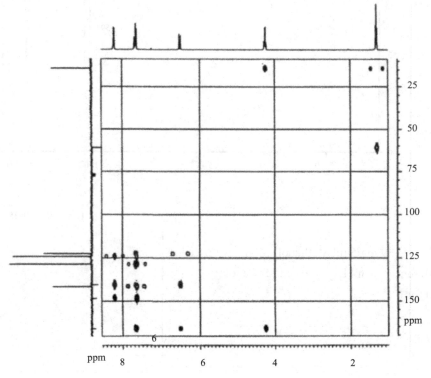

Übung 5.4

MS (EI; 70 eV)

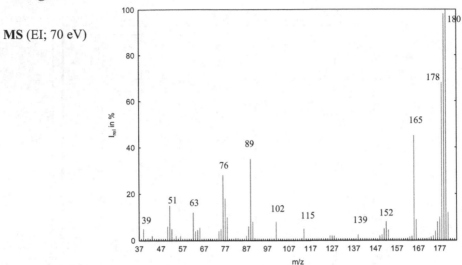

IR

(KBr)

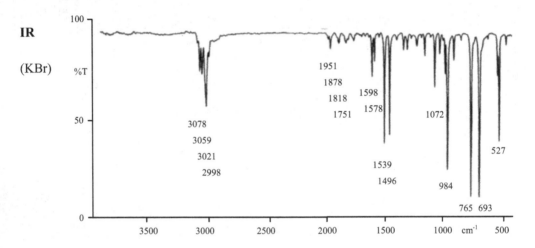

UV

Lsg. 1: 0,339 mg/5 ml Methanol

Analysenlsg.: 1 ml Lsg. 1/10 ml Methanol

d = 1 cm

E (295 nm) = 1,0425

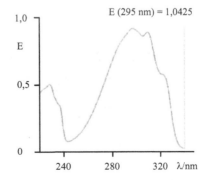

Raman

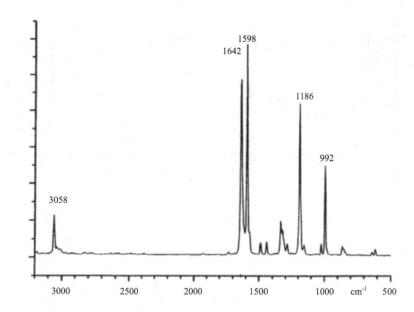

^{1}H-NMR

200 MHz

LM:
CDCl$_3$

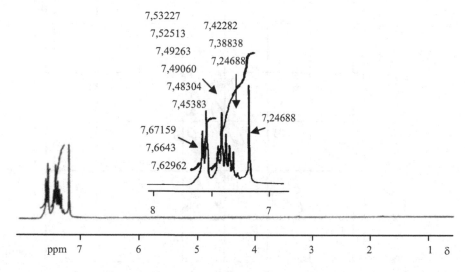

^{13}C-NMR
(Pendant)

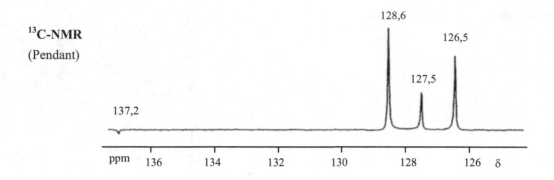

^{1}H,^{1}H-COSY

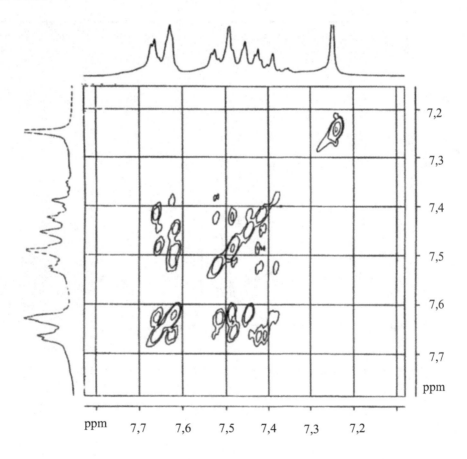

HSQC

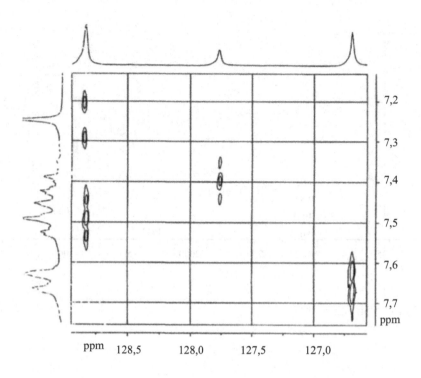

Übung 5.5

MS
(EI; 70 eV)

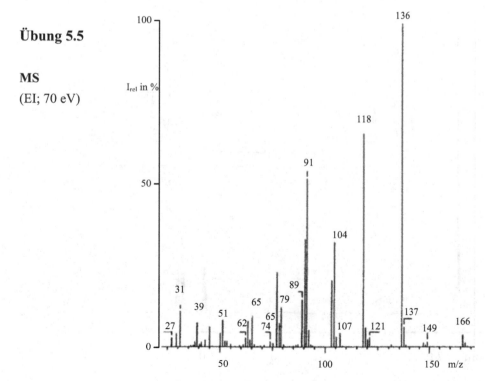

IR (KBr)

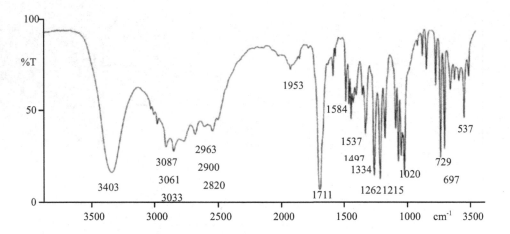

¹H-NMR (400 MHz; LM: DMSO)

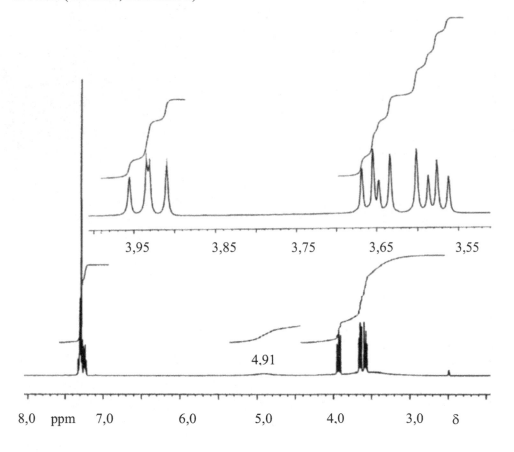

^{13}C-NMR und DEPT-Spektren (LM: DMSO)

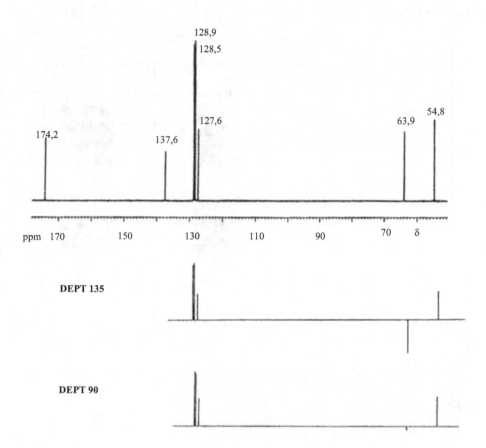

UV

Analysenlsg.: 2,043 mg/5 ml Methanol

d = 1 cm

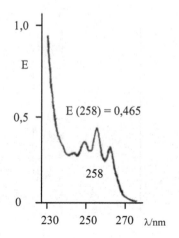

¹H,¹H-COSY

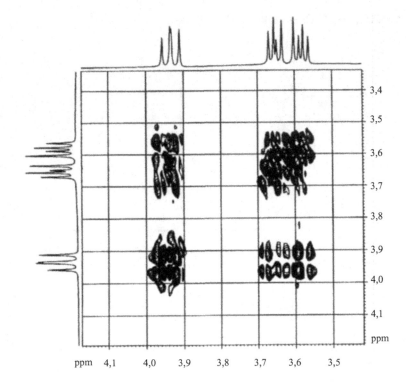

HMQC

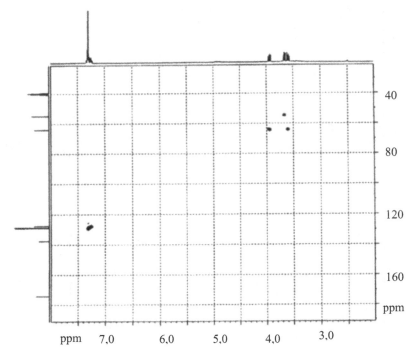

HMBC

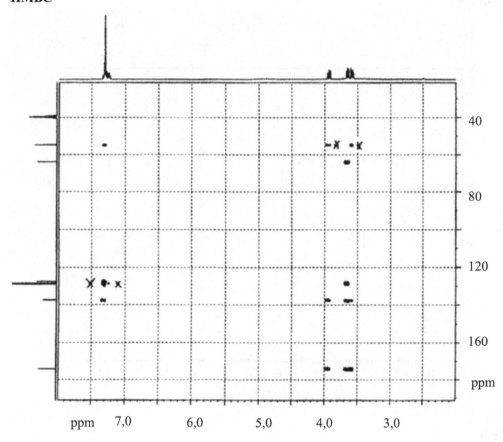

Übung 5.6

MS (EI, 70 eV)

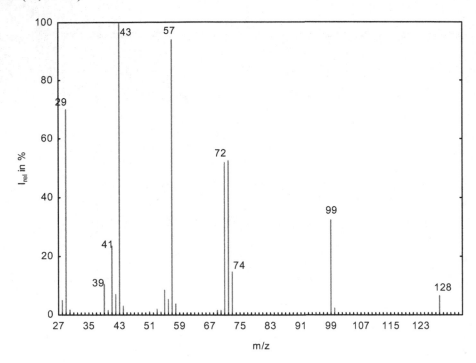

IR (Film)

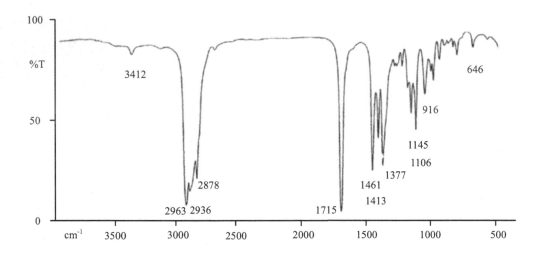

¹H-NMR (400 MHz, LM: CDCl₃)

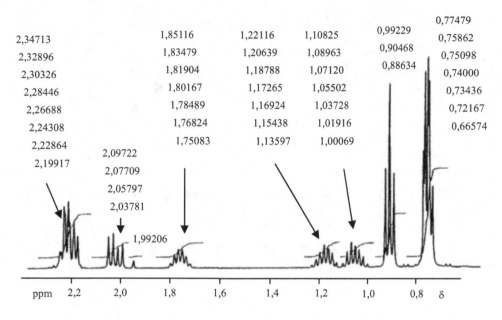

2,34713		1,85116	1,22116	1,10825	0,99229	0,77479
2,32896		1,83479	1,20639	1,08963	0,90468	0,75862
2,30326		1,81904	1,18788	1,07120	0,88634	0,75098
2,28446		1,80167	1,17265	1,05502		0,74000
2,26688		1,78489	1,16924	1,03728		0,73436
2,24308		1,76824	1,15438	1,01916		0,72167
2,22864	2,09722	1,75083	1,13597	1,00069		0,66574
2,19917	2,07709					
	2,05797					
	2,03781					
	1,99206					

¹³C-NMR

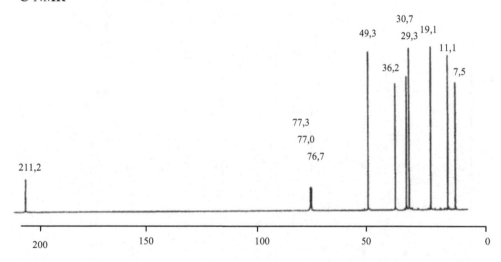

211,2   77,3 77,0 76,7   49,3   36,2   30,7 29,3 19,1   11,1   7,5

¹H,¹H-COSY

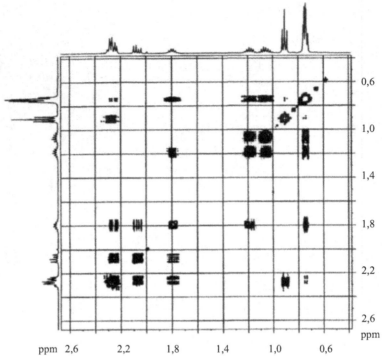

HSQC

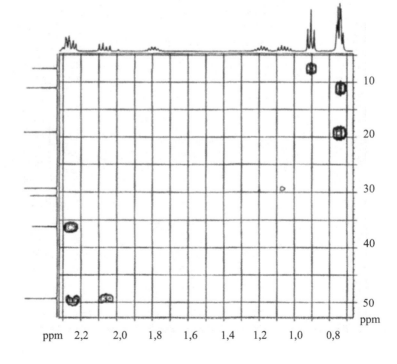

HMBC

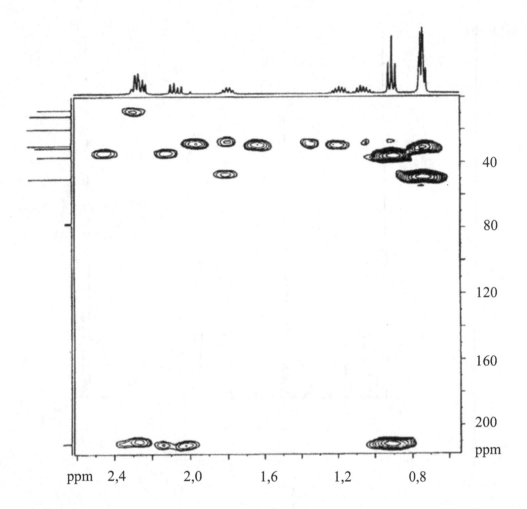

UV:

Analysenlsg.: 8,3 mg/5 ml Methanol:

strukturlose Bande: $\lambda_{max} = 285$ nm; $E(285) = 0,653$

$d = 1$ cm

Übung 5.7

MS (EI; 70 eV)

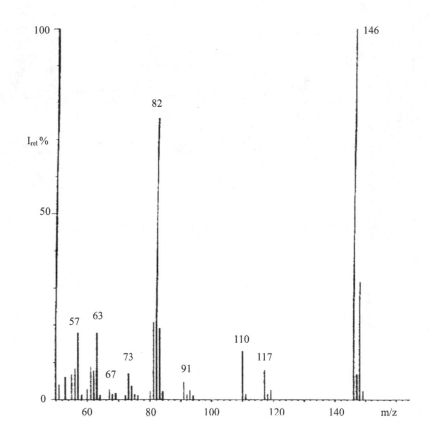

UV

Lsg. 1: 15 µl/5 ml; ρ=1,35 g/ml

Analysenlsg.: 1 ml Lsg. 1/10 ml

LM: Methanol

d = 1 cm

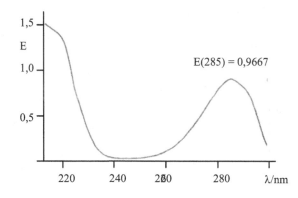

E(285) = 0,9667

IR (Film)

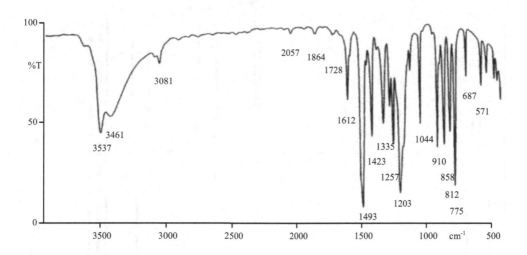

¹H-NMR (400 MHz; LM: CD₃CN)

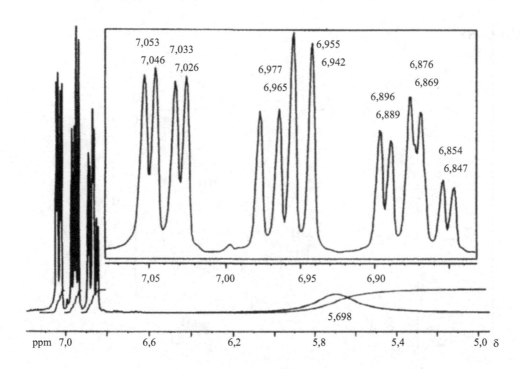

^{13}C-NMR (LM: CDCl$_3$)

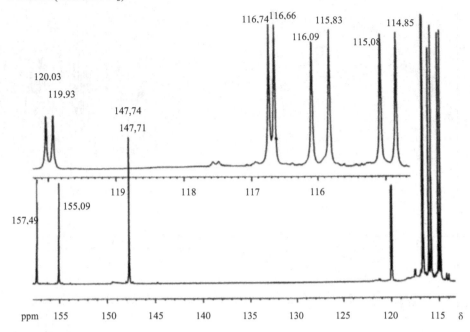

^{1}H,^{1}H-COSY

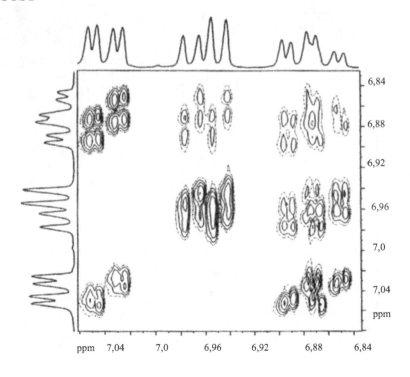

HSQC

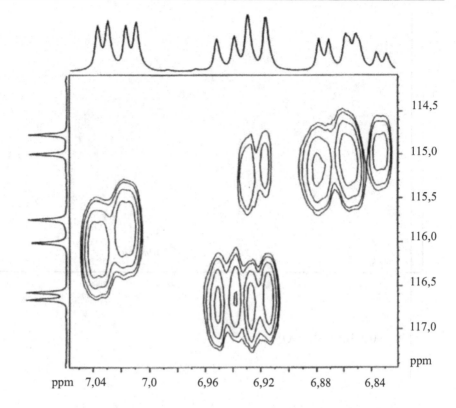

Übung 5.8

MS
(EI; 70 eV)

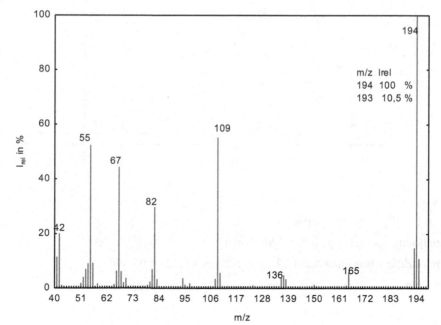

m/z	Irel
194	100 %
193	10,5 %

IR (KBr)

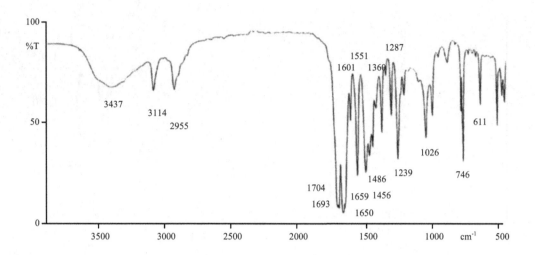

^{1}H-NMR (400 MHz; LM: D_2O)

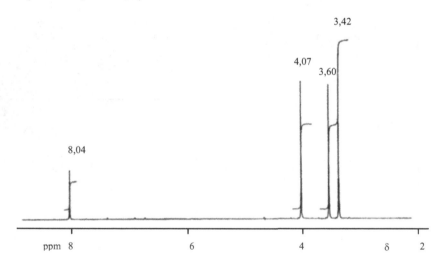

UV

Lsg. 1: 0,751 mg/5 ml Methanol

Analysenlsg.: 1 ml Lsg. 1/10 ml Methanol

strukturlose Absorptionsbande; λ_{max} = 272 nm; E(272) = 0,7398

d =1 cm

^{13}C-NMR und DEPT-Spektren

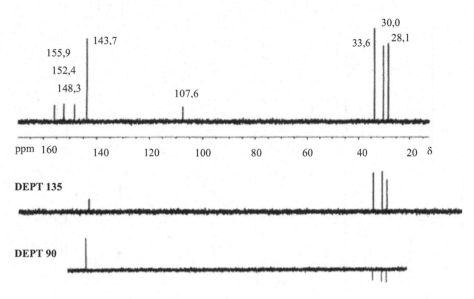

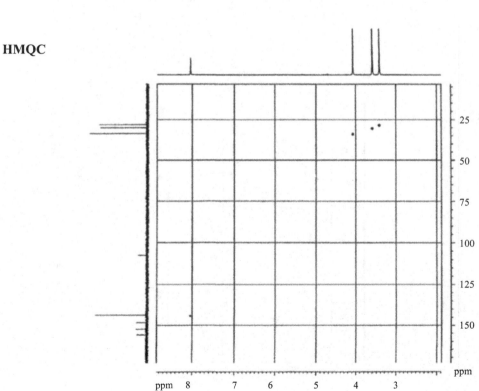

HMBC

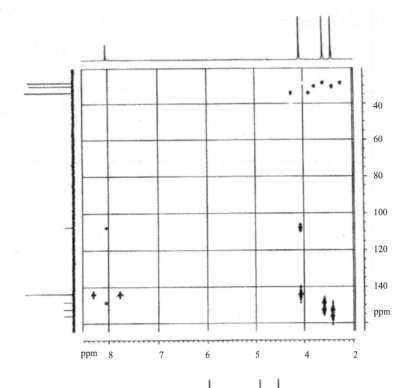

HMBC

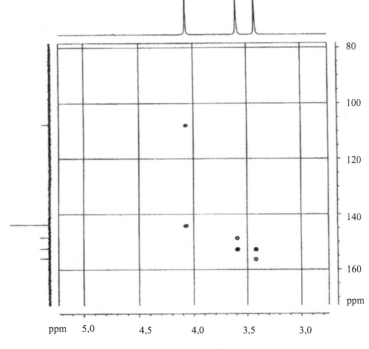

Übung 5.9

MS (EI; 70 eV)

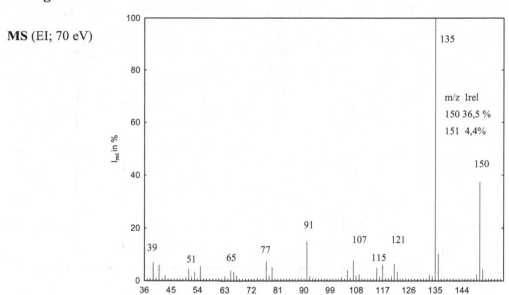

IR (KBr)

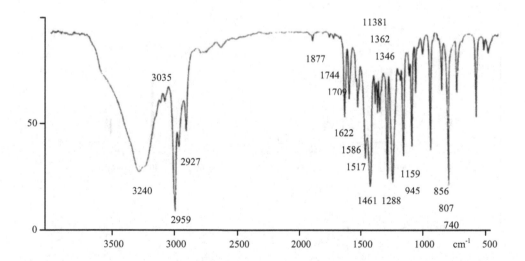

^{1}H-NMR (250 MHz; LM: DMSO)

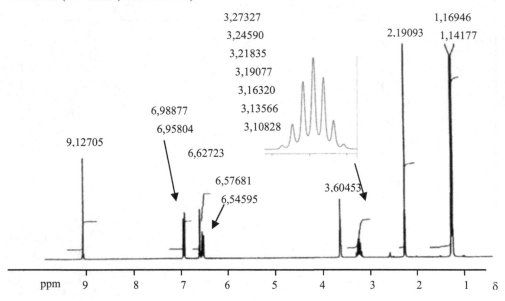

3,27327
3,24590
3,21835
3,19077
3,16320
3,13566
3,10828

6,98877
6,95804

1,16946
1,14177

2,19093

9,12705

6,62723

6,57681
6,54595

3,60453

ppm   9   8   7   6   5   4   3   2   1   δ

^{13}C-NMR und DEPT-Spektren

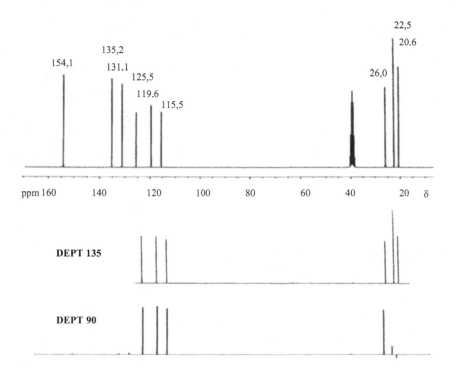

154,1

135,2
131,1

125,5

119.6

115,5

22,5
20.6

26,0

ppm 160   140   120   100   80   60   40   20   δ

DEPT 135

DEPT 90

¹H,¹H-COSY

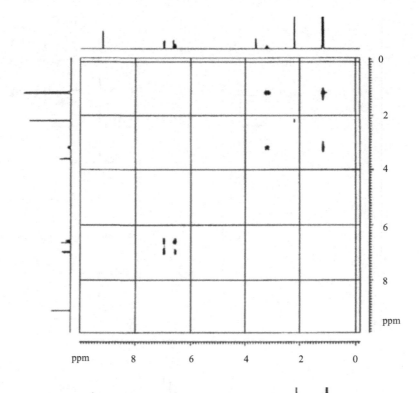

NOESY

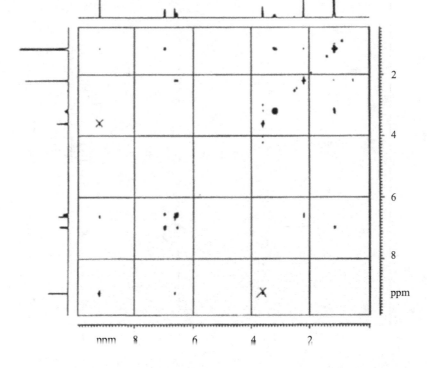

HMQC

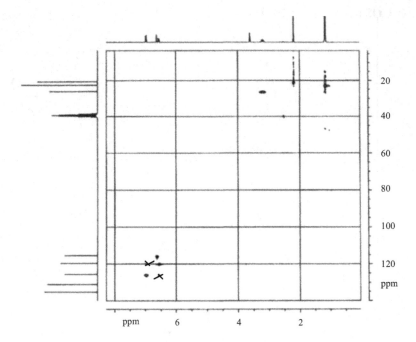

HMQC

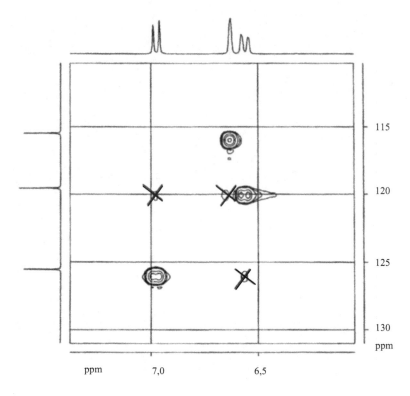

HMBC

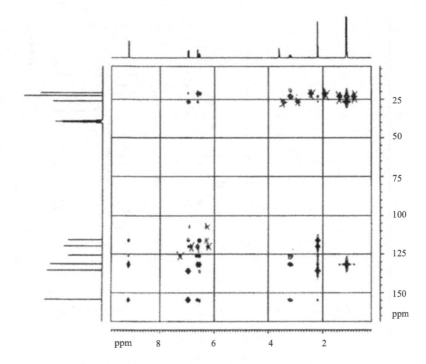

HMBC

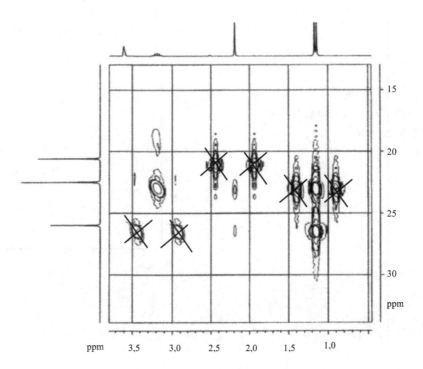

HMBC

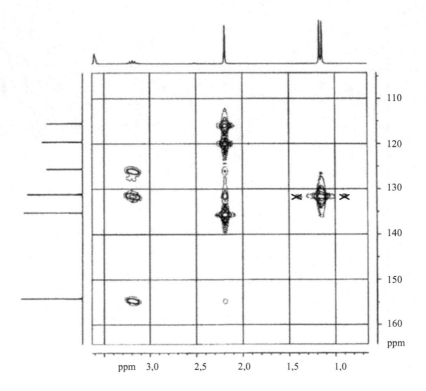

UV

Lsg. 1: 0,769 mg/5 ml

Analysenlsg.: 1 ml Lsg. 1/10 ml

LM: Methanol

d = 1 cm

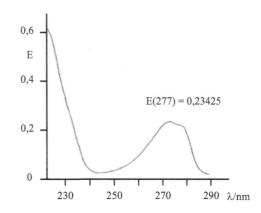

Übung 5.10

MS
(EI; 70 eV)

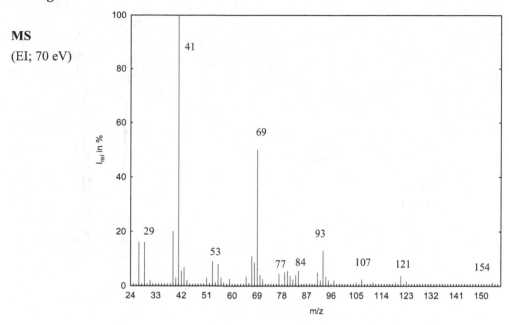

IR (Film)

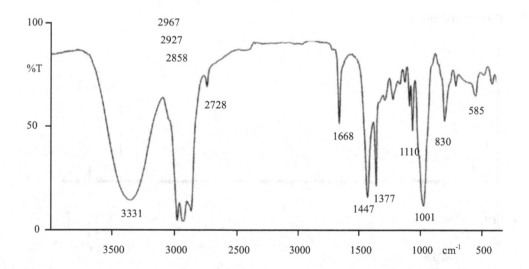

^{1}H-NMR (200 MHz; LM: CDCl$_3$)

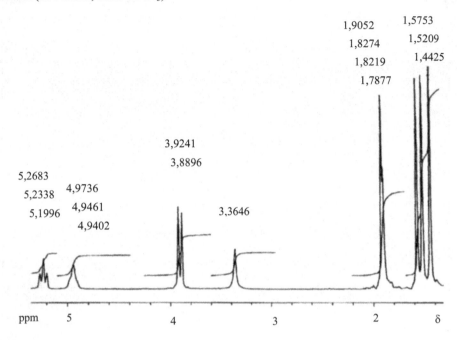

^{13}C-NMR (Pendant)

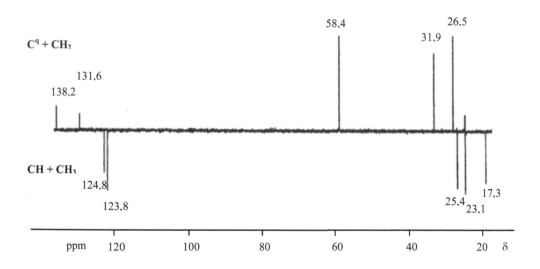

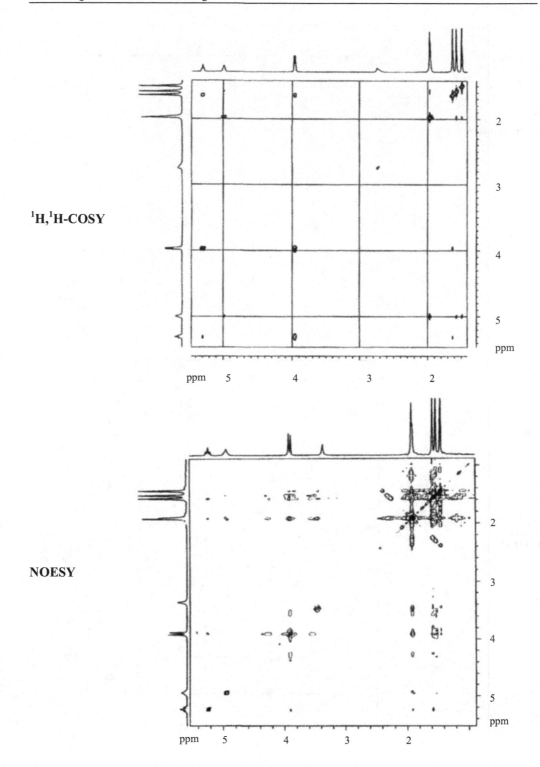

¹H,¹H-COSY

NOESY

**^{1}H,^{13}C-
Korrelation**

HMBC

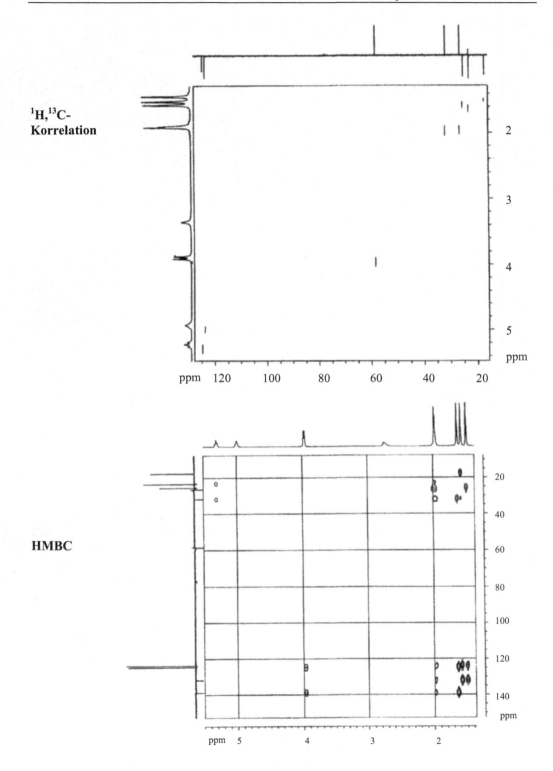

1D-NOE

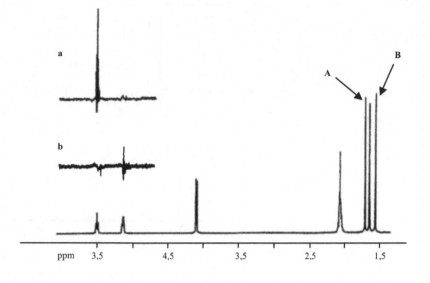

a – **Einstrahlung in Signal A**
b – **Einstrahlung in Signal B**

UV
15 μl / 5 ml Acetonitril

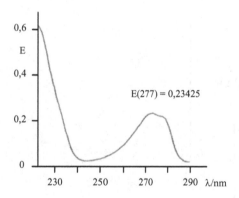

Übung 5.11

MS (EI; 70 eV)

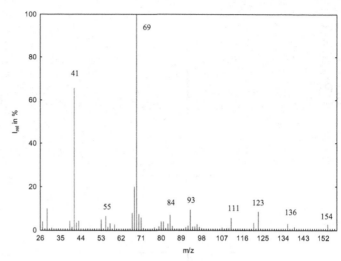

UV

Analysenlsg.: 1,5 µl/5 ml

LM: Methanol

d = 1 cm

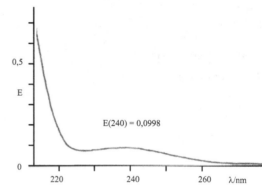

E(240) = 0,0998

IR (Film)

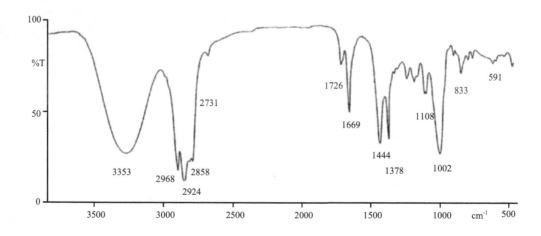

¹HNMR (400 MHz; LM: CDCl₃; NP = Nebenprodukt)

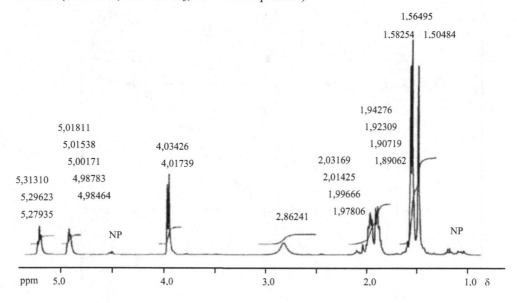

¹³CNMR-Pendant (LM: CDCl₃)

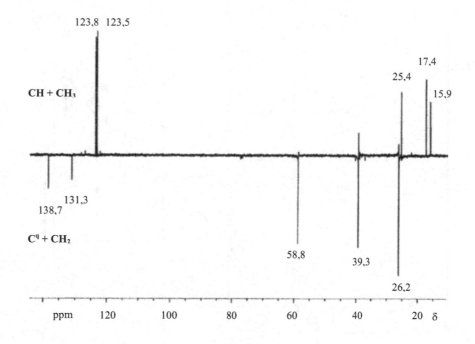

¹H,¹H-COSY

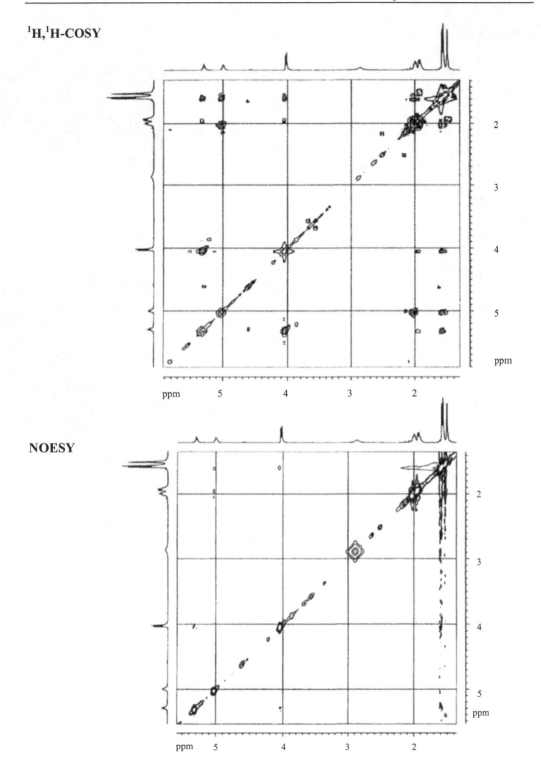

NOESY

HSQC

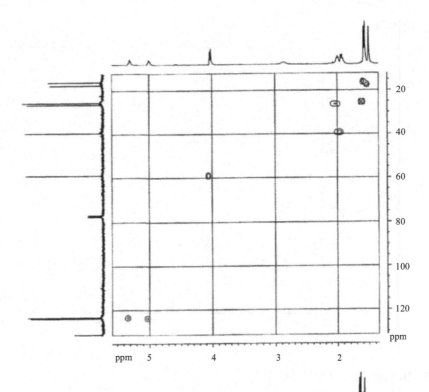

HMBC

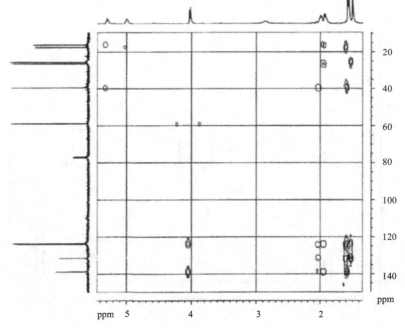

Übung 5.12

MS
(EI; 70 eV)

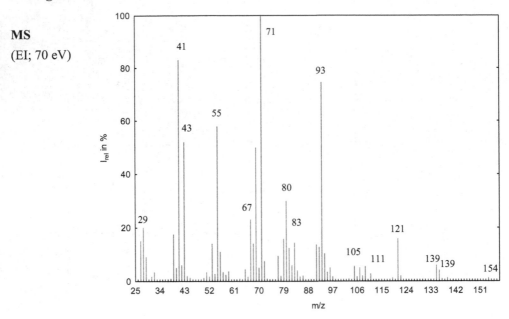

¹HNMR (200 MHz, LM: CDCl₃)

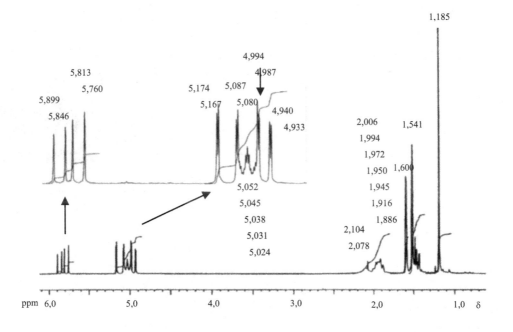

^{1}H,^{1}H-COSY

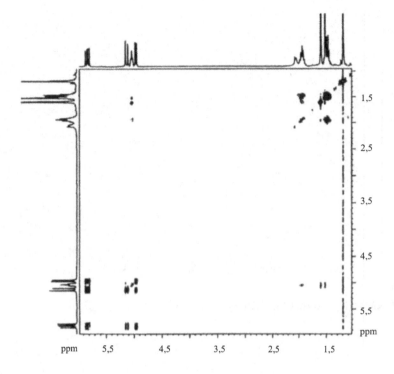

^{1}H,^{1}H-COSY

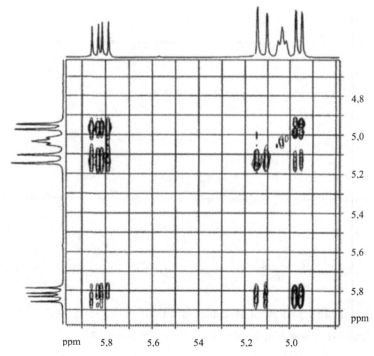

IR (Film)

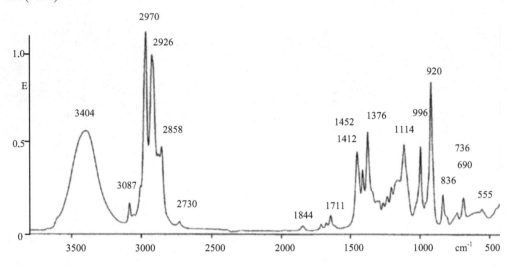

^{13}CNMR-Pendant (LM: CDCl$_3$)

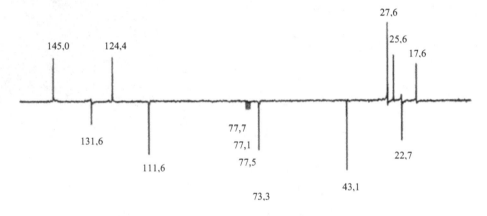

UV

Analysenlsg.: 1,5 µl/10 ml Methanol; d = 1 cm

Strukturlose Absorptionsbande: λ_{max} = 240 nm (E = 0,095)

HSQC

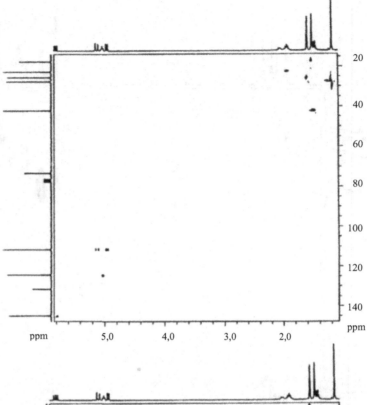

HMBC

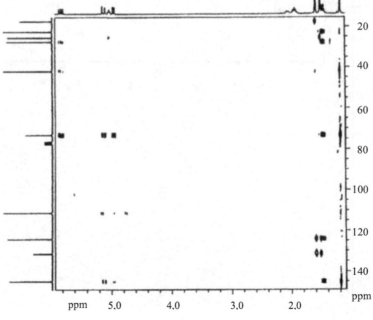

NOESY

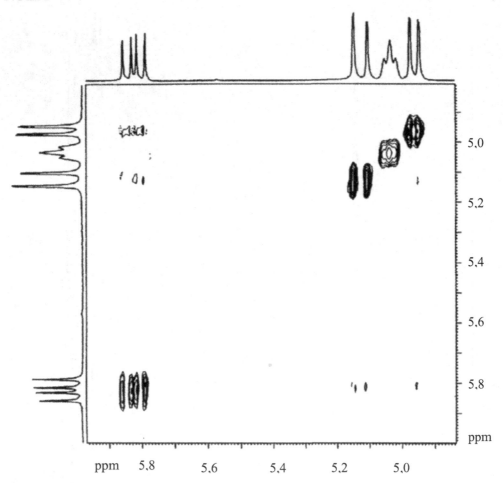

Übung 5.13

MS (EI; 70 eV)

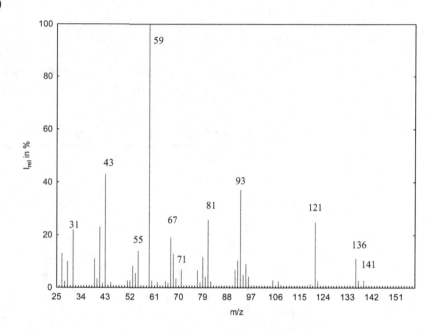

IR (Film)

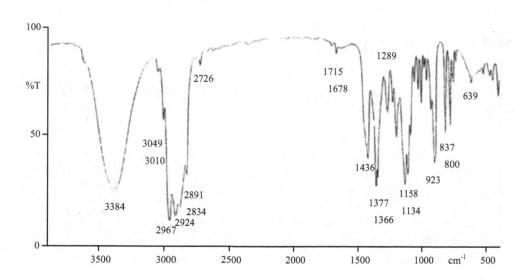

¹HNMR (400 MHz; LM: DMSO)

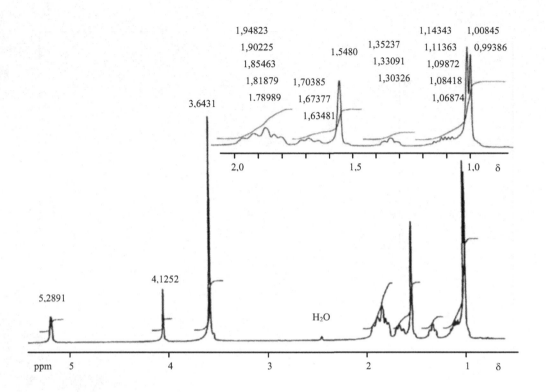

¹³CNMR-Pendant (LM: DMSO)

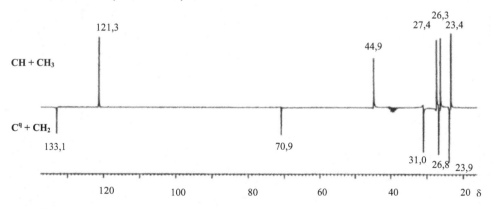

HSQC

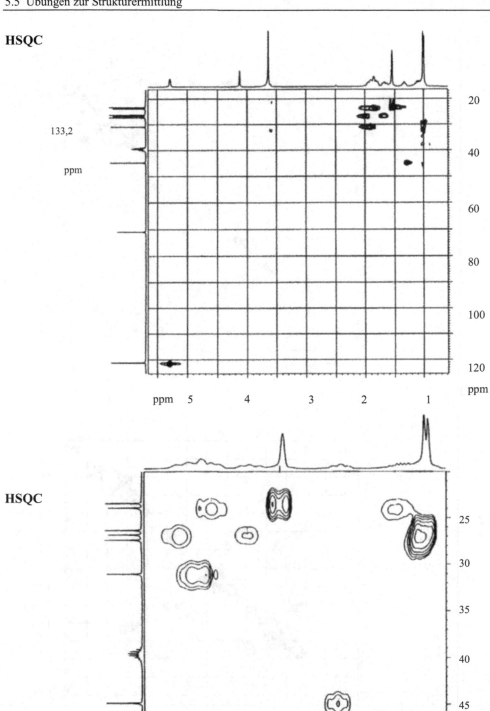

HSQC

^{1}H,^{1}H-COSY

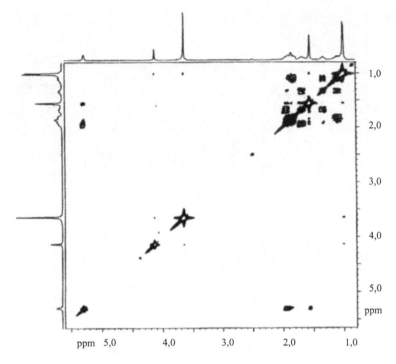

^{1}H,^{1}H-COSY

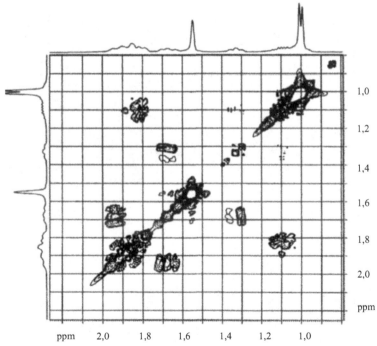

HMBC

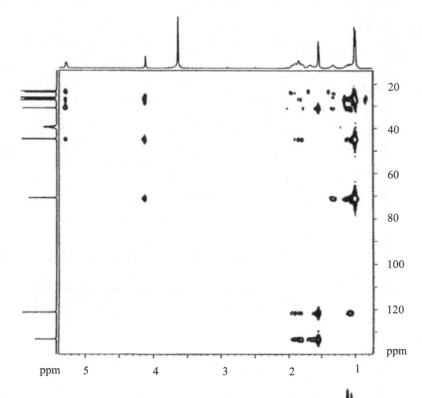

HMBC

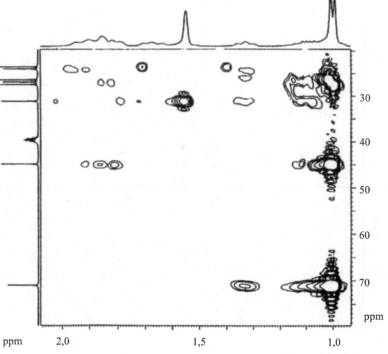

Übung 5.14

MS (EI; 70 eV)

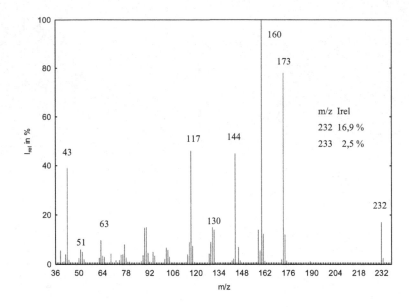

m/z	Irel
232	16,9 %
233	2,5 %

IR (KBr)

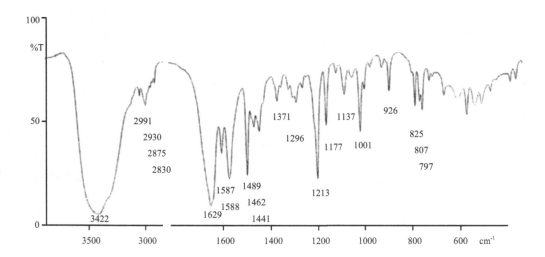

UV

Lsg. 1: 0,359 mg/5ml Methanol
Analysenlsg.:
1 ml Lsg. 1/10 ml Methanol
d = 1 cm

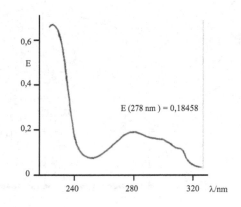

E (278 nm) = 0,18458

¹H-NMR (400 MHz; LM: DMSO

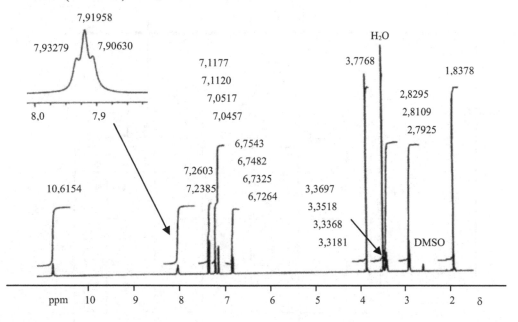

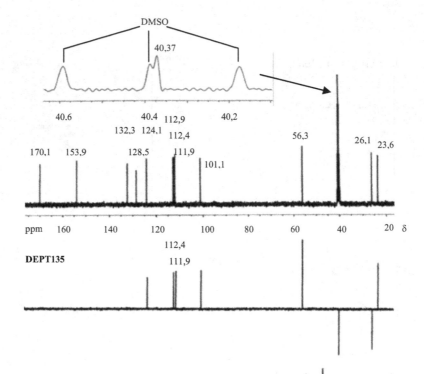

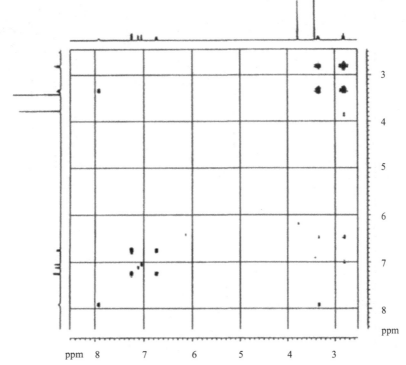

¹H,¹H-COSY

¹H,¹H-COSY
(Ausschnitt)

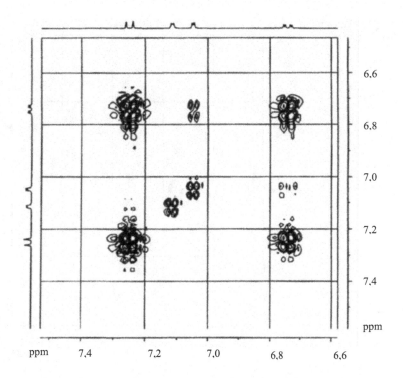

HMQC
LM: DMSO

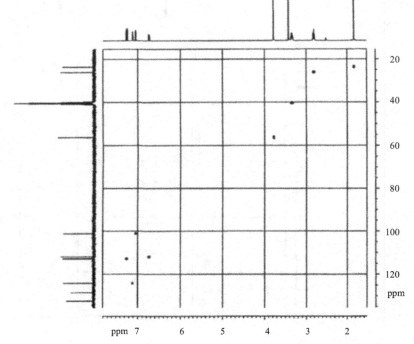

HMQC Ausschnitt

NOESY

LM: DMSO

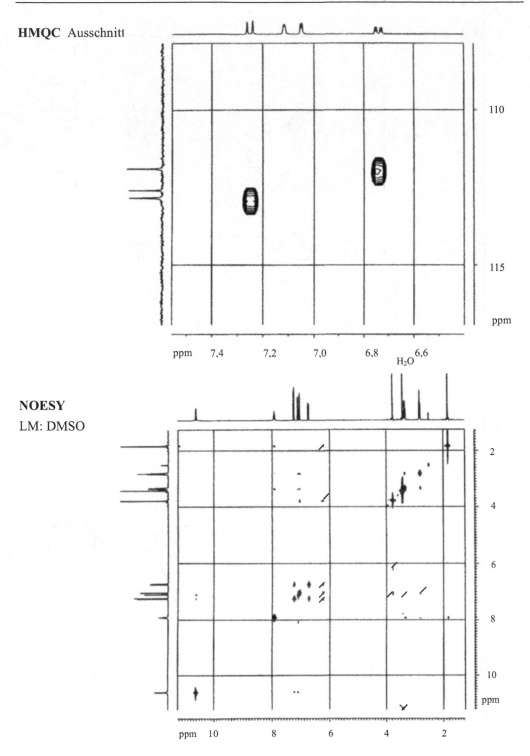

HMBC

LM: DMSO

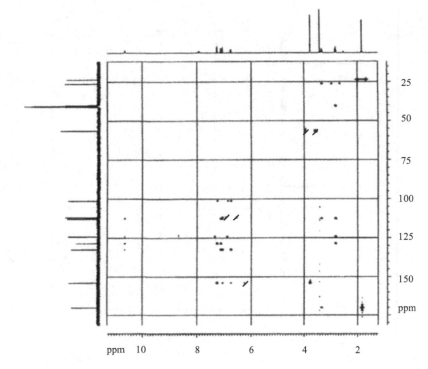

HMBC

Ausschnitt

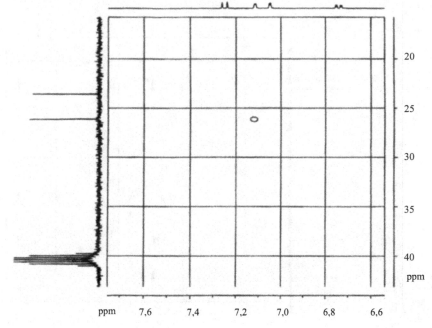

HMBC

Ausschnitt

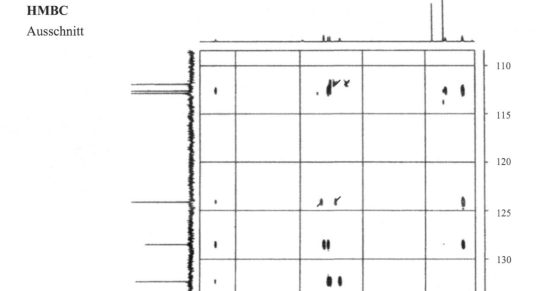

HMBC

Ausschnitt

HMBC

Ausschnitt

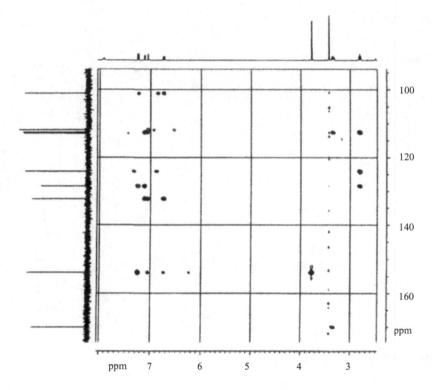

Übung 5.15

MS
(EI; 70 eV)

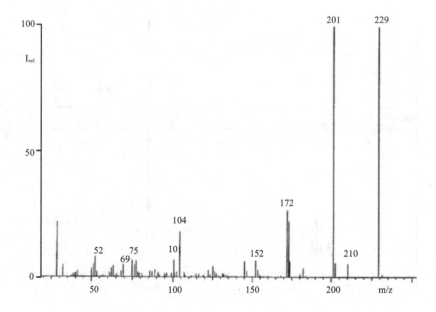

IR (KBr)

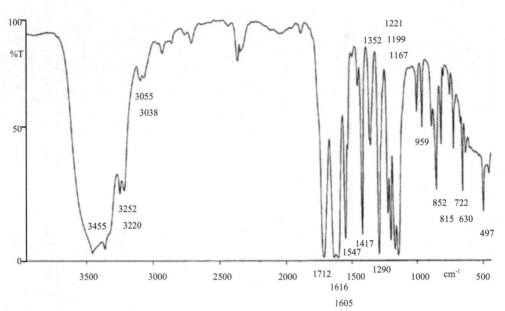

¹H-NMR (400 MHz; LM: DMSO)

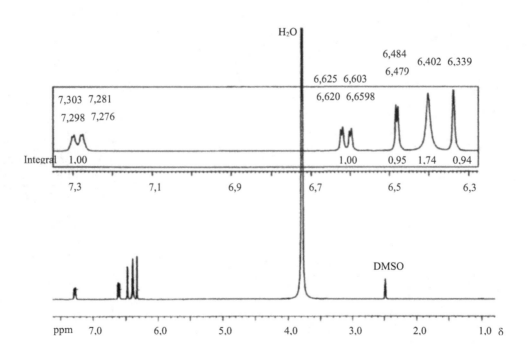

¹³C-NMR (100 MHz; LM: DMSO)

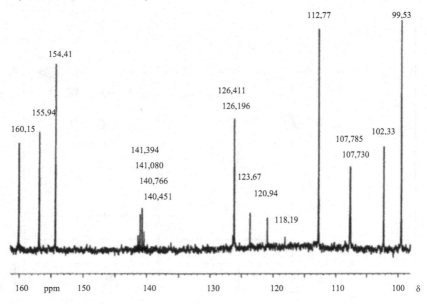

¹H,¹H-COSY
(LM: DMSO)

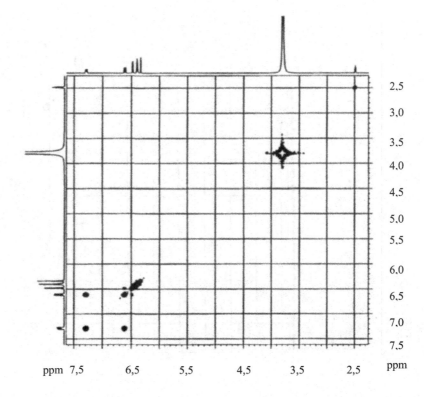

¹H,¹H-COSY
Ausschnitt

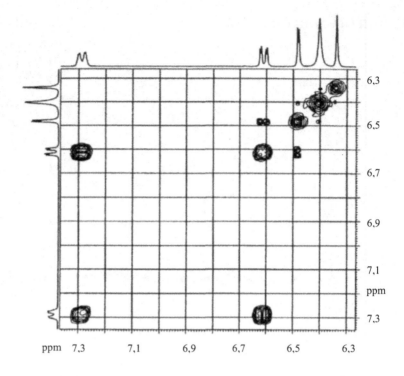

HSQC

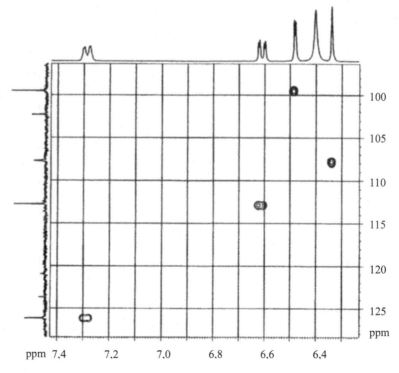

HMBC

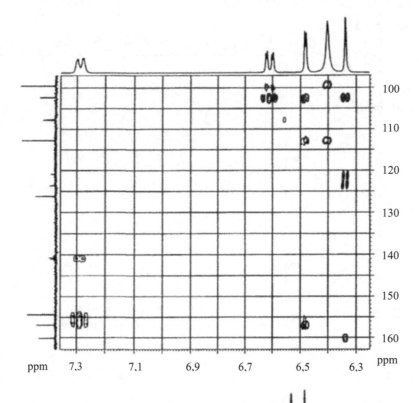

HMBC

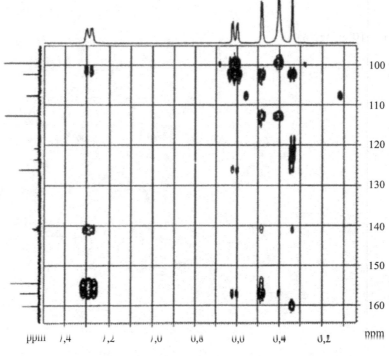

Übung 5.16

MS
(CI; Methan)

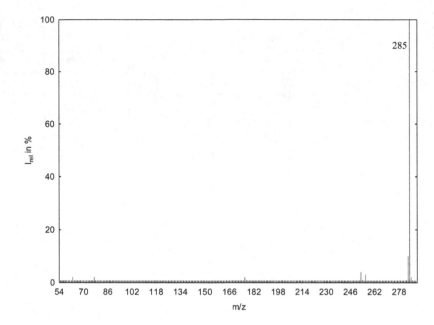

UV

1,09 mg/10 ml Methanol

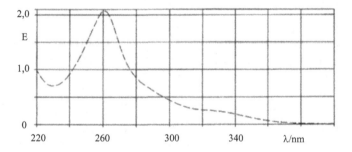

IR (KBr)

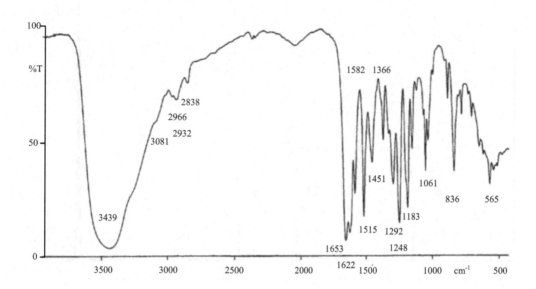

¹H-NMR (400 MHz; LM: DMSO)

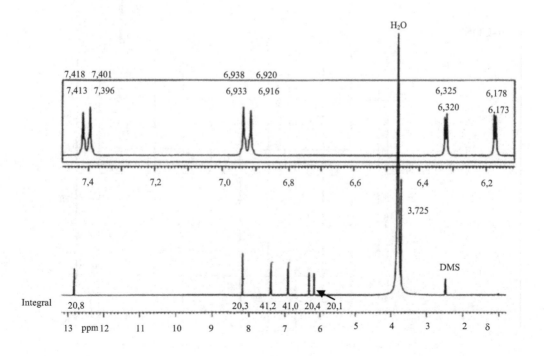

^{13}C-NMR (LM: DMSO)

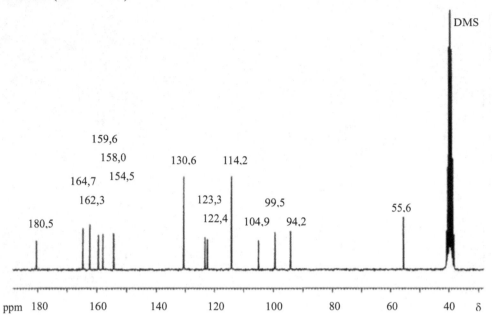

^{1}H,^{1}H-COSY

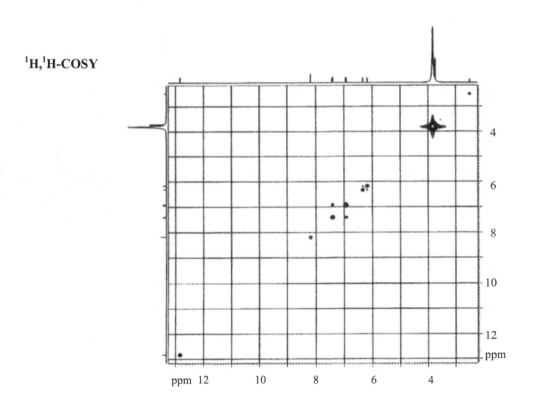

^{1}H,^{1}H-COSY
(Ausschnitt)

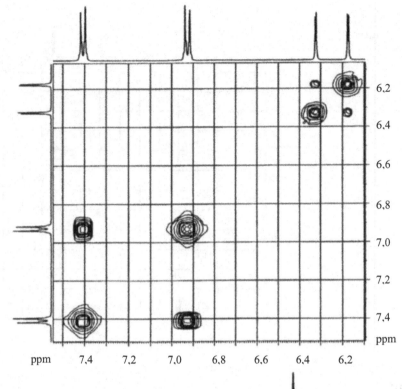

HSQC

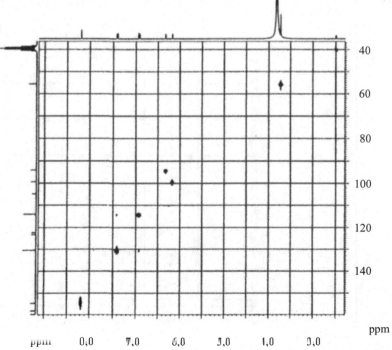

HSQC
(Ausschnitt)

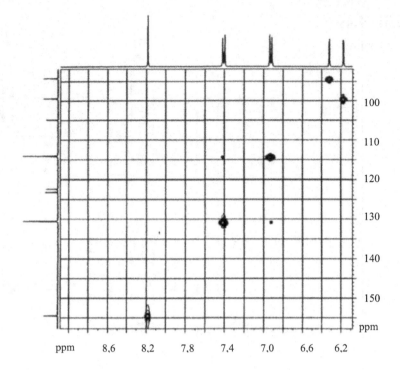

HMBC

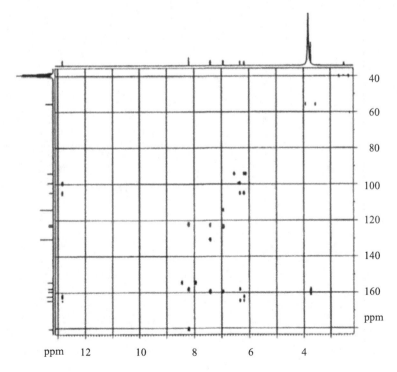

HMBC
(Ausschnitt)

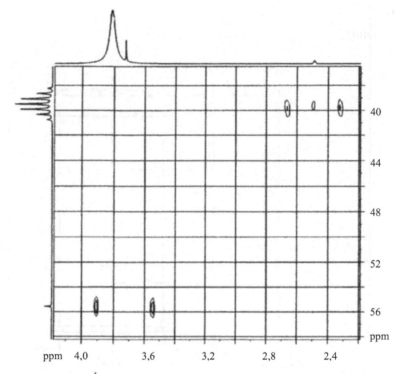

HMBC
(Ausschnitt)

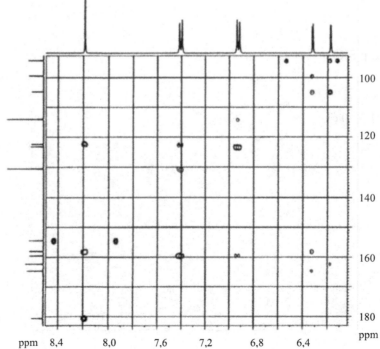

HMBC

(Ausschnitt)

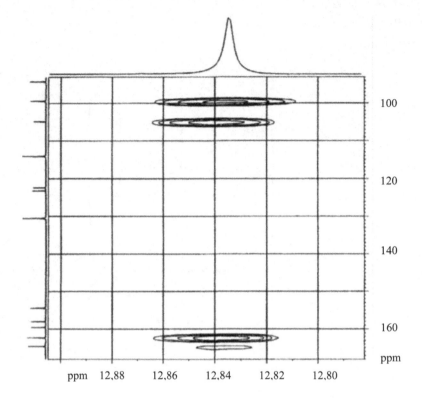

ppm   12,88   12,86   12,84   12,82   12,80

Übung 5.17

MS (EI; 70 eV)

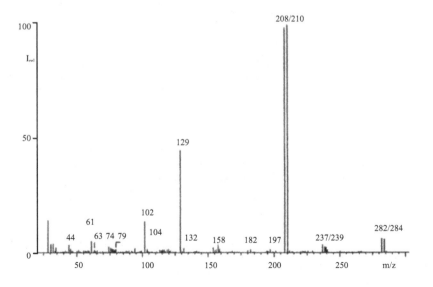

IR (KBr)

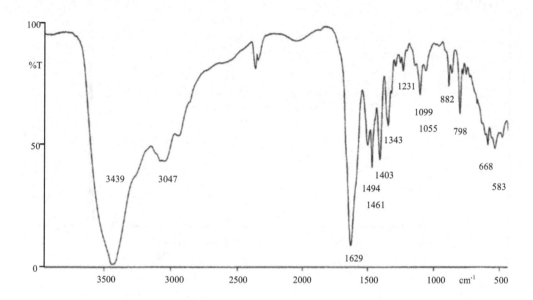

¹H-NMR (400 MHz; LM: DMSO)

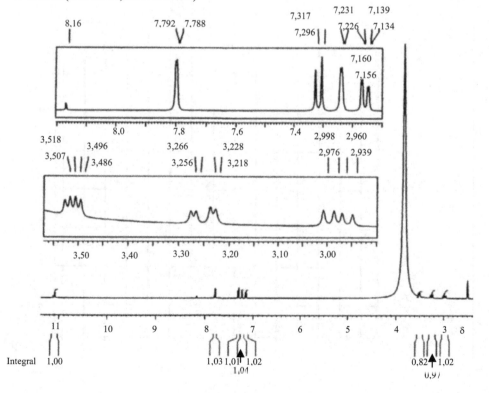

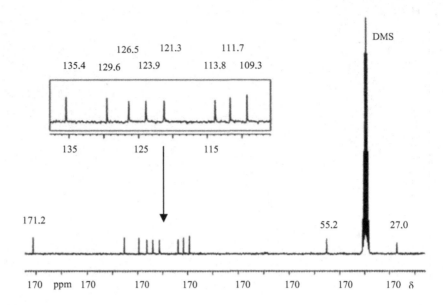

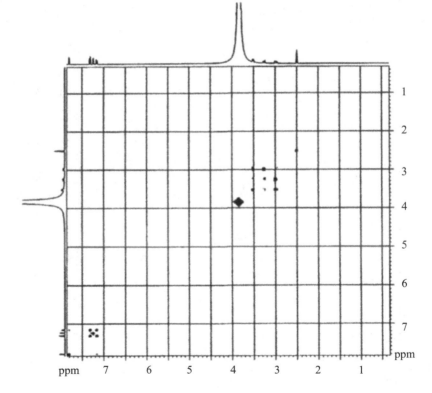

¹H,¹H-COSY

(Ausschnitt)

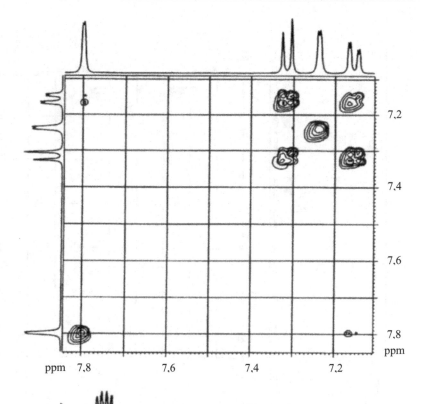

¹H,¹H-COSY

(Ausschnitt)

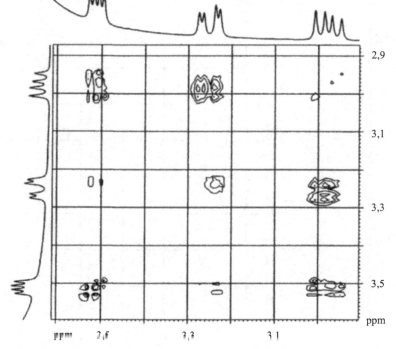

HSQC

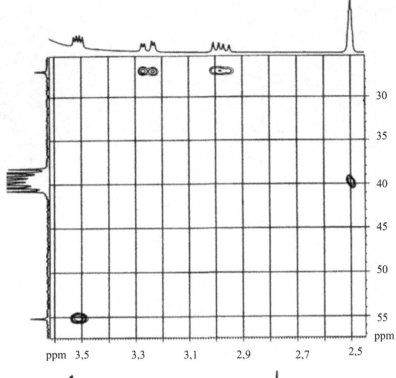

HSQC

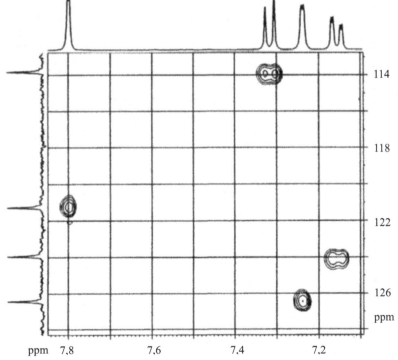

HMBC

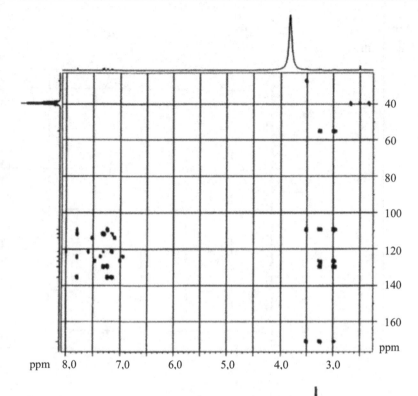

HMBC
(Ausschnitt)

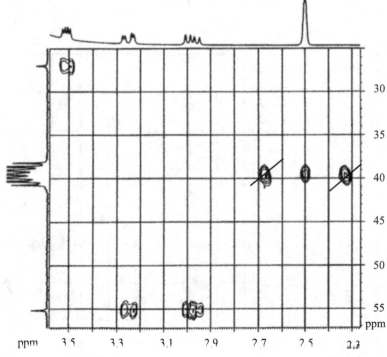

HMBC
(Ausschnitt)

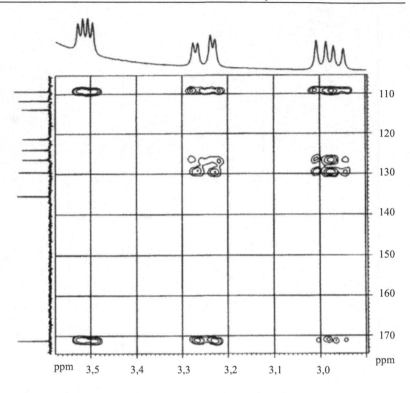

HMBC
(Ausschnitt)

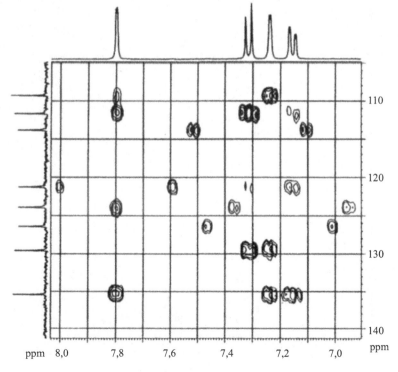

UV

0,201 mg/10 ml Methanol

d = 1 cm

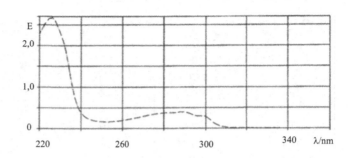

Übung 5.18

Elementaranalyse: 75,4 % C; 8,20 % H; 7,65 % N

^{13}C-NMR mit DEPT 135

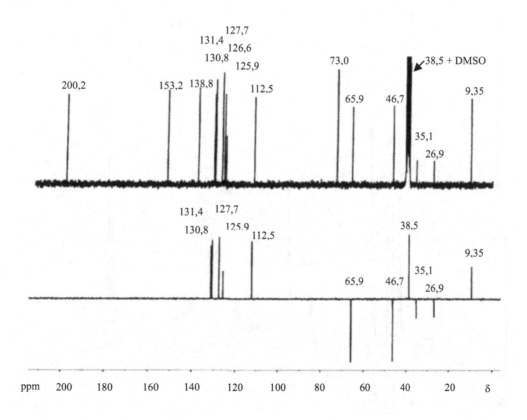

¹H-NMR (250 MHz; LM: DMSO)

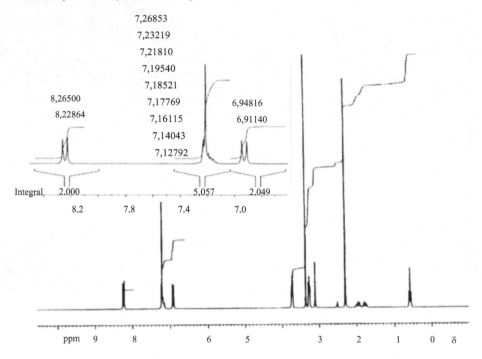

7,26853
7,23219
7,21810
7,19540
7,18521
8,26500   7,17769   6,94816
8,22864   7,16115   6,91140
                 7,14043
                 7,12792

Integral   2,000   5,057   2,049

8.2   7.8   7.4   7.0

ppm   9   8   6   5   3   2   1   0   δ

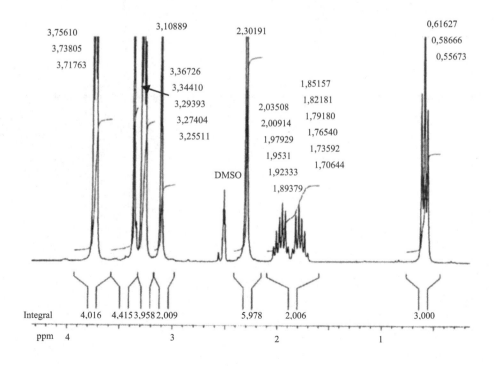

3,75610   3,10889   2,30191   0,61627
3,73805   0,58666
3,71763   0,55673
                       3,36726
                       3,34410   1,85157
                       3,29393   2,03508   1,82181
                       3,27404   2,00914   1,79180
                       3,25511   1,97929   1,76540
                                        1,9531   1,73592
                                                         1,70644
                       DMSO   1,92333
                                        1,89379

Integral   4,016   4,415 3,958 2,009   5,978   2,006   3,000

ppm   4   3   2   1

^{1}H,^{1}H-COSY

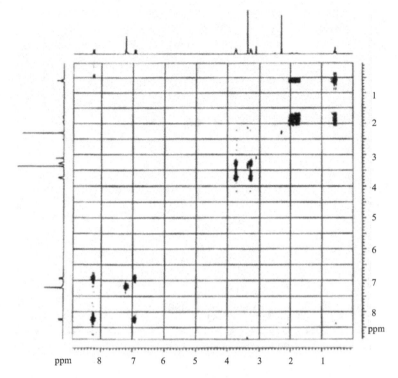

^{1}H,^{1}H-COSY
(Ausschnitt)

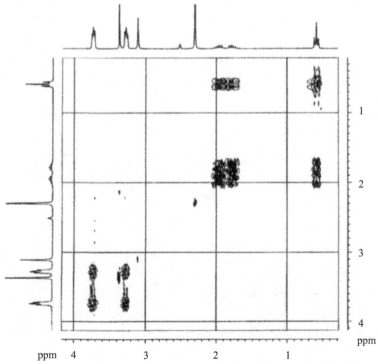

MS

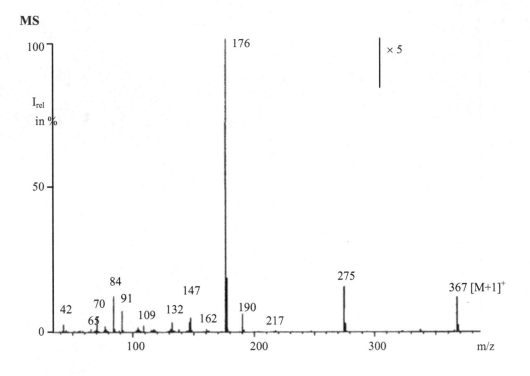

HSQC

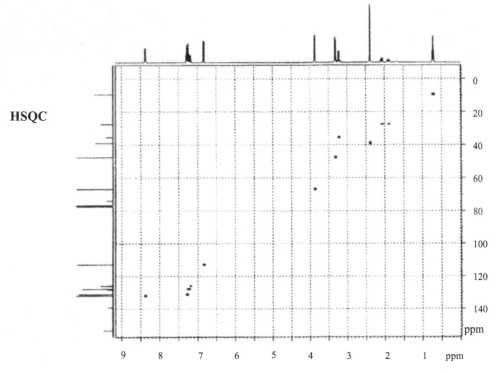

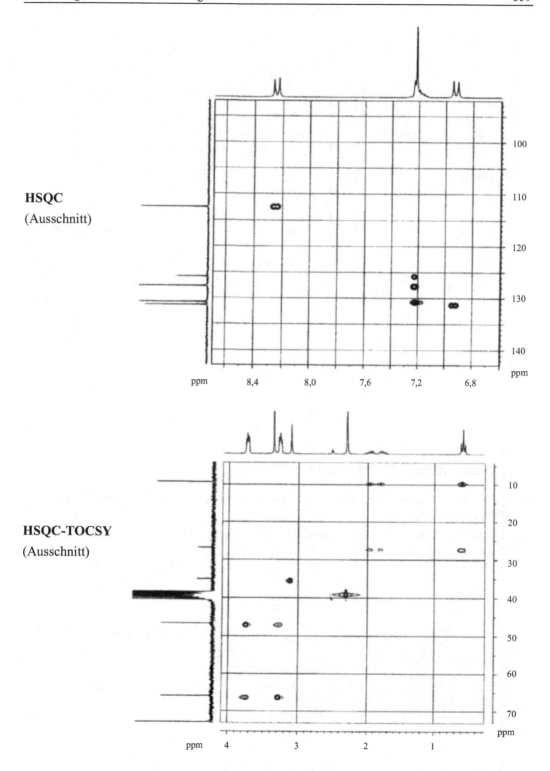

HSQC
(Ausschnitt)

HSQC-TOCSY
(Ausschnitt)

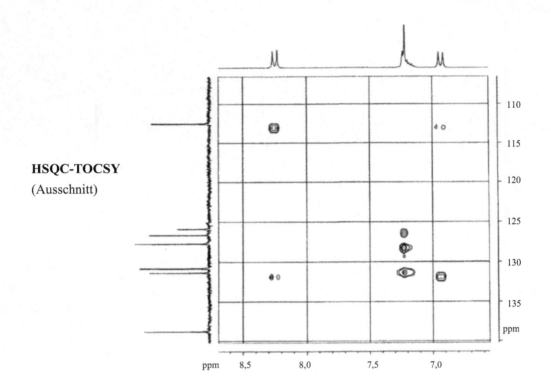

HSQC-TOCSY
(Ausschnitt)

5.6   Weiterführende Literatur

[1] E. Pretsch, G. Tóth, M. E. Munk, M. Bardertscher *Computer-Aided Structure Elucidation* Wiley-VCH (2002)

[2] Yong-Cheng Ningh, *Structural Identification of Organic Compounds with Spectroscopic Technique* Wiley-VCH (2005)

6 Tabellen

6.1 Massenspektrometrie

Tabelle 6.1.1: Natürliche Isotopenhäufigkeit von Elementen organischer Verbindungen

Element	X m	X %	X + 1 m	X + 1 %	X + 2 m	X + 2 %
H	1	100	2	0,015		
C	12	100	13	1,1		
N	14	100	15	0,37		
O	16	100	17	0,04	18	0,20
F	19	100				
Si	28	100	29	5,1	30	3,35
P	31	100				
S	34	100	32	0,79	34	4,44
Cl	35	100			37	32,40
Br	79	100			81	97,94

Tabelle 6.1.2: Normierte relative Intensitäten für Ionen mit Cl- und Br-Atomen

	X	X+2	X+4	X+6	X+8		X	X+2	X+4	X+6
Cl	100	32				ClBr	77	100	25	
Cl_2	100	64	10			Cl_2Br	61	100	45	7
Cl_3	100	96	31	3		$ClBr_2$	44	100	70	14
Cl_4	78	100	48	10	0,8					
Br	100	98								
Br_2	51	100	49							
Br_3	34	100	98	32						
Br_4	17	68	100	65	16					

Tabelle 6.1.3: Wichtige (M-X)-Peaks (Abgangsgruppen)

Masse X	Neutralmolekül/Radikal	Hinweis auf
1	H	unspezifisch, intensiv bei Aryl-CHO
15	CH_3	intensiv, wenn fragmentierungsgünstig
16	O	Ar-NO_2, N-Oxide, Sulfoxide
	NH_2	$ArSO_2NH_2$, R-$CONH_2$
17	OH	O-Indikator, Ar-COOH
18	H_2O	Alkohole, Aldehyde, Ketone
19	F	Fluorverbindungen
20	HF	Fluorverbindungen
26	C_2H_2	aromatische Kohlenwasserstoffe
27	HCN	Nitrile, N-Heteroaromaten
28	CO	Chinone, Arylketone
	C_2H_4	Arylethylether, -ester-, n-Propylketone
29	CHO	Phenole
	C_2H_5	Ethylketone, n-Propylketone
30	CH_2O	Aryl-methyl-ether
	NO	Aryl-NO_2
31	OCH_3	Methylester
32	$HOCH_3$	o-substituierte Aryl-methylester
32	S	S-haltige Verbindungen
34	H_2S	Thiole
36	HCl	Alkylchloride
41	C_3H_5	Propylester
42	CH_2CO	Aryl-acetate, Aryl-$NHCOCH_3$, R-$C(O)CH_3$
	C_3H_6	Butylketone, Aryl-O-propyl, Aryl-n-butyl
43	C_3H_7	Propylketone, Aryl-n-propyl
	CH_3CO	Methylketone
44	CO_2	Lactone, Anhydride, Ester
45	COOH	Carbonsäuren
	OC_2H_5	Ethylester
46	HOC_2H_5	Ethylester
46	NO_2	Aryl-NO_2
48	SO	Aryl-S=O
55	C_4H_7	Butylester
56	C_4H_8	Aryl-pentyl, Aryl-O-butyl, Pentylketone
57	C_4H_9	Butylketone
	C_2H_5CO	Ethylketone
60	CH_3COOH	Acetate
61	CH_3CH_2S	Thiole, Thioether
64	SO_2	Sulfonsäure/-derivate

Tabelle 6.1.4: Wichtige Fragmentionen (Schlüsselbruchstücke)

m/z	mögliche Struktur	Hinweise auf
19	F^+	Fluorverbindungen
29	CHO^+	Aldehyde
	$C_2H_5^+$	Ethylverbindungen
30	NO^+	Nitroverbindung
	$CH_2=NH_2^+$	Amine
31	$CH_2=OH^+$	Alkohole
33	HS^+	Thiole
	CH_2F^+	Fluorverbindung
39	$C_3H_3^+$	Aromat
43	$C_3H_7^+$	Alkylgruppen
	CH_3CO^+	Acetylverbindung
44	CO_2^+	Carbonsäuren
	$CH_2CH=O + H$	Aldehyd (McLafferty-Umlagerung)
	$C_2H_6N^+$	Amine
	$NH_2C=O^+$	Amide
45	CHS^+	Thiole, Thioether
	$COOH^+$	Carbonsäuren
	CH_3CHOH^+	Alkohole
	$CH_3\text{-}O=CH_2^+$	Methylether
46	NO_2^+	Nitroverbindung
	CH_2S^+	Thiole, Thioether
47	CH_2SH^+	Thiole, Thioether
49/51	CH_2Cl^+	Alkylchloride
51	CHF_2^+	Fluorverbindung
	$C_4H_3^+$	Aromat
53	$C_4H_5^+$	Aromat
55	$C_4H_7^+$	Aromat
	$CH_2=CH=O^+$	Cycloalkanone
57	$C_4H_9^+$	Alkylgruppen
	$C_2H_5C=O^+$	Ethylketone, Propionsäureester
	$CH_2=CHCH=O^+$	Cycloalkanole

Tabelle 6.1.4: Wichtige Fragmentionen (Schlüsselbruchstücke)
Fortsetzung

m/z	mögliche Struktur	Hinweise auf
58	$CH_2=C(OH)CH_3^+$	Alkanone
	$(CH_3)_2N=CH_2^+$,	
	$C_2H_5NH=CH_2^+$	Amine
59	$CH_2=C(OH)NH_2^+$	Amide
	CH_3COO^+	Methylester
	$CH_3C(CH_3)=OH^+$	Alkohole, Ester
60	CH_2COOH^+	Carbonsäuren (mit γ-H)
61	$C_2H_5S^+$, $CH_3SCH_2^+$	Thiole
65	$C_5H_5^+$	Aromat (Benzylverbindung)
66	$H_2S_2^+$	RSSR
69	CF_3^+	Trifluormethylverbindung
	$C_5H_9^+$	Alkene, Cycloalkane
70	$C_5H_{10}^+$	Alkene
71	$C_5H_{11}^+$	Alkylgruppen
	$C_3H_7C=O^+$	Buttersäureester, Propylketone
72	$C_3H_7CHNH_2^+$	Amine
	$C_2H_5C(OH)=CH_2^+$	Ethylketon
73	$(CH_3)_3Si^+$	Trimethylsilylverbindung
74	$CH_2\text{-}C(OH)OCH_3^+$	Methylester
77	$C_6H_5^+$	Aromat
79/81	Br^+	Bromverbindung
80	$C_5H_6N^+$	Pyrrolverbindung
80/82	HBr^+	Bromverbindung
81	$C_5H_5O^+$	
83	$C_4H_3S^+$	
85	$C_6H_{13}^+$	Alkylgruppen
	$C_4H_9C=O^+$	Buylketone
	$C_5H_9O^+$	Tetrahydropyrane

Tabelle 6.1.4: Wichtige Fragmentionen (Schlüsselbruchstücke)
Fortsetzung

m/z	mögliche Struktur	Hinweise auf
91	$C_7H_7^+$	Benzylverbindung
91/93	$C_4H_8Cl^+$	Alkylchloride
92	$C_6H_6N^+$	Alkylpyridine
93	$C_6H_5O^+$	Phenolether
93/95	CH_2Br^+	Alkylbromide
94	$C_6H_5O^+ + H$	Phenolderivate
95	$C_5H_3O_2^+$	
97		
99	$C_7H_{15}^+$	Alkylverbindung
	$C_5H_8O_2^+$	Ketale
105	$C_6H_5C=O^+$	Benzoylverbindung
	$C_6H_5\text{-}CH_2CH_2^+$	Alkylbenzene
106	$C_6H_5NHCH_2^+$	Alkylaniline
107	$C_7H_7O^+$	Alkylphenole
121	$C_8H_9^+$	Alkylphenole
149	$C_8H_5O_3^+$	Phthalsäureester

Tabelle 6.1.5: Ausgewählte Formelmassen (FM) für die Bereiche m/z = 98 - 105 für Verbindungen mit C, H, O und N

Berechnet mit den relativen Atommassen der häufigsten (= leichtesten) Isotope:

^{12}C 12,0000 ^{1}H 1,0078 ^{14}N 14,0031 ^{16}O 15,9949

98	FM	100	FM	102	FM	104	FM
$C_3H_4N_3O$	,0355	$C_2H_4N_4O$	,0386	$C_3H_4NO_3$	,0191	$C_2H_4N_2O_3$	,0222
$C_3H_6N_4$	,0594	$C_3H_4N_2O_2$	,0273	$C_3H_6N_2O_2$	,0429	$C_3H_4O_4$	,0109
$C_4H_4NO_2$	,0242	$C_3H_6N_3O$	,0511	$C_3H_8N_3O$	,0668	$C_3H_6NO_3$	,0348
$C_4H_6N_2O$	,0480	$C_4H_4O_3$	,0160	$C_4H_6O_3$	,0317	$C_3H_8N_2O_2$	,0586
$C_4H_8N_3$	,0719	$C_4H_6NO_2$	,0399	$C_4H_8NO_2$	,0555	$C_3H_{10}N_3O$	,0825
$C_5H_6O_2$	,0368	$C_4H_8N_2O$	,0637	$C_4H_{10}N_2O$	,0794	$C_4H_8O_3$	,0473
C_5H_8NO	,0606	$C_5H_8O_2$	,0524	$C_4H_{12}N_3$	,1032	$C_4H_{10}NO_2$	,0712
$C_5H_{10}N_2$	,0845	$C_5H_{10}NO$	,0763	$C_5H_{10}O_2$	,0681	$C_4H_{12}N_2O$	,0950
$C_6H_{10}O$	,0732	$C_5H_{12}N_2$	,1001	$C_5H_{12}NO$	,0919	$C_5H_{12}O_2$	,0837
$C_6H_{12}N$	,0970	$C_6H_{12}O$	,0888	$C_5H_{14}N_2$	,1158	$C_6H_4N_2$	,0375
C_7H_{14}	,1096	$C_6H_{14}N$	,1127	$C_6H_{14}O$	,1045	C_7H_4O	,0262
		C_7H_{16}	,1253	C_8H_6	,0470	C_8H_8	,0626

99	FM	101	FM	103	FM	105	FM
$C_3H_5N_3O$	,0433	$C_3H_3NO_3$	,0113	$C_3H_3O_4$	,0031	$C_2H_5N_2O_3$	,0300
$C_4H_3O_3$	,0082	$C_3H_5N_2O_2$	,0351	$C_3H_5NO_3$	,0269	$C_2H_7N_3O_2$	,0539
$C_4H_5NO_2$	,0320	$C_4H_5O_3$	,0238	$C_3H_7N_2O_2$	,0508	$C_3H_5O_4$	,0187
$C_4H_7N_2O$	,0559	$C_4H_7NO_2$	,0477	$C_4H_9NO_2$	,0634	$C_3H_7NO_3$	,0426
$C_5H_7O_2$	,0446	$C_4H_9N_2O$	,0715	$C_4H_{11}N_2O$	,0872	$C_3H_9N_2O_2$	,0664
C_5H_9NO	,0685	$C_5H_9O_2$	,0603	$C_5H_{11}O_2$	,0759	$C_4H_9O_3$	,0552
$C_5H_{11}N_2$	,0923	$C_5H_{11}NO$	,0841	$C_5H_{13}NO$	,0998	$C_4H_{11}NO_2$	,0790
$C_6H_{11}O$	,0810	$C_5H_{13}N_2$	,1080	C_7H_5N	,0422	$C_6H_5N_2$	,0453
$C_6H_{13}N$	,1049	$C_6H_{13}O$	,0967	C_8H_7	,0548	C_7H_5O	,0340
C_7H_{15}	,1174	$C_6H_{15}N$	,1205			C_7H_7N	,0579
						C_8H_9	,0705

Tabelle 6.1.5: Ausgewählte Formelmassen (FM) für die Bereiche m/z = 106 - 113 für Verbindungen mit C, H, O und N

106	FM	108	FM	110	FM	112	FM
$C_2H_6N_2O_3$	,0379	$C_2H_6NO_4$	,0297	$C_4H_4N_3O$	,0355	$C_4H_4N_2O_2$	,0273
$C_2H_8N_3O_2$	,0617	$C_2H_8N_2O_3$	,0535	$C_4H_6N_4$	,0594	$C_4H_6N_3O$	,0511
$C_3H_6O_4$	,0266	$C_3H_8O_4$	,0422	$C_5H_6N_2O$	,0480	$C_5H_4O_3$	,0160
$C_3H_8NO_3$	,0504	$C_4H_4N_4$	,0437	$C_5H_8N_3$	,0719	$C_5H_6NO_2$	,0399
$C_3H_{10}N_2O_2$	,0743	$C_5H_4N_2O$	,0324	$C_6H_6O_2$	,0368	$C_5H_8N_2O$	,0637
$C_4H_{10}O_3$	,0630	$C_5H_6N_3$	,0563	C_6H_8NO	,0606	$C_6H_8O_2$	,0524
C_6H_4NO	,0293	$C_6H_4O_2$	,0211	$C_6H_{10}N_2$	,0845	$C_6H_{10}NO$	,0763
$C_6H_6N_2$	,0532	C_6H_6NO	,0449	$C_7H_{10}O$	,0732	$C_6H_{12}N_2$	,1001
C_7H_6O	,0419	$C_6H_8N_2$	,0688	$C_7H_{12}N$	,0970	$C_7H_{12}O$	,0888
C_7H_8N	,0657	C_7H_8O	,0575	C_8H_{14}	,1096	$C_7H_{14}N$	,1127
C_8H_{10}	,0783	$C_7H_{10}N$	,0814			C_8H_{16}	,1253
		C_8H_{12}	,0939				

107	FM	109	FM	111	FM	113	FM
$C_2H_5NO_4$	,0218	$C_2H_7NO_4$	,0375	$C_4H_5N_3O$	,0433	$C_4H_5N_2O_2$	,0351
$C_2H_7N_2O_3$	,0457	$C_4H_5N_4$	,0515	$C_4H_7N_4$	,0672	$C_4H_7N_3O$	,0590
$C_2H_9N_3O_2$	,0695	$C_5H_5N_2O$	,0402	$C_5H_5NO_2$	,0320	$C_5H_5O_3$	,0238
$C_3H_9NO_3$	,0583	$C_5H_7N_3$	,0641	$C_5H_7N_2O$	,0559	$C_5H_7NO_2$	,0477
$C_5H_5N_3$	,0484	$C_6H_5O_2$	,0289	$C_5H_9N_3$	,0789	$C_5H_9N_2O$	,0715
C_6H_5NO	,0371	C_6H_7NO	,0528	$C_6H_7O_2$	,0446	$C_6H_9O_2$	,0603
$C_6H_7N_2$	,0610	$C_6H_9N_2$	,0767	C_6H_9NO	,0684	$C_6H_{11}NO$	,0841
C_7H_7O	,0497	C_7H_9O	,0653	$C_6H_7O_2$	,0446	$C_6H_{13}N_2$	,1080
C_7H_9N	,0736	$C_7H_{11}N$	,0892	$C_7H_{11}O$	,0810	$C_7H_{13}O$	,0967
C_8H_{11}	,0861	C_8H_{13}	,1018	$C_7H_{13}N$	,1049	$C_7H_{15}N$	,1205
				C_8H_{15}	,1174	C_8H_{17}	,1331

Tabelle 6.1.5: Ausgewählte Formelmassen (FM) für die Bereiche m/z = 114 - 121 für Verbindungen mit C, H, O und N

114	FM	116	FM	118	FM	120	FM
$C_3H_6N_4O$	,0542	$C_4H_4O_4$	,0109	$C_3H_4NO_4$	,0140	$C_3H_6NO_4$	,0297
$C_4H_4NO_3$	,0191	$C_4H_6NO_3$	,0348	$C_3H_6N_2O_3$	,0379	$C_3H_{10}N_3O_2$	,0774
$C_4H_6N_2O_2$	,0429	$C_4H_8N_2O_2$	,0586	$C_3H_8N_3O_2$	,0617	$C_4H_8O_4$	,0422
$C_5H_6O_3$	,0317	$C_4H_{10}N_3O$	,0825	$C_4H_6O_4$	,0266	$C_4H_{12}N_2O_2$	,0899
$C_5H_8NO_2$	,0555	$C_5H_8O_3$	,0473	$C_4H_{10}N_2O_2$	,0743	$C_5H_4N_4$	,0437
$C_5H_{10}N_2O$	,0794	$C_5H_{10}NO_2$	,0712	$C_5H_{10}O_3$	,0630	$C_5H_{12}O_3$	,0786
$C_6H_{10}O_2$	,0681	$C_5H_{12}N_2O$	,0950	$C_5H_{14}N_2O$	,1107	$C_6H_4N_2O$	,0324
$C_6H_{14}N_2$	,1158	$C_6H_{12}O_2$	,0837	$C_6H_{14}O_2$	,0994	$C_6H_6N_3$	,0563
$C_7H_{14}O$	,1045	$C_6H_{14}NO$	,1076	C_8H_6O	,0419	$C_7H_8N_2$	,0688
C_8H_{18}	,1409	$C_7H_{16}O$	,1202	C_9H_{10}	,0783	C_8H_8O	,0575
		C_8H_6N	,0501			$C_8H_{10}N$	,0814
		C_9H_8	,0626			C_9H_{12}	,0939

115	FM	117	FM	119	FM	121	FM
$C_4H_5NO_3$	,0269	$C_3H_3NO_4$	,0062	$C_3H_5NO_4$	,0218	$C_2H_7N_3O_3$	,0488
$C_4H_7N_2O_2$	,0508	$C_3H_5N_2O_3$	,0300	$C_3H_7N_2O_3$	,0457	$C_2H_9N_4O_2$	,0726
$C_5H_7O_3$	,0395	$C_4H_5O_4$	,0187	$C_3H_9N_3O_2$	,0695	$C_3H_7NO_4$	,0375
$C_5H_9NO_2$	,0634	$C_4H_7NO_3$	,0426	$C_3H_{11}N_4O$	,0934	$C_3H_{11}N_3O_2$	,0852
$C_5H_{11}N_2O$	,0872	$C_4H_9N_2O_2$	,0664	$C_4H_7O_4$	,0344	$C_4H_9O_4$	,0501
$C_5H_{13}N_3$	,1111	$C_4H_{11}N_3O$	,0903	$C_4H_9NO_3$	,0583	$C_4H_{11}NO_3$	,0739
$C_6H_{13}NO$	,0998	$C_5H_9O_3$	,0552	$C_4H_{13}N_3O$	,1060	$C_6H_5N_2O$	,0402
$C_6H_{15}N_2$	,1236	$C_5H_{11}NO_2$	,0790	$C_5H_{13}NO_2$	,0947	$C_6H_7N_3$	,0641
$C_7H_{15}O$	,1123	$C_6H_{13}O_2$	,0916	$C_6H_5N_3$	,0484	C_7H_7NO	,0528
$C_7H_{17}N$	,1362	$C_6H_{15}NO$	,1154	C_7H_5NO	,0371	$C_7H_9N_2$	,0767
C_9H_7	,0548	C_8H_7N	,0579	C_8H_9N	,0736	$C_8H_{11}N$	,0892
						C_9H_{13}	,1018

Tabelle 6.1.6: Übersicht über relevante Informationen aus Massenspektren für die wichtigsten Verbindungsklassen

Verbindungsklasse	Information
Kohlenwasserstoffe	
Gesättigt	Molpeak: mittlere Intensität; bei Verzweigung sehr schwach
	Ionenserien: C_nH_{2n+1} und schwächer C_nH_{2n}; C_nH_{2n-1}
	Intensitätsmaximum bei C_3/C_4, dann stetig abnehmend
	Kettenverzweigungen zeigen „Unstetigkeiten" im Kurvenverlauf
Alkene	Molpeak: gut ausgeprägt
	Ionenserien: C_nH_{2n-1} und schwächer C_nH_{2n} sowie C_nH_{2n+1}
	Keine sichere Erkennung der Lage der DB wegen Wanderung
	Cyclische Alkene: RDA-Fragmentierung
Aromaten	Molpeak: stark
	Charakteristische Ionen: $m/z = 39, 51, 65, 78, 79, 91$
	Monosubstitution: $m/z = 77$
	Typische Ionenserien: $C_nH_{n\pm1}{}^+$
Acetylide	Molpeak: meist schwach, (M-1) ist intensiver
Hydroxyverbindungen	
Alkohole	Molpeak: schwach bei primären, sehr schwach bei sekundären, nicht sichtbar bei tertiären Alkoholen
	(M-1)-Peak kann hohe Intensität besitzen
	Primäre: auch (M-2)- und (M-3)-Peaks sind erkennbar
	α-Spaltung: $m/z = 31$ (hohe Intensität!)
	Verlust von $H_2O + C_nH_{2n}$ $\Rightarrow$ (M - 46), (M - 74) usw.
	MS langkettiger Alkohole (C > 6) ähneln denen der Alkene
	Sekundäre, tertiäre: $m/z = 45, 59$, usw.
	α-Spaltung: $m/z = 45, 59$ usw.; ($m/z = 31$ nur schwach)
Alicyclische	Molpeak: schwach, aber immer vorhanden
	Fragmentierungen: primäre Ringspaltung am OH-tragenden C-Atom, Verlust von H zu $C_nH_{2n-1}O^+$; Ionenserien $C_nH_{2n-1}{}^+$ und $C_nH_{2n-3}{}^+$
Phenole	Molpeak: hohe Intensität; auch (M-1)-Peaks sind möglich
	Verlust von CO (MZ = 28) und CHO (MZ = 29) nach Umlagerung

Tabelle 6.1.6 (Fortsetzung)

Verbindungsklasse	Information
Ether	
Aliphatisch	Molpeak: schwach Fragmentierungen: 1. α-Spaltung, gefolgt von einer McLafferty-Umlagerung 2. Spaltung der C–O-Bindung mit nachfolgender ladungs-induzierten Spaltung zu Alkylkationen $C_nH_{2n+1}^+$
Aromatisch	Molpeak: intensiv Fragmentierung: primäre Spaltung der ArO–**R**-Bindung, gefolgt von CO-Eliminierung zu Arylkationen Alken-Verlust durch McLafferty-Umlagerung (Alkyl-C $\geq$ 2) Diphenylether: nach Umlagerungen: M-H, M-CO, M-CHO
Aldehyde	
Aliphatisch	Molpeak: vorhanden Fragmentierungen: (M-1)-Peak; m/z = 29 (CHO^+) bzw. $C_2H_5^+$ in längerkettigen ($>C_4$); in langen Ketten dominieren zunehmend $C_nH_{2n+1}^+$-Peaks McLafferty-Umlagerung ($\geq C_4$): m/z = 44, 58, ... , abhängig von den α-Substituenten Unverzweigte: M-18, M-28, M-43, M-44
Aromatisch	Molpeak: sehr intensiv α-Spaltung: (M-1)-Peak (kann Basispeak sein!), gefolgt von CO-Eliminierung und C_2H_2-Verlust aus den Arylkationen
Ketone	
Aliphatisch	Molpeak: mittlere Intensität Fragmentierungen: α-Spaltung (beachte Stevenson-Regel), nachfolgend CO-Verlust McLafferty-Umlagerung: Eliminierung von Alkenen Bei langkettigen dominieren zunehmend Alkyl-Kationen Cyclische: Intensiver Molpeak Fragmentierung: α-Spaltung (Ringöffnung), Abspaltung von CO und Alkylreadikalen zu mesomeriestabilisierten Ionen (m/z = 55)
Aromatisch	Molpeak: hohe Intensität Fragmentierung: α-Spaltung $\Rightarrow$ ArylC$\equiv$O$^+$ (meist Basispeak)

Tabelle 6.1.6 (Fortsetzung)

Verbindungsklasse	Information
Carbonsäuren	
Alkylcarbonsäuren	Molpeak: unverzweigte mono-Carboxyl: schwach; auch $(M+H)^+$
	Fragmentierung: kurzkettige: α-Spaltung M-17, M-45
	Langkettige: Ionenserien $C_nH_{2n-1}O_2^+$, $C_nH_{2n\pm1}^+$
	McLafferty-Umlagerung (C≥4): m/z = 60 (Basispeak)
Arylcarbonsäuren	Molpeak: intensiv
	Fragmentierungen: α-Spaltung M-17 (OH), M-45 (CO_2H)
	Decarboxylierung möglich (Δ=44)
	ortho-Effekt: $M-H_2O$
Carbonsäurederivate	
Aliphatische Ester	Molpeak: erkennbar
R–C(O) –O–R′	Fragmentierungen: McLafferty-Umlagerung (Basispeak!); Alkoholkomponente und α-Substituent sind auf diese Weise detektierbar
	α-Spaltung: $C(O)-OR'^+$, $R-C(O)^+$
	R^+ in kurzkettigen; Intensitätsabnahme mit der Kettenlänge
	Mit langkettigem Säureteil: Ionenserien ähnlich der Carbonsäuren
	Mit langkettigem Alkoholteil: Verlust von CH_3COOH sowie Alken unter Bildung von $R-C(OH)_2^+$-Ionen (m/z = 61, 75, …)
	Benzyl-, Phenyl-, heterocyclische Acetate eliminieren Keten (M-42)
Aromatische Ester	Molpeak:. Intensiv; rapide Intensitätsabnahme mit der Kettenlänge
Aryl–COOR	Fragmentierungen: α-Spaltung (M – OR), (M-COOR)
	R≥C_2: McLafferty-Umlagerung; Eliminierung von $CH_2=CH_2-R''$, R^+-Ionen
	Ortho-Effekt: Verlust von ROH
Aliphatische Amide	Molpeak: vorhanden
R–CONH$_2$	Fragmentierung: McLafferty-Umlagerung (Basispeak)
R–COONHR′	Primäre: α-Spaltung: $CONH_2^+$ (m/z = 44)
R–COONR′R′′	Sekundäre, tertiäre: McLafferty-Umlagerung (γ-H erforderlich);
Aryl-COONRR′	Eliminierung von RHC=C=O (R = C_2; R′≥C_2
	Aryl-CONRR′: α-Spaltung dominiert

Tabelle 6.1.6 (Fortsetzung)

Verbindungsklasse	Information
N-Verbindungen	
Amine Aliphatisch	Molpeak: sehr schwach bis unsichtbar; meist (M-1) vorhanden Fragmentierungen: α-Spaltung dominiert; Sekundäre, tertiäre: Abspaltung der größten α-ständigen Gruppe Primäre: Ionenserien m/z = 30, 44, …, $C_nH_{2n\pm1}$, C_nH_{2n}
Cycloalkylamine	Molpeak: vorhanden Alkylspaltung nach primärer Ringöffnung am N-haltigen C-Atom Ionenserien: C_nH_{2n}
Aromatisch	Aryl-NH_2: Abspaltung von N als HCN (MZ = 27)
Alkyl-C≡N	Molpeak: sehr schwach, oder nicht vorhanden; (M-1) oft stark Fragmentierungen: McLafferty-Umlagerung: m/z = 41 (Basispeak) C_8 und höher: m/z = 97 (sehr intensiv) Ionenserien: $(CH_2)_nC≡N^+$ (m/z = 40, 54, …)
Aryl-NO_2	Molpeak: sehr intensiv Fragmentierungen: M-46 ($NO_2^\bullet$), nachfolgend - C_2H_2 (M-72) Nach Umlagerung: M-30 (NO), nachfolgend - CO (M-58) NO^+-Ion (m/z = 30)
Halogenverbindungen	Intensive $(M+2n)^+$-Peaks: Cl- und/oder Br (s. Halogenmuster) Ungewöhnliche Differenzen: Δm: 19(F); 20(HF); 127(I); 128(HI)
Aliphatisch	Molpeak: abnehmend mit zunehmender Molmasse, Verzweigung und Anzahl der Halogenatome Fragmentierungen: Verlust von Halogenradikalen C_n mit n > 6: sehr intensiver C_4H_8X+-Peak mit X = Cl, Br
Aromatisch	Molpeak: mittlere Intensität Fragmentierungen: Verlust von Halogenradikalen
S-Verbindungen	(M+2)-Peak: Erkennung von S und Ermittlung der S-Zahl
Thiole, Thioether	Molpeak: mittlere Intensität Fragmentierungen: Verlust von SH$\cdot$ (Δm 33); H_2S (Δm 34) Fragmentionen: CH_2SH+ (m/z 47), CS$\bullet$+ (m/z 44), CHS+ (m/z 45) Ionenserien: C_nH_{2n}+1S+ (m/z 47, 61, 75, …+ (14)n
Sulfonsäuren, -ester	Verlust von SO (Δm 48), SO_2 (Δm 64)

6.1 Schwingungsspektroskopie

6.2.1 Algorithmus zur Bestimmung der wichtigsten Punktgruppen

1. Gehört das Molekül zu einer kubischen Symmetrie?

    $\Rightarrow \mathbf{O_h}$

    $\Rightarrow \mathbf{T_d}$

2. Ist das Molekül linear?

    $\Rightarrow \mathbf{D_{\infty h}}$ (symmetrisch; σ_h vorhanden)

    $\Rightarrow \mathbf{C_{\infty v}}$ (asymmetrisch; keine σ_h)

3. Hat das Molekül eine Drehachse C_n?

    $\Rightarrow$ ja $\Rightarrow$ zu Frage 5.

    $\Rightarrow$ nein $\Rightarrow$ zu Frage 4.

4.a Hat das Molekül ein i? $\Rightarrow \mathbf{C_i}$

4.b Hat das Molekül eine σ $\Rightarrow \mathbf{C_\sigma}$

5. Bestimmung von n der höchstzähligen Achse C_n!

    $\Rightarrow$ Frage 6.

6. Gibt es n C_2 senkrecht zur höchstzähligen Achse C_n?

    $\Rightarrow$ ja $\Rightarrow$ D-Gruppen $\Rightarrow$ Frage 7.

    $\Rightarrow$ nein $\Rightarrow$ C-Gruppen $\Rightarrow$ Frage 8.

7. Gibt es eine σ_h?

    $\Rightarrow$ ja $\Rightarrow \mathbf{D_{nh}}$

    $\Rightarrow$ nein $\Rightarrow$ 7.a

    7.a   Gibt es n σ_d?

    $\qquad\qquad \Rightarrow$ ja $\Rightarrow \mathbf{D_{nd}}$

    $\qquad\qquad \Rightarrow$ nein $\Rightarrow \mathbf{D_n}$

8. Gibt es eine σ_h?

    $\Rightarrow$ ja $\Rightarrow \mathbf{C_{nh}}$

    $\Rightarrow$ nein $\Rightarrow$ 8.a

    8.a   Gibt es n σ_v?

    $\qquad\qquad \Rightarrow$ ja $\Rightarrow \mathbf{C_{nv}}$

    $\qquad\qquad \Rightarrow$ nein $\Rightarrow \mathbf{C_n}$

6.2.2 Charaktertafel ausgewählter Punktgruppen

Spalte I: Bezeichnung der Punktgruppe und Symmetrieklasse
Spalte II: Bezeichnung der Symmetrieklasssen und Charaktere
Spalte III: x,y,z: Translation; **Dipolmomentkomponenten**; p-Orbitale; $R_{x,y,,z}$: Rotation
Spalte IV: **Polarisierbarkeitstensoren;** d-Orbitale

I	— II —		III	IV
C_s	E	σ		
A′	1	1	x, y, R_z	x^2, y^2, z^2, xy
A″	1	-1	z, R_x, R_y	xz, yz

C_{2h}	E	$C_2(z)$	$\sigma_h(xy)$	i		
A_g	1	1	1	1	R_z	x^2, y^2, z^2, xy
A_u	1	1	-1	-1		
B_g	1	-1	-1	1	z	yz, xz
B_u	1	-1	1	-1	x, y	

C_{2v}	E	$C_2(z)$	$\sigma_v(xz)$	$\sigma_v(yz)$		
A_1	1	1	1	1	z	x^2, y^2, z^2
A_2	1	1	-1	-1	R_z	xy
B_1	1	-1	1	-1	x, R_y	xz
B_2	1	-1	-1	1	y, R_x	yz

C_{3v}	E	$2\,C_3(z)$	$3\,\sigma_v$		
A_1	1	1	1	z	$x^2 + y^2 + z^2$
A_2	1	1	-1	R_z	
E	2	-1	0	(z, y); (R_x, R_y)	

C_{4v}	E	$C_4(z)$	C_2''	$2\,\sigma_v$	$2\,\sigma_d$		
A_1	1	1	1	1	1	z	$x^2 + y^2$
A_2	1	1	1	-1	-1	R_z	
B_1	1	-1	1	1	-1		$x^2 - y^2$
B_2	1	-1	1	-1	1		xy
E	2	0	-2	0	0	(x, y); $R_x.\,R_y$	

D_{3h}	E	$2 C_3(z)$	$3 C_2{}'$	σ_h	$2 S_3$	σ_v		
$A_1{}'$	1	1	1	1	1	1		$x^2 + y^2 + z^2$
$A_2{}'$	1	1	-1	1	1	-1	R_z	
E'	2	-1	0	2	-1	0	(x, y)	$(x^2 - y^2, xy)$
$A_1{}''$	1	1	1	-1	-1	-1		
$A_2{}''$	1	1	-1	-1	-1	1	z	
E''	2	-1	0	-2	1	0	$(R_x. R_y)$	(xz, yz)

D_{4h}	E	$2C_4$	C_2	$2C_2{}'$	$2C_2{}''$	i	$2S_4$	σ_h	$2\sigma_v$	$2\sigma_d$		
A_{1g}	1	1	1	1	1	1	1	1	1	1		$x^2+y^2+z^2$
A_{2g}	1	1	1	-1	-1	1	1	1	-1	-1	R_z	
B_{1g}	1	-1	1	1	-1	1	-1	1	1	-1		$x^2 - y^2$
B_{2g}	1	-1	1	-1	1	1	-1	1	-1	1		xy
E_g	2	0	-2	0	0	2	0	-2	0	0	(R_x, R_y)	(xz, yz)
A_{1u}	1	1	1	1	1	-1	-1	-1	-1	1		
A_{2u}	1	1	1	-1	-1	-1	-1	-1	1	1	z	
B_{1u}	1	1	1	1	-1	-1	1	-1	-1	1		
B_{2u}	1	1	1	-1	1	-1	1	-1	1	-1		
E_u	2	0	-2	0	0	-2	0	2	0	0	(x, y)	

T_d	E	$8C_3$	$3C_2$	$6S_4$	$6\sigma_d$		
A_1	1	1	1	1	1		$x^2+y^2+z^2$
A_2	1	1	1	-1	-1		
E	2	-1	2	0	0		$(2z^2-x^2-y^2, x^2-y^2)$
T_1	3	0	-1	1	-1	(R_x, R_y, R_z)	
T_2	3	0	-1	-1	1	(x, y, z)	(xy, xz, yz)

D_{6h}	E	$2C_6$	$2C_3$	C_2	$3C_2'$	$3C_2''$	i	$2S_3$	$2S_6$	σ_h	$3\sigma_d$	$3\sigma_v$		
A_{1g}	1	1	1	1	1	1	1	1	1	1	1	1		x^2 $+y^2$ $+z^2$
A_{2g}	1	1	1	1	-1	-1	1	1	1	1	-1	-1	R_z	
B_{1g}	1	-1	1	-1	1	-1	1	-1	1	-1	1	-1		
B_{2g}	1	-1	1	-1	-1	1	1	-1	1	-1	-1	1		
E_{1g}	2	1	-1	-2	0	0	2	1	-1	-2	0	0	R_x, R_y	xz, yz
E_{2g}	2	-1	-1	2	0	0	2	-1	-1	2	0	0		x^2-y^2, xy
A_{1u}	1	1	1	1	1	1	-1	-1	-1	-1	-1	-1		
A_{2u}	1	1	1	1	-1	-1	-1	-1	-1	-1	-1	1	z	
B_{1u}	1	-1	1	-1	1	-1	-1	1	-1	1	-1	1		
B_{2u}	1	-1	1	-1	-1	1	-1	1	-1	1	1	-1		
E_{1u}	2	1	-1	-2	0	0	-2	-1	1	2	0	0	x, y	
E_{2u}	2	-1	-1	2	0	0	-2	1	1	-2	0	0		

O_h	E	$8C_3$	$2C_2$	$6C_4$	$6C_2'$	i	$8S_4$	$3\sigma_h$	$6S_4$	$6\sigma_d$		
A_{1g}	1	1	1	1	1	1	1	1	1	1		$x^2+y^2+z^2$
A_{2g}	1	1	1	-1	-1	1	1	1	-1	-1		
E_g	2	-1	2	0	0	2	-1	2	0	0		$(2z^2-x^2-y^2,$ $x^2-y^2)$
T_{1g}	3	0	-1	1	-1	3	0	-1	1	-1	(R_x,R_y,R_z)	
T_{2g}	3	0	-1	-1	1	3	0	-1	-1	1		(xy,xz,yz)
A_{1u}	1	1	1	1	1	-1	-1	-1	-1	-1		
A_{2u}	1	1	1	-1	-1	-1	-1	-1	1	1		
E_u	2	-1	2	0	0	-2	-1	-2	0	0		
T_{1u}	3	0	-1	1	-1	-3	0	1	-1	1	(x, y, z)	
T_{2u}	3	0	-1	-1	1	-3	0	1	1	-1		

6.2.3 Symmetrieeigenschaften der Normalschwingungen wichtiger Strukturtypen

Strukturtyp	PG	Γ_δ	Γ_δ
AX_6	O_h	$A_{1g} + E_g + T_{1u}$	$T_{1u} + T_{2g} + T_{2u}$
AX_5	D_{3h}	$2\,A_1' + A_2'' + E'$	$A_2'' + 2\,E' + E''$
AX_5	C_{4v}	$2\,A_1 + B_1 + E$	$A_1 + B_1 + B_2 + 2\,E$
AX_4	T_d	$A_1 + T_2$	$E + T_2$
AX_4	D_{4h}	$A_{1g} + B_{2g} + E_u$	$A_{2u} + B_{1g} + B_{2g} + E_u$
AX_3Z	C_{3v}	$2\,A_1 + E$	$A_1 + 2\,E$
AX_3Z_2	D_{3h}	$2\,A_1 + A_2'' + E$	$A_2'' + 2\,E' + E''$
AX_2Z_2	C_{2v}	$2\,A_1 + B_1 + B_2$	$2\,A_1 + A_2(\tau) + B_2(\rho) + B_1(\omega)$
AX_3	D_{3h}	$A_1' + E'$	$A_2''\,(\gamma) + E'$
AX_3	C_{3v}	$A_1 + E$	$A_1 + E$
AX_2Z	C_{2v}	$2\,A_1 + B_1$	$A_1 + B_1 + B_2(\gamma)$
AX_2Z	C_s	$2\,A' + A''$	$2\,A' + A''$
AX_2	C_{2v}	$A_1 + B_1$	A_1
AXZ	C_s	$A' + A''$	A'

Symbolik:

PG - Punktgruppe Γ - allgemeine Bezeichnung der Symmetrieklasse
ν - Valenzschwingung δ - Deformationsschwingung (in-plane)
γ - Deformationsschwingung (out-of plane) τ - Deformationsschwingung (twisting)
ω - Deformationsschwingung (wagging) ρ - Deformationsschwingung (rocking)

6.2.4 Absorptionsbereiche *anorganischer* Verbindungen

6.2.4.1 IR-Absorptionsbereiche anorganischer Ionen

Ion	Absorptionsbereich in cm^{-1}
CO_3^{2-}	1450 – 1410 880 – 800
ClO_4^-	1140 – 1060
CrO_4^{2-}	950 – 800
MnO_4^-	920 – 890 850 – 840
NH_4^+	3340 – 3030 1485 – 1390
NO_2^-	1400 – 1300 1250 – 1230 840 – 800
NO_2^+	1410 – 1370
PO_4^{3-}	1100 – 950
SO_4^{2-}	1130 – 1080 680 – 610
HSO_4^-	1180 – 1160 1080 – 1000 880 – 840
SO_3^{2-}	≈ 1100

6.2.4.2 IR-Absorptionsbereiche von Siliciumverbindungen

Si–H	$R_2Si–H$	2160 –2120
	–OSi–H	2230 – 2120
Si–C	C—SiCH$_3$	760 – 620
	OSi–CH$_3$	800 – 770
Si–O	$R_3Si–OH$	900 – 810
	Si–OC	1110 – 1000
	Si–O–Si	1090 – 1030

6.2.4.3 IR-Absorptionsbereiche von Schwefelverbindungen

S–H	RS-H	2590 – 2530	
S–C	RCH_2–SH	730 – 570	
S–O	RSO–OH	870 – 810	
	RO–SO–OR	740 – 720 710 - 690	
S=C	R_2C=S	1075 –1030	
	$(RO)_2$C=S	1120 – 1075	
S=O	R_2S=O	1060 –1015	
	$(RO)_2$S=O	1225 – 1195	
		ν_{as}	ν_s
>SO_2	R_2SO_2	1370 – 1290	1170 – 1110
	RSO_2–OR	1375 – 1350	1185 – 1165
	RSO_2–NR_2	1365 – 1315	1180 – 1150
	RSO_2–Hal	1385 – 1375	1180 - 1170
–SO_3	RSO_2–OH	1355 – 1340	1165 – 1150
	RSO_3^- Me^+	1250 – 1140	1070 – 1030

6.2.4.4 IR-Absorptionsbereiche von Phosphorverbindungen

P–H	Phosphine	2320 – 2275
P–C	aliphatisch	700 – 800
	aromatisch	1130 – 1090
P–O	P–OC$_{aliphatisch}$	1050 – 970
	P–OC$_{aomatisch}$	1260 – 1160
P=O	O=P(Alkyl)$_3$	$\approx$ 1150
	O=P(Aryl)$_3$	$\approx$ 1190
P=S	P=S	700 – 625

6.2.5 Absorptionsbereiche *organischer* Verbindungen

6.2.5.1 Übersicht über Wertebereiche von Strukturelementen (in cm^{-1})

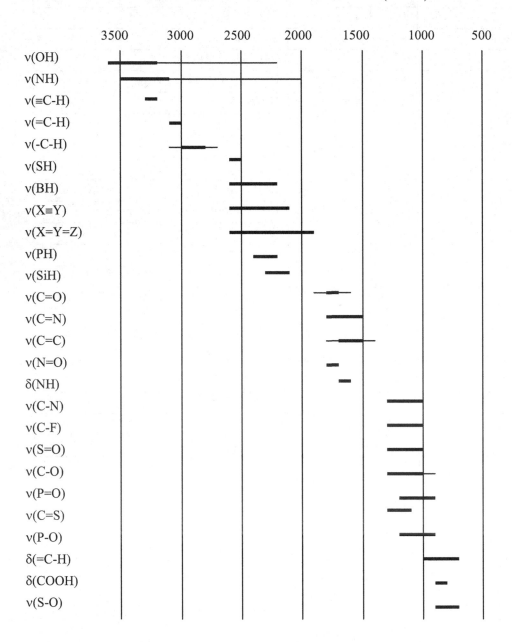

6.2.4.2 Gruppenfrequenzen organischer Verbindungsklassen (in cm^{-1})

Abkürzungen

vs – sehr stark	s – stark	m – mittel	w – weak
vw – sehr schwach	b – breit	sh – Schulter	i. a. – nicht sichtbar

I. Kohlenwasserstoffe

1. Alkylgruppen

1.1 CH-Valenzschwingungen, $\nu(sp^3C\text{-}H)$ **3000 – 2840**

Normalbereich

1. CH_3 ν_{as} 2965±10 m ν_s 2875±10 m $I(\nu_{as}) > I(\nu_s)$
2. CH_2 ν_{as} 2925±10 m ν_s 2855±10 m $I(\nu_{as}) > I(\nu_s)$
3. CH 2890 – 2880 w

Abweichungen vom Normalbereich durch elektronische und Ringspannungseffekte

4. Aryl-CH_3 ν_s + Fermi-Resonanz (OS δ_{as} + ν_s) 2925±5 + 2865±5
5. CH_3O ν_{as} 2945±25 ν_s 2830±10 (scharf, m) CH_2O ν_{as} 2938±17 ν_s 2855±20
6. CH_3N-Alkyl 2795±10 CH_3N-Aryl 2815±5 $(CH_3)_2$N-Alkyl ≈ 2820 + ≈ 2770
7. O–CH_2–O   2880 – 2835 + 2780 – 2750
8. 3-Ringe   3055 – 3000 m

1.2 Deformationsschwingungen   **1480 – 1370**

1. CH_3 δ_{as} 1470 – 1430 m δ_s 1390 – 1365 m (umbrella)
2. CH_2 δ 1465 – 1445 m (scissoring) ρ ≈ 720 m – w

Aufspaltung der $\delta_s(CH_3)$ bei Kettenverzweigung:.

–$C(CH_3)_3$, –$CH_2CH(CH_3)_2$:   1395 – 1365 2 Banden mit asymmetrischen Intensitäten
–$CH(CH_3)_2$, –$C(CH_3)_2$–:   1385 – 1365 2 Banden mit gleichen Intensitäten

2. Alkenylgruppen

2.1 CH-Valenzschwingungen, $\nu(sp^2C\text{-}H)$ **3150 – 3000**

2.2 out-of-plane Deformationsschwingungen, γ_{CH} **1005 – 675**

1. *trans*-CH=CH (Konj.) 965±5 (≈ 975) s 2. *cis*-CH=CH (Konj.) 690±25 (≈ 820) m
3. -CH=CH_2 (Vinyl)   990±5 s + 910±5 s + OS 1850 – 1800 w
4. >C=CH_2 (Vinylidin)   890±5 s + OS 1850 – 1800   5. C=CH 840 – 800 m

2.3 C=C-Valenzschwingungen, $\nu_{C=C}$ **1690 – 1635** (variable Intensität bis i. a.)

1. *trans*-CH=CH 1670±5 w – i.a.   2. *cis*-CH=CH 1645±15 w – m
3. -CH=CH_2, >C=CH_2 1645±5   4. C=CH, C=C 1672±7 vw – i. a.

3. Alkinylgruppen

3.1 CH-Valenzschwingungen, $\nu(spC\text{-}H)$ **3340 – 3250** m – s (scharf!)

3.2 C≡C-Valenzschwingung, $\nu_{C\equiv C}$ **2260 – 2100** m – w (Lage wie $\nu_{C\equiv N}$!)

3.3 Deformationsschwingung, $\delta(C\equiv C\text{-}H)$ **700 – 600** s, b + OS 1370 – 1220 w, b

4. Aromaten

4.1 CH-Valenzschwingungen, $\nu(sp^2C\text{-}H)$ **3100 – 3000** m (oft mehrere Banden)
Bereich wie ν(C-H) Alken und kleine Ringe

4.2 C=C-Valenzschwingungen, ν(C=C)   **1625 – 1575** m; w wenn i vorhanden
Dublett bei Konjugation

1525 – 1475 m und **1470 – 1400** m; nicht immer
beide Banden sichtbar

4.3 Deformationsschwingungen, $\delta_{\text{in-plane}}$ 1250 – 950 (mehrere Banden variabler Intensität)
strukturanalytisch ohne Bedeutung

4.4 Deformationsschwingungen oop, γ(CH) + ring bending (oop-Gerüstschwingungen)
900 – 650 m - s (Information zur Substitution)
Bereich wie γ(CH)-Alken und ν(CCl)

4.5 Ober- und Kombinationsschwingungen **2000 – 1650** w - m (Information zur Substitution)

Substitutionstyp bei Sechring-Aromaten

(Abweichung bei Substitution mit elektronegativen Substituenten, wie NO_2 und C≡N)

Mono (770 –730 + 710 – 690)   *1,2-di* (770 – 735)   *1,3-di* (900 – 860, (865 – 810),
810 – 750, 725 – 680)

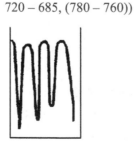

1,4-di (860 – 780)   *1,2,3-tri* (800 – 770,   *1,2,4-tri*   *1,3,5-tri*
720 – 685, (780 – 760))   (960 – 860, 860 – 800, 730 – 690)

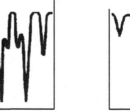

II. Alkohole, Phenole

1. OH-Valenzschwingung, ν(OH)   **3650 – 3200** (2500)

    ν(OH)$_{frei}$ 3650 – 3590 scharf

    ν(OH)$_{ass}$ 3550 – 3450 sehr breit
    Chelate; Enole: 2300 – 2500

2. Deformationsschwingungen, $\delta_{in\text{-}plane}$ 1450 – 1200 m, b (ohne Bedeutung)

3. Deformationsschwingungen, δ_{oop} < 700 m, b (ohne Bedeutung)

4. asym. C-C-O-Valenzschwingungen, ν_{as}(CCO)   **1280 – 980** s (oft als Dublett)

CH$_2$-OH (1°)	1075 – 1000
CH-OH (2°)	1150 – 1075
C-OH (3°)	1210 – 1100
Phenol	1275 – 1150

5. sym. C-C-O-Valenzschwingungen, ν_s(CCO)   1000 – 800

1° und 2°	900 – 800
3°	≈ 1000

III. Ether

1. asym. C-O-C-Valenzschwingung, ν_{as}(C-O-C)

gesättigt, unverzweigt	1150 – 1070 (1 Bande)
gesättigt verzweigt	1210 – 1070 (2 oder mehrere Banden)
Alkyl-Aryl	1300 – 1200 + 1050 – 1000
di-Aryl	1300 – 1200

2. sym. C-O-C-Valenzschwingung, ν_s(C-O-C)

gesättigt, unverzweigt	890 – 820
gesättigt, verzweigt	890 – 820

IV. Amine

1. NH-Valenzschwingungen, ν(NH)   **3500 – 3280** (bis 3200 bei NH-Brücke) s
    ν(NH)$_{as}$ ist schmaler als ν(OH)

NH$_2$ (1°)	ν_{as}(NH)	Alkyl: 3380 – 3350	Aryl: 3500 – 3450
	ν_s(NH)	Alkyl: 3310 – 3280	Aryl: 3420 – 3350
NH (2°)	ν(NH)	Alkyl: 3320 – 3280	Aryl: 3400
NH$_3^+$ NH$_2^+$		3000 – 2000 m, b (stark strukturiert)	

2. Deformationsschwingung, $\delta_{scis.}$(NH$_2$)   **1650 – 1580** s

3. Deformationsschwingung, δ_{oop}(NH$_2$)   850 – 700 m

4. CN-Valenzschwingung, ν(CN)   1350 – 1020 w - m

NH$_2$	Alkyl: 1250 – 1020	Aryl:	1350 – 1250
NH	Alkyl: 1180 – 1130	Aryl:	1350 – 1250

V. Aldehyde

1. O=C-Valenzschwingung, ν(C=O)	**1750 – 1650** vs
Alkyl-CHO	1740 – 1720
Aryl-CHO	1715 –1685
	(bis 1645 bei intramolekularer Brücke)
α,β-ungesättigt	1700 - 1660

2. Fermi-Resonanz · · · **2900 – 2800** + **2700 – 2680** (meist 2 Banden)

3. Deformationsschwingung,δ_{HCO} · · · ≈ 1390

VI. Ketone

1. O=C-Valenzschwingung, ν(C=O)	**1725 – 1640** vs
Dialkyl	1725 – 1705
Aryl/Alkyl	1700 – 1680
Diaryl	1670 – 1660
Enon	1765 - 1725
≥ 6-Ring, gesättigt	1725 – 1710
5-Ring, gesättigt	1750 – 1740
4-Ring, gesättigt	1780 – 1770
α-Chlor	1740 – 1720
Chinone	1690 – 1615

2. C-C-C-Valenzschwingung, ν_{C-C-C}

Dialkyl: 1230 – 1100
Aryl/Alkyl; Diaryl: 1300 – 1230

VII. Carbonsäuren

1. OH-Valenzschwingung, ν(OH) · · · **3000 – 2500** vs, sehr breit

2. C=O-Valenzschwingung, ν(C=O)	**1800 – 1650** s
gesättigt	1730 –1700
α,β-ungesättigt	1715 – 1690
α-Halogen	1740 – 1720
Aryl	1710 – 1680

3. OH-Deformationsschwingungen

$\delta_{in-plane}$	1440 – 1395
δ_{oop}	960 – 900 (auch $\delta_{=CH}$, δ_{NH}, γ_{Aromat})

4. Carboxylat, COO⁻

$\nu_{as}(CO_2)$ 1650 – 1540
$\nu_{s}(CO_2)$ 1450 – 1360

VIII. Carbonsäurederivate

1. Säurechloride

1. C=O-Valenzschwingung, ν(C=O)	**1820 – 1750** vs
gesättigt	1820 – 1790
Aryl	1790 – 1750
	(Doppelbande wegen Fermi-Resonanz)

2. Anhydride

1. C=O-Valenzschwingung, ν(C=O)   **1870 – 1700** vs

	acyclisch	cyclisch
ν_s(C=O), gesättigt	1825 – 1815 (stärker)	1870 – 1845 (schwächer)
ν_{as}(C=O), gesättigt	1755 – 1745 (schwächer)	1800 – 1775 (stärker)
ν_s(C=O), ungesättigt	1780 – 1770 (stärker)	1860 – 1840 (schwächer)
ν_{as}(C=O), ungesättigt	1725 – 1715 (schwächer)	1780 – 1760 (stärker)

2. C-O-Valenzschwingung, ν_{as}(C-O) + ν_s(C-O)

acyclisch	≈ 1040
cyclisch	960 – 880

3. Ester

3-Banden-Regel: $\approx$ **1700** (ν(C=O)) $\approx$ **1200** (ν_{as}(C-C(=O)-O) $\approx$ **1100** (ν_{as}(O-C-C(=O))

1. C=O-Valenzschwingung, ν(C=O)

	1750 – 1700 vs
gesättigt	1750 – 1735
Aryl	1730 – 1710

2. C-C(=O)-O-Valenzschwingung, ν_{as}(C-C(=O)-O

gesättigt	1210 – 1160
Aryl	1330 – 1250

3. O-C-C(=O)-Valenzschwingung, ν_{as}O-C-C(=O

gesättigt	1100 – 1030
Aryl	1130 – 1000

4. Lactone

1. spannungsfreie Ringe	1760 – 1730 s
2. 5-Ring	1775 – 1730
α,β-ungesättigt	1770 – 1740
β,γ-ungesättigt	≈ 1800
3. 4-Ring	≈ 1840

5. Amide, Lactame

1. NH-Valenzschwingung, ν(NH)

	3500 – 3100 s
CONH$_2$ ν_{as}(NH)	≈ 3350
ν_s(NH)	≈ 3180
CONH ν(NH)	3400 – 3100 (2 Banden bei Assoziation)

2. AMID-Banden

AMID I	OCNH$_2$	frei:	≈ 1690
		ass.:	≈ 1615
	OCNH	frei:	≈ 1695
		ass.:	≈ 1660
	Lactame	6-Ring:	1675 – 1650
		5-Ring:	1725 – 1715
		4-Ring:	≈ 1750

AMID II   OCNH$_2$ frei: ≈ 1610

                                   ass.: ≈ 1630

                  OCNH   frei: ≈ 1530

                                   ass.: ≈ 1540

                  Lactame   IR-inaktiv

AMID III (Kopplung von AMID II mit δ(NH)): ≈ 1250

3. NH-Deformationsschwingung, δ_{oop} **800 – 600**

                  OCNH$_2$ 750 – 600

                  OCNH ≈ 700

                  Lactame ≈ 800

IX. X≡Y-Verbindungen (Nitrile, Isonitrile, Diazoniumsalze)

1. C≡N-Valenzschwingung, ν(C≡N)   **2260 – 2200** m (manchmal sehr schwach!)

2. N≡C-Valenzschwingung, ν(N≡C)   **2150 – 2130** m

3. N≡N-Valenzschwingung, ν(N≡N)   **2330 – 2130** m

X. X=N-Verbindungen (Azomethine, Azine)

1. C=N-Valenzschwingung, ν(C=N)   **1700 – 1520** w – vw

2. CH=N-N=CH-Valenzschwingung   1670 – 1600

XI. Nitro-, Nitrosoverbindungen

1. NO$_2$-Valenzschwingungen, ν_{as}(NO$_2$)   **1660 – 1500** vs

                               ν_s(NO$_2$)   **1400 – 1250** s

      Alk-NO$_2$ ν_{as}(NO$_2$)   1570 – 1540

                               ν_s(NO$_2$)   1390 – 1340

      Aryl-NO$_2$ ν_{as}(NO$_2$)   1560 – 1500

                               ν_s(NO$_2$)   1360 – 1300 (meist 2 Banden)

2. O=N-Valenzschwingung, ν(N=O)   **1680 – 1450** vs

XII. Halogenverbindungen

1. C-Halogen-Valenzschwingung, ν(C-Hal)

Halogen	Alkyl-Halogen	Aryl-Halogen
F	1365 – 1120 s	1270 – 1100 s
Cl	830 – 560 s	1100 – 1030 s
Br	680 – 515 s	1075 – 1030 s
I	≈ 500 s	≈ 1060 s

XIII. Schwefelverbindungen

(Mercaptane, Thioether, Thionyl- und Sulfurylverbindungen)

1. SH-Valenzschwingung, ν(SH)   **2600 – 2550** m – w

2. S-S-Valenzschwingung, ν(S-S) $\approx$ 500 w (ohne praktische Bedeutung) im Raman stark!

3. C-S-Valenzschwingung, ν(C-S)   710 – 570 (ohne praktische Bedeutung)

4. S=C-Valenzschwingung, ν(C=S)   **1250 – 1050** s

    Thioketone   1075 – 1030
    Thioester   1210 – 1080

5. Thionyl-Verbindungen

    O=S-Valenzschwingung, ν(S=O)   **1200 – 1000** s

6. Sulfurylverbindungen   **1400 – 1000** vs

AlkylAlkyl'SO_2	$\nu_{as}(SO_2)$	1370 – 1290 vs
	$\nu_s(SO_2)$	1170 – 1110 s
-SO_2-N<	$\nu_{as}(SO_2)$	1370 – 1290 vs
	$\nu_s(SO_2)$	1180 – 1150 s
-SO_2-O-	$\nu_{as}(SO_2)$	1420 – 1330 vs
	$\nu_s(SO_2)$	1200 – 1140 s

XIV. Phosphorverbindungen

1. P-H-Valenzschwingung, ν(P-H)   2450 – 2250 m – w

2. P-O-Valenzschwingung, ν(P-O)   1260 – 855

3. O=P-Valenzschwingung, ν(P=O)   1300 – 950 s

    $R_3P=O$ 1190 – 1150
    $R_2(R'O)P=O$ 1265 - 1200
    $R(R'O)_2P=O$ 1280 - 1240
    $(RO)_3P=O$ 1300 - 1260

6.3 Elektronenabsorptionsspektroskopie

6.3.1 WOODWARD´sche Dien und Enon-Regeln

DIENE

Grundsystem	Strukturmuster	λ_{max}(nm)
acyclisch	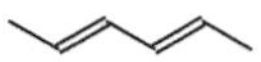	217
heteroannular	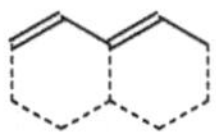	214
homoannular		253

Inkremente

pro weitere konjugierte DB	+ 30	pro exocyclische DB	+ 5
C-Substituent	+ 5	O-Alkyl	+ 6
O-Acetyl	0	S-Alkyl	+ 30
Cl, Br	+ 5	N(Alkyl)$_2$	+ 60

ENONE

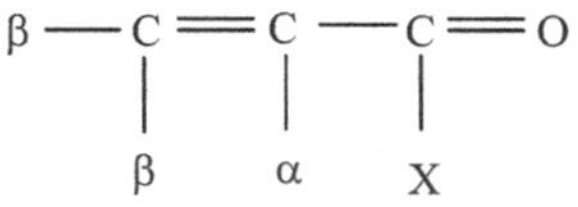

$$\beta - C = C - C = O$$

$$\beta \quad \alpha \quad X$$

Grundsystem	λ_{max}(nm)	Grundsystem	λ_{max}(nm)
X = Alkyl	217	X = H	207
X = OH, OAlkyl	193		
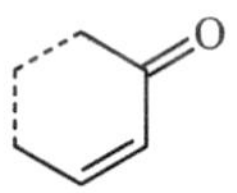	215	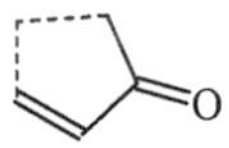	202

Inkremente (in nm)

pro weitere DB +30	pro exocyclische DB	+ 5
homoannulare Anordnung von DB		+ 39

Substituenten am π-System (zu addierende Zahlen in nm)

Substituent	α	β	γ	δ	weitere
C	10	12	18	18	18
OH	35	30		50	50
OAlkyl	35	30	17	31	31
S-Alkyl		85			
N(Alkyl)$_2$		95			
Cl	15	12			
Br	25	30			

Lösungmittelkorrektur (in nm)

Wasser	+ 8	Alkohole	0	Chloroform	+1
Dioxan	- 5	Ether	- 7	Hexan	- 11

6.3.2 SCOTT-Regeln zur Abschätzung von λ_{max} bei Aryl-α-Carbonylverbindungen

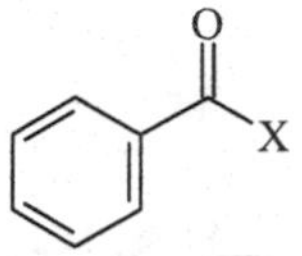

Grundwert (in nm)

X = Alkyl	246	X = H	250	X = OH(R)	230

Inkremente (zu addierende Zahlen in nm)

Substituent	ortho	meta	para
Alkyl; Alicyclus	3	3	10
OH; OAlkyl	7	7	25
O$^-$	11	20	10
Cl	0	0	10
Br	2	2	15
NH$_2$	13	13	58
NHCOCH$_3$	20	20	45
N(CH$_3$)	20	20	85

6.3.3 Ausschnitte aus den Termdiagrammen für die Konfigurationen $d^2 - d^8$ der 3d-Elemente in oktaedrischer Symmetrie (nach Tanabe und Sugano, J. Phys. Soc. Japan *9*, 753 (1954)); B = Racah-Parameter; Δ = Ligandenfeldstärke. Aus Gründen der Übersichtlichkeit sind nicht alle Terme der freien Ionen bezeichnet.

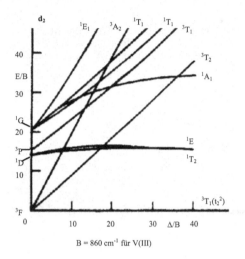

B = 860 cm⁻¹ für V(III)

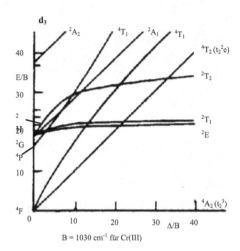

B = 1030 cm⁻¹ für Cr(III)

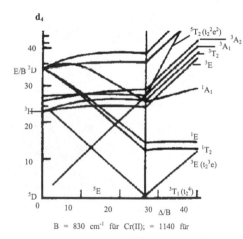

B = 830 cm⁻¹ für Cr(II); = 1140 für

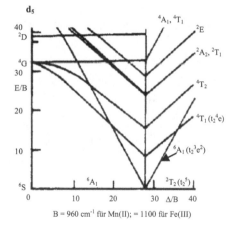

B = 960 cm⁻¹ für Mn(II); = 1100 für Fe(III)

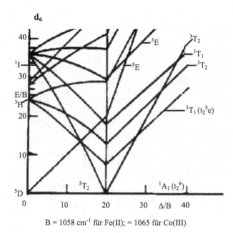

B = 1058 cm⁻¹ für Fe(II); = 1065 für Co(III)

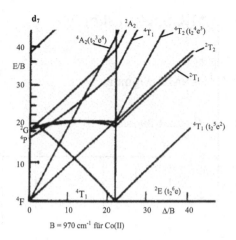

B = 970 cm⁻¹ für Co(II)

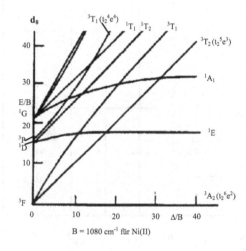

B = 1080 cm⁻¹ für Ni(II)

6.4 NMR-Spektroskopie

6.4.1 ¹H-NMR-Signale

6.4.1.1 Gesamtübersicht

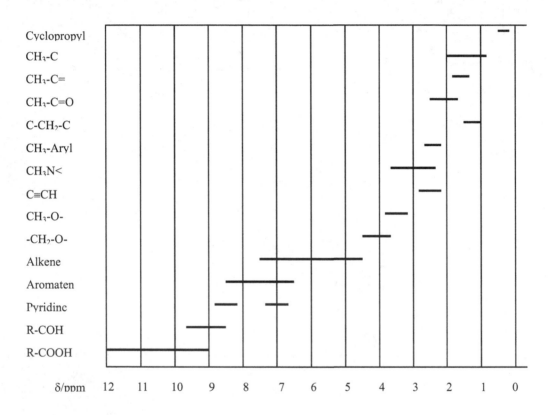

6.4.1.2 Bereiche chemischer Verschiebungen von *XH*-Protonen

(Abhängigkeit von Konzentration, LM, Temperatur, H_2O-Gehalt; mit D_2O austauschbar; oft sehr breit)

OH	δ/ppm	NH	δ/ppm	SH	δ/ppm
Alkohole	1 – 6	Amine	3 - 5	aliphatisch	1 – 2,5
Phenole	4 – 10	Amide	5 – 8,5	aromatisch	3 – 4
Enole	10 - 17				

6.4.1.3 Chemische Verschiebung von *Methyl*-Protonen

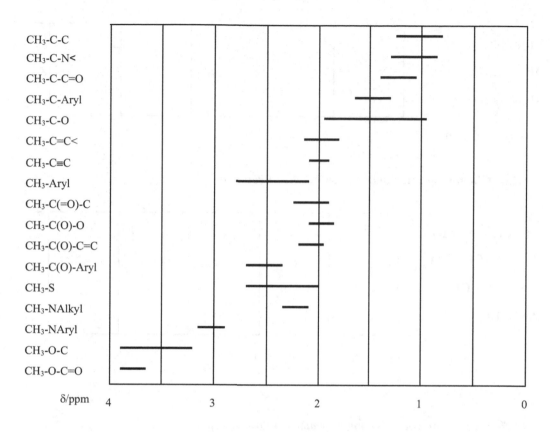

6.4.1.4 Chemische Verschiebung von *Methin*-Protonen

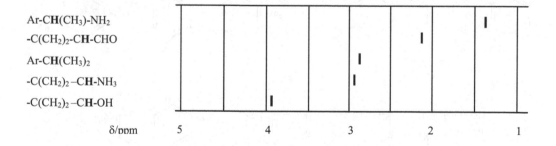

6.4.1.5   Chemische Verschiebung von *Acetylid*-Protonen

HC≡C-C

HC≡C-C=C

HC≡C-Aryl

δ/ppm   4   3   2

6.4.1.6   Chemische Verschiebung von *Aldehyd*-Protonen

CH_3-CH=CH-CHO

Aryl-CH=CH-CHO

CH_3-$(CH_2)_2$-CHO

Aryl-CHO

δ/ppm   10   9   8

6.4.1.7   Chemische Verschiebung *aromatischer Grundkörper*

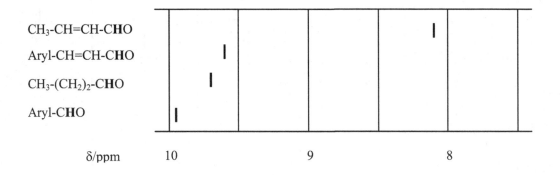

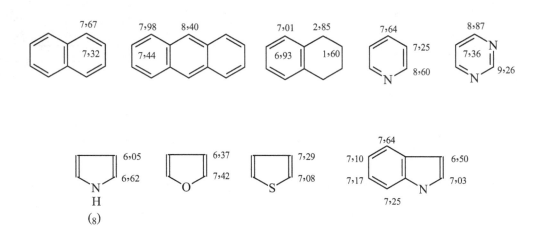

6.4.1.8 Substituenten-Inkremente zur Abschätzung der chemischen Verschiebung

1.   Methylen- und Methin-Protonen

$$\delta(CH_2) = 1{,}25 + \Sigma\ S_i \qquad\qquad \delta(CH) = 1{,}50 + \Sigma\ S_i$$

Substituent	S	Substituent	S	Substituent	S
Alkyl	0	C=C	0,8	C≡C	0,9
Phenyl	1,3	Cl	2,0	Br	1,9
OH	1,7	O-Alkyl	1,5	O-Phenyl	2,3
-O-CO-Alkyl	2,7	-O-CO-Phenyl	2,9	$NR_2\ NH_2$	1,0
S-Alkyl	1,0	CHO	1,2	-CO-Alkyl	1,2
COOH	0,8	COO-Alkyl	0,7	C≡N	1,2
NO_2	3,0				

2.   Protonen an einer Doppelbindung

$$\delta(C=CH) = 5{,}25 + S_{gem} + S_{cis} + S_{trans}$$

Substituent	S_{gem}	S_{cis}	S_{trans}	Substituent	S_{gem}	S_{cis}	S_{trans}
Alkyl	0,45	- 0,22	- 0,28	CH_2-Aryl	1,05	- 0,29	- 0,32
CH_2-Halogen	0,70	0,11	- 0,04	Aromat	1,38	0,36	- 0,07
CH_2-O	0,64	- 0,01	- 0,02	CH=CH (konj.)	1,24	0,02	- 0,05
F	1,54	- 0,40	- 1,02	Cl	1,08	0,18	0,13
O-Alkyl	1,22	- 1,07	- 1,21	-O-CO-R	2,11	- 0,35	- 0,64
$NAlkyl_2$	0,80	- 1,26	- 1,21	COOH (konj.)	0,80	0,98	0,32
CN	0,27	0,75	0,55	CO (konj.)	1,06	0,91	0,74

3.   Protonen von Benzenderivaten

$$\delta(H) = 7{,}25 + \Sigma\ S_i$$

Substituent	S_{ortho}	S_{meta}	S_{para}	Substituent	S_{ortho}	S_{meta}	S_{para}
CH_3	- 0,20	- 0,12	- 0,22	CH_2-CH_3	- 0,14	- 0,05	- 0,18
F	- 0,26	- 0,02	- 0,21	Cl	0,03	- 0,06	- 0,10
OH	- 0,53	- 0,17	- 0,44	OCH_3	- 0,49	- 0,10	- 0,44
$OCOCH_3$	- 0,25	0,03	- 0,13	NH_2	- 0,80	- 0,25	- 0,64
$N(CH_3)_2$	- 0,66	- 0,18	- 0,67	CHO	0,60	0,25	0,35
$COCH_3$	0,62	0,14	0,21	$COOCH_3$	0,74	0,07	0,21
NO_2	0,95	0,26	0,38	COOH	0,87	0,21	0,34
$CH=CH_2$	0,04	- 0,05	- 0,12	CH_2OH	- 0,07	- 0,07	-0,07
CN	0,35	0,18	0,30	SH	- 0,08	- 0,16	- 0,22

4.   Protonen von Pyridinverbindungen

$\delta(\text{H-}2) = 8{,}59 + S_{i,2}$ $\qquad$ $\delta(\text{H-}3) = 7{,}38 + S_{i,3}$

$\delta(\text{H-}4) = 7{,}75 + S_{i,4}$ $\qquad$ $\delta(\text{H-}5) = 7{,}38 + S_{i,5}$

$\delta(\text{H-}6) = 8{,}59 + S_{i,6}$

i = 2 bzw. 6	$S_{23} = S_{65}$	$S_{24} = S_{64}$	$S_{25} = S_{63}$	$S_{26} = S_{62}$
CH_3	- 0,11	- 0,01	- 0,16	0,08
Cl	0,32	0,29	0,29	0,20
CHO	0,93	0,42	0,50	0,44
COO-Alkyl	0,86	0,39	0,35	0,34
$CO-NH_2$	1,05	0,57	0,43	0,30
NH_2	- 0,68	- 0,31	- 0,78	- 0,48
CN	0,88	0,38	0,55	0,39

i = 3 bzw. 5	$S_{32} = S_{56}$	$S_{34} = S_{54}$	$S_{35} = S_{53}$	$S_{36} = S_{52}$
CH_3	- 0,02	- 0,06	- 0,09	- 0,02
Cl	0,20	0,24	0,19	0,09
CHO	0,45	0,42	0,12	0,20
COO-Alkyl	0,62	0,60	0,23	0,34
$CO-NH_2$	0,58	0,57	0,25	0,25
NH_2	- 0,06	- 0,49	0,02	- 0,36
CN	0,63	0,72	0,43	0,50

i = 4	$S_{42} = S_{46}$	$S_{43} = S_{45}$
CH_3	0,01	- 0,01
Cl	0	0,05
CHO	0,47	0,58
COO-Alkyl	0,34	0,54
NH_2	- 0,15	- 0,74
CN	0,46	0,62

6.4.2 Kopplungskonstanten

(Angabe nur der Absolutwerte; typische Werte in Klammern; alle Angaben in Hz)

6.4.2.1 ^{1}H,^{1}H-Kopplungskonstanten   0 – 20

1. Geminale Kopplung, ^{2}J(H,H)

C=CH$_2$	0 – 3	=C-CH$_2$-C	16 – 18
=C-CH$_2$-C=	bis 20	X-CH$_2$- (X = O, N)	≈ 10

2. Vicinale Kopplung, ^{3}J(H,H)

Alkane	7 – 8	-CH=CH-	*trans* 12 – 18 *cis* 6 – 12
=CH-CH=	9 – 13 (10)	>CH-CHO	2 – 3
C=CH-CH=O	5 – 8 (6)		
Cyclohexan	ax/ax 6 – 14 (8 – 10)	ax/eq = eq/eq 0 – 5 (2 – 3)	

3. Aromaten; Heteroaromaten

Aromat ^{3}J(ortho) 6 – 10 (8 – 9) ^{4}J (meta) 1 – 3 (2) ^{5}J(para) 0 – 1 (≈ 0)

^{3}J$_{ab}$ 4 – 6 (5) ^{4}J$_{ac}$ 0 – 2,5 (1,5) ^{5}J$_{ad}$ 0 – 2,5 (1)

^{4}J$_{ae}$ 0 – 0,5 (≈ 0) ^{3}J$_{bc}$ 7 – 9 (8) ^{4}J$_{bd}$ 0,5 – 2 (1,5)

^{3}J$_{ab}$ 1,5 – 2,0 (1,8) ^{4}J$_{ac}$ 0 – 1(≈ 0)

^{4}J$_{ad}$ 1 – 2 (1,5) ^{3}J$_{bc}$ 3 – 3,8 (3,5)

^{3}J$_{ab}$ 5 – 6 (5,4) ^{4}J$_{ac}$ 1,2 – 1,7 (1,5)

^{4}J$_{ad}$ 3,2 – 3,8 (3,5) ^{3}J$_{bc}$ 3,5 – 5 (4,0)

^{3}J$_{ab}$ 2 – 3 ^{4}J$_{ac}$ 1 – 2 ^{3}J$_{ae}$ 2 – 3

^{4}J$_{ad}$ 1,5 – 3 ^{3}J$_{bc}$ 3 – 4 ^{4}J$_{be}$ 2 – 3

^{4}J$_{ab}$ ≈ 0 ^{4}J$_{ac}$ 1 – 2 ^{3}J$_{bc}$ 3 – 4

6.4.2.2 ^{1}H,^{19}F- und ^{19}F,^{19}F-Kopplungskonstanten

>CHF	^{2}J(H,F) 45 – 80		>CH-CF<	^{3}J(H,F) 3 – 25
>CH-C-CF<	^{4}J(H,F) 0 – 4		-HC=CF-	^{3}J(*trans*) 12 – 40 ^{3}J(*cis*) 1 – 8

-CH$_{2}$-C(=O)-CHF ^{4}J(H,F) 4 – 5

Aromat	^{3}J(H,F) 6 – 10		^{4}J(H,F) 5 – 6	^{5}J(H,F) 2
>CF$_{2}$	^{2}J(F,F) 150 – 160		in 6-Ringen:	240 – 250
>CF-CF<	^{3}J(F,F) 0 – 20			
-CF=CF-	^{3}J(F,F-*trans*) 115– 300		^{3}J(F,F-*cis*) 10 – 60	

6.4.2.3 ^{19}F,^{31}P-Kopplungskonstanten

=CFP   ≈ 80

6.4.3 ^{13}C-NMR-Signale

6.4.3.1 Gesamtübersicht

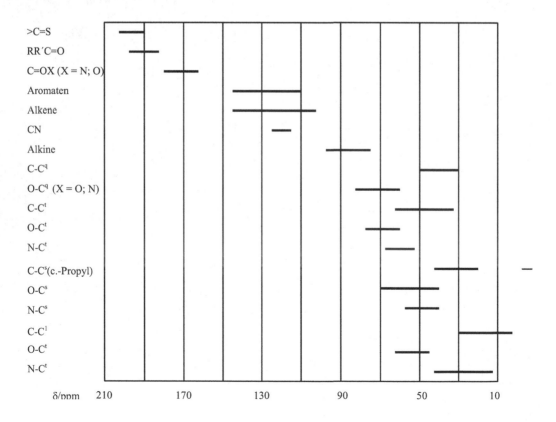

6.4.3.2 Substituenten-Inkremente zur Abschätzung von ^{13}C-NMR-Signalen

1. Alkane und substituierte Alkane

$$\delta_i = -2,3 + 9,1 \cdot n_\alpha + 9,4 \cdot n_\beta - 2,5 \cdot n_\gamma + 0,3 \cdot n_\delta + \Sigma S_{ij}$$

δ_i - chemische Verschiebung des betrachteten C-Atoms i

n - Zahl der C-Atome in α-, β-, γ- und δ- Position, ausgehend von jeweils C_i

S_{ij} – sterischer Faktor (nur sp^3-hybridisierte C-Atome werden berücksichtigt)

Inkremente für S_{ij}

i \ j	primär	sekundär	tertiär	quartär
primär	0	0	- 1,1	- 3,4
sekundär	0	0	- 2,5	- 6,0
tertiär	0	- 3,7	- 8,5	- 10,0
quartär	- 1,5	- 8,0	- 10,0	- 12,5

i - betrachteter Kern j = Nachbarkern

Substituent	S_α	S_β	S_γ	S_δ
CH_3	9,1	9,4	- 2,5	0,3
$CH=CH_2$	22,3	6,9	- 2,2	0,2
$C\equiv C$	4,4	5,6	- 3,4	- 0,6
Phenyl	22,3	8,6	- 2,3	0,2
CHO	30,9	- 0,5	- 2,7	0
C=O	22,5	3,0	- 3,0	0
COOH	20,8	2,7	- 2,3	1,0
$OCOOCH_3$	51,1	7,1	- 4,8	1,1
CN	3,1	2,4	- 3,3	- 0,5

Substituent	S_α	S_β	S_γ	S_δ
OH (1°)	48,5	10,2	- 5,8	0,3
OH (2°)	44,5	9,7	- 3,3	0,2
OH (3°)	39,7	7,3	- 1,8	0,3
OR	58,0	8,1	- 4,8	1,5
F	70,1	7,8	- 6,8	0
Cl	31,2	10,5	- 4,6	0,1
Br	18,9	11,0	- 3,8	- 0,7
-S-	10,6	11,4	- 3,6	- 0,4
SH	11,1	11,8	- 4,8	1,1

2. monosubstituierte Ethylene, X-C(1) = C(2)H$_2$

$$\delta_i = 123,3 + S_1 + S_2$$

Substituent	S$_1$	S$_2$
CH$_3$	10,6	- 7,9
CH$_2$CH$_3$	15,5	- 9,7
F	24,9	- 34,5
Cl	2,6	- 6,1
Br	- 7,9	- 1,4
OCH$_3$	29,4	- 38,9
OCOCH$_3$	18,4	- 26,7

Substituent	S$_1$	S$_2$
Phenyl	12,5	- 11,0
CH=CH$_2$	13,6	- 7,0
COOCH$_3$	13,8	4,7
COOH	4,2	8,9
NO$_2$	22,3	- 0,9
CHO	13,1	12,7
S-CH$_2$Penyl	18,1	- 16,4

1. monosubstituierte Benzen-Derivate

$$\delta_i = 128,5 + \Sigma S_i$$

Substituent	S$_{ypso}$	S$_{ortho}$	S$_{meta}$	S$_{para}$
CH$_3$	9,2	0,7	-0,1	-3,0
CH$_2$CH$_3$	15,7	-0,6	-0,1	-2,8
CH(CH$_3$)$_2$	20,2	-2,2	-0,3	-2,8
CH$_2$Cl	9,3	0,3	0,2	0
CH$_2$Br	9,5	0,7	0,3	0,2
CH$_2$NH$_2$	14,9	-1,4	-0,2	-2,0
CH$_2$OH	12,6	-1,2	0,2	-1,1
CH=CH$_2$	8,9	-2,3	-0,1	-0,8
CF$_3$	2,5	-3,2	0,3	3,3
F	34,8	-13,0	1,6	-4,4
Cl	6,3	0,4	1,4	-1,9
NH$_2$	18,2	-13,4	0,8	-10,0
NO$_2$	19,9	-4,9	0,9	6,1
N(CH$_3$)$_2$	22,5	-15,4	0,9	-11,5
NHCOCH$_3$	9,7	-8,1	0,2	-4,4

Substituent	S$_{ypso}$	S$_{ortho}$	S$_{meta}$	S$_{para}$
OH	26,9	-12,6	1,4	-7,4
OCH$_3$	31,4	-14,4	1,0	-7,7
O-Phenyl	27,6	-11,2	-0,3	-6,9
OCH=CH$_2$	28,2	-11,5	0,7	-5,8
OCOCH$_3$	22,4	-7,1	0,4	-3,2
CHO	8,2	1,2	0,5	5,8
COCH$_3$	8,9	0,1	-0,1	4,4
COPhenyl	9,3	1,6	-0,3	3,7
COOH	2,1	1,6	-0,1	5,2
COOCH$_3$	2,0	1,2	-0,1	4,3
COCl	4,7	2,7	0,3	6,6
CONH$_2$	5,0	-1,2	0,1	3,4
C≡CH	-6,2	3,6	-0,4	-0,3
SH	2,1	0,7	0,3	-3,2
SCH$_3$	10,0	-1,9	0,2	-3,6

2. monosubstituierte Pyridinverbindungen

$\delta(C\text{-}2) = 149,8 + S_{i2}$ $\delta(C\text{-}3) = 123,7 + S_{i3}$ $\delta(C\text{-}4) = 135,9 + S_{i4}$

$\delta(C\text{-}5) = 123,7 + S_{i5}$ $\delta(C\text{-}6) = 149,8 + S_{i6}$

i = 2 bzw. 6	$S_{22} = S_{66}$	$S_{23} = S_{65}$	$S_{24} = S_{64}$	$S_{25} = S_{63}$	$S_{26} = S_{62}$
CH_3	8,8	- 0,6	0,2	- 3,0	- 0,4
Cl	2,3	0,7	3,3	- 1,2	0,6
CHO	3,5	- 2,6	1,2	4,2	0,7
COO-Alkyl	- 1,7	1,5	1,1	3,3	0
$CO\text{-}NH_2$	- 0,1	- 1,2	1,5	2,8	- 1,5
NH_2	11,3	- 14,7	2,3	- 10,8	- 0,9
CN	- 15,9	4,8	1,1	3,2	1,4

i = 3 bzw. 5	$S_{32} = S_{56}$	$S_{33} = S_{55}$	$S_{34} = S_{54}$	$S_{35} = S_{53}$	$S_{36} = S_{52}$
CH_3	1,3	8,9	0,2	- 0,8	- 2,3
Cl	- 0,3	8,1	- 0,2	0,7	- 1,4
CHO	2,4	7,8	- 0,1	0,6	5,4
COO-Alkyl	- 0,6	1,0	- 0,3	- 1,8	1,8
$CO\text{-}NH_2$	2,7	6,0	1,3	1,3	- 1,5
NH_2	- 11,9	21,4	- 14,4	0,8	- 10,8
CN	3,6	- 13,8	4,2	0,6	4,2

i = 4	$S_{42} = S_{46}$	$S_{43} = S_{45}$	S_{44}
CH_3	0,5	0,8	10,6
Br	3,0	3,4	- 3,0
CHO	1,7	- 0,7	5,5
COO-Alkyl	- 1,0	- 0,7	1,6
$CO\text{-}NH_2$	0,4	- 0,8	6,4
NH_2	0,9	- 13,8	19,6
CN	2,1	2,2	- 15,7

Sachwortverzeichnis

Teubner Lehrbücher: einfach clever

Dirk Steinborn

Grundlagen der metallorganischen Komplexkatalyse

2007. XIII, 346 S. mit 76 Abb. Br. EUR 39,90
ISBN 978-3-8351-0088-6

Inhalt: Geschichte und Grundlagen der Katalyse - Elementarreaktionen in der metallorganischen Komplexkatalyse - Hydrierung und Hydroformylierung von Olefinen - Carbonylierung von Methanol und CO-Konvertierung - Metathese von Olefinen, Alkinen und Alkanen - Oligomerisation und Polymerisation von Olefinen und Butadien - Palladiumkatalysierte C-C-Kupplungsreaktionen - Hydrocyanierungen, -silylierungen und -aminierungen von Olefinen - Oxidation von Olefinen und C-H-Funktionalisierungen von Alkanen

Die Katalyse ist als grundlegendes Prinzip zur Überwindung der kinetischen Hemmung chemischer Reaktionen von fundamentaler Bedeutung in der Chemie und die metallorganische Komplexkatalyse ist ein Eckpfeiler der modernen Chemie. Das trifft gleichermaßen für die Grundlagen- und angewandte Forschung wie für industrielle Anwendungen zu. Ausgehend von den Prinzipien der Katalyse und den katalytisch relevanten metallorganischen Elementarschritten werden wichtige metallkomplexkatalysierte Reaktionen behandelt, wobei das mechanistische Verständnis im Vordergrund steht. Besonderer Wert wird dabei auf aktuelle Entwicklungen gelegt. Asymmetrische Synthesen finden ausführlich Berücksichtigung und an ausgewählten Beispielen werden Verbindungen zur katalytischen Wirkung von Metalloenzymen aufgezeigt.

Stand Januar 2007.
Änderungen vorbehalten.
Erhältlich im Buchhandel
oder im Verlag.

B. G. Teubner Verlag
Abraham-Lincoln-Straße 46
65189 Wiesbaden
Fax 0611.7878-400
www.teubner.de